# AI
# CODING

저자 정낙현 박사

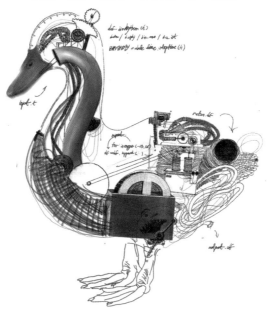

그림은 '보캉송의 똥싸는 오리 자동기계'를 모티브로 작성한 for
-loop 몸속에 if condition 문을 넣은 이중 알고리즘 이미지이다.
앞장에서 for-loop로 반복하는 횟수를 지정할 때 숫자 0부터 5
까지 순서가 있는 list를 활용하면 in 리스트로 리스트 속의
요소를 순서대로 사용하는 방법을 사용했다. 영어 단어처럼
range()함수 사용법 암기하자.
숫자를 리스트로 담아서 순서대로 사용하는 방법 이외에, 숫자의
시작과 끝이 정해진 연속된 구간range으로 순서대로 숫자를
반복하게 하는 함수를 사용하는 방법도 있다. 함수라고 이름
붙인 기능(function)박스는 특별한 일이나 기능이 있는 명령어
코드묶음이다.

AI
CODING

초판 1쇄 인쇄일    2021년 4월 14일
발행일           2021년 4월 26일

지은이  ·  ⓒ정락현 2021.
펴낸곳  ·  코쿤아우트북스㈜
편집   ·  ㈜SEEISM
디자인  ·  ㈜SEEISM

전화   ·  02 465 2200
팩스   ·  02 465 0060
정가   ·  30,000원

ISBN   ·   979-11-968080-8-2

## 13단계 디지털 던전 여행

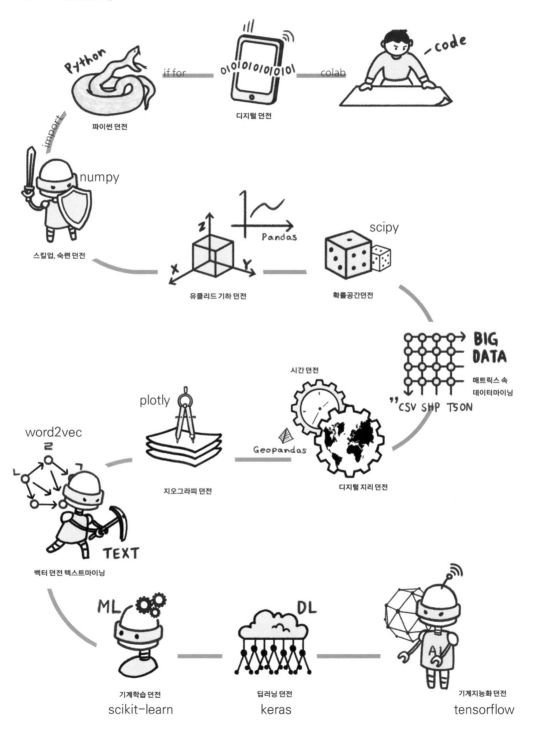

**Python**
파이썬 던전

if for

디지털 던전

colab

—code

import

numpy
스킬업, 숙련 던전

z

x y

Pandas
유클리드 기하 던전

scipy
확률공간던전

**BIG DATA**
매트릭스 속
데이터마이닝

"CSV SHP TSON

plotly
지오그라피 던전

시간 던전

Geopandas
디지털 지리 던전

word2vec
ㄹ
ㄴ ㄱ

TEXT
벡터 던전 텍스트마이닝

ML
기계학습 던전
scikit-learn

DL
딥러닝 던전
keras

AI
기계지능화 던전
tensorflow

# 목차

## 제1부  디지털 직업 스킬 얻기

### STEP1  스마트폰 가지고 디지털 던전(digital dungeon) 탐험하러 출발하자

### STEP2  컴퓨터언어 '파이썬'에도 숙어와 문법이 있다. 코드 숙어 몇 개만 암기해 코딩 회화하자

## STEP11 기계가 학습하는 방법, 다중 선형회귀 및 예측, 머신러닝적인 접근

## STEP12 인간의 뇌 신경망처럼 인공 신경망이 스스로 학습하는 알고리즘, 딥러닝

## STEP13 인공지능은 지능적인 인간 행동과 창의성을 모방한다. 디지털 아트와 컴퓨터 비전

# 디지털 던전 탐험가의 길

인공지능! 인간의 신경망을 모방해 인공적으로 만든 알고리즘으로 구성된 디지털 기계의 뇌! 이런 게 실제로 세상에 존재한다고 누가 상상이나 했을까? 세상은 지금도 빈곤한 사람들이 살아내기 힘든데, 인공지능이 등장한 앞으로는 인공지능과 일자리를 경쟁해야 하는 사람들은 더욱 지독한 세상일 것이다. 반대로 인공지능의 스킬을 익혀서 직업을 얻는다면, 인공지능을 일꾼처럼 부려서 대신 일을 시킬 수 있을 것이다.

어느날 구글브라우저 '크롬'의 이름도 몰랐던 컴퓨터 생초보인 50대 퇴직예정자 앞에
낡은 '디지털 던전 여행지도'가 나타났다!

'디지털 던전여행지도' 따라 파이썬 코딩 13단계 던전 여행을 하며 103개의 인공지능 퀘스트를 해결하는 여정을 완수하였더니, 디지털기계와 소통하는 능력 '코딩회화 실력'을 얻을 수 있었다. 또한 지도 속에 숨은 알파고의 원리와 인공지능을 잘 다룰 수 있는 스킬들에 익숙해져서 인공지능을 일꾼처럼 다룰 수 있는 자신감을 얻었다.

디지털 던전 탐험을 위한 준비물은 간단하다.


- **인공지능 코딩 실습에 컴퓨터 필요없다. 스마트폰으로 코딩 작성**
  스마트폰은 기능과 가치로 따지면 수억 원에 달하는 예전 기계들과 컴퓨터가 한 기계에 합쳐진 것과 같다. 작게 융합된 손 안의 컴퓨터인 스마트폰 덕분에 디지털과 대화하는 '코딩'이 손쉽기 때문에 굳이 컴퓨터를 살 필요가 없다.

- **복잡한 프로그램 개발환경과 프로그래밍 언어 '파이썬' 설치가 필요없다. 스마트폰 구글 '코랩' 사이트에서 실습**
  프로그래밍 언어는 알파고 만든 '파이썬' 최신 버전을 사용하며, 인터넷 사이트에서 바로 프로그래밍 언어 코딩 편집을 한다. 이를 위해 구글에 회원가입을 해야 한다.

- **컴퓨터(하드디스크) 없이 인터넷 클라우드 환경 '구글 드라이브'에서 데이터 업로드**
  사무실이나 집, 카페 등 어디에서 작업했던 동일한 환경으로 코딩작업과 작업데이터의 저장이 가능한 인터넷 클라우드 환경에서 코딩작업과 파일저장


제1부는 디지털 직업 스킬을 배운다. 스킬을 얻어서 성장하는데 도움되는 실습 툴을 아래와 같이 준비하였다.

- 대부분의 과제는 그래프나 그림으로 시각적으로 표현하여 이해도 높이고, 한글 그래픽 툴을 주로 사용

- 모든 코딩노트에 QR 코드를 만들어 스마트폰으로 즉시 코드 실습

- 초보자도 인공지능 코딩스킬 학습하도록 코드는 최대 쉽게 작성
  코드 작성에 익숙하도록 프로그램을 한글 시나리오처럼 작성해 영어로 번역한 후에 각각 영어문장을 압축해 '코드화'하는 방식으로 코딩스킬을 학습

- 매 과제의 코드는 5~10줄 이내로 짧게 하려고 노력
  서투른 영어로 용기내어 세계 배낭여행에 나서듯이, 디지털 소통언어 '파이썬'을 5줄 정도의 코드와 몇 개의 숙어같은 라이브러리만 외워서 스마트폰 들고 용감하게 디지털세상으로 나아가서 반갑게 인공지능과 만나다.

제2부는 디지털 직업을 얻어 일을 해결한다. 디지털 직업을 차례대로 전직하면서 다양한 퀘스트를 해결하며 힘을 얻고, 많은 경험을 한다.

- 컴퓨터 디지털기계의 기초개념부터 최신 인공지능 알고리즘까지 실습
  알고리즘 개념 등 설명이 필요한 것은 스스로 학습하도록 구글 검색 키워드 중심으로 작성

- 실전에서 바로 사용이 가능한 103개의 인공지능 코딩 과제
  과제별 코드노트를 마치 영어회화책의 대화장면들처럼 특정한 상황과 그림으로 작성하여, 독자들이 디지털과 대화하면서 코딩지식을 습득

- 코로나19 게놈분석, 진료소 위치, 지하철역 현황, 바이오리듬, 임대주택 맵, 산업 네트워크분석 등
  흥미있는 데이터 사용

- 인공지능 전문지식이 전문가만의 것이 아닌, 모두에게 유용하게 재분배되도록 오픈소스화하여 깃허브 등에 공개


크롬이 무엇인지 몰랐던 나는 크롱?으로 잘못 듣고, 만화영화 뽀로로 친구 공룡 크롱으로 오해했다. 그래서 크롬을 왜? 설치하라고 하지 하면서 인터넷에서 크롬 설치하는 방법을 검색하다가 포기하고는 결국 손 들고 "'공룡 크롱'을 어떻게 컴퓨터에 설치하나요" 하고 질문하니 다들 웃어서 당황했던 기억이 있다.

당신이 지금 구글 크롬을 처음 알게 되었더라도, 몇 년 전의 나와 같은 수준이니 걱정하지 마시고 크롬부터 알아나가면 된다. 이책은 크롬도 모르는 분들을 위해 만들었다.

앗! 크롬이 실제 공룡이다! 구글에서는 크롬을 홍보하기 위해서, 만화 뽀로로의 친구인 공룡 '크롱' 캐릭터와 비슷한 구글 크롬(공룡) 게임을 브라우저에 숨겨 놓았다. 스마트폰이나 컴퓨터가 인터넷에 연결되지 않은 상태에서 구글 크롬을 실행하면 작은 공룡이 장애물을 넘는 게임화면이 나타난다.

GAME OVER

인터넷에 연결되지 않음

다음을 시도:
- 네트워크 케이블, 모뎀, 라우터 확인
- Wi-Fi에 다시 연결
- Windows 네트워크 진단 프로그램 실행

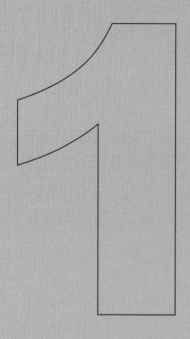

# 디지털 직업 스킬 얻기

# 스마트폰 가지고
# 디지털 던전(digital dungeon)
# 탐험하러 출발하자

---

## 1.1 코딩하고 싶은 세 가지 이유, '코딩 회화'란?

바둑천재 이세돌을 이긴 인공지능 알파고는 컴퓨터 프로그램이다. 알파고 같은 인공지능 프로그램을 개발하는 과정을 '프로그래밍[1]'이라 하고 프로그램을 구현하는데 사용되는 컴퓨터 언어 스킬을 '코딩[2]'이라고 한다. 우리가 외국인과 소통하기 위해 영어 회화능력이 필요하듯이 디지털 기계와 소통하며 일을 시키려면 디지털 언어능력 '코딩' 스킬이 필요한 것이다.

왜 코딩을 배워야 할까? 솔직하게 말하면, 왜 코딩하고 싶어할까 ?

첫째는 자신의 아이디어나 창의적인 발상을 '코딩'이라는 디지털기술로 구현해 볼 수 있고, 둘째는 디지털 기계와 소통하는 언어능력 '코딩회화' 스킬이 디지털 문명기엔 또다른 외국어 능력이며, 셋째는 인공지능에게 일을 시키기 위해서는 디지털기계와 '코딩'으로 의사소통해야 하기 때문이다. 인공지능 프로그램 코딩을 스킬로 가진다면, 혁신을 실제 생산, 실현해내는 수단을 가지게 되는 것이고, 진짜 혁신과 창의를 경험을 할 수 있는 것이다. 특히 우리가 인공지능에게 일을 시키려면 자기가 디자인한 인공지능 모델을 개발하고 학습시킬 수 있어야 하는데, 디지털 언어 능력 즉 '코딩회화' 스킬이 있다면 맞춤형 인공지능을 만들 수도 있는 것이다.

알파고를 만든 프로그래밍언어 '파이썬'으로 디지털세상과 소통한다. 외국어의 종류가 수십 가지인 것처럼 디지털기계의 언어인 프로그래밍 언어도 수 십 종류이다. 이중에서 인공지능 알파고를 만든 프로그램 언어 '파이썬'이 가장 강력하다. 파이썬은 영어와 거의 같은 형태로 되어 있어서, 초급 영어회화 실력으로도 코딩 문장을 이해할 수 있다.

---

1   '프로그래밍'은 컴퓨터가 부여된 명령에 따라 작동하도록 기계에 명령하는 방법을 개발하는 과정이다. 따라서 프로그래머가 되기 위해서는 기계프로그램의 원리인 알고리즘부터 컴퓨터에 명령을 부여하는 방법까지 컴퓨터 시스템이 제대로 작동하기 위한 다양한 기술을 다룰 줄 알아야 한다.

2   '코딩'은 인간과 기계의 의사소통을 용이하게 하는 디지털 언어스킬이다. 코딩은 기계가 이해할 수 있는 디지털 언어로 번역하여 기계에 명령을 내리는 프로그램을 구현하는 데 사용되는 언어 스킬로서 프로그래밍의 하위 기술이다. '코딩회화'란 디지털 언어로 디지털 기계와 소통하며 일을 시키는 디지털 언어능력이다.

## 1.2 디지털 세상과 유창하게 '코딩 회화'하기 위한 세 가지 무료 도구

### 디지털 세계와 소통하는 알라딘 램프, 손안의 컴퓨터 스마트폰 [NO 노트북]

디지털 기계와 '코딩'으로 의사소통하려면 노트북 같은 컴퓨터가 있어야 하지만, 웬만한 컴퓨터보다 성능이 좋은 스마트폰에서 구글 크롬 앱 '코랩'으로 코딩 회화 할 수 있다. 이 책은 스마트폰으로도 충분히 파이썬 프로그래밍을 실습할 수 있도 록 작성하였다. 지하철 등으로 이동하면서 스마트폰 코랩으로 코드를 수정하거나 결과물은 Google Drive라는 가상 서버에 저장된다. 스마트폰으로 코딩하려면 먼 저 크롬브라우저와 구글계정을 준비한다. 코딩 편집 도구 '코랩'을 크롬 브라우저 에서 실행한다.

### 구글 크롬과 클라우드 구글 드라이브, 뽀로로 크롱인 줄? [Google로 실습]

크롬 브라우저를 설치 실행한다. 비회원이면 구글 계정 을 만든 후에 로그인한다. 웹브라우저인 '구글 크롬'을 통해 인터넷 저장 공간인 클라우드를 사용한다. 클라우 드는 프로그램 소스코드나 데이터파일 등을 인터넷상 자기만의 저장공간에 저장하고 다운로드 할 수 있는 가 상공간으로 구글 드라이브, 깃허브를 사용할 수 있다.

### 코딩 편집 도구로 인터넷상 구글 코랩(Colab)으로 편집 [NO 파이썬 설치]

구글 코랩(Colaboratory, 이하 colab, 코랩)은 인터 넷상에서 사용이 가능한 웹 기반 프로그램 편집 사이 트이다. 구글 코랩을 사용하려면 크롬 브라우저 검색 창에서 코랩사이트 링크 https://colab.research. google.com/ 입력해서 시작페이지에 접속한다.

Colab을 사용하면 컴퓨터와 대화하듯이 프로그램을 작성할 수 있다. 마치 생활영어로 대화하는 것과 같다. Colab의 각 사이트 페이지는 코드를 작성하는 셀이라 는 줄이 그어진 노트같은 모양이라서 노트북이라고도 하며, 각각의 코랩 노트북 대화식 셀에 프로그램 코드

나 수식을 입력하면 바로 실행되어 결과가 다음 줄에 출력된다. 다만 구글코랩은 인터넷상 작업이므로 작업 후에는 코 드는 남지만, 실행 결과물이 삭제된다. 따라서 작업한 파일 등을 저장하려면 다운로드하여 개인PC 하드드라이브나 인 터넷상 저장공간인 구글 드라이브, 깃허브 등에 저장한다.

## 1.3 손 안의 코딩 회화도구 스마트폰으로 코랩(colab) 사용방법

컴퓨터와 대화하려면 영어 같은 '파이썬'이라는 프로그래밍 언어를 사용한다. 알파고를 만든 프로그래밍 언어 '파이썬'으로 코드를 작성하고 프로그램을 편집하고 실행시키려면 구글 코랩(colab)사이트를 이용한다. 구글 코랩(Colaboratory, 이하 colab)은 인터넷상에서 사용이 가능한 웹 기반 프로그램 편집 사이트이다.

### 1. 구글에 로그인하고 코랩 사이트 접속하기

코랩을 사용하려면 먼저 구글에 로그인해야 한다. 구글 비회원이면 구글계정 또는 지메일을 만든 후 로그인한다! 로그인한 상태에서 옆의 QR코드를 스마트폰으로 인식하거나, 크롬 브라우저 검색 창에서 코랩사이트 링크 (https://colab.research.google.com/) 입력해 새 코랩 노트 만들기 위해 시작페이지에 접속한다. 새 코랩 노트북 만들기가 안되면 아래 링크로 직접 들어간다. ( http://colab.research.google.com/#create=true )

### 2. 코랩 노트북 화면 생성하기

코랩에 들어가면 옆과 같은 시작 페이지가 뜬다. 하단의 새노트(new notebook) 버튼을 클릭해 새 노트북을 만든다. 새노트 창이 생성되고, 창의 상단에 새노트의 파일명은 자동으로 Untitled00.ipynb 으로 지정되었다. 노트북 파일 확장자 ipynb는 파이썬 파일을 의미하며, Untitled숫자는 자동으로 생성된다. 옆 화면의 Untitled3.ipynb [1]의 이름은 3번째 생성한 새노트라는 의미이다.

### 3. 셀 입력줄에 코드 작성과 실행

셀은 한 줄씩 작성하고 한 줄씩 실행하여 마치 컴퓨터와 카톡으로 채팅하듯이 코드를 작성한다. 작성된 그 줄의 코드 실행은 코드 입력셀 왼쪽 옆에 있는 실행아이콘( ▶ )을 누르면 실행된다. 결과가 다음 줄에 출력된다. 새 입력셀 추가는 상단의 +를 누른다. 자동으로 입력할 새 입력셀 줄을 추가하려면 shift+enter를 동시에 눌러서 실행시킨다.

### 4. 작업한 코드소스 파일저장

실시간 자동으로 구글드라이브에 저장되므로 그대로 화면 닫아도 코드는 저장된다. 다만 소스코드 파일은 자동 저장되지만 데이터와 실행된 결과물은 코랩이 종료되면 사라진다. 저장된 소스코드 파일은 다음에 다시 코랩 실행하면 시작페이지에 최근 사용파일 리스트에 일정 기간 동안은 보인다. 다시 작업하고 싶은 새노트 파일 목록을 화면에서 터치하여 바로 실행할 수도 있다.

*스마트폰 코랩 오류 발생시 : 구글 코랩은 구글의 안드로이드 스마트폰에 최적화되어있어, 아이폰에서는 가끔 오류가 날수도있다. 코랩 실행후 지도, 그래프 등이 보이지않으면 'Trust notebook' 오류로서 신뢰할 수 없는 HTML또는 folium 맵의 Javascript 실행이 차단된 것이므로 크롬과 코랩을 다시 실행하거나, 스마트폰 설정에서 Siri 검색, 받아쓰기 등 기능을 비활성화하면 충돌이 제거된다. 그래도 지도가 안보이는 등 스마트폰 코랩오류가 나면, 스마트폰 대신 노트북 등 pc의 크롬에서 스마트폰으로 실행한 코랩노트의 링크를 사용하여 실습 부탁드립니다.

---

1  새노트 파일명을 변경하려면, Untitled3.ipynb을 선택해 직접 변경하거나, 왼쪽상단 메뉴바에서 '파일' 〉 '이름 바꾸기' 메뉴로 파일이름 변경할 수 있다.

## 1.4 컴퓨터의 할아버지라고 할 수 있는 '에니악'으로 계산하면 펜실베이니아 시내 가로등과 신호등이 꺼진 이유는?

컴퓨터(computer)는 뜻 그대로 계산 기계라서 숫자 연산을 가장 잘한다. '에니악(ENIAC)'[1]은 대포나 폭탄의 탄도궤적, 적분계산 등 복잡한 계산에 사용한 전기로 움직이는 초기 전자계산기이다. 에니악이 수행한 수학계산은 인류가 그때까지 수행했던 것보다 더 많은 계산을 했다고 한다. 수학자가   탄도 궤적을 계산하는 데 7시간 이상 걸리는 것을 3초 만에 해내어 당시 언론에서 고급 수학자만이 가능했던 미적분 계산 등을 기계가 대신해 준다는 데 큰 이슈가 되었다. 다만 에니악은 가동되면 어마어마한 전력을 소모하여 시내 가로등과 신호등이 꺼질 정도였다고 한다. 왜냐하면 에니악이 약 1만 8천여개의 팔뚝만한 진공관으로 만들어졌기 때문인데, 옆 사진의 진공관 스위치 모듈 크기를 보면 규모를 알 수 있을 것이다. 지금은 손톱이나 머리카락보다도 작은 반도체칩으로 작아졌으니 신호등이 꺼질 염려는 하지 않아도 된다.

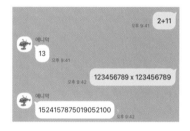

그러면 컴퓨터의 조상 중에 하나인 에니악을 만나서, 컴퓨터가 잘하는 일 연산을 시켜보자. 에니악에게 계산을 시키는 방식은 옆 그림처럼 카톡으로 숫자를 입력하면 상대로부터 계산한 결과를 출력받는 것과 같다. 마치 카톡으로 인공지능과 대화하는 것 같은 방식이다. 에니악에게 계산시키는 실습을 위해 코랩을 사용해보자

구글 코랩 코드 실습은, 먼저 구글에 로그인 한다! (꼭 잊지말자) 실습코드가 있는 코랩 노트북 사이트에 접속하려면 옆의 <u>QR코드를 스마트폰으로 인식하여 읽기전용으로 실행해보거나 메뉴에 '사본으로 저장하기'</u>를 통해 자기만의 사본 코랩노트를 만들어 수정할 수 있다. 크롬 브라우저 검색창에서 코랩사이트 링크 (https://colab.research.google.com/ ) 또는 새노트 링크 ( http://colab.research.google.com/#create=true )를 입력해 시작페이지에 접속한 후에 새 코랩 노트북 만들어서 코드 실습을 한다.

코랩 화면에서 키보드로 숫자2와 더하기 + 그리고 숫자 11을 입력한다. 노트북 셀 왼쪽의 실행아이콘(  )을 누르거나 shift+enter를 동시에 눌러서 실행시키자. 결과로 숫자 13 이 화면에 출력된다. 이번에는 복잡한 계산을 하자. 숫자 1234567890과 곱셈 * 그리고 숫자 1234567890을 입력하자. 그리고 실행시키면 결과로 1524157875019052100이 나온다. 코드 입력, 실행 결과가 카톡처럼 번갈아 셀이 생긴다. 실행아이콘의 자리는 [1]로 바뀌는데 1은 첫번째로 작성되어 실행된 코드 셀 번호이다. 코드 입력셀이 추가될수록 숫자가 늘어난다. [ ]이 [1]로 바뀌는데 1은 첫번째로 실행된 코드 결과값을 뜻한다. 코드 입력셀이 추가될수록 숫자가 늘어난다. 컴퓨터도 수학 연산 부호는 뺄셈은 마이너스 기호 (-), 곱셈은 별 기호(*)를 써서 간단히 해보고, 나눗셈은 빗금 기호(/)를 사용한다.

---

1   전자식 숫자 적분 및 계산기(Electronic Numerical Integrator And Computer; ENIAC, 에니악)는 1946년 초기 전자 컴퓨터이고 진공관 개수 : 약 18,000여개로 구성되어 총 중량 : 약 30여t에 약 30여평의 아파트 한 채를 꽉 채울 정도의 규모였다. 작동 전력 : 150kw로 가동 되었을 때, 펜실베이니아 시내에 있던 가로등이 모두 희미해지고, 거리의 신호등이 꺼질 정도로 어마어마한 전력을 소모하였다

## 1.5  디지털 기계인 컴퓨터가 0과 1 두 개 숫자만 사용하여 수치나 데이터 나타내는 이유는 무엇일까?

사람에 비해서 컴퓨터는 자기가 이해할 수 있는 것이 0과 1의 2개 숫자뿐이다. 0과 1 숫자 두 개만으로 표현하는 2진수 binary code를 디지털이라고 한다. 디지털은 숫자나 문자도 01101, 빛이나 소리도 010101, 영상이나 그림도 0111010 등 모든 정보를 0과 1로 된 숫자로 입력, 저장, 처리, 출력하여 실제 세상을 가상 디지털 세상으로 모두 표현할 수 있다.

디지털 신호는 현재까지는 0,1 2진법 수들의 나열이며, 컴퓨터 내부에서 처리하는 숫자도 현재까지는 2진수이다. 영화 '매트릭스' 속 디지털 세상처럼 디지털 세상은 0,1 이라는 2개의 비트로 표현되고 구성되어 있는 것이다. 이처럼 디지털은 코드가 2개로 간단하며 공유가 쉽고 해석도 용이하여 컴퓨터 분야에 널리 사용되고 있는 것이다.

디지털 기계인 컴퓨터가 0,1 2진코드만 이해할 수 있는 것은 컴퓨터는 전기로 움직이는 기계이기 때문이다.

전기는 흐르거나 안 흐르는 상태를 가지며, 인간이 조절할 수 있고 속도도 빛의 속도로 빠르다. 최초의 전자컴퓨터 '에니악'은 진공관 스위치에 전류가 흐르는 상태인 1과 안 흐르는 상태인 0의 상태를 구현하기 위해 진공관 스위치를 설정하고 전선 케이블을 연결하는 방식으로 만든 것이다.

요즘 컴퓨터는 진공관 대신 전기가 흐르거나 안 흐르는 실리콘 기반 CMOS 트랜지스터 반도체의 특성을 활용해 트랜지스터 (스위치) 반도체를 사용한다. 옆 그림의 반도체칩[1] 은 검은 몸체의 양쪽에 8개의 다리가 달려 있다. 반도체칩의 다리를 핀(pin)이라고 하며, 각 핀은 전압이 있거나(보통 +5V), 전압이 없거나(0V) 두 가지 상태를 갖고 이를 0,1 2진 코드로 하는 것이다.

컴퓨터의 내부는 이런 반도체들로 구성된 회로로 되어 있어 인공지능 컴퓨터라도 전류가 흐르거나 안 흐르는 반도체 특성상 2진 디지털 코드만 이해하는 것이다. 다만 최근에 3진법을 구현하는 반도체나 인공지능을 하드웨어로 구현한 뉴로모픽 반도체가 개발되어, 2진법을 벗어나서 인간의 DNA처럼 4진법까지 발전할 수 있을지도 모를 일이다.

---

1  반도체는 마치 스위치가 올라가면 1, 내려가면 0으로 되는 스위치 구조처럼 되어 있다. 컴퓨터가 이해하는 두 가지의 디지털 값 즉 0과 1을 입력해 하나의 값을 출력하는 회로가 모여 만들어진 것이다. 컴퓨터 내부 기계는 트랜지스터(반도체, 집적회로) 같은 반도체 칩 전자 소자들이 모두 2진수로 작동하는 디지털시스템이기 때문이다. 반도체 소자가 진공관처럼 신호를 증폭하는 증폭기 및 교류를 직류로 변환해 on/off 스위치 역할을 해서 전압이 있을 때는 1, 전압이 없을 때는 0으로 인식하는 것이다.

## 인간도 디지털 코드로 표현할 수 있는가?

인간의 유전정보를 담고 있는 DNA는 디지털 코드는 아니지만 아
데닌(A) 구아닌(G) 시토신(C) 및 티민(T)의 네 가지 화학 염기로 구
성된 코드 즉 4개 bits로 된 핵산 코드로 구성되어 있다. 디지털 기
계인 컴퓨터가 0,1의 2개 bit로 구성되었지만, 요즘의 인공지능 컴
퓨터로까지 발전하였듯이, 2개만으로 구성되어 있다고 무시할 수

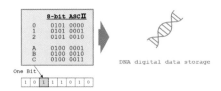

DNA digital data storage

는 없다. 사실 인간도 A, T, G, C라는 4개의 염기로 구성되어 있는 4진수[1] 데이터 덩어리라고 할 수 있지 않을까? 요
즘 연구에서는 0,1 디지털 데이터를 반도체가 아니라 4개 염기로 구성된 DNA 속에 데이터를 저장하는 연구도 활발하
게 진행되고 있다.

인간인 우리는 숫자를 0부터 9까지의 10개 종류의 숫자 코드로 10진법[2] 으로 셀 수 있다. 2진법은 숫자 0,1을 사용해
서 수를 나타내는 것이다.

**10진수의 2진수 표현**

| 10진수 | 1 | 2 | 3 | 4 | 5 | 6 | 7 | 8 | 9 |
|--------|---|----|----|-----|-----|-----|-----|------|------|
| 2진수 | 1 | 10 | 11 | 100 | 101 | 110 | 111 | 1000 | 1001 |

2진수 계산 과정을 살펴보자.

$$2^3 \quad 2^2 \quad 2^1 \quad 2^0$$

$$1 \quad 1 \quad 0 \quad 1$$

$$\downarrow$$

$$8 \quad 4 \quad 0 \quad 1$$

$$\downarrow$$

$$13$$

10진수 1은 2진수로 1, 10진수 2는 2진수로 10, 10진수 3은 2진수로 11이다. 10진수
덧셈 2+11은 2진수 덧셈으로 표현하면 10+1011이다.

2진수 계산은 낮은 자릿수부터 2의 거듭제곱 순서로 실행한다(20부터 시작). 첫번째 자
리에는 0과 1이 합쳐지므로 1이고, 두번째 자리에는 1,1이 합쳐져서 2가 되어 한자리 올
라가서 10이 되고, 세번째 자리 0에 1이 합쳐서 1이 되고, 네 번째 자리는 1은 그대로 된
다. 결국 2진수 0b 접두어와 1101이 된다. 이를 10진수로 변환하려면 자릿수를 2의 거
듭제곱하고 더하면 8 + 4 + 0+1 = 13이 되어 10진수로 덧셈한 것 같이 되는 것이다.

2진법 컴퓨터가 10진법으로 계산하는 듯 보이지만, 실제는 컴퓨터가 이해하는 유일한 숫자인 0과 1의 2진법으로 계산
하고 화면에 나타낼 때 10진수로 변환해서 나타내는 것이다. 컴퓨터가 2진법으로 계산하는 방법을 코랩으로 실습해 보
자.

---

1 인간도 디지털 코드로 표현할 수 있는가? 인간의 유전정보를 담고 있는 DNA는 디지털 코드는 아니지만 아데닌(A) 구아닌(G) 시토신 (C) 및
티민 (T) 의 네 가지 화학 염기로 구성된 코드 즉 4개 bits로 된 핵산코드로 구성되어 있다. 인공지능 디지털 기계가 0,1의 2개 bit로 되어
있듯이 인간은 A,T,G,C라는 4개로 구성되어 있다.

2 진법 숫자는 0부터 센다. 만약 열 손가락을 넘는 숫자 10을 셈하려면 열 손가락을 다 사용했기 때문에 십의 자리에 1을 올림하고 일의 자리
에 0을 넣어서 10으로 세는 것이다. 손가락이 10개이기 때문에 10진법이 익숙한 것이라고 할 수도 있다.

**(코드실습) 컴퓨터가 2진법으로 계산하는 방법을 코드 실습해 보자**

먼저 코드 입력, 실행, 결과 출력은 마치 카톡 대화하듯이 작성하면 된다.

한글로 '**2진수로 표현해 10진수 2+11**' 한글 문장을
구글 번역기를 사용해 번역하면, 'In binary, the decimal number 2+11' 이다.

해석된 영어 문장 명령어를 단축해 '코딩화'하면 bin(2+11)이다.
* *bin() 명령어는 () 안에 있는 10진수 정수를 《0b》가 앞에 붙은 2진수 문자열로 변환하는 것이다. 영어 단어에 붙인 ()는 영어 단어가 실행하는 명령어임을 의미한다.*

코랩 화면에 bin(2+11) 입력하고 실행하면, '0b1101' 2진수가 출력된다.

 * 0b 접두어는 1101숫자가 10진수 1101이 아니라 2진수 1101임을 나타내며, 감싼 ''는 문자열을 의미한다.

한글로 '2진수로 표현해 10진수 1524157875019052100' 한글 문장을 구글 번역기를 사용해 번역하면, 'In binary, the decimal number 1524157875019052100' 이다.
해석된 영어 문장 명령어를 단축해 '코딩화'하면 bin(1524157875019052100)이다. 코랩 화면에 bin(1524157875019052100) 입력하고, 실행하면 0b1010100100110111001011000001100010010000111111111010001000100 2진수 0b 접두어와 2진수가 출력된다.

**아래는 코랩 화면에서 코드를 입력, 실행, 화면출력한 것이다.**

[1]  bin(2+11)

⤷  '0b1101'

[2]  bin(1524157875019052100)

⤷  '0b1010100100110111001011000001100010010000111111111010001000100'

## 16진수를 사용하는 이유는?

옆의 표는 2진수로 표현되는 모든 숫자들로 표에서 보면 binary 0100은 hexadecimal 값이 4이고, 1111은 f임을 알 수 있다. 2진수로 01001111 은 자리수를 8자리나 차지하고 있지만 16진수로는 4f 2자리 메모리만으로 도 충분하다. 16진수는 2진수보다 자리수를 대폭 축소해 메모리를 절약할 수 있고, 반도체 제조 특성에 따라 반도체칩의 다리가 8개 또는 16개임으로 8진수 또는 16개 숫자와 알파벳을 하나의 칩에 담을 수 있다. 그래서 디지털은 2진수 코드를 압축한 16 진수를 많이 사용한다. 이처럼 <u>디지 털은 코드 변환으로 메모리 사용량 을 줄일 수도 있고, 메모리 설치를 늘려서 손쉽게 데이터 저장용량을 늘릴 수도 있다.</u>

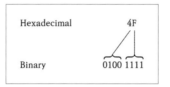

| Decimal | Binary | Hexadecimal |
|---|---|---|
| 0 | 0000 | 0 |
| 1 | 0001 | 1 |
| 2 | 0010 | 2 |
| 3 | 0011 | 3 |
| 4 | 0100 | 4 |
| 5 | 0101 | 5 |
| 6 | 0110 | 6 |
| 7 | 0111 | 7 |
| 8 | 1000 | 8 |
| 9 | 1001 | 9 |
| 10 | 1010 | A |
| 11 | 1011 | B |
| 12 | 1100 | C |
| 13 | 1101 | D |
| 14 | 1110 | E |
| 15 | 1111 | F |

* bin() 명령어는 ()안에 있는 정수를 《0b》가 앞에 붙은 2진 문자열로 변환하는 것이다. int() 명령어는 16진수 문자열 을 진수 16을 사용해서 정수로 변환한다. ()안의 숫자나 문자열을 정수로 만든다. 문자열 뒤에 붙은 숫자 16은 16진수 임을 의미한다. 10진수는 표시하지 않는다. hex() 명령어는 ()안의 정수를 《0x》 접두사가 붙은 소문자 16진수 문자열 로 변환한다. 16진수f 앞 0x와 감싼 ' '는 문자 f와 구분하기 위해 16진수임을 나타낸다.

## 코드 작성 및 코드 해석방법

프로그램 코드를 작성하기 위해 설계도인 '알고리즘'을 구상하고 설계도 순서대로 코드를 작성해야 한다. 하지만 이 장 에서는 컴퓨터와 대화하는 방법부터 배운다. 카톡으로 대화하듯이 대화 명령문을 한글로 작성하고 **한글명령어를 영어 로 번역하고 영어문장을 압축하여 코드화한다.**

**이 과정을 단계별로 표현한 코드작성 순서인 Program coding flownote로 영어회화하듯이 컴퓨터와 코딩회화하는 실습을 한다.**

1단계, 생활영어의 한 장면처럼 회화문장을 한글 명령어 순서대로 작성한다.
2단계, 한글 회화문장을 구글 영어로 번역하고,
3단계, 영어문장을 컴퓨터가 이해하는 파이썬 명령어로 축약하면 코드가 작성된다.

종전에는 영어문장 아래 한글 주석을 달듯이 컴퓨터 코드 한줄마다 한글 주석을 달아놓으면 편리하게 코드를 이해하였 다. 이 책에서는 주석 형태가 아니라 한글명령어로 컴퓨터와 대화하듯이 코드를 작성한다. 컴퓨터에 명령하는 습관을 익히고, 반대로 코드가 이해가 안되면 한글명령어 대화록만 살펴보아도 코드를 해석하기 쉽기 때문이다.

또한 다음 챕터부터는 한글 명령어 순서도를 만든다. 한글로라도 프로그램 명령어 순서도 또는 알고리즘을 만들어 영어 에 익숙하지 않은 사람이라도 인공지능에게 명령하는 프로그래밍 순서도 작성 습관을 익히도록 한 것이다.

## Program coding flownote 한글 명령어를 영어로 번역한 코드 작성 순서노트

1) 생활영어처럼[1][2][3]단계별로 차례대로 실행되는 한글 명령어 순서도 작성한다.

| 파이썬하고 대화하듯이 명령 순서도 작성 |
| --- |
| [1] 2진수로 계산해 10진수 2 +11을 |
| [2] 2진수로 표현해 10진수 1524157875019052100를 |
| [3] 십육진수로 변환해, 2진수1001111을 |

2) 한글 프로그램 순서도를 구글 번역으로 영어로 번역한다.

| 한글 코드를 구글 번역한 영어 문장을 한 행씩 압축해 코딩화한다 |
| --- |
| [1] Calculate in binary and get the decimal 2 +11 |
| [2] Expressed in binary, the decimal number 1524157875019052100 |
| [3] Convert to hexadecimal, binary 1001111 |

3) 컴퓨터가 이해하는 파이썬 명령어로 축약해 코딩화한다.

| 코딩화한 각 셀을 ▶ 또는 Shift+Enter 눌러 한 행씩 실행한다 |
| --- |
| [1]  bin(2+11) |
| ↳  '0b1101' |
| [2]  bin(1524157875019052100) |
| ↳  '0b1010100100110111001011000001100010010000111111111010001000100' |
| [3]  hex(0b1001111) |
| ↳  '0x4f' |

 (구글 코랩 노트북으로 실습하려면)
크롬 브라우저 검색창에서 코랩사이트 링크 (https://colab.research.google.com/ )
입력해 새 코랩 노트북 만들기 위해 시작페이지에 접속한다. 또는 이미 코드가 작성되어 있는 노트북
으로 실습하려면 옆의 QR코드를 스마트폰으로 인식하여 실행해 코드 수정해 본다.

# 1.6 화성과 지구 사이에 문자메시지 보내는 비밀, 디지털 코드 ASCII와 통신 Network

영화 〈마션〉에서 화성에 남겨진 우주인 '와트니'가 지구와 문자로 통신하고 있다. 화성과 지구 간에 거의 실시간으로 문자를 어떻게 통신할 수 있을까?

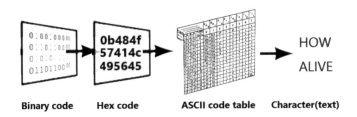

첫째는 사무실 전등스위치 올리면 순식간에 모든 전등이 동시에 켜지듯이 지구와 화성 간에 거의 빛의 속도로 데이터를 주고 받을 수 있는 마치 전선 호스(Electric wire hose) 같은 무선 통신 네트워크가 연결되었기 때문이다.

둘째는 문자데이터를 코드화하여 보냈기 때문이다. 다만 0,1 2진숫자로 코드화한 게 아니라, 0부터 9까지 10개의 숫자와 A부터 F까지 6개 알파벳문자를 합친 16개 코드만으로 만든 16진수 코드로 영어 문자메시지를 코드화하여 지구와 문자로 통신한 것이다.

그런데 컴퓨터는 0과 1 숫자 밖에 모르는데, 어떻게 영어알파벳 문자를 인식할 수 있을까 ?

엄밀하게 말하면 컴퓨터가 영어 알파벳 문자를 인식하는 게 아니라, 각 문자에 매칭된 숫자로 인식하는 것이다.
마치 스파이가 암호문을 보낼 때 암호표가 있어야 서로 해석할 수 있는 문자를 찾는 방식이다.

영어 문자와 숫자를 코드화하는 암호표로는 세계의 문자 테이블 약속인 '미국 표준 문자코드(ASCII)'[1] 가 있다.
아스키 코드(ASCII Table)는 영어 알파벳과 숫자 128개 종류를 10진수로는 0번부터 127번까지만 사용하여 영어 알파벳과 숫자 128개가 할당되어 있고, 16진수로도 128개 각각 16진수로도 매칭되어 있고, 이를 0,1 2진수로도 매칭할 수 있어서 결국 컴퓨터는 사람의 영어알파벳과 숫자를 아스키 코드로 해석하여 0,1 디지털로 이해할 수 있는 것이다.

16진수는 숫자와 영어 알파벳 16개를 조합해서 문자를 만드는 것으로, 화성 우주인 '와트니'가 통신안테나 카메라 주위로 0, 1, 2, 3, 4, 5, 6, 7, 8, 9, A, B, C, D, E, F 순서로 16개 숫자와 문자를 배치하고 카메라가 가리킨 숫자와 문자 16개만으로 ascii code에서 알파벳을 찾아 메시지를 해석하는 방법이다.

ASCII코드표에서 문자 H와 매칭되는 16진수 숫자를 상단에서 찾으면 4이고 좌측에서는 8이므로 조합한 48이 문자 H를 나타내는 것이고, 이 방법이 문자를 16진수로 인코딩하는 것이다. 다만 사람이 이해하는 문자 'H'를 디지털 언어와 연결해 주는 약속 체계인 아스키 코드에서 48은 16진수이고, 이것을 다시 0100001 2진수 비트로 표현해 기계가 이해하는 디지털 언어로 변환한다.

---

1   ASCII는 7개 비트를 사용하여 문자를 표현하며, 상위 3비트는 존(Zone) 비트, 하위 4비트는 2진수 비트를 조합하여 10진수 0~9와 영어 대문자, 소문자와 특수문자 등을 표현할 수 있다. 이렇게 알파벳에 숫자 번호를 부여하여 인식하는 세계의 약속인 문자테이블이 ascii code테이블이다.

아래 그림은 코드 실습을 카톡 화면처럼 구성한 것이다.

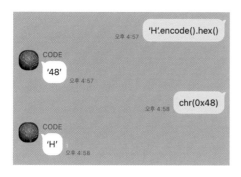

'문자 H를. 16진수로 인코딩 해'를 구글 번역하면 The letter H. Encode it in hexadecimal이고, 이를 단축해서 코딩화하면, 'H'.encode().hex()이다.

'인코딩encode()'은 기계가 알아보게 디지털언어로 코딩하는 것이고, '디코딩decode()'은 반대로 인간이 알아보게 문자로 코딩하는 것이다. 명령어가 실제 동작하게 하려면 encode()로 뒤에 ()괄호를 붙여서 단순히 encode라는 영어 문자와 구분한다. ()괄호는 ()안에 담긴 것으로 실행하라는 것이다. ' '로 묶는 이유는 여러 글자가 문자열로 입력될 때도 하나로 작동하기 위해서이다.

encode() 명령어앞에 . 은 명령어 구분자이다. hex()는 16진수로 변환하라는 명령어이다. '16진수 48을 문자화 해' 를 구글 번역하면 Characterize hexadecimal 48 이고, 이를 단축해서 코딩화하면 chr(0x48)이다. chr() 명령어는 2진수, 16진수를 character ASCII code 문자로 변환해 주는 것이다. chr(0x48)은 16진수 48을 아스키 코드로 변환하면 H가 되고, chr(0b1001000)은 2진수를 변환하는 것이다.

## 컴퓨터는 문자열(string) 또는 문장(sentence)을 어떻게 인식하고 표현할까?

0과 1의 2가지 숫자만 인식하는 디지털컴퓨터가 문자열, 문장을 인식하는 방식은 각각의 알파벳 문자의 고유 코드번호를 연산자 (+) 사용하여 이어 붙여서 문자열을 인식하게 하는 것이다.

가령 문자열 HOW를 자판에 입력한다면 컴퓨터는 각각의 문자 H와 O와 W를 16진수 48, 4f, 57로 변환해서 각각을 더하기부호(+)로 이어 붙인 것으로 인식하고, 이를 다시 0,1인 2진수 문자로 변환해 같은 방식으로 인식하는 것이다.

## Program coding flownote 한글 명령어를 영어로 번역한 코드 작성 순서노트
생활영어처럼 [1][2][3]단계별로 실행되는 한글 명령어 순서도 작성한다.

| (1단계) 파이썬하고 대화하듯이 명령 순서도 작성 |
| --- |
| [1] 문자 H 를. 16진수로 인코딩 해 |
| [2] 16진수 48을 문자화 해 |
| [3] 문자열 HOWALIVE 를. 16진수로 인코딩 해 |
| [4] 문자화. 16진수48과 4f, 57, 41, 4c, 49, 56, 45을 |

한글 프로그램 순서도를 구글 번역으로 영어로 번역한다.

| (2단계) 구글 번역한 영어 문장을 한 행씩 압축해 코딩화한다 |
|---|
| [1] The letter H. Encode it in hexadecimal |
| [2] Characterize hexadecimal 48 |
| [3] String HOWALIVE. Encode it in hexadecimal |
| [4]Characterization. Hexadecimal 48 and 4f, 57, 41, 4c, 49, 56, 45 |

컴퓨터가 이해하는 파이썬 명령어로 축약해 코딩화한다.

| [3단계] 코딩화한 각 셀에서 코드를 Shift+Enter 눌러 한 행씩 실행한다 |
|---|

```
[1]  'H'.encode().hex()
```
```
'48'
```
```
[2]  chr(0x48)
```
```
'H'
```
```
[3]  'HOWALIVE'.encode().hex()
```
```
'484f57414c495645'
```
```
[4]  chr(0x48)+chr(0x4f)+chr(0x57)+chr(0x41)+chr(0x4c)+chr(0x49)+chr(0x56)+chr(0x45)
```
```
'HOWALIVE'
```

(구글 코랩 노트북으로 실습하려면)
크롬 브라우저 검색창에서 코랩사이트 링크 (https://colab.research.google.com/ ) 입력해 새 코랩 노트북 만들기 위해 시작페이지에 접속한다. 또는 이미 코드가 작성되어 있는 노트북으로 실습하려면 옆의 QR코드를 스마트폰으로 인식하여  실행해  코드 수정해 본다.

## 1.7 컴퓨터가 기억한다는 의미는 뭘까? 전기는 사라지는데 어떻게 0,1전기 신호로 된 디지털 데이터를 저장할까?

'에니악'컴퓨터는 계산 장치만 있는 계산기기(calculator processing)라서 계산하고 전원이 꺼지면 그 결과값이 지워지는 전자계산기이다. 진짜 전기로 작동하는 계산 기능만 있는 계산기이다! 후속 제품인 '에드박'(EDVAC)[1]은 계산기에 기억장치(記憶, memory)를 붙여서 계산 결과가 사라지지 않고 저장된다. '에드박'은 기억장치를 가진 것이고, 드디어 컴퓨터가 기억능력도 있는 뇌를 가지게 된 것이다. 컴퓨터의 기억장치로 많이 사용하는 것은 과거에는 종이부터 자기테이프, CD, 자기장 하드디스크 등이 있었고, 요즘은 플래시 메모리 반도체[2] 를 많이 사용한다. 비휘발성 플래시메모리 반도체가 0,1 2진 디지털 코드를 전기적으로 저장하는 원리는 전기의 구성요소인 전

자를 머금을 수 있는 반도체 특성을 활용해서 반도체 내부에 전하 또는 이온으로 0,1상태로 데이터 저장하다가, 다시 전기를 통하면 0과 전하가 있는 1이라는 상태 그대로 디지털 데이터가 활성화되는 것이다.

**컴퓨터가 데이터를 '기억'한다는 것은** 컴퓨터의 '메모리 반도체'에 전기적인 신호를 이용해서 0과 1인 디지털 값으로 '표현해서 저장'하는 것이다. 이를 '컴퓨터가 기억'한다고 하는 것이다.

이렇게 데이터를 기억(記憶) 하는 메모리를 변수(variable)라고 한다. 하지만 코딩단어 '변수'는 수학에서 의미하는 '변하는 값인 변수(變數)'를 뜻하는 것은 아니라 '위치가 변하는 컴퓨터 기억장소, 데이터 저장위치 메모리_변수명'을 줄인 말이다. 컴퓨터에서 데이터가 담긴 그릇인 메모리(memory)의 위치가 수시로 변하기 때문에 그 위치를 잊지 않기 위해 메모리속 <u>0,1 디지털 망망대해에서 위치가 계속 변하는 배에 이름 붙이듯이</u> 메모리_변수명(variable name of memory)이라고 이름 붙이고 데이터를 담는 것이다. 이는 마치 0,1로 2진 숫자로 이뤄진 디지털의 망망대해 위에서 작은 그릇이 디지털 전기의 흐름에 따라 움직이는 것과 같다.

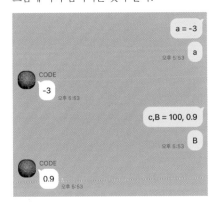

즉 메모리_변수명(변수 이름, 변수 등과 함께 사용)은 데이터인 숫자, 문자, 문장, 파일 등 모든 정보를 기억하고자 정보를 잠시 담아놓는 메모리 그릇이며, 그곳에 이름을 붙이고 나중에 변수이름을 부르면 변수 그릇에 담긴 데이터를 가져온다. 그곳에 저장된 데이터를 잘 가져오기 위해 영어 이름을 붙인 것이다. 대입 연산자(=)는 왼쪽 변수명에 오른쪽 데이터를 담는다(할당)는 의미이다. 옆 카톡 그림은 코드 작성 모의실습 화면을 카톡 화면처럼 구현해 본 것이다. 첫번째 줄의 의미는 변수 이름 a라는 그릇을 만들면서 -3 값을 담는다. 변수 이름 a를 입력한 뒤 엔터키를 누르면 변수에 저장된 값이 출력된다.

---

1 에드박 (EDVAC:*Electronic Discrete Variable Automatic Computer*) 기억장치를 사용하는 에드박은 이름 속에도 *variable* 글자를 사용하게 된 것이다.

2 플래시 메모리(*flash memory*) 반도체는 전원이 끊겨도 데이터를 보존한다. 전기적으로 데이터를 지우고 다시 기록할 수 있는(*electrically erased and reprogrammed*) 기능을 활용해 오랜동안 데이터를 저장하는 비휘발성 컴퓨터 기억 장치를 말한다. 휴대전화, *USB* 드라이브 등 휴대형 기기에서 요즘은 컴퓨터 하드디스크를 대체하는 대용량 정보저장 용도로 사용된다.

## 변수로 작성된 수학 방정식을 만들어 코드로 사용해 보자

sum=a+b+c 수학방정식을 컴퓨터 코드로 해석하면, 변수 a,b,c에 각각 저장된 값을 덧셈+한 값을 sum 변수에 저장하라는 명령이다.

변수 a,b,c에 -3,100,0.9 각각의 값을 저장한다. a+b+c 계산을 실행하고 그 값을 sum에 저장하면 sum변수에는 97.9라고 값이 저장된다. 다시 a와 b,c에 다른 숫자를 넣어서 a+b+c 를 반복 실행시키면 반복 계산하여 다른 값이 저장된다. 데이터를 변수에 저장하는 이유는 나중에 그곳에 저장된 정보를 잘못 가져오지 않기 위해서다. 변수명으로는 영어문자, 숫자, 밑줄 문자(_)로 구성되며 문자나 밑줄 문자로 시작한다. 변수 이름을 sum 이라는 영어 변수명으로 사용하는 대신 한글로 '변수aBc합_기억해'라고 한글 변수명을 사용해도 되지만, 가급적 영어로 변수 이름을 작성해야 기계 오류가 발생하지 않는다.

### Program coding flownote 한글 명령어를 영어로 번역한 코드 작성 순서노트

생활영어처럼 [1][2][3]단계별로 실행되는 한글 명령어 순서도 작성한다.

| (1단계) 파이썬하고 대화하듯이 명령 순서도 작성 |
| --- |
| [1] 변수명 'a'에 대입 연산자 =를 사용하여 값 -3을 담아 |
| [2] 변수명 'a' 값은 |
| [3] 변수명 'c','B'에 담다, 값 100과 0.9을 |
| [4] 변수명 'B' 값은 |
| [5] 변수명 '변수a와변수B그리고변수c의합'에 담다, 변수명'a' 더하기 변수명'B' 더하기 변수명'c'값을 |
| [6] 변수명 '변수a와변수B그리고변수c의합' 값은 |

한글 프로그램 순서도를 구글 번역으로 영어로 번역한다.

| (2단계) 구글 번역한 영어 문장을 한 행씩 압축해 코딩화한다 |
| --- |
| [1] The variable name'a' contains the value -3 using the assignment operator = |
| [2] The value of variable name'a' |
| [3] Put in variable names'c','B', values 100 and 0.9 |
| [4] The value of variable name'B' |
| [5] Put in the variable name '변수a와변수B그리고변수c의합', add variable name'a' plus variable name'B' plus variable name'c' |
| [6] The value of the variable name '변수a와변수B그리고변수c의합' |

컴퓨터가 이해하는 파이썬 명령어로 축약해 코딩화한다.

[3단계] 코딩화한 각 셀을 ▶ 또는 Shift+Enter 눌러 한 행씩 실행한다

```
[1]   a = -3

[2]   a
⊳     -3

[3]   c,B=100,0.9

[4]   B
⊳     0.9

[5]   변수a와변수B그리고변수c의합 = a + B + c

[6]   변수a와변수B그리고변수c의합
⊳     97.9
```

 (구글 코랩 노트북으로 실습하려면)

크롬 브라우저 검색창에서 코랩사이트 링크 (https://colab.research.google.com/ ) 입력해 새 코랩 노트북 만들기 위해 시작페이지에 접속한다. 또는 이미 코드가 작성되어 있는 노트북으로 실습하려면 옆의 QR코드를 스마트폰으로 인식하여 실행해 코드 수정해 본다.

# 2

## 파이썬 던전

STEP

# 컴퓨터언어 '파이썬'에도
# 숙어와 문법이 있다. 코드 숙어
# 몇 개만 암기해 코딩 회화하자

---

컴퓨터 내부엔 0,1 2진수 디지털이 태평양만큼 존재한다.
디지털만 존재하는데, 어떻게 한글을 이해할 수 있을까?

로봇Wall-E와 채팅하듯 말을 걸자. 내 이름을 기억하게 말을 걸고, 질문하고 답변하자

로봇Wall-E는 어떻게 수많은 정보를 기억할까?
컴퓨터가 데이터 잘 찾도록 색인 있는 데이터 담는 변수박스 만들자

컴퓨터는 반복 노가다를 잘한다. 알고리즘 흐름도 따라 코드를 작성해보자. 덕분에 한글쓰기가 편리하다.
인간이 한글 쓰려면 1만여개 한글문자 리스트에서 코드숫자 찾는 것을 반복하는 생고생을 해야 한다

컴퓨터가 의사결정을 잘한다는 의미는?
문어, 햄버거, 딸기 등 이모티콘을 선택하는 '스티커 자판기'를 만들어 보자

5초 동안 카운트 다운하며 과일을 던지다가 5초 후에 폭탄을 던지도록 타이머를 조작하자.
연속된 숫자(정수) 리스트를 만들자

코드 덩어리에 이름 붙여 부르면 기능을 자동 수행한다.
비만 여부를 체크하는 신체 질량지수 측정 코드 덩어리에 이름 붙여서 함수 만들기

내가 코로나19에 걸렸을까? 코로나19 양성 여부를 판단하는 자가검사 함수 만들기,
COVID-19 감염 여부를 스스로 체크할 수 있는 증상 문진 프로그램을 만들어 보자

한글이 컴퓨터 프로그래밍 언어로 가능할까? 한글함수() 만들어 동사처럼 실행하기,
김포평야 측량해 면적 계산한 결과값 소수점 반올림하기. 컴퓨터 내부엔 2진수만 존재하는데,
한글로 코딩을 할 수 있을까?

## 2.1 컴퓨터 내부엔 0,1 2진수 디지털이 태평양만큼 존재한다. 디지털만 존재하는데, 어떻게 한글을 이해할 수 있을까?

컴퓨터 내부엔 디지털 0,1 2개의 숫자만 존재하는데, 한글을 이해할 수 있을까?

| | 0 | 1 | 2 | 3 | 4 |
|---|---|---|---|---|---|
| UNICODE: AC0 | 가 | 각 | 갂 | 갃 | 간 |
| UNICODE: AC1 | 갅 | 갆 | 갇 | 갈 | 갉 |
| UNICODE: AC2 | 갊 | 갋 | 갌 | 갍 | 갎 |
| UNICODE: AC3 | 갏 | 감 | 갑 | 값 | 갓 |
| UNICODE: AC4 | 갔 | 강 | 갖 | 갗 | 갘 |
| UNICODE: AC5 | 같 | 갚 | 갛 | 개 | 객 |
| UNICODE: AC6 | 갞 | 갟 | 갠 | 갡 | 갢 |
| UNICODE: AC7 | 거 | 걱 | 걲 | 걳 | 건 |

ASCII 코드표가 영어 알파벳과 숫자 등 128개 값만 표현할 수 있기 때문에 세계 모든 문자를 표현하기 위해 유니코드 표가 제정되었다. 한글은 유니코드(UTF-8, CP949 등) 사용하여 한글 코드표에서 한글의 한 글자를 1:1 매칭해서 한 글이라는 캐릭터를 표현하는 것이다. 컴퓨터가 한글을 알아듣는 것처럼 하지만, 사실은 인간이 입력하는 한글 음절문 자 '가'를 컴퓨터는 그대로 인식하지 않고, 10진수 코드로는 44032로 16진수로는 AC00로 최종적으로는 컴퓨터가 이 해할 수 있는 디지털 숫자 2진수 코드 1010110000000000으로 인식하고 유니코드표에서 이와 매칭되는 '가'라는 문 자를 화면에 출력하는 것이다.

한글 문자 '가' 등 한개의 문자(one-character string)를 2진수, 10진 수, 16진수 등 기계가 알아보게 디지털 숫자 유니코드(Unicode code point) 로 변환하는 명령어는 ord() 이다. 반대로 디지털 숫자 등을 인 간이 알아보게 문자로 디코딩하는 명령어는 chr()이다. chr() 명령어 는 2진수, 16진수를 character ASCII code 문자로 변환해 주는 것 이다. chr(0x48)은 16진수 48을 아스키 코드로 변환하면 H가 되고, chr(0b1001000)은 2진수를 변환하는 것이다. ord() 명령어는 아스키

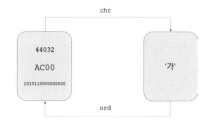

코드 문자를 10진수 숫자값으로 변환해 주는 명령어로서 ord('H')는 문자 H는 '  '로 문자임을 표시하여 실행하면 10 진수 72가 나온다. hex()는 10진수를 16진수로 변환하는 명령어로서 이 둘을 합쳐서 hex(ord())처럼 사용한다.

### 한글로 작성하는 코딩 흐름도로 알고리즘 흐름도를 이해하자

한글 명령어를 영어로 번역하고 영어 문장을 컴퓨터가 이해하는 파이썬 명령어로 축약하면 코드가 작성된다. 이를 '한 글로 작성하는 코딩 흐름도'(이하 한글 코딩)라고 할 수 있다. 아래 한글 코딩 예시처럼 영어 코드 순서대로 한글로 명령 어 흐름이 있는 건 마치 코드 한 줄마다 한글로 설명하는 주석을 달아놓은 셈이다. 하지만 줄마다 한글 주석을 써놓은 형태가 아니라 한글 주석을 명령어 순서도를 사용해 먼저 쭉 순서 있게 나열하고 그후 영어 번역해 코드화한 것이다. 이 이유는 영어에 익숙하지 않은 한국인이 한글로라도 프로그램 명령어 순서를 흐름도로 만들어 보아서, 인공지능에게 명령하는 프로그래밍 알고리즘 작성습관을 '한글 코딩'으로 실습할 수 있는 것이다. 아래는 한글 코딩 흐름도 예시이 다.

**Program coding flownote 한글 명령어를 영어로 번역한 코드 작성 순서노트**

생활영어처럼 (1)(2)(3)단계별로 실행되는 한글 명령어 순서도 작성한다.

| (1단계) 파이썬하고 대화하듯이 명령 순서도 작성 |
|---|
| [1] 한글 '가'를 10진수 코드값으로 변환해<br>  10진수 44032를 문자로 변환해 |
| [2] 한글 '가'를 16진수 코드값으로 변환해<br>  16진수 0xac00를 문자로 변환해 |
| [3] 한글 '가'를 2진수 코드값으로 변환해<br>  2진수 0b1010110000000000를 문자로 변환해 |
| [4] 2진수를 문자로 변환해 |

한글 프로그램 순서도를 구글 번역으로 영어로 번역한다.

| (2단계) 구글 번역한 영어 문장을 한 행씩 압축해 코딩화한다 |
|---|
| [1] Convert Hangul'ga' to decimal code value<br>  Convert decimal 44032 to character<br>[2] Convert Hangul'ga' to hexadecimal code value<br>  Convert hexadecimal 0xac00 to character<br>[3] Convert Hangul'ga' to binary code value<br>  Convert binary number 0b1010110000000000 to character |

컴퓨터가 이해하는 파이썬 명령어로 축약해 코딩화한다.

| (3단계) 코딩화한 각 셀을 ▶ 또는 Shift+Enter 눌러 한 행씩 실행한다 |
|---|

```
ord('가')

44032

chr(44032)

'가'

hex(ord('가'))

'0xac00'

chr(0xac00)

'가'

bin(ord('가'))

'0b1010110000000000'

chr(0b1010110000000000)

'가'
```

(구글 코랩 노트북으로 실습하려면)
크롬 브라우저 검색창에서 코랩사이트 링크 (https://colab.research.google.com/ ) 입력해 새 코랩 노트북 만들기 위해 시작페이지에 접속한다. 또는 이미 코드가 작성되어 있는 노트북으로 실습하려면 옆의 QR코드를 스마트폰으로 인식하여 실행해 코드 수정해 본다.

## 2.2 로봇 Wall-E와 채팅하듯 말을 걸자.
## 내 이름을 기억하게 말을 걸고, 질문하고 답변하자

 "인간이 말을 걸다" 라는 건 상대와 상호작용하기 위해서 소리를 내거나 문자로 소통하는 것을 의미한다. 뒷장에서 컴퓨터와 음성으로 소통하는 방법도 배우겠지만, 우선 이번 장에서는 문자로 소통하는 방법을 배워보자.

**어떻게 컴퓨터에게 말을 걸 수 있을까?**

SF영화 '월-E'의 주인공 로봇 Wall-E와 서로 이름을 교환하고 인사를 나누어 보자. 화면에 출력하기 위해 명령어 print[1] 를 사용한다. print라는 영어단어가 실제 컴퓨터에서 동작하게 하려면, print 뒤에 동작하라는 의미인 ( )괄호를 붙여서 print라는 영어단어와 구분하여 ( )는 실행명령어임을 구분한다. ('문자열')는 화면에 ( )괄호 속에 있는 '문자열'을 화면에 출력하라는 명령어이다.

컴퓨터는 2진수를 기본으로 해서 확장된 10진수 등 숫자 코드로 인식하므로 컴퓨터가 숫자가 아니라 문자열임을 알게 하려면 문자열은 큰따옴표(" ") 또는 작은따옴표(' ')로 둘러싼다. 따옴표로 둘러싸인 데이터는 ASCII 등 코드표를 활용해서 변환해 컴퓨터가 이해할 수 있는 것이다. 인간으로부터 입력받는 명령어로 input이 있다. input 명령을 하면 입력줄이 나타나고, 입력줄에 인간이 문자나 숫자 등을 키보드로 타이핑해 입력한 뒤 엔터를 누르면 컴퓨터에 문자열string로 변환되어 입력되고 결과가 화면에 나타난다. 다만 print()와 input()은 문자만 입력 출력하므로 문자로 대화한 내용은 기억에서 사라진다. 입력 출력하는 문자열을 컴퓨터가 기억하게 하고 싶으면 변수를 만들어 그곳에 저장하면 컴퓨터가 기억한다. input('이름을 알려줘') 처럼 ()안에 '문자열'을 써두면 화면에 표시된다. 실행을 해보면 '문자열을 입력하세요'처럼 안내 문구가 먼저 나온다. 여기에 문자열을 입력한 뒤 엔터키를 누르면 입력한 그대로 출력된다.

컴퓨터와 회화하는 것을 채팅하듯이 만든 게 챗봇이다. 말과 글로 컴퓨터와 소통하는 방법은 시나리오를 미리 만들어 놓고 그 속에서 대화하는 수준이 일반적이다. 옆에 인공지능 임대 주택 상담챗봇은 내가 3년 전에 만들었던 것으로 시나리오를 만들어 정보를 제공하고, 추천해 주는 기초적인 상담 수준이었다.

요즘의 챗봇은 컴퓨터 스스로 사람의 말과 글을 인식하고 시나리오 없이 농담 수준의 대화도 가능한 수준까지 발달하였다. 코드 작성과 실행은 한 줄씩 실행하여 마치 컴퓨터와 채팅하듯이 코드를 작성한다.

인공지능 채팅은 아니지만, 프로그램된 코드로 컴퓨터와 의사소통하는 방법을 배우도록 하자.

---

1   * print 단어와 실행되는 명령어를 구분하기 위해서 print 뒤에 괄호 ()가 있는 것은 () 안의 내용을 출력 실행한다는 의미이다. print(변수명)은 ()괄호 안에 문자열이 아닌 변수명이 있는 경우에는 변수명 속의 데이터를 문자열로 변환해서 화면에 출력하라는 것이다.

**Program coding flownote 한글 명령어를 영어로 번역한 코드 작성 순서노트**

생활영어 대화하듯이 [1][2][3]단계별로 실행되는 한글 명령어 순서도 작성한다.

[1] 출력해, 문자열 '이름을 알려줘'

[2] 변수name에 담아, 입력해

[3] 출력해, 변수name 값, 문자열'반갑다,나는 월-E야'를 출력해

한글 코딩 순서도를 구글 번역 영어 문장으로 번역한다.

[1] Print it out, the string 'tell me your name'

[2] Put it in the variable name, enter it

[3] Print, variable name value, string'nice to meet you, I'm Wall-E'

영어 문장을 컴퓨터가 이해하는 명령어로 축약해 코딩화하고, 각 행의 ▶ 또는 Shift+Enter 눌러 한 행씩 실행한다

```
[1]  print('이름을 알려줘')

     이름을 알려줘

[2]  name = input()

     락현

[3]  print(name,'반갑다,나는 월-E야')

     락현 반갑다,나는 월-E야
```

 (구글 코랩 노트북으로 실습하려면)

크롬 브라우저 검색창에서 코랩사이트 링크 (https://colab.research.google.com/ ) 입력해 새 코랩 노트북 만들기 위해 시작페이지에 접속한다. 또는 이미 코드가 작성되어 있는 노트북으로 실습하려면 옆의 QR코드를 스마트폰으로 인식하여 실행해 코드 수정해 본다.

## 2.3 로봇Wall-E는 어떻게 수많은 정보를 기억할까?
## 컴퓨터가 데이터 잘 찾도록 색인 있는 데이터 담는 변수박스 만들자

로봇 Wall-E 같은 컴퓨터가 어떻게 수많은 정보를 기억하고, 저장된 데이터를 잘 찾을 수 있을까? 컴퓨터 속 기억장치 메모리에는 태평양만큼 넓은 0과 1의 2진숫자 디지털이 존재한다. 디지털 기억장치에서 특정 데이터를 찾는 것은 해수욕장에서 모래알 찾기보다 어렵다. 그래서 디지털 바다에서 특정 데이터를 찾기 쉽도록 변수명을 사용하여 데이터

를 담은 메모리에 이름을 붙이는 것이다. 그런데 저장해야 할 데이터가 수많은 숫자나 문자라면, 그 데이터를 담을 변수 그릇을 수백 개 각각 만들어야 한다. 변수 그릇을 귀찮게 각각 만들지 말고, 한 개의 변수에 수백 개의 데이터를 한꺼번에 넣을 수 있으면 편리하다. 이렇게 많은 종류의 많은 숫자의 데이터를 한 이름이 붙고 잘 찾을 수 있게 색인 번호도 붙은 데이터 담는 변수 그릇이 '리스트' 이다.

리스트는 데이터가 담긴 투명한 플라스틱 '명함 박스'와 같아서 마치 박스 모양의 대괄호 [ ]로 감싸서 만든다. 리스트는 수학의 배열이나 집합과 비슷하며, 디지털 2진수가 0부터 있으므로 0부터 시작하는 인덱스 숫자가 붙어 있다.

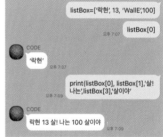

\* 리스트 안에는 문자열, 정수, 부동 소수형, 리스트, 튜플 등 다양한 형태의 자료들이 원소로 들어갈 수 있으며, 각 원소 값은 콤마(,)로 구분해 주고, 리스트 전체는 [ ]대괄호로 감싸준다.

\* 리스트는 순서가 있는 열(sequences)이므로 첫번째 자리는 '0'부터 인덱싱이 시작한다. 리스트 = [값0,값1,값2,값3] 데이터 값이 4개 들어 있는 리스트 변수이고, 리스트[0]은 첫번째 요소값0 이고, 리스트[1]은 2번째 값1을 의미한다.

\* 2개의 lists를 하나의 리스트로 압축(zipping)할 때에는 list(zip(list1, list2))로 하면 되고, dictionary로 압축할 때에는 dict(zip(list1, list2)) 명령어를 사용한다. 파이썬 dictionary는 영어사전이 단어와 뜻으로 된 한 쌍의 데이터들을 모아놓은 것이다.

**파이썬 사전**은 {Key : Value} 를 콜론(:)으로 구분해서 쌍을 이루어주며, 여러 개의 {Key:Value}를 하나의 사전에 묶으려면 콤마(,)로 구분하고 중괄호{ }로 감싸준다. 연관된 키와 값을 한 쌍으로 묶은 사전dictionary 집합키와 값의 한 쌍으로 매핑된 데이터가 담긴 투명한 플라스틱 박스 집합이다.

---

**Program coding flownote 한글 명령어를 영어로 번역한 코드 작성 순서노트**
생활영어 대화하듯이 [1][2][3]단계별로 실행되는 한글 명령어 순서도 작성한다.

| |
|---|
| [1] 리스트에 담다, 대괄호 사용해, 문자열 '락현', 13, 'WallE', 100 |
| [2] 리스트의 0번째 항목 |
| [3] 출력해, 리스트[0], 리스트[1], 문자열'살! 나는', 리스트[3], 문자열'살이야' |

한글 코딩 순서도를 구글 번역 영어 문장으로 번역한다.

| |
|---|
| [1] Put in list, use square brackets, string '락현', 13,'WallE',100 |

| |
|---|
| [2] The 0th item in the list |

| |
|---|
| [3] Print, list[0], list[1], string '살! 나는', list[3], string '살이야' |

영어 문장을 컴퓨터가 이해하는 명령어로 축약해 코딩화하고, 각 행의 ▶ 또는 Shift+Enter 눌러 한 행씩 실행한다

```
[1]   listBox = ['락현', 13, 'WallE' , 100]


[2]   listBox[0]

      '락현'


[3]   print(listBox[0],listBox[1],'살! 나는',listBox[3],'살이야')

      락현 13 살! 나는 100 살이야
```

(구글 코랩 노트북으로 실습하려면)
크롬 브라우저 검색창에서 코랩사이트 링크 (https://colab.research.google.com/ ) 입력해 새 코랩 노트북 만들기 위해 시작페이지에 접속한다. 또는 이미 코드가 작성되어 있는 노트북으로 실습하려면 옆의 QR코드를 스마트폰으로 인식하여 실행해 코드 수정해 본다.

## 2.4 컴퓨터는 반복 노가다를 잘한다. 알고리즘 흐름도 따라 코드를 작성해보자. 덕분에 한글쓰기가 편리하다. 인간이 한글 쓰려면 1만여 개 한글문자 코드표에서 코드숫자 찾는 것을 반복하는 생고생을 해야 한다.

**알고리즘 흐름도 작성해 보자**

알고리즘(Algorithms)은 단계적으로 수행되는 여러 작업들의 모음이다. 컴퓨터를 활용해 연산, 데이터 처리, 최적화 등 다양한 목적을 위한 수많은 알고리즘이 존재한다.
알고리즘은 다음의 조건들을 만족하여야 한다.

- 입력(INPUT): 외부에서 제공되는 자료가 0개 이상 존재한다
- 출력(OUTPUT): 적어도 1개 이상의 서로 다른 결과를 내야 한다
- 수행 과정은 컴퓨터 명령어로 구성되고, 유한 번의 명령어를 수행 후에 종료한다

프로그램 코드를 작성하기 위해 설계를 하고, 계획을 흐름도처럼 만들기도 한다. 이를 응용흐름(application flow) 또는 시각화된 '알고리즘 흐름도'라고 한다.

'알고리즘 흐름도'는 마치 맛있는 음식 만들기 위한 요리 레시피를 순서 단계별로 음식을 만들기 위해 준비하는 '음식 조리 흐름도' 와 같다.

1) 요리를 하기 위해 우선 요리도구(모듈, 라이브러리 등)를 가져다 놓고
2) 갖은 음식 재료(변수, 데이터)를 준비하고, 재료(데이터 전처리)를 다듬고
3) 요리 공식과 기능(if 조건문 등)을 설계하고, 음식을 만들고(실행)
4) 예쁘게 표현(그래프 등)해 그 결과를 확인하는 일련의 음식 만드는 단계를 순서에 맞게 흐름도로 만든 것이다.

'알고리즘 흐름도'는 요리하는 순서와 같이 일직선으로 흘러가는 경우가 대부분이지만, 어떤 경우는 지하철 노선도처럼 복잡하기도 하다. 흐름도 그리는 각 단계 중에서 for 루프와 if 조건문 등 코드 덩어리가 나타나면 레고블럭의 모듈처럼 한 덩어리로 만들고 코드 덩어리를 대표하는 제목(이름)만 붙이는 게 단순하여 보기 좋고 반복 사용시에도 편리하다.

인공지능에게 일 시키는 코드 작성에도 아래위 순서가 있는 것이다.
인공지능에게 일 시키는 과제를 해결할 프로그램을 설계하고, 설계도대로 코드를 순서에 맞게 작성하는 데 익숙해지려면 순서대로 흐름도 작성시에 일상시 사용하는 단어를 사용해 명령어를 작성하고, 인공지능에게 일 시키듯이 로봇의 말투로 명령어를 짧고 단순하게 작성해야 한다. 그리고 당연한 얘기인데, 순서를 혼동하지 않아야 한다. 이를 위해서는 생활영어처럼 대화순서를 행동 단계별로 기억하고 행동 명령어도 기억하기 좋게 영어보다는 한글로 먼저 구현한다. 하여튼 프로그램도 요리처럼 망치지 않으려면 레시피 순서대로 요리해야 한다!!!

## 코드표에서 한글 문자를 찾는 것은 반복 노가다이다

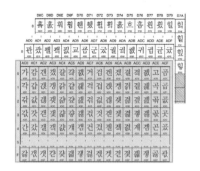

ASCII 코드표에는 영어 알파벳 문자와 숫자 128개만 담아 코드를 찾기가 쉽다. ASCII에 담을 수 없는 한글, 한자 등 문자를 정의하기 위해 국제표준 문자표(유니코드)를 사용한다. Unicode(UTF-8등) 14만여 개 문자코드 중에서 한글은 처음문자 '가'부터 마지막 문자 '힣'까지 사전처럼 한글 문자가 1만 1천여개의 숫자코드 값으로 문자 하나당 숫자 하나씩 할당되어 있다. ascii는 한 페이지의 코드표로 충분하지만 한글의 코드표는 100여 페이지에 달한다. 한글문자 하나당 숫자 하나씩 할당되어 있기 때문에, 유니코드표에서 한글 '가' 문자는 16진수로는 숫자값이 0xAC00이 매칭되고, 이를 10진수로는 44032번이 매칭되어 있다. '가' 다음 문자인 '각'은 16진수로 0xAC00이, 10진수로 44033번에 매칭되어 있다. 한글 문자 1만 1천여 개의 마지막 문자인 '힣' 문자에 16진수로는 0xD7A3이 매칭되고, 10진수 숫자값으로는 55203 번이 매칭되어 있다. 여기까지 11,171개의 번호가 한글문자 하나당 디지털기계가 알아볼 수 있는 숫자 하나씩 할당되어 있어, 한글 문장을 컴퓨터 코드로 변환하려면 반복해서 한글코드표를 찾아 할당된 숫자를 찾아야 한다.

## 컴퓨터는 반복하는 노가다를 잘한다

반복하는 기능을 구현하려면 영어 숙어처럼 for 반복문을 사용한다. for 반복문은 "for loop ~ in 리스트" 형식으로 대괄호 [ ] 로 둘러싸여 있는 리스트 박스 속에서 콤마(,)로 구분된 여러 개의 원소를 각각의 요소를 순서대로 반복해 꺼낸다. 리스트 앞에 있는 in 키워드는 단어의 뜻처럼 리스트 박스 속에서 라는 의미이다. for 선언줄의 끝은 :(콜론) 으로 끝내며, 다음 줄에 붙은 명령어 실행 코드를 반복 실행한다.

## 파이썬의 코딩 규칙은 영어 문법과 비슷하고, 코드 덩어리는 들여쓰기한다

파이썬은 C 등의 다른 프로그래밍 언어와 다르게 중괄호나 세미콜론 ; 등으로 여러줄의 코드블록을 하나로 묶어 표시하는 방식 대신 영어문장처럼 들여쓰기를 사용한다. 단순히 영어 문장의 문단처럼 첫줄 이후 문장은 들여쓰기를 이용하여 한꺼번에 실행되는 코드블록을 묶을 수 있다. 들여쓰기 할 때 공백의 개수는 스페이스 바로 2~4개 사이로 편한 대로 사용한다. 한번에 해석할 수 있는 영어 문장을 들여쓰기로 묶어서 작성하듯이 코드 한 문단의 들여쓰기를 인식하는 것이다. 이처럼 파이썬 프로

그램 개발자가 아닌 사람들도 익히기 쉽고 이해하기 쉽기 때문에, 코드블록 작성시에는 다른 사람의 코드를 복사해서 자신의 필요에 따라 수정하여 사용하는 객체 지향이 전형적인 파이썬 문법이다. 옆그림은 1740년대 프랑스 기술자인 '보캉송의 똥싸는 오리 자동기계'를 모티브로 작성한 for -loop문 알고리즘 코드 덩어리를 이미지화한 것이다. for 문장 부분은 오리의 머리 부분에 표현하여 앞으로 나와 있고, 그 다음 줄의 print()코드 몸통은 코드 덩어리가 들여쓰기한다는 것을 묘사한 것이다.

리스트는 수학의 배열과 비슷하며, 0부터 시작하는 인덱스가 있다. 리스트 앞에 있는 in 키워드는 단어의 뜻처럼 리스트 박스에 포함되어 있다는 뜻이다. 리스트 박스에 문자와 매칭된 10진수 숫자를 여러 개 담는다. 각각 담은 문자들을 2진수, 10진수, 16진수 등 기계가 알아보게 숫자로 인코딩해 보자. 이를 위해 리스트 박스 속의 숫자를 하나씩 꺼내는 것을 반복작업을 자동화해 보자.

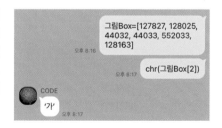

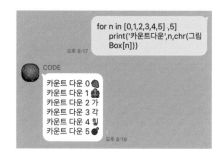

```
for n in [0,1,2,3,4,5] ,5)
print('카운트다운',n,chr(그림
Box[n]))
```
오후 8:17

CODE

카운트 다운 0 🌑
카운트 다운 1 🌑
카운트 다운 2 🌑
카운트 다운 3 가
카운트 다운 4 힣
카운트 다운 5 🌑
오후 8:19

* chr() 명령어는 인간이 알아보게 ( ) 속의 디지털 숫자를 인간의 문자로 디코딩하는 명령어이다. 아스키 코드값 또는 유니코드 코드값을 문자, 이모티콘으로 변환해 주는 것으로 ()안의 숫자는 10진수와 16진수를 사용하여 문자 하나당 숫자 하나를 매칭한다. ord() 명령어는 특정한 문자, 이모티콘을 코드값으로 변환해 주어 기계가 알아보게 인코딩하는 명령어이다.

* print(i, hex(ord(i)))으로 변수 i에 들어온 영어 알파벳을 ord 명령어로 우선 10진수로 변환해 주고, 그 후 hex 명령어로 16진수로 변환해 준다. 이 둘을 합쳐서 hex(ord())로 사용하면 된다.

---

## Program coding flownote 한글 명령어를 영어로 번역한 코드 작성 순서노트

생활영어 대화하듯이 [1][2][3]단계별로 실행되는 한글 명령어 순서도 작성한다.

[1] 리스트'그림박스'에 담다. 대괄호사용해, 127827,127828,128025,44032,44033,55203

[2] 문자변환. 리스트'그림박스' [3]번째 항목을

[3] for 루프는 리스트[0,1,2,3,4,5] 속에서 각 항목n에 대해 한번씩 반복 실행해
　　프린트해. 문자열 '카운트 다운',항목n, 문자변환(그림박스[n])

한글 코딩 순서도를 구글 번역 영어 문장으로 번역한다.

[1] Put in the list'picture box'.Using square brackets, 127827,127828,128025,44032,44033,55203

[2] Character conversion. The 3rd item of the list'Picture Box'

[3] The for loop repeats once for each item n in the list[0,1,2,3,4,5]
　　Print it. String'countdown', item n, character conversion (picture box [n])

영어 문장을 컴퓨터가 이해하는 명령어로 축약해 코딩화하고, 각 행의 ▶ 또는 Shift+Enter 눌러 한 행씩 실행한다

```
[1]   그림박스 = [ 127827,127828,128025,44032,44033,55203 ]

[2]   chr(그림박스[3])

      '가'

[3]   for n in [0,1,2,3,4,5]:
          print('카운트다운',n, chr(그림박스[n]) )

      카운트다운 0 🌑
      카운트다운 1 🌑
      카운트다운 2 🌑
      카운트다운 3 가
      카운트다운 4 각
      카운트다운 5 힣
```

(구글 코랩 노트북으로 실습하려면)
크롬 브라우저 검색창에서 코랩사이트 링크 (https://colab.research.google.com/ ) 입력해 새 코랩 노트북 만들기 위해 시작페이지에 접속한다. 또는 이미 코드가 작성되어 있는 노트북으로 실습하려면 옆의 QR코드를 스마트폰으로 인식하여 실행해 코드 수정해 본다.

## 2.5 컴퓨터가 의사결정을 잘한다는 의미는? 문어, 햄버거, 딸기 등 이모티콘을 선택하는 '스티커 자판기'를 만들어 보자

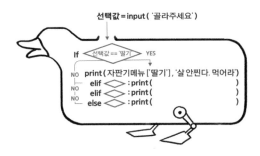

인간은 선택장애가 있는 반면 컴퓨터가 잘하는 것 중에 결정하고 선택하는 것이 있다. if조건문으로 조건에 따라 무조건 선택, 결정하는 것이므로 잘하는 것처럼 보이는 것이다. 하지만 이것은 인간이 미리 만든 알고리즘 시나리오 명령대로 컴퓨터가 인간이 만든 규칙을 따라 작동 결정하는 것이라 진정으로 컴퓨터가 스스로 의사결정하는 것은 아니다. 그러나 인공지능 딥러닝은 인간이 짠 규칙에 따른 결정이 아니라 수많은 데이터에서 패턴을 분석하고, 회귀분석과 분류 등 규칙을 찾아내어 스스로 학습하고 그 규칙에 따라 의사결정하는 수준까지 발전하였다.

이번 장에서는 간단하게 조건문에 따라 선택하는 의사결정 기초를 학습한다. '보캉송의 똥싸는 오리 자동기계'를 모티브로 작성한 if condition 문 알고리즘 이미지이다.

앞에서 보았듯이 컴퓨터와 문자로 소통하기 위해 사용하는 유니코드 표로 10진수 127827은 딸기 이모티콘으로 매칭됨을 알았다. 여러 개의 이모티콘 중에서 조건을 만족하는 이모티콘을 골라 출력하는 이모티콘 스티커 자판기를 프로그래밍해 보자. 이모티콘을 선택하는 것은 어떤 조건을 만족하면 실행하도록 하면 되므로, if 조건문을 사용한다.

### 영어숙어처럼 만약 if ~ 한다면 ~ 해라 라는 방식처럼 if조건문을 사용한다

옆 카톡 그림처럼 인공지능과 대화하듯이 작성해보자. 이 중에서 if조건문 코드 덩어리를 자세히 살펴보면, 조건문으로는 입력된 변수'선택 값'이 == '딸기'일 경우 다음 줄의 print( ) 명령어를 실행하여 ( ) 안의 자판기 메뉴 '딸기'와 문자열 '살안찐다 먹어라'를 출력한다. 그 다음 줄의 elif는 elseif로서 "만약아니라면"의 의미로서, 만약 선택 값이 '딸기'가 아니고 '햄버거'의 값을 입력받을 경우에는 그 다음 줄의 명령어 코드를 실행한다. 이어서 그 다음 줄의 elif는 만약 선택 값이 '문어'인 경우에는 그 다음 줄을 실행한다는 것이다. 마지막으로 만약 if도 elif도 아닐 경우에는 사용자가 입력한 값이 없는 값이 들어오면 '없는 이모티콘이다. 다시 입력해'의 문자열을 출력한다.

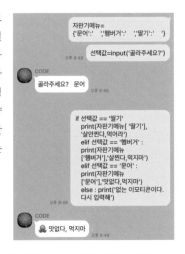

### 파이썬에는 영어사전 책 같은 dictionary 변수가 있다

dictionary는 중괄호 { }로 묶어주고 key: value (키:값)을 한 쌍으로 한 여러 개의 집합으로 구성된 배열 테이블이다. 딕셔너리에는 마치 영어사전에서처럼 '단어'와 '뜻'이 쌍으로 되어 있다. 딕셔너리는 리스트처럼 순차적으로 인덱스로 해당 값을 구하지 않고, key 를 통해 값을 얻는다. 자판기 메뉴 사전은 {Key : Value} 이모티콘을 값으로, 이름을 키로 구성한다. {'딸기': 127827,'햄버거':127828, '문어':128025 }에서 '딸기'는 유니코드값 127827번은 chr()로 문자로 변환해주면 ' 🐙 '가 된다. '햄버거':' 🍔 ', '문어':' 🐙 ' 도 각각 변환해 준다.

**input() 사용해서 입력받아 변수 '선택 값'에 값을 담는다**

(이번 장에서는 초급자들의 이해를 돕기 위해 변수명을 한글로 사용한다.)

*chr() 명령어는 아스키 코드값 또는 유니코드 코드값을 문자, 이모티콘으로 변환해 주는 것으로
()안의 숫자는 10진수와 16진수를 사용한다.
*ord() 명령어는 특정한 문자, 이모티콘을 코드값으로 변환해 주는 것으로 2진수로 변환하는 bin()과 함께 사용하여
bin(ord('🐙')) 실행하면 0b11111001101010100 2진수로 변환된다.'🐙'.encode().hex()로는 16진수
f09f8d94로 변환된다.

---

### Program coding flownote 한글 명령어를 영어로 번역한 코드 작성 순서노트

생활영어 대화하듯이 [1][2][3]단계별로 실행되는 한글 명령어 순서도 작성한다.

| |
|---|
| [1] 딕셔너리'자판기 메뉴 '에 담다. 중괄호 사용해, '문어': 🐙 ', '햄버거': 🍔 ', '딸기': 🍓 ' |
| [2] 변수'선택 값'에 담다.  입력해 문자열 '햄버거, 문어, 딸기 중 골라주세요! ' |
| [3] 만약 변수'선택 값'이 '딸기'와 같으면, 출력해. 자판기 메뉴[ '딸기'] 값을 '살안찐다, 먹어라'<br><br> 그렇지않다면 변수'선택 값'이 '햄버거'와 같으면, 출력해. 자판기 메뉴[ '햄버거'] 값을 '살찐다, 먹지마'<br><br> 그렇지않다면 변수'선택 값'이 '문어'와 같으면, 출력해. 자판기 메뉴 [ '문어'] 값을 '맛없다, 먹지마'<br><br> 만약 그렇지않으면, "없는 이모티콘입니다. 다시 입력해주세요" 출력해 |

한글 코딩 순서도를 <u>구글 번역 영어 문장으로</u> 번역한다.

| |
|---|
| [1] Add to dictionary'vending machine menu'. Use braces,'octopus':' 🐙 ', 'hamburger':' 🍔 '<br>',' strawberry':' 🍓 ' |
| [2] Put in variable'selection value'. Enter the string'Choose from hamburger, octopus, or strawberry!' |
| [3] If the variable'selection value' is the same as'Strawberry', print it out. Vending machine menu<br>['Strawberry'] price'don't steam, eat'<br>Otherwise, if the variable'selection value' is the same as'hamburger', print it out. The vending<br>machine menu ['Hamburger'] is'Fat, don't eat'<br>Otherwise, if the variable'selection value' is the same as'octopus', print it out. The value of the<br>vending machine menu ['octopus'] is'not good, don't eat'<br>If not, print "This emoticon is missing. Please enter it again" |

---

**[3단계] 코딩화한 각 셀을 ▶ 또는 Shift+Enter 눌러 한 행씩 실행한다**

```
[1]  자판기메뉴 = { '문어':'🐙','햄버거':'🍔','딸기':'🍓'}

[2]  선택값  = input ('햄버거,문어,딸기 중 골라주세요 ! ')

↳  햄버거,문어,딸기 중 골라주세요 ! 문어

[3]  if 선택값 == '딸기':
        print(자판기메뉴['딸기'],'살안찐다,먹어라')
     elif 선택값 == '햄버거':
        print(자판기메뉴['햄버거'],'살찐다,먹지마')
     elif 선택값 == '문어':
        print(자판기메뉴['문어'],'맛없다,먹지마')
     else:
        print("없는 이모티콘입니다. 다시 입력해주세요")

↳  🐙 맛없다,먹지마
```

---

 (구글 코랩 노트북으로 실습하려면)
크롬 브라우저 검색창에서 코랩사이트 링크 (https://colab.research.google.com/ ) 입력해 새 코랩
노트북 만들기 위해 시작페이지에 접속한다. 또는 이미 코드가 작성되어 있는 노트북으로 실습하려면
옆의 QR코드를 스마트폰으로 인식하여  실행해  코드 수정해 본다.

## 2.6 5초 동안 카운트 다운하며 과일을 던지다가 5초 후에 폭탄을 던지도록 타이머를 조작하자. 연속된 숫자(정수) 리스트를 만들자

5초 동안 카운트 다운하며 과일을 던지다가 5초 후에 폭탄을 던지는 것은 2중 알고리즘 구조이다. 우선 5초 동안 카운트 다운은 for-loop 반복문을 사용하면 되고, 그리고 그 후에 만약 5초 후에 폭탄 터지게 한다는 것은 if condition 문이 사용된다. 따라서 for-loop문 뱃속에 if condition문을 넣어서 조건될 때까지 반복 노가다를 하는 2중 알고리즘을 만든다. 옆 그림은 '보캉송의 똥싸는 오리 자동기계'를 모티브로 작성한 for-loop 몸속에 if condition 문을 넣은 2중 알고리즘 이미지이다. 앞 장에서 for-loop로 반복하는 횟수를 지정할 때 숫자 0부터 5까지 순서가 있는 list를 활용하면 in 리스트로 리스트 속의 요소를 순서대로 사용하는 방법을 사용했다.

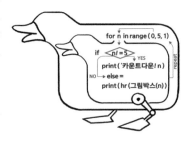

### 영어 단어처럼 range()함수 사용법 암기하자

숫자를 리스트로 담아서 순서대로 사용하는 방법 이외에, 숫자의 시작과 끝이 정해진 연속된 구간 range [1]으로 순서대로 숫자를 반복하게 하는 함수를 사용하는 방법도 있다. 함수라고 이름 붙인 기능(function) 박스는 특별한 일이나 기능이 있는 명령어 코드묶음이다. 함수 range(start, stop, step)은 연속된 숫자(정수)를 리스트로 만들어 주는 명령어이다. 반복할 리스트의 범위를 설정하는 방법으로 start로 0을 포함해 시작하고 stop으로 5 미만까지(마지막 숫자는 배제한다) 1씩 숫자를 늘려 배열하여 [0,1,2,3,4] 리스트가 만들어진다. 또한 for-loop문 속의 range(5, -1, -1)은 5부터 시작해서 -1미만인 0까지 -1씩 숫자를 감소해 [5,4,3,2,1,0]까지 숫자를 배열하는 것이다.

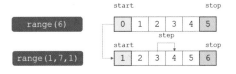

> *range 명령어의 결과로 옆으로 길게 늘어선 숫자의 집합인 1차원 배열은 리스트와 같다. 이를 바로 확인하려면 리스트list() 명령어를 사용해 range() 속의 내용을 볼 수 있다.

컴퓨터가 의사결정Decision making하는 if condition 문은 영어 숙어처럼 만약 if ~ 한다면 ~ 해라 라는 방식처럼 if조건문(컨디션)으로 조건식에 맞는 것만 실행한다. 옆 카톡 그림의 for-loop와 if-condition 2중문을 살펴보자. 우선 for-loop의 in range(5,-1,-1)에서 정수 5부터 선택하여 0까지의 정수를 변수 n에 저장한다. 만약 변수 n에 입력된 값이 0가 아니면(!=) 즉 조건이 참인 경우 if문 조건내 print('카운트 다운', n, chr(그림Box[n])을 실행해 표현한다. 조건이 거짓이면 else문의 다음에 나오는 print(chr(그림box[n], '던져!')를 실행한다.

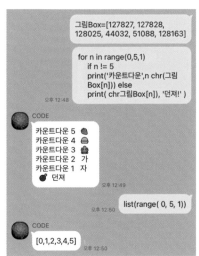

---

1  1  * range(start, stop, step) 명령은 정수만 리스트로 리턴한다. arange는 numpy 모듈 가져오면 사용할 수 있고, array range로 행렬(array)을 리턴한다. range에서 사용할 수 없는 실수 사용할 수 있고, 행렬 계산할 수 있다. numpy.arange(start,end,step)은 start ~ end-1 사이의 값을 간격만큼 띠어 배열로 반환한다. numpy.linspace(start, end, num=개수)는 start ~ end 사이의 값을 개수만큼 생성하여 배열로 반환하는 것이다. 넘파이 배열은 리스트 인덱싱과 같이 0부터 시작하며, 마지막 요소를 선택하는 방식은 [-1] 음수로 인덱싱한다. 리스트와 다르게 배열은 요소 인덱스로 문자열을 사용할 수 없으며, 무조건 정수만 허용한다. '수를 배열한다'라고 한다.

* if나 else 문장에 속해 있는 코드는 들여쓰기(indentation)를 해서 문장에 속한 코드 블록임을 알려주고, 문장의 맨 끝에는 콜론(:)을 적어서 문장의 끝임을 알려준다.
* if 조건문은 조건식 뒤에 :(콜론)을 붙이며 다음 줄에 실행할 코드 명령어 블록으로 만든다. 뒤에 오는 코드 블록은 영어 문장의 문단처럼 들여쓰기를 이용하여 한꺼번에 실행되는 코드 블록을 묶을 수 있다.
* if ~ in list 조건문으로 조건을 충족하는지를 판단하는 명령어 방식을 사용하여 리스트에 특정 값이 있는지 확인하고 맞으면 실행한다. 의사결정과 계산을 위해 많이 쓰이는 if~else 숙어는 만약 컨디션이 옳다면 또는 옳지 않다면 각각의 조건에 따른 명령어를 실행한다는 것이다.
* 조건문에 많이 사용하는 == 표시는 같다는 의미이고, != 표시는 다르다는 의미이다.

---

### Program coding flownote 한글 명령어를 영어로 번역한 코드 작성 순서노트

생활영어처럼 [1][2][3]단계별로 실행되는 한글 명령어 순서도 작성한다.

[1]리스트'그림박스'에 담다. 대괄호 사용해, 127827,127828,128025,44032,51088,128163

[2] for 문으로, range()함수로 5부터 -1까지 미만까지 범위에서 -1씩 줄어드는 숫자 범위리스트 속에서 요소 n 꺼내길 반복해 만약 요소n이 0과 같지않다면, 출력해. '카운트 다운',n, chr(그림박스[n]) 그렇지않다, 출력해. chr(그림박스[n]),'던져'

[3] 리스트만들어. range()함수로 5부터 -1까지 미만까지 범위에서 -1씩 줄어드는 숫자 범위를 한글 프로그램 순서도를 구글 번역으로 영어로 번역한다.

한글 프로그램 순서도를 구글 번역으로 영어로 번역한다.

[1] Put in the list'Picture Box'. Use square brackets, 127827,127828,128025,44032,51088,128163
[2] With the for statement, iterate through the range() function to retrieve the element n from the list of number ranges that decreases by -1 from 5 to less than -1.
 If element n is not equal to 0, print it out. 'Countdown',n, chr (picture box[n])
 No, print it out. chr(picture box[n]),'throw'
[3] Make a list. The range() function returns a range of numbers from 5 to less than -1 by -1.

[3단계] 코딩화한 각 셀을 ▶ 또는 Shift+Enter 눌러 한 행씩 실행한다

```
[1]  그림박스 = [ 128163 ,51088,44032,128025,127828,127827]

[2]  for n in range(5, -1, -1):
        if n != 0 :
          print('카운트다운',n, chr(그림박스[n]) )
        else :
          print(chr(그림박스[n]),'던져' )

C▶ 카운트다운 5 🍎
   카운트다운 4 🍈
   카운트다운 3 🍇
   카운트다운 2 가
   카운트다운 1 자
   🍎 던져

[3]  list(range(5, -1, -1))

C▶ [5, 4, 3, 2, 1, 0]
```

 (구글 코랩 노트북으로 실습하려면)
크롬 브라우저 검색창에서 코랩사이트 링크 (https://colab.research.google.com/ ) 입력해 새 코랩 노트북 만들기 위해 시작페이지에 접속한다. 또는 이미 코드가 작성되어 있는 노트북으로 실습하려면 옆의 QR코드를 스마트폰으로 인식하여 실행해 코드 수정해 본다.

## 2.7 코드 덩어리에 이름 붙여 부르면 기능을 자동 수행한다.
## 비만여부를 체크하는 신체 질량지수 측정 코드 덩어리에 이름 붙여서 함수 만들기

함수[1]라고 이름 붙인 기능(function) 박스는 특별한 일이나 기능이 있는 작은 코드 묶음이다. 언제든 사용하고 싶을 때 함수 이름을 부르면 그 함수 속에 있는 코드 덩어리들을 자동으로 일을 수행하는 단축키처럼 사용할 수 있다. 함수를 만들려면 첫번째는 함수의 이름을 지어주어야 한다. 이름 지어주는 키워드는 define function의 약자 def이고, def 키워드 다음에는 함수 이름을 정하고 그 줄의 끝에는 콜론(:)으로 마친다. 함수 이름의 괄호()는 실행된다는 것이고, 괄호() 속에 입력받을 인자(functin arguments)를 정한다. 함수 이름은 변수명을 만드는 규칙과 같다. ( ) 속에 인수가 여러 개인 경우 쉼표(,)로 구분한다. 두번째 줄부터는 함수가 동작하는 명령어 코드 (function code) 블록이다. 키와 몸무게를 입력받아 자동으로 비만 정도를 체크한 값을 출력하게 하는 코드 덩어리에 "비만 체크 함수" 이름을 붙여 보자. 그림은 1740년대 프랑스 기술자인 '보캉송의 똥싸는 오리 자동기계'를 모티브로 작성한 함수 속에 if 문이 들어간 코드 덩어리를 이미지화한 것이다. 언제든 사용하고 싶을 때 함수 이름을 부르면 그 함수 속에 있는 코드 덩어리들을 자동으로 일을 수행하는 단축키처럼 사용할 수 있다.

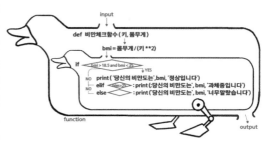

| WHO분류 | bmi(kg/m2) |
|---|---|
| Underweight | < 18.5 |
| Healthy weight | 18.5 ~ 24.9 |
| Overweight | 25.0 ~ 29.9 |
| Obesity | 30.0 ~ 34.9 |
| Obesity | 35.0 ~ 39.9 |
| Extreme Obesity | ≥ 40.0 |

* 비만 정도를 측정하는 방법은 BMI와 허리둘레와 내부 지방량을 측정해 비만 여부를 판단하는 것이다. 체질량 지수 (Body Mass Index:BMI, 카우프 지수)는 키와 몸무게로 간접적으로 비만을 평가하는 방법이다. WHO가 분류한 BMI기준으로 18.5~24.9 사이는 정상치이고, risk of Disease가 25.0 이상은 increased한 상태이고, 30.0 이상은 High, 35.0이상은 Very high한 위험 상태이다.

옆 카톡 그림처럼 첫번째는 함수의 이름을 지어주어야 한다. 코드 덩어리에 "비만체크함수" 이름을 붙여 보자. 두번째 줄부터는 함수가 동작하는 명령어 코드(function code) 블록이다.

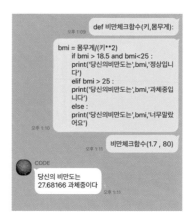

우선 키와 몸무게를 입력받은 값으로 bmi를 계산한다. if문 조건문 "만약 bmi값이 18.5보다 크고, 25보다 작으면"을 만족하면 문자열 '당신의 비만 BMI는', bmi, '정상입니다'를 출력한다. elif 조건문 "만약 그렇지 않다면 변수'bmi값'이 25보다 크면"을 만족하면, 문자열 '당신의 비만 BMI는', bmi, '과체중입니다'를 출력한다. else 만약 모두 그렇지 않으면, 문자열 '당신의 비만 BMI는', bmi, '너무 말랐어요'를 출력한다. 함수를 사용하려면 이름function_name()을 호출하고 () 속에 데이터를 입력한다.

---

1  수학에서 함수는 입력-출력 장치 또는 숫자처리 장치이다. 함수 f는 숫자 x를 먹고 f(x)로 변환하여 뱉어낸다. 수학 함수처럼 컴퓨터학의 함수도 입력값을 *input*받아 결과값을 *output*하는 어떤 기능을 하는 프로그램 코드의 기능 집합박스와 같다.

**Program coding flownote 한글 명령어를 영어로 번역한 코드 작성 순서노트**

생활영어처럼 [1][2][3]단계별로 실행되는 한글 명령어 순서도 작성한다.

[1] 함수 정의는 키워드 def로 함수 이름 '비만체크함수'와 매개 변수로 키,몸무게
　　변수bmi에 담다, 몸무게 나누기 (키**2)
　　만약 bmi값이 18.5보다 크고, 25보다 작으면, 출프린트해 문자열 '당신의 비만 BMI는', bmi, '정상입니다'
　　만약 그렇지않다면 변수'bmi값'이 25보다 크면, 프린트해 문자열 '당신의 비만 BMI는', bmi, '과체중입니다'
　　그렇지않으면, 출력해 '당신의 비만 BMI는', bmi, '너무 말랐어요'

[2] 함수 비만체크함수()를 호출해서, 값은 키와 몸무게 (1.7,80)를 입력해 실행한다

한글 프로그램 순서도를 구글 번역으로 영어로 번역한다.

[1] The function definition is the keyword def and the function name'obesity check function 'and the parameters are the height and weight.
Put in variable bmi, divide weight (height**2)
If the bmi value is greater than 18.5 and less than 25, print out the string'Your obesity BMI', bmi,'normal'
If not, if the variable'bmi value' is greater than 25, print the string'Your obese BMI', bmi,'You are overweight'
Otherwise, print it out'Your obesity BMI', bmi,'You're too skinny'
[2] By calling the function obesity check function (), the value is executed by entering the height and weight (1.7, 80)

[3단계] 코딩화한 각 셀을 ▶ 또는 Shift+Enter 눌러 한 행씩 실행한다

```
[1]  def 비만체크함수(키, 몸무게) :
       bmi = 몸무게/(키**2)
     if bmi > 18.5 and bmi < 25:
       print('당신의 비만 BMI는', bmi, '정상입니다')
     elif bmi > 25:
       print('당신의 비만 BMI는', bmi, '과체중입니다')
     else:
       print('당신의 비만 BMI는', bmi, '너무 말랐어요')


[2]  비만체크함수(1.7,80)

⯈  당신의 비만 BMI는 27.68166089965398 과체중 비만입니다
```

 (구글 코랩 노트북으로 실습하려면)
크롬 브라우저 검색창에서 코랩사이트 링크 (https://colab.research.google.com/ ) 입력해 새 코랩 노트북 만들기 위해 시작페이지에 접속한다. 또는 이미 코드가 작성되어 있는 노트북으로 실습하려면 옆의 QR코드를 스마트폰으로 인식하여 실행해 코드 수정해 본다.

## 2.8 내가 코로나19에 걸렸을까? 코로나 양성 여부를 판단하는 자가 검사 함수 만들기, COVID-19 감염 여부를 스스로 체크할 수 있는 증상 문진 프로그램을 만들어 보자

코로나19에 감염되었는지 문진 기능을 하는 코드를 묶어서 함수로 만들고 이름은 코로나검사()로 붙인다. 그 함수 속에 코드 블록(code_block) 3부분이 포함되어 있다. 첫째는 입출력 리스트박스 만들고, 둘째 for문으로 증상을 반복해서 문진한 결과를 위험도 합계에 넣고, 셋째로 if—else문으로 합계값이 4보다 작은지 여부를 조건문으로 감염 여부를 판단한 결과를 출력하는 것이다. 그림은 1740년대 프랑스 기술자인 '보캉송의 똥싸는 오리 자동기계'를 모티브로 작성한 함수 속에 for -loop문 if 문이 함께 들어간 코드 덩어리를 이미지화한 것이다.

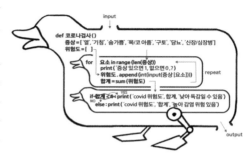

옆 카톡 그림처럼 우선 함수에 코로나 검사로 이름 붙이자.
첫번째 코드 블럭은 입력할 데이터들이 있는 증상 list 박스로서 ['열','기침','숨 가쁜','목/코 아픔','구토','당뇨/신장/심장병']이고, 그 다음 줄은 결과값이 저장되는 "위험도" 이름의 출력박스로 빈 list [ ]를 만든다.

* [ ] 대괄호안에 요소가 없는 빈 리스트를 빈 박스를 만들듯이 생성할 수도 있어서, 추후 이곳에 값을 넣을 수가 있다.
  두번째 코드 블럭은 for문으로 증상을 반복해서 문진하는 것이고, 입력된 값을 반복하여 합해서 위험도를 합계한다.

우선 여러 증상들을 문진하고 그 결과를 입력받아야 한다. 그런데 input()는 한번에 한 개의 문자열만 입력받는다. 그래서 for - loop문을 사용한다.

* for문은 range와 같이 사용해서 범위를 숫자 리스트로 만든다. 다만 증상 리스트가 문자 묶음이므로 len으로 리스트 속 요소 6개의 갯수 길이를 숫자로 내보낸다. 즉 len(증상)은 6개이고 리스트[0,1,2,3,4,5]가 된다.
* input()로 입력받은 0,1은 문자이다. 문자 0,1을 입력받으므로 int()를 이용해서 숫자로 바꿔준다. 문자를 **정수(Integer)**로 변환할 수 있다.

### `<List>.append(<item>)`

리스트에 새로운 원소를 추가하는 방법은 "리스트.append(아이템 한개씩)" 명령어를 사용해 리스트에 새로운 요소나 숫자를 하나씩 추가한다. 세번째 코드 블럭은 if문으로 합계 값이 4보다 작은지 여부를 조건문으로 감염 여부를 판단하는 것이다.

## Program coding flownote 한글 명령어를 영어로 번역한 코드 작성 순서노트

생활영어처럼  [1][2][3]단계별로 실행되는 한글 명령어 순서도 작성한다.

[1] 함수 정의는 키워드 def로 함수 이름 '코로나 검사'로

리스트'증상'에 담다. ['열','기침','숨 가뿐','목/코 아픔','구토','당뇨/신장/심장병']

리스트'위험도'에 담다. 빈 []를

for 루프는 리스트[0.1.2.3.4.5] 속에서 각 요소에 대해 한번씩 반복 실행해

프린트해.증상 있으면 1 , 없으면 0 으로 답해요?

리스트'위험도'에 리스트'증상'속에서 요소를 입력받아 숫자로 변환해 리스트의 맨 마지막에 추가

리스트'합계'에 담다, 합해 리스트'위험도'를

만약 리스트'합계'값이 4보다 작으면,프린트해 문자열 'COVID19 위험도', 합계, '높지않아 독감일 수 있어요'

만약 그렇지않다면  프린트해 문자열 '당신의 비만 BMI는', bmi, '과체중입니다'

그렇지않으면, 출력해 "COVID19 위험도",합계,"높아서 감염의 위험이 있습니다."

[2] 함수 '코로나 검사()'를 실행해

---

### 한글 프로그램 순서도를 구글 번역으로 영어로 번역한다.

[1] Function definition is the keyword def and the function name'corona check'

Put on the list'symptoms'. ['Fever','Cough','Only breathing','Throat/nose pain','Vmiting','Diabetes/kidney/heart disease']
Put it on the list'risk level'. Empty []
The for loop repeats once for each element in the list[0,1,2,3,4,5]
Print it. Answer 1 if you have symptoms or 0 if you don't have one?
In the list'risk levcl', an element is input from the list'symptoms' and converted into numbers and added to the end of the list.
Put in the list'total', add up the list'risk level'
If the list'Sum' value is less than 4, print it and the string'COVID19 Risk', Sum,'Not high, it could be flu'
If not, print out the strings'Your obese BMI', bmi,'You are overweight'
 Otherwise, print out "COVID19 risk", total, "higher risk of infection,"

[2] Run the function'corona test()

---

### 컴퓨터가 이해하는 파이썬 명령어로 축약해  코딩화한다.

[3단계] 코딩화한 각 셀을  ▶  또는 Shift+Enter 눌러 한 행씩 실행한다

```
[1]  def 코로나검사():
        증상 = ['열','기침','숨 가뿐','목/코 아픔','구토','당뇨/신장/심장병']
        위험도 =[]
        for 요소 in range(len(증상)):
            print('증상 있으면 1 , 없으면 0 으로 답해요?')
            위험도.append(int(input(증상[요소])))
            합계 = sum(위험도)
        if 합계 < 4: print("COVID19 위험도",합계,"높지않아 독감일 수 있어요")
        else: print("COVID19 위험도",합계,"높아서 감염의 위험이 있습니다.")

[2]  코로나검사()

▢▸ 증상 있으면 1 , 없으면 0 으로 답해요?
     열1
     증상 있으면 1 , 없으면 0 으로 답해요?
     기침1
     증상 있으면 1 , 없으면 0 으로 답해요?
     숨 가뿐1
     증상 있으면 1 , 없으면 0 으로 답해요?
     목/코 아픔1
     증상 있으면 1 , 없으면 0 으로 답해요?
     구토1
     증상 있으면 1 , 없으면 0 으로 답해요?
     당뇨/신장/심장병1
     COVID19 위험도 6 높아서 감염의 위험이 있습니다.
```

 (구글 코랩 노트북으로 실습하려면)

크롬 브라우저 검색창에서 코랩사이트 링크 (https://colab.research.google.com/ ) 입력해 새 코랩 노트북 만들기 위해 시작페이지에 접속한다. 또는 이미 코드가 작성되어 있는 노트북으로 실습하려면 옆의 QR코드를 스마트폰으로 인식하여  실행해 코드 수정해 본다.

## 2.9 한글이 컴퓨터 프로그래밍 언어로 가능할까? 한글 함수() 만들어 동사처럼 실행하기. 김포평야 측량해 면적 계산한 결과값 소수점 반올림하기. 컴퓨터 내부엔 2진수만 존재하는데, 한글로 코딩을 할 수 있을까 ?

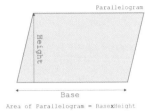

Parallelogram
Height
Base
Area of Parallelogram = Base×Height

김포평야에서 측량을 한 거리값으로 사변형 모양 땅의 면적을 구하는 것이다. 첫 줄에 입력하는 값을 저장하는 변수명으로 base_variable과 height_variable을 사용하고, 대입연산자 =를 이용해 각각의 값을 담는다. 다음으로 사변형 면적 계산공식인 높이와 밑변의 값을 곱하는 방정식을 area_variable =base_variable*height_variable 만들고 실행한다. 계산된 값을 area_variable 변수에 저장하고, 변수명을 호출하여 출력한다.

소수점 반올림하는 명령어는 영어 반올림과 같이 round 이다. 실제 동작하게 하려면 round 뒤에 ()괄호를 붙여서 round라는 영어명 변수와 구분한다. ()괄호는 동작하라는 의미이다. 출력값 area_variable 실수가 소수점이 너무 많으니 소수점을 n번째까지만 표현하고 반올림을 하

고 싶을 때, round 명령어를 사용한다. round(area_variable, 2)는 소수점 이하 2자리에서 반올림 값을 표현한다. 이제 한글로만 코딩해 보자. 소수점 반올림하는 명령어를 한글함수로 만들어야 한다.

프로그래밍 언어 파이썬은 영어로 표현하기 때문에 영어에 익숙하지 않은 다른 나라 사람들에게는 낯설다. 그래서 우리는 익숙해지기 어렵다. 영어와 코딩 둘다 어려운 분들이 코딩을 쉽게 접근하도록 초급 코딩을 쉽게 배우려면 한글로만 된 코딩을 한다면 좋을 텐데, 한글 코딩 즉 한글로 된 프로그래밍 언어는 구현되기는 쉽지 않은 것 같다. 그럼에도 한글이 컴퓨터 프로그래밍 언어로 사용될 수도 있다는 가능성을 보여주려고 간단하게라도 한글로만 코딩을 작성해 보자.

변수명을 한글로 하고, 실행되는 모든 명령어를 한글 함수로 만들어 놓으면 코딩할 수 있다. 속도와 오류 발생의 문제가 있지만, 하여튼 시험삼아 간단하게 실행되는 명령어를 한글 함수로 만들어 놓으면 명령어도 한글로 표기할 수 있다.

---

### Program coding flownote 한글 명령어를 영어로 번역한 코드 작성 순서노트
생활영어처럼 [1][2][3]단계별로 실행되는 한글 명령어 순서도 작성한다.

| [1단계] 파이썬하고 대화하듯이 명령 순서도 작성 |
| --- |
| [1] 변수명 '밑변', 변수명'높이'에 =를 사용해 5.3 , 6을 담아 |
| [3] 변수 '면적'을 출력해 |
| [4] 함수 정의는 키워드 def로 함수 이름 '소수점2째자리_반올림'와 매개 변수로 x 반환해,<br>　　소수점 2 자리에서 반올림해 변수 x를 |
| [3] 변수 '면적'을 출력해 |
| [5] 소수점 2 자리에서 반올림을 실행해 변수 '면적'값을 출력해 |

한글 프로그램 순서도를 구글 번역으로 영어로 번역한다.

| [2단계] 구글 번역한 영어 문장을 한 행씩 압축해 코딩화한다. |
| --- |
| [1] The variable'base' contains 5.3 using =<br>     Variable name'height' contains 6 using =<br>[2] Multiply base and height and store the value in the variable area<br>[3] print out the variable area<br>[4] Print out the variable area, base, and height values<br>[5] Outputs variable area values by rounding up to 2 decimal places |

컴퓨터가 이해하는 파이썬 명령어로 축약해 코딩화한다.

| [3단계] 코딩화한 각 셀을 ▶ 또는 Shift+Enter 눌러 한 행씩 실행한다 |
| --- |
| [1]  밑변, 높이 = 5.3, 6<br><br>[2]  면적 = 밑변 * 높이<br><br>[3]  면적<br>     31.799999999999997<br><br>[4]  def 소수점2째자리_반올림(x) :<br>      return round(x,2)<br><br>[5]  소수점2째자리_반올림(면적)<br>     31.8 |

(구글 코랩 노트북으로 실습하려면)

크롬 브라우저 검색창에서 코랩사이트 링크(https://colab.research.google.com/ ) 입력해 새 코랩 노트북 만들기 위해 시작페이지에 접속한다. 또는 이미 코드가 작성되어 있는 노트북으로 실습하려면 옆의 QR코드를 스마트폰으로 인식하여 실행해 코드 수정해 본다.

# 3 STEP

## 코딩 스킬 높이는 모듈을 import 장착하자. 숙련된 스킬은 좋은 모듈, 패키지, 라이브러리를 장착하는 것이다. Skill UP !

---

먼 하늘 날고 있는 비행기를 레이더로 추적해 거리를 재다,
수학 전문 스킬을 높여주는 numpy모듈 임포트하여 스킬 업하자

비행기의 비행 항로를 x,y 좌표 측량 결과값으로 그래프 패키지 가져와서 그래프로 추적하자

비행기가 자유낙하 폭탄으로 탱크 맞추게 하자. 낙하거리, 시간 계산해 주는 함수 만들고 낙하 그래프를 그려보자

자신만의 폭탄 탄도 계산 라이브러리를 외부 파이썬 파일로 만들어 import 해서 스킬 업해 보자

코드 3줄로 나만의 QR코드를 만들다. 외부 실행 라이브러리 찾아 설치해 스킬 업하자

## 3.1 먼 하늘 날고 있는 비행기를 레이더로 추적해 거리를 재다.
## 수학 전문 스킬을 높여주는 numpy모듈 임포트하여 스킬 업하자

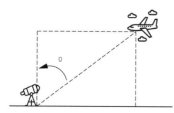

먼 하늘을 날고 있는 비행기가 레이더 기지에서 얼마나 먼 거리에 떨어져 있는지 측정하는 것은 줄자 등 장비로 직접 거리를 측정하는 것보다는 삼각측량[1] 즉 삼각형을 만들어 측량하는 방법으로 위치를 측정한다.

옆 카톡 그림처럼 지점 비행기 고도 distance와 레이더로부터 비행기까지의 수평거리 Length 사이의 관계식은 tan(A_degree) = Length/distance 이다. 수평길이 Length는 100m이고 사잇각은 45도라고 하면, 삼각비 이용해서 비행기까지 고도거리 (distance)는 Length/tan(A_degree) 이다. 여기서 각도를 라디안으로 변환하는 것과 tan 값을 구하는 것은 수학 함수를 사용하면 편리하다.

수학함수 프로그램 코드를 빠르게 손쉽게 작성하는 방법은 다른 코드를 가져와서 재사용하는 것이다. 특히 다른 사람이 이미 만들어 놓은 프로그램 또는 함수코드를 가져다 재사용할 수 있는 게 파이썬의 장점이다. 다른 사람이 이미 만들어 놓은 수학함수 코드들을 모아놓은 numpy library module[2] 이 유명하다. numpy를 내 컴퓨터에 가져다 내가 사용하려면 수입한다는 의미의 import 명령어 사용해 가져와야 한다. '임포트 넘파이'라고 명령하여 파이썬 수학 모듈인 numpy에 넣어 있는 모든 함수들을 가져와 사용해 보자.

numpy는 Numerical Python의 줄임말로서 행렬이나 벡터연산 등 수치 계산에도 효율적이다. 삼각측량 계산, 벡터연산 등 더 복잡한 수학연산을 하려면 파이썬 프로그래밍 언어의 외부 수학 패키지(함수들의 집합이므로, 큰 규모 모듈 또는 패키지라고도 함)로서 유명한 numpy를 가져다 사용하면 된다.

수학함수 중에서 degrees- radian 변환 등 계산은 $\pi$ radians = 180° 임을 활용한다. numpy모듈은 각도를 radian을 사용하므로 degree를 radian으로 바꿔주기 위해서 np.deg2rad(x) 함수를 사용한다. 먼 바다를 항해할 때도 삼각법으로 항로 계산하는 데 사용한다.

---

1   양쪽 지점으로부터 삼각형을 만들어 삼각형 내부의 점을 참조하여 측량한다. 삼각측량은 삼각을 형성하고 삼각비를 사용하여 위치를 측정하는 방법이다. 삼각비로 거리 재는 방식은 기원전 150년경 그리스 천문학자 히파르코스는 이런 방법으로 지구에서 달까지의 거리도 계산했다.

2   모듈module은 파이썬 함수 등 코드가 모여 있는 파일이다. 코드를 규모로 구분하면 텍스트나 리스트 같은 데이터, 문장, 함수, 그리고 모듈 순으로 코드 크기가 커진다. 패키지Package는 모듈을 폴더 디렉토리 구조처럼 파일 계층구조로 구성한 것으로 모듈을 여러 개 모아 놓은 게 패키지이다. 패키지는 상품이라는 의미가 강해서, 파이썬에서는 라이브러리 Library 라는 용어도 혼용해 사용한다. 특히 파이썬이 제공하는 표준 라이브러리 모듈은 파이썬이 표준으로 제공하는 핵심코드 패키지들이고, 다른 사람들이 만든 유용한 패키지들도 심사를 통해 표준 라이브러리에 포함하기도 한다. 패키지나 라이브러리는 외부 파일로 남의 컴퓨터에 있어서, 사용하려면 우선 내 컴퓨터에 설치하고 각 모듈을 가져다 사용한다. 본 책에서는 문법이나 용어 정의에 집중하기보다는 사용상의 편의로 모듈, 라이브러리, 패키지를 혼용해서 사용할 수도 있다.

**Program coding flownote 한글 명령어를 영어로 번역한 코드 작성 순서노트**

생활영어처럼 [1][2][3]단계별로 실행되는 한글 명령어 순서도 작성한다.

| [1단계] 파이썬하고 대화하듯이 명령 순서도 작성 |
| --- |
| [1] numpy 라이브러리 가져오다 |
| [2] 변수'Length'에 담다, 숫자 100<br>　　변수'A_degree'에 담다, 숫자 45 |
| [3] numpy의 degrees를 라디안 단위로 변환해. 변수'A_degree'값을 |
| [4] 변수'Length'값을 나눈다, numpy.tan(numpy.deg2rad(A_degree))으로 |

한글 프로그램 순서도를 구글 번역으로 영어로 번역한다.

| [2단계] 구글 번역한 영어 문장을 한 행씩 압축해 코딩화한다 |
| --- |
| [1] Import numpy library |
| [2] Put in variable'Length', number 100<br>　　Put in variable'A_degree', number 45 |
| [3] Convert numpy degrees to radians. Variable'A_degree' |
| [4] Divide the value of the variable'Length', with numpy.tan(numpy.deg2rad(A_degree)) |

컴퓨터가 이해하는 파이썬 명령어로 축약해 코딩화한다.

| [3단계] 코딩화한 각 셀을 ▶ 또는 Shift+Enter 눌러 한 행씩 실행한다 |
| --- |

```
[1]    import numpy

[2]    Length = 100
       A_degree = 45

[3]    numpy.deg2rad(A_degree)
```
⌐▸ 0.7853981633974483

```
[4]    Length/numpy.tan(numpy.deg2rad(A_degree))
```
⌐▸ 100.00000000000001

 (구글 코랩 노트북으로 실습하려면)
크롬 브라우저 검색창에서 코랩사이트 링크(https://colab.research.google.com/ ) 입력해 새 코랩 노트북 만들기 위해 시작페이지에 접속한다. 또는 이미 코드가 작성되어 있는 노트북으로 실습하려면 옆의 QR코드를 스마트폰으로 인식하여 실행해 코드 수정해 본다.

## 3.2 비행기의 비행 항로를 x, y 좌표 측량 결과값으로 그래프 패키지 가져와서 그래프로 추적하자

먼 하늘 비행기를 시간마다 측정한 위치 점과 궤적선을 그래프로 그려 보자. 하늘과 땅을 좌표로 표현한 좌표평면 위의 비행기의 궤적 등 선은 여러 개의 위치 점을 이어준 것이다.

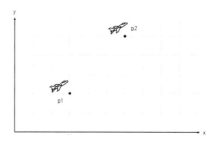

두 점 P1(x1,y1)과 P2(x2,y2) 표현하는 방법이 파이썬은 기하학적이 기보다는 좀더 수학적으로 표현된다. 기하학에서는 각각의 위치가 좌표로 나타내듯이 (x1,y1)과 (x2,y2)의 각 순서쌍을 개별적으로 점으로 입력한다. 반면에 수학적으로는 두 점 P1(x1,y1)과 P2(x2,y2)의 좌표값을 x축의 x1, x2값은 x리스트에 묶어서 담고, y축의 y1,y2값은 y리스트에 묶어서 각각 담아서 리스트 순서대로 점을 표현하는 것이다.

마치 명함박스 모양의 대괄호 [ ]로 감싸서 만든 list 리스트는 순서가 있는 집합이다. 순서가 있기 때문에 순차적으로 배열된 점들을 그래프로 표시할 수 있다.
리스트를 수학 계산을 위해 배열로 변환하는 것은 numpy.array()명령어이다.

그래프 그리는 모듈로 pylab[1]기능을 불러온다.

pylab.plot(x좌표, y좌표) 명령으로 첫번째 파라미터인 x좌표는 점들의 x값을 리스트로 담는다. 두번째 파라미터인 y 좌표에는 y값들의 집합이 담긴다. 각각의 순서쌍을 배열된 순서대로 조합해서 직선 그래프를 그린다. 세번째 파라미터에 '0' 표시를 추가해서 두 개의 점을 찍는다.

plot () 명령어의 ()안에 스타일 문자열은 색깔(color), 마커(marker), 선 종류(line style)의 순서로 지정한다. 만약 이 중 일부가 생략되면 디폴트값이 적용된다.

pylab.plot([x축 데이터], [y축 데이터])의 꼴로 사용할 수 있고, x축 데이터, y축 데이터는 list다. x 값 리스트 박스는 모든 점들의 x축의 정수의 집합이고, y 리스트 박스는 모든 점들의 y축의 정수의 집합이다. x,y 리스트 박스에 있는 값들은 그래프로 표시된다.

리스트 박스 속의 각각의 순서쌍을 나열된 순서대로 조합해서 여러 개의 점을 배열로 만든다. 배열들을 찍은 점을 표현하고 싶으면, 세번째 파라미터에 marker 인자를 추가해 주면 된다.

---

1  pylab은 matplotlib.pyplot + numpy이 통합된 그래프 모듈이므로 간편하게 사용할 수 있다. 다만 interactive 환경 (shell, ipython 등) 에서만 pylab 사용하고, 컴퓨터 내부 프로그램 실행시에는 matplotlib.pyplot 사용한다. Matplotlib는 파이썬에서 데이타를 다양한 차트나 플롯(Plot)으로 그려주는 라이브러리 패키지이고 pyplot으로 즉석에서 그리는 데 효과적이지만, 초급 과정에서는 좀더 간단한 pylab을 우선 사용한다.

## Program coding flownote 한글 명령어를 영어로 번역한 코드 작성 순서노트

생활영어처럼 [1][2][3]단계별로 실행되는 한글 명령어 순서도 작성한다.

| [1단계] 파이썬하고 대화하듯이 명령 순서도 작성 |
| --- |
| [1] pylab 그래프 모듈을 가져오다 |
| [2] pylab.plot()함수로, 변수 Length, 변수distance의 좌표점, markers 'o'로 점 표시하라 |
| [3] 리스트 'Length'에 담다, [100,200,300] 값을<br>　리스트 'A_degree'에 담다, [45,50,55] 값을 |
| [4] 리스트 'distance'에 담다, 리스트'Length'값을 나눈다, numpy.tan(numpy.deg2rad(A_degree))으로<br>　pylab.plot()함수로, 변수 Length, 변수distance의 좌표점, markers 'o'로 점 표시하라 |
| [5] numpy.array()함수로, 리스트 'distance'를 배열로 만들다 |
| [6] numpy.array()함수로 리스트 'Length'배열값을 나누다, numpy.array()함수로 리스트 'distance'배열값으로 |

한글 프로그램 순서도를 구글 번역으로 영어로 번역한다.

| [2단계] 구글 번역한 영어 문장을 한 행씩 압축해 코딩화한다 |
| --- |
| [1] import pylab graph module<br>[2] With pylab.plot() function, mark the point as variable Length, coordinate point of variable<br>　distance, and<br>　markers'o'<br>[3] Put in the list'Length', [100,200,300]<br>　Put in the list'A_degree', put the value [45,50,55]<br>[4] Put in the list'distance', divide the list'Length' by numpy.tan(numpy.deg2rad(A_degree))<br>　With the pylab.plot() function, mark the point with the variable Length, the coordinate point of<br>　the variable distance, and the markers'o'.<br>[5] With numpy.array() function, make list'distance' into array<br>[6] Dividing the value of the list'Length' array with the numpy.array() function, and the value of the<br>　list'distance' with the numpy.array() function |

컴퓨터가 이해하는 파이썬 명령어로 축약해 코딩화한다.

| [3단계] 코딩화한 각 셀을 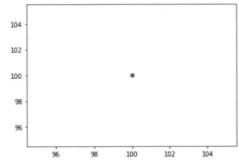 또는 Shift+Enter 눌러 한 행씩 실행한다 |
| --- |

```
import pylab
pylab.plot(Length,distance,marker='o')

[<matplotlib.lines.Line2D at 0x7f7e7a968d30>]
```

```
Length = [100, 200, 300]
```

```
A_degree = [45, 50, 55]
distance = Length/numpy.tan(numpy.deg2rad(A_degree))
pylab.plot(Length,distance,marker='o')

[<matplotlib.lines.Line2D at 0x7f7e72255710>]
```

```
numpy.array(distance)

array([100.        , 167.81992624, 210.06226146])
```

```
numpy.array(Length)/numpy.array(distance)

array([1.        , 1.19175359, 1.42814801])
```

(구글 코랩 노트북으로 실습하려면)
크롬 브라우저 검색창에서 코랩사이트 링크(https://colab.research.google.com/ ) 입력해 새 코랩 노트북 만들기 위해 시작페이지에 접속한다. 또는 이미 코드가 작성되어 있는 노트북으로 실습하려면 옆의 QR코드를 스마트폰으로 인식하여 실행해 코드 수정해 본다.

## 3.3 비행기가 자유낙하 폭탄으로 탱크 맞추게 하자.
## 낙하거리, 시간 계산해 주는 함수 만들고 낙하 그래프를 그려보자

고도 500m에서 900㎞/h의 속력으로 수평으로 날고 있는 비행기에서 지상을 폭격한다고 할 때 목표물에서 얼마만큼 떨어진 곳에서 폭탄을 낙하해야 하는가?

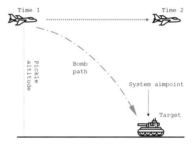

비행기에서 자유낙하 떨어뜨린 폭탄들의 수평 방향의 속도는 비행기의 속도와 같다. 폭탄은 수평으로 던져진 물체와 마찬가지로 날아간다. 즉 물체는 포물선 궤도를 그리며 날아가는 것이다.

$$X(t) = x_0 + vt$$

$$Y(t) = y_0 - \frac{1}{2}gt^2(g ≒ 10) = y_0 - 5t^2$$

폭탄이 자유낙하하는 동안 마찰은 무시하고 중력가속도는 10㎧으로 한다. 500m를 자유낙하하는 데 걸리는 시간은 $5t^2 = 500$ t는 약 10이다. 그 10초간 수평방향으로 등속운동하므로 떨어지는 사이에 움직이는 거리는 900㎞/3600s × 10s, 즉 약 2.5㎞ 전방에서 폭탄을 낙하해야 한다.

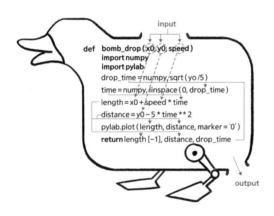

옆 그림은 '보캉송의 똥싸는 오리 자동기계'를 모티브로 작성한 폭탄 낙하 계산하는 코드모음 함수 알고리즘 이미지이다. 함수 알고리즘의 전체적인 모습은 우선 함수 이름은 bomb_drop()으로 짓고, 비행기 x, y 위치와 속도를 입력받고, 높이 h에서 폭탄이 바닥의 그 물체(탱크 등)에 닿는 데 걸리는 낙하 시간 t 와 폭탄이 움직인 고도, 거리를 계산하여 값을 반납 return 하는 함수를 나타낸다. 오리 그림 속에 있는 알고리즘을 음식 만들기 위한 요리 레시피를 순서 단계별로 흐름도를 만들며 준비하는 것과 같이 만들어보자.

1) 함수 이름은 bomb-drop( )으로 하고 음식 재료(변수, 데이터) 같은 입력변수를 준비한다.
  비행기 x,y위치와 속도 값을 입력 input 받는다.

2) 요리를 하기 위해 우선 요리도구인 numpy, pylab 라이브러리를 가져다 놓는다. import [모듈 이름] 또는 import [모듈 이름] as 별칭으로 직접 가져오거나, from [모듈 이름] import [객체 이름]으로 가져올 수 있다.

3) 요리 공식과 기능(함수 등)으로 조리하듯 계산 기능을 만든다. drop_time, Length, distance를 계산할 수식을 만들고, 리스트 박스에 계산 배열값을 담다.

4) pylab을 사용해 예쁘게 표현(그래프 등으로)해 그 결과를 확인한다. drop_time, Length, distance 값을 반환받아 output 한다.

Length

```
array([0.        , 0.05102041, 0.10204082, 0.15306122, 0.20408163,
       0.25510204, 0.30612245, 0.35714286, 0.40816327, 0.45918367,
       0.51020408, 0.56122449, 0.6122449 , 0.66326531, 0.71428571,
       0.76530612, 0.81632653, 0.86734694, 0.91836735, 0.96938776,
       1.02040816, 1.07142857, 1.12244898, 1.17346939, 1.2244898 ,
       1.2755102 , 1.32653061, 1.37755102, 1.42857143, 1.47959184,
       1.53061224, 1.58163265, 1.63265306, 1.68367347, 1.73469388,
       1.78571429, 1.83673469, 1.8877551 , 1.93877551, 1.98979592,
       2.04081633, 2.09183673, 2.14285714, 2.19387755, 2.24489796,
       2.29591837, 2.34693878, 2.39795918, 2.44897959, 2.5       ])
```

Length[49],   Length[-1]

(2.5, 2.5)

Length, distance 등은 numpy array[1]값이다. 배열(array)은 각각의 구슬 같은 요소값이 목걸이처럼 한 줄로 이어진 것이다.

Length[49]는 0부터 2.5까지 50개 숫자가 순서대로 배열되어 있는 Length 리스트에서 0번째부터 시작해서 49번째 즉 50개째의 숫자인 2.5를 의미한다. 반대 순서대로 Length[-1]는 0번째의 왼쪽인 -1번째부터 -50번째까지의 50개 숫자 중에서 첫번째인 -1번째의 숫자 2.5를 의미한다.

폭탄의 위치를 시간마다 측정하려면 시간 순으로 배열을 만들어야 한다. 이처럼 숫자를 순서대로 배열로 만드는 방법은 python의 range(start,stop,step)와 numpy의 arange() , linspace() 모두 같은 방식이 있다. 모두 같지만, numpy가 속도가 빠르고 벡터화된 값을 만들기 때문에 공학에서 많이 사용한다. numpy.linspace[2](start, end, num=개수)은 start ~ end 사이의 값을 개수만큼 생성하여 배열로 반환하는 것이다.

### 함수 이름 bomb_drop()을 불러서 일을 시키자

폭탄 낙하 계산하는 코드 모음이 있는 함수이름 bomb_drop()을 작은 오리 모양으로 함수이름()만으로 불러서 높이 h에서 폭탄이 바닥의 그 물체(탱크 등)에 닿는 데 걸리는 낙하 시간 t 과 폭탄이 움직인 고도, 거리를 계산하여 값을 반납하는 함수를 작동할 수 있다.

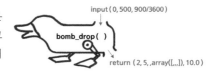

input ( 0, 500, 900/3600 )

bomb_drop ( )

return ( 2.5, ,array([,,,]), 10.0 )

---

**Program coding flownote 한글 명령어를 영어로 번역한 코드 작성 순서노트**

생활영어처럼  [1][2][3]단계별로 실행되는 한글 명령어 순서도 작성한다.

| [1단계] 파이썬하고 대화하듯이 명령 순서도 작성 |
| --- |
| [1] 함수 정의는 키워드 def로 함수 이름 'bomb_drop()'로 입력변수는 x0,y0,speed<br>　　numpy 모듈을 가져오다, pylab 모듈을 가져오다<br>　　변수 drop_time에 담다, numpy.sqrt(y0/5)<br>　　리스트 'time' 에 담다, numpy.linspace로 0부터 drop_time까지 값을<br>　　리스트 Length에 담다, x0+speed*time 값을<br>　　리스트 distance에 담다, y0 - 5*time**2 값을<br>　　pylab.plot()함수로, 변수 Length, 변수distance의 좌표점, markers 'o'로 점 표시하라<br>　　반환하라, Length[-1], distance, drop_time 값을 |
| [2] bomb_drop 함수를 입력변수 0, 500, 900/3600 으로 실행하라 |

---

1　Numpy는 다차원 배열을 효과적으로 처리하는 모듈이다. 파이썬의 기본 list에 비해서 빠르게 계산하도록 array 타입이 별도로 있다. Numpy의 배열 array는 파이썬의 리스트(list)와 거의 비슷하나 배열은 동일한 자료형인 숫자만 들어가야 한다는 차이를 갖는다. Numpy에서의 x*y 곱은 선형대수에서 쓰는 행렬 곱이 아니고, 같은 크기 배열 간 산술 연산의 곱을 의미한다. 행렬 곱은 x@y 와 같이 표현한다.

한글 프로그램 순서도를 구글 번역으로 영어로 번역한다.

| [2단계] 구글 번역한 영어 문장을 한 행씩 압축해 코딩화한다 |
| --- |
| [1] The function definition is the keyword def, the function name'bomb_drop()', and the input<br>　variable is x0,y0,speed<br>　import numpy module, import pylab module<br>　Put in variable drop_time, numpy.sqrt(y0/5)<br>　Put in the list'time', numpy.linspace with values from 0 to drop_time<br>　Put in list Length, x0+speed*time value<br>　Put in the list distance, y0-5*time**2<br>　With the pylab.plot() function, mark the point with the variable Length, the coordinate point of<br>　the variable distance, and the markers'o'.<br>　Return, Length[-1], distance, drop_time values<br>[2] Run bomb_drop function with input variables 0, 500, 900/3600 |

컴퓨터가 이해하는 파이썬 명령어로 축약해  코딩화한다.

| [3단계] 코딩화한 각 셀을 ▶ 또는 Shift+Enter 눌러 한 행씩 실행한다 |
| --- |

```
[ ]   def bomb_drop(x0,y0,speed):
          import numpy
          import pylab
          drop_time = numpy.sqrt(y0/5)
          time = numpy.linspace(0, drop_time)
          Length = x0+ speed*time
          distance = y0 - 5*time**2

          pylab.plot(Length, distance, marker='o')

          return Length[-1], distance, drop_time
```

```
▶   bomb_drop(0,500,900/3600)
```

```
(2.5, array([500.        ,  499.79175344, 499.16701374, 498.12578092,
       496.66805498, 494.7938359 , 492.5031237 , 489.79591837,
       486.67221991, 483.13202832, 479.17534361, 474.80216576,
       470.01249479, 464.8063307 , 459.18367347, 453.14452312,
       446.68887963, 439.81674302, 432.52811329, 424.82299042,
       416.70137443, 408.16326531, 399.20866306, 389.83756768,
       380.04997918, 369.84589754, 359.22532278, 348.18825489,
       336.73469388, 324.86463973, 312.57809246, 299.87505206,
       286.75551853, 273.21949188, 259.26697209, 244.89795918,
       230.11245314, 214.91045398, 199.29196168, 183.25697626,
       166.80549771, 149.93752603, 132.65306122, 114.95210329,
        96.83465223,  78.30070804,  59.35027072,  39.98334027,
        20.1999167 ,   0.        ]), 10.0)
```

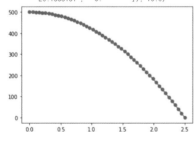

 (구글 코랩 노트북으로 실습하려면)
크롬 브라우저 검색창에서 코랩사이트 링크(https://colab.research.google.com/ ) 입력해 새 코랩 노트북 만들기 위해 시작페이지에 접속한다. 또는 이미 코드가 작성되어 있는 노트북으로 실습하려면 옆의 QR코드를 스마트폰으로 인식하여  실행해  코드 수정해 본다.

## 3.4 자신만의 폭탄 탄도 계산 라이브러리를 외부 파이썬 파일로 만들어 import 해서 스킬 업해 보자

컴퓨터 속 디지털세상과 소통하기 위해 카톡처럼 쌍방이 대화를 나누는 방식으로 사용자가 직접 명령어를 입력하고 컴퓨터가 "응답"할 때는 모니터 화면에 결과값을 출력하는 방식으로 대화해 왔다.

카톡대화 방식으로 컴퓨터와 소통하는 방법은 대화가 1회용으로 프로그램이 종료되면 대화내용이 지워지고, 같은 명령을 또 말하려면 반복해서 입력해야 하는 번거로움이 있다. 프로그램이 작업을 종료해도 명령어들이 모두 사라지지 않고 어딘가에 저장해서 다음에도 다시 갖다 쓰려면 명령어를 버리지 말고 프로그램 외부 어딘가에 저장해야 한다. 명령어 데이터를 저장하는 방법으로 주로 텍스트 파일에 저장한다.

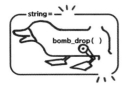

'보캉송의 똥싸는 오리자동기계'를 모티브로 작성한 외부 실행파일 작성 알고리즘 이미지이다. 코드 작성하는 셀 맨 왼쪽에 샵(#) 표시를 추가하면 # 다음의 내용은 실행되지 않는 주석을 의미한다. 샵(#) 이외에도 세 개 따옴표(```) 로 여러 줄의 코드 덩어리를 앞, 뒤로 ''' 로 감싼다면, 그 속에 든 문자열(docstring)이나 문장은 코드 명령어가 실행되지 않는 텍스트라는 의미이다. 텍스트 내용을 보면 앞장에서 만든 bomb_drop() 함수 관련한 명령어 코드가 입력되어 있다. 실행 가능한 명령어 코드 집합인 bomb_drop() 함수를 외부 파일명 drop_plt.py로 만들어 컴퓨터로 실행파일이나 실행 라이브러리'처럼  colab 코드셀에 import하여 사용할 수 있다. drop_plt.py 파이썬 코드 파일은 외부에 코드 덩어리로 합쳐서 재사용하려고 함수파일을 만들어 보고 모듈 파일처럼 import 할 수 있는 것이다.

앞 장에서 만든 drop함수를 drop_plt.py 파이썬 코드 외부파일로 만들어서 외부 모듈 프로그램으로 가져와보자.

음식 만들기 위한 요리 레시피를 순서 단계별로 흐름도를 만들며 준비하는 것과 같이 오리 그림으로 <u>**'알고리즘 흐름도'**</u>를 만들어보자.

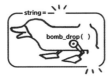

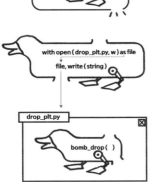

1) 우선 함수 이름은 bomb-drop( )한 문자열을 ' ' ' 으로 포장한 후 string 변수에 저장한다. <u>**음식 재료(변수, 데이터) 같은 입력변수 준비한다.**</u> 변수로 비행기 x,y위치와 속도값을 입력 input 받아 작동하는 함수 코드이다.

2) 요리를 하기 위해 with문을 만들어 외부의 파일을 만들어 이곳에 저장한다. <u>**요리 도구인 빈파일 만들고 저장할 그릇 만든다.**</u>

3) <u>**요리 공식과 기능(함수 등)을 나만의 레시피로 조리한다.**</u> 나만의 drop_plt.py 모듈을 만든다. 만들어진 모듈을 import 할 수 있다.

4) 임포트한 drop_plt 모듈의 bomb.drop() 함수에 0,500,900/3600 넣어 실행해서 그 결과를 확인한다.

---

1 컴퓨터 실행 파일이나 실행 라이브러리는 코드화된 명령에 따라 지시된 작업을 수행하도록 하는 컴퓨터 파일을 말한다. 실행 가능한 코드 (Executable code)는 실행 가능한 명령어들의 집합이고, 이를 외부의 파일에 저장하여 파일로 만드는 이유는 다양한 운영체제와의 상호작용이 수월하고 다음에도 다시 갖다 쓰려면 실행코드를 버리지 말고 자신의 컴퓨터 프로그램 내부가 아닌 외부 어딘가에 데이터를 저장해야 하기 때문이다.

## 함수모듈을 외부 파일로 저장하는 방법

파이썬 프로그램 코드는 주로 텍스트 파일 형식으로 저장한다.
일반적인 텍스트 파일 확장자는 '파일명.txt'이나 파이썬 실행프로그램 텍스트 파일명은 '파일명.py'으로 정한다. 즉 drop_plt.py의 빈 파일을 오픈하여 file이라는 변수로 만든다. 다음 줄에 file 변수에 string을 write하여 파일명 drop_plt.py 을 만든다. with문은 빈 외부파일을 만들어 외부의 파일에 저장한다. 생성된 외부파일은 일반적이라면 컴퓨터 하드의 특정 디렉토리에 C:/doit/새파일.py처럼 생성되지만, 구글 크롬은 웹하드상에 생성된다.

옆 그림처럼 코랩의 왼쪽 메뉴에서 파일 메뉴에 drop_plt.py가 만들어진 것을 확인할 수 있다. drop_plt.py 파일을 클릭하여 파일 속 텍스트 내용을 보면 앞 장에서 만든 bomb_drop() 함수 관련한 명령어 코드가 입력되어 있다.

모듈을 외부 파일로 저장해 여러 사람들이 공유할 수 있는 나만의 함수 모듈을 자체 제작해 이 함수를 외부 파일로 저장한 모듈을 만들어 보았다.

```
≡  파일
    ⊡  ⊡  ⊡
Q
< >   ▸ ■  ..
         ■  sample_data
         ▤  drop_plt.py

drop_plt.py  ✕
1
2  def bomb_drop(x0,y0,speed):
3      import numpy
4      import pylab
5      drop_time = numpy.sqrt(y0/5)
6      time = numpy.linspace(0, drop_time)
7      Length = x0+ speed*time
8      distance = y0 - 5*time**2
9      pylab.plot(Length, distance, marker='o')
10     return Length[-1], distance[-1], drop_time
11
```

---

### Program coding flownote 한글 명령어를 영어로 번역한 코드 작성 순서노트
생활영어처럼 [1][2][3]단계별로 실행되는 한글 명령어 순서도 작성한다.

| [1단계] 파이썬하고 대화하듯이 명령 순서도 작성 |
| --- |
| [1] 여러 줄로 된 문자열을 ''' 세 개 따옴표로 입력한다<br>　　그리고 string 변수에 저장한다<br>　　def bomb_drop(x0,y0,speed):<br>　　　import numpy<br>　　　import pylab<br>　　　drop_time = numpy.sqrt(y0/5)<br>　　　time = numpy.linspace(0, drop_time)<br>　　　Length = x0+ speed*time<br>　　　distance = y0 - 5*time**2<br>　　　pylab.plot(Length, distance, marker='o')<br>　　　return Length[-1], distance[-1], drop_time |
| [2] with문으로 연다. drop_plt.py 파일명, 쓰기 모드 'w', 별칭 file<br>　　변수file에 쓴다, 변수 string의 데이터를 |
| [3] drop_plt 함수모듈을 가져오다 |
| [4] drop_plt 모듈의 bomb.drop() 함수에 0,500,900/3600 넣어 계산한다 |

한글 프로그램 순서도를 구글 번역으로 영어로 번역한다.

[2단계] 구글 번역한 영어 문장을 한 행씩 압축해 코딩화한다

[1] Enter a multiline string ''' ''' with three quotes'
and put in variable string
[2] Open with statement. drop_plt.py file name, writing mode'w', alias file
Write to the variable file. The data of the variable string
[3] Bring the drop_plt function module
[4] Calculate by putting 0,500,900/3600 in the bomb_drop()function of the drop_plt module

컴퓨터가 이해하는 파이썬 명령어로 축약해 코딩화한다.

[3단계] 코딩화한 각 셀을 ▶ 또는 Shift+Enter 눌러 한 행씩 실행한다

```
[ ]  String = '''
     def bomb_drop(x0,y0,speed):
         import numpy
         import pylab
         drop_time = numpy.sqrt(y0/5)
         time = numpy.linspace(0, drop_time)
         Length = x0+ speed*time
         distance = y0 - 5*time**2
         pylab.plot(Length, distance, marker='o')
         return Length[-1], distance[-1], drop_time
     '''
```

```
[ ]  with open('drop_plt.py', 'w') as file:
         file.write(String)
```

```
[ ]  import drop_plt
```

```
[ ]  drop_plt.bomb_drop(0,500,900/3600)
```

(2.5, 0.0, 10.0)

 (구글 코랩 노트북으로 실습하려면)
크롬 브라우저 검색창에서 코랩사이트 링크(https://colab.research.google.com/ ) 입력해 새 코
랩 노트북 만들기 위해 시작페이지에 접속한다. 또는 이미 코드가 작성되어 있는 노트북으로 실습하
려면 옆의 QR코드를 스마트폰으로 인식하여 실행해 코드 수정해 본다.

## 3.5 코드 3줄로 나만의 QR코드를 만들다. 외부 실행 라이브러리 찾아 설치해 스킬 업하자

버전정보
포맷정보
필수패턴
위치검출
조정패턴

QR코드(Quick Response code)는 많은 정보를 담을 수 있는 격자무늬의 2차원 암호화 코드이다. 스마트폰으로 QR코드를 스캔하면 각종 정보를 얻을 수 있다. 파이썬의 외부 큐알코드 패키지를 가져오면 간편하게 만들 수 있다. pip 패키지(라이브러리) 설치 프로그램으로 qrcode 실행 라이브러리와 그 속의 pil 라이브러리도 같이 설치한다. 코랩(Colab)에서 외부 라이브러리를 설치하려면 pip 명령 앞에 "!"를 붙여서 강조하고 pip install 라이브러리 형식으로 명령하여 내 컴퓨터 또는 내 코랩에 라이브러리를 설치한다. 라이브러리를 코드 내로 불러오려면 import 한다.

라이브러리( library)[1] 는 도서관처럼 책 같은 명령어 실행 파일을 외부환경에 저장해 여러 사람들이 공유할 수 있도록 만든 코드 덩어리를 저장한 곳을 뜻하는 용어이다.
파이썬 프로그램을 만들 때 공통적으로 필요한 기능을 미리 만들어 라이브러리로 제공하는데, 파이썬 프로그래밍 언어가 공식적으로 제공하는 라이브러리를 표준 라이브러리(standard library)라고 하고, 표준으로 제공되는 것 이외에 외부에서 만든 것 등은 외부 사이트 저장 장소에서 가져온다.

카톡 그림처럼 우선 !pip 패키지(라이브러리) 설치 프로그램으로 qrcode 패키지와 그 속의 pil 라이브러리도 같이 설치한다. 설치된 라이브러리를 컴퓨터 코랩 셀내로 불러오는 방법은 import [모듈 이름] 또는 import [모듈 이름] as 별칭으로 직접 가져오거나 from [모듈 이름] import [객체 이름]으로 가져올 수 있다.

!pip install qrcode[pil]

import    qrcode

img = qrcode.make('링크')
img

오후 02:03

qrcode.make('링크 또는 문자열')로 QR코드 만들어 QR코드 그림을 변수명 img에 담고, 이를 저장하려면 img.save('파일명') 실행하면 코랩의 왼쪽 드라이브에 파일이 저장된다. 이를 다운로드하여 그림파일로 사용한다.

---

1  파이썬 모듈과 패키지는 자주 사용하는 함수 같은 기능을 미리 만들어 놓은 것이고, 한번 만들어 놓으면 코딩 작업시에 재사용할 수 있고 다른 사람과 공유할 수 있다. 모듈을 여러 개 포함하여 규모가 큰 프로그램 모아둔 것을 마치 판매하는 상품처럼 패키지로 구성한다. 이렇게 자주 사용하는 파이썬 프로그램 함수와 기능을 모듈과 패키지로 만들어 놓은 프로그램 모둠을 라이브러리(library)라고 한다. 파이썬 코드 라이브러리 공식 사이트인 https://pypi.org/에는 외부 파이썬 라이브러리 백만여 개가 있다. 마치 라이브러리(도서관)에 입고된 책이나 DVD처럼 서로 무료로 사용할 수 있다. pypi 사이트에 마치 책을 쓰고 아마존에 올리듯이 누구나 파이썬 패키지(라이브러리)를 만들어 등재시킬 수 있기 때문에 곧 천만 개의 라이브러리가 모여 있을 것이다. pypi.org 사이트는 Python 프로그래밍 언어 사용자들이 후원해 운영되고 있는 비영리 법인인 PSF(Python Software Foundation)에서 관리하고 있다.

## Program coding flownote 한글 명령어를 영어로 번역한 코드 작성 순서노트

생활영어처럼 [1][2][3]단계별로 실행되는 한글 명령어 순서도 작성한다.

| [1단계] 파이썬하고 대화하듯이 명령 순서도 작성 |
| --- |
| [1] 큐알코드 패키지모듈을 인스톨한다 |
| [2] 큐알코드 모듈을 가져온다 |
| [3] qrcode.make ()는 'https://colab.research.google.com/~'링크로 PilImage 객체를 생성한다<br>    그리고 img 변수에 저장한다 |
| [4] img 이미지를 보인다 |
| [5] img.save() 함수로 'colab link.png'를 저장하라 |

한글 프로그램 순서도를 구글 번역으로 영어로 번역한다.

| [2단계] 구글 번역한 영어 문장을 한 행씩 압축해 코딩화한다 |
| --- |
| [1] install qrcode Pillow (PIL) with !pip<br>[2] import qrcode function module<br>[3] qrcode.make() creates  PilImage object with 'https://colab.research.google.com/~' link and put in<br>    img<br>[4] show img<br>[5] img.save() function save as an image file 'colab link.png' |

컴퓨터가 이해하는 파이썬 명령어로 축약해  코딩화한다.

| [3단계] 코딩화한 각 셀을 ▶ 또는 Shift+Enter 눌러 한 행씩 실행한다 |
| --- |

```
[1] !pip install qrcode[pil]

↳   Collecting qrcode[pil]
      Downloading https://files.pythonhosted.org/packages/42/87/
    Requirement already satisfied: six in /usr/local/lib/python3
    Requirement already satisfied: pillow; extra == "pil" in /us
    Installing collected packages: qrcode
    Successfully installed qrcode-6.1

[2] import qrcode

[3] #img = qrcode.make('hi jung naghyeon')
    img = qrcode.make('https://colab.research.google.com/drive/1
    img

↳
```

(구글 코랩 노트북으로 실습하려면)
크롬 브라우저 검색창에서 코랩사이트 링크(https://colab.research.google.com/ ) 입력해 새 코랩 노트북 만들기 위해 시작페이지에 접속한다. 또는 이미 코드가 작성되어 있는 노트북으로 실습하려면 옆의 QR코드를 스마트폰으로 인식하여 실행해  코드 수정해 본다.

# 4
## STEP
### 유클리드 던전

# 유클리드 기하 공간에서 수학 공식 만들고 수학 방정식 풀기, 선형대수, 수치 미적분, 구조 해석

측정된 데이터의 관계를 잘 나타내는 최적의 공식(formula)을 찾자. 함수식과 그래프로 그리기

택지 개발 시 인구수에 따라 상수도 수요 예측하는 나만의 공식 만들기,
다항식을 추적 표현하는 웹상 능동 곡선으로 만들기

미사일이 비행기를 맞추기 위해 두 궤적선이 만나는 지점을 구하다.
연립방정식의 Intersection Point 계산하기 해를 구하고, 함수의 형상을 그리기

북한이 미사일 발사하면, 궤적을 추적하여 최고 높이와 수치 미분 접선으로 발사 시간마다 미사일 위치 구하기

사이보그 딱정벌레 위치 추적으로 움직이는 동선 공식을 구하고,
딱정벌레 등 위에 달아맨 화살 표지로 수치 미분의 결과인 접선을 그래프로 표현하기

산속 도로공사의 토공사에서 산과 골을 얼마나 깎고 메워서 평평하게 해야 할지
흙의 양을 적분 계산하는 '유토곡선'을 그려보자

코드 몇 줄로 콘크리트 슬래브 구조 다리를 구조 해석하여
전단 응력, 휨 모멘트, 지점 반력 등을 계산하고 그래프로 표현하기

성수대교가 무너진 원인은 무엇인가? 코드 몇 줄로 무너질 때 가해진 무게와 옆으로 미는 힘을 추정하고,
그 순간의 휨 모멘트, 전단력, 반력 등을 계산하고 그려 보자

## 4.1 측정된 데이터의 관계를 잘 나타내는 최적의 공식(formula)을 찾자.
## 함수식과 그래프로 그리기

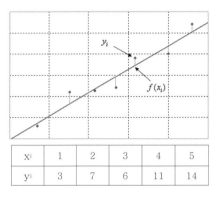

| xⁱ | 1 | 2 | 3 | 4 | 5 |
|---|---|---|---|---|---|
| yⁱ | 3 | 7 | 6 | 11 | 14 |

실험 결과 얻은 데이터는 변수 쌍 (x, y)를 얻는다. 수많은 데이터가 일정한 규칙성이 있는지 알기 위해 이 데이터를 분석해서 가장 잘 맞는 규칙인 공식을 찾는 것 또는 이를 가장 잘 표현하는 직선(best fit)을 찾는 것을 선형 피팅linear fitting 이라고 한다. 통계학적으로는 이 점들을 지나는 가장 적합한 선형 회귀(線型回歸, linear regression)라고 하고, 선형 상관관계를 나타내는 함수 y=f(x)를 찾는 것이다(선형회귀에 대한 자세한 설명은 121p참조한다). 위 표의 x,y 데이터에서 구해진 그래프함수는 y = m*x + b이다. 이 그래프 공식의 기울기m과 y절편값 b'를 자동으로 구해주는 수학 라이브러리가 numpy의 polyfit이다.

polyfit 명령어를 사용해 m,b 값을 바로 구할 수 있다. polyfit() 함수는 입력과 출력 값으로부터 다항식의 계수를 찾아 주는 함수이며, 데이터 사이의 선형패턴 즉 추세선을 의미하는 함수(function)[2] 모델인 f()을 구하는 데 편리하다. polyfit(x,y,1)에서 세번째 인자는 찾고자 하는 함수의 x의 차수이다. 1이면 1차식, 2를 넣으면 2차식의 계수를 찾아준다. m,b 값으로 함수가 만들어져서 x에 입력을 주면 결과값 y를 예측할 수 있게 된다. 측정된 데이터를 사용하여 그 관계를 나타내는 최적의 함수를 찾는 것은 엑셀에서는 최소자승법을 사용하여 최적함수 y = m*x + b 의 추세선을 구하는 기능과 같다.

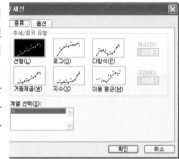

### 한줄 함수 만들기

한줄로 된 간단한 함수를 만드는 경우는 input과 output을 반복해서 구할 때 사용한다. 한줄 함수는 def 함수명(인자) : return 반환값 형태로 만든다. def 함수명 끝에 괄호() 속에 input 인자를 놓고, 콜론( : )을 붙여서 def f(x) : 로 함수명을 정의하고, return x*m + b로 값을 반환한다. 보통함수는 콜론 다음 줄에 들여쓰기를 해서 코드 블록을 만들지만, 한줄 함수는 콜론(:)에 바로 이어서 output할 값인 return 반환값의 코드를 이어서 쓰는 것이다.
그래프는 pylab.plot()함수 사용해서 표현한다. 우선 x와 y 좌표점들을 markers 'o'로 점 표시한다. 리스트 'L'에 담아서 np.linspace로 0부터 6까지 사이 값으로 line을 만든다.pylab.plot()함수로 L과 f(L)의 직선을 그린다.

---

1 1959년에 Paul Hough가 x, y로 표시되는 직선을 m, b로 Parameter space에 표시되는 방법을 고안하여 오늘날까지 y = mx+b를 사용하게 되었다. 일차함수 그래프 모양이 좌표평면에서 직선이기 때문에 직선의 방정식이라고 한다. 일차함수의 일반형 y=mx +b 에서 직선의 방정식의 해를 구할 수 있다

2 컴퓨터공학에서 함수라고 이름붙인 기능(function) 박스는 특별한 일이나 기능이 있는 작은 코드 묶음이다. 이렇게 특정한 기능을 수행하는 코드 덩어리에 이름을 붙여서 함수를 만들면 언제든지 그 이름을 불러서 코드 기능을 재사용할 수 있는 것이다. 수학에서의 함수는 삼각함수 등 입력값 x를 input받아 결과값 y를 output하는 수학 기능을 하는 집합박스와 같다. 통계학적으로는 함수 또는 모델은 현실 데이터를 좀더 단순한 해석 가능한 형태로 표현하는 수식이다. 함수는 y = f(x1,x2,x3,...:b1,b2,b3...) + e 와 같은 수식으로 f()가 조건에 따른 평균지점을 구하는 회귀모델이고, 어떤 조건인 (x1,x2,x3...)이 각 조건의 영향력 (b1,b2,b3...)에 따라 결과값 y=f() 를 구하는 것이다. 이때 뒤의 e 는 오차항으로 실제값과 추정값 사이의 오차 등 불확실성이다.

## Program coding flownote 한글 명령어를 영어로 번역한 코드 작성 순서노트

생활영어처럼  [1][2][3]단계별로 실행되는 한글 명령어 순서도 작성한다.

| [1단계] 파이썬하고 대화하듯이 명령 순서도 작성 |
|---|
| [1]import pylab<br>    numpy 모듈 가져오다, 별칭 np로 |
| [2] 리스트 'x'에 담다,[1,2,3,4,5] 값을<br>    리스트 'y'에 담다,[3,7,6,11,14] 값을 |
| [3] 변수'm'과 'b'에 담다, np의 polyfit 모듈로 x,y 값을 1차원으로 |
| [4] f(x) 함수를 정의하다. x*m + b 값을 반환하다 |
| [5] pylab.plot()함수로, x와 y 좌표점, markers 'o'로 점 표시하라 |
| [6] 리스트 'X'에 담다, np.linspace로 0부터 6까지 사이 값을<br>    pylab.plot()함수로, X과 f(X)의 직선을 그리다 |

한글 프로그램 순서도를 구글 번역으로 영어로 번역한다.

| [2단계] 구글 번역한 영어 문장을 한 행씩 압축해 코딩화한다 |
|---|
| [1]import pylab<br>    Import numpy module, alias np<br>[2] Put in list'x', [1,2,3,4,5] value<br>    Put in the list'y', and put the value of<br>[3] Put in variables'm' and'b', x,y values in one dimension with np's polyfit module<br>[4] Define f(x) function. return the value of x*m + b<br>[5] With pylab.plot() function, mark points with x and y coordinate points, and markers 'o'<br>[6] Put in list'X', np.linspace with values from 0 to 6<br>    With pylab.plot() function, draw a line between X and f(X) |

컴퓨터가 이해하는 파이썬 명령어로 축약해  코딩화한다.

| [3단계] 코딩화한 각 셀을 ▶ 또는 Shift+Enter 눌러 한 행씩 실행한다 |
|---|

```
[ ]   import pylab
      import numpy as np

[ ]   x=[1,2,3,4,5]
      y=[3,7,6,11,14]

[ ]   m,b = np.polyfit(x, y, 1)

[ ]   m,b

      (2.599999999999999, 0.3999999999999994)

[ ]   def f(x): return x*m + b

[ ]   pylab.plot(x,y, 'o')
      L = np.linspace(0,6)
      pylab.plot(L,f(L))

      [<matplotlib.lines.Line2D at 0x7fa120aaea58>]
```

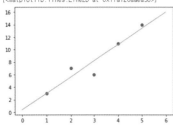

 (구글 코랩 노트북으로 실습하려면)
크롬 브라우저 검색창에서 코랩사이트 링크(https://colab.research.google.com/ ) 입력해 새 코랩
노트북 만들기 위해 시작페이지에 접속한다. 또는 이미 코드가 작성되어 있는 노트북으로 실습하려면
옆의 QR코드를 스마트폰으로 인식하여  실행해  코드 수정해 본다.

## 4.2 택지 개발 시 인구수에 따라 상수도 수요 예측하는 나만의 공식 만들기, 다항식을 추적 표현하는 웹상 능동 곡선으로 만들기

**택지개발 계획 시에 수용 인구에 따른 상수도 수요 예측 공식을 만들어 보자**

향후 몇 년 후의 인구수를 예측한 후에 필요한 예상 소요 상수도 급수 필요량을 예측하는 함수를 구해서 적절한 상수도 수요를 예측해 보자. 택지 개발 단지에 필요한 급수량을 산정하기 위해서 필요한 데이터는 단위 면적당 계획인구 plan과 단위 면적당 급수량 water이다. 매년 일정한 숫자만큼 인구가 증가하고 소요되는 상수도 급수량도 증가한다고 가정한다. 수요곡선을 찾는 방법은 여러 점들이 산포

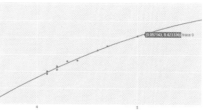

되어 있는 데이터 점집합에 적합한 다항식 곡선을 찾아보는 것이다. 데이터 점을 표현한 직선이나 곡선은 점과 선 사이의 각 에러가 최소일 때가 가장 정확한 선일 것이다. 근사적으로 방정식의 해를 구하는 수학적 방법이 Least Square, 최소자승법이다. 이를 위해 numpy.polyfit(x,y,n) 명령어를 사용한다. numpy.polyfit(x,y,n) 명령어로 최소제곱법으로 데이터세트를 피팅하는 다항식의 계수를 구할 수 있다.

$y=ax2 +bx +c$ 같은 2차 곡선 함수에서 x 와 y 는 데이터 점의 좌표가 포함된 벡터이고, n의 값인 2는 피팅할 다항식의 차수이고, a,b,c 는 계수이다. polyfit() 함수로 찾은 계수 a,b,c는 데이터의 기울기와 절편 근삿값이며, 결과값은 넘파이 어레이로 출력된다. 이들 계수로 예측값 찾기 위해 함수를 만들어 다항식을 표현한다. 내림차순으로 정렬된 계수를 포함하는 행 벡터로 다항식을 표현한다.

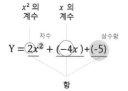

**수요곡선을 래스터 이미지가 아닌 벡터화하여, 능동적인 디지털 그래프 그려보자.**

지금까지 사용한 그래프 모듈 pylab 등은 래스터 이미지 그림으로 출력되어 선 그림을 확대하면 픽셀이 깨지고, 선의 중간 좌표값을 알기 어려웠다. 선을 벡터화하면 수학적으로 계산된 경로로 구성된 무한 확대 가능한 디지털 그래픽 선이 만들어지고, 선 위의 점의 위치 좌표를 알 수 있다. plotly는 벡터화된 그래프를 표현하는 라이브러리로서 세밀한 그래프 작성이 가능하고, 곡선 어디든 터치하면 좌표가 표시되어 시계열 데이터 등 연속적인 데이터 분석에 적합하다.

능동 벡터화 그래프 모듈인 plotly의 graph_objects를 별칭 go로 가져온다. go 명령어로 점, 선 등 모든 그래프를 함께 그릴 수 있다. 다음 줄에서 변수f ig에 빈 그림 go.Figure() 을 만들어 담는다. 변수fig에 go의 Scatter모듈로 x는 리스트plan, y는 리스트water, 모드는'markers' 더해서 표현한다. 반복하여 변수fig에 go의 Scatter모듈로 x는 리스트x1는 리스트 y=f(x1), 모드는'lines'를 추가해서 표현한다.

파이썬 데이터 분석 라이브러리인 pandas로 날짜 데이터 생성하여 시계열 분석해 보자. pandas에서 시계열 데이터를 생성하려면 pandas.period_range('start_date', 'end_date', freq) 날짜 데이터를 만든다.

---

**Program coding flownote 한글 명령어를 영어로 번역한 코드 작성 순서노트**

생활영어처럼 [1][2][3]단계별로 실행되는 한글 명령어 순서도 작성한다.

| [1단계] 파이썬하고 대화하듯이 명령 순서도 작성 |
| --- |
| [1] numpy 모듈 가져오다, 별칭 np로 |

[2]리스트 'plan' 에 담다, [4.1, 4.2, 4.2, 4.2, 4.1, 4.3, 4.4, 4.6, 4.7, 5.0]
리스트 'water'에 담다, [3.7, 4.2, 4.5, 4.6, 4, 5.2, 5.3, 6.5, 7, 8.2]값

[3] 변수 a,b,c에 담다, np의 polyfit 모듈로 plan, water 값을 2차원으로

[4] f(x1) 함수를 정의하다.a*x1**2 + b*x1 + c 값을 반환하다
변수 x1에 담다, np.linspace(np.min(plan)-0.5, np.max(water)+0.5)

[5] plotly.graph_objects를 가져오다, 별칭 go로
변수f ig에 담다. go.Figure() 이미지를
변수fig에 add_trace 더한다,go의 Scatter모듈로 x는 리스트plan, y는 리스트water, 모드는'markers'
변수fig에 add_trace 더한다,go의 Scatter모듈로 x는 리스트x1는 리스트 y=f(x1), 모드는'line

[6] pandas 모듈을 가져오다, 별칭 pd로
변수 date에 담는다, pd의 date_range()함수로 시작'2020-01-01',끝'2020-10-07'
날짜를 만들다
plotly.graph_objects를 가져오다, 별칭 go로
변수f ig에 담다. go.Figure() 이미지를
변수fig에 add_trace 더한다,go의 Scatter모듈로 x는 리스트date, y는 리스트water
변수fig에 add_trace 더한다,go의 Scatter모듈로 x는 리스트date, y는 리스트plan

**한글 프로그램 순서도를 구글 번역으로 영어로 번역한다.**

[2단계] 구글 번역한 영어 문장을 한 행씩 압축해 코딩화한다

[1] Import numpy module, alias np
[2] Put in list'plan', [4.1, 4.2, 4.2, 4.2, 4.1, 4.3, 4.4, 4.6, 4.7, 5.0]
Put in the list'water', [3.7, 4.2, 4.5, 4.6, 4, 5.2, 5.3, 6.5, 7, 8.2]
[3] Put in variables a,b,c, plan and water values in two dimensions with polyfit module of np
[4] Define f(x1) function, return a*x1**2 + b*x1 + c value
Put in variable x1, np.linspace(np.min(plan)-0.5, np.max(water)+0.5)
[5] Import plotly.graph_objects, alias go
Put in variable f ig. go.Figure() image
Add add_trace to the variable fig, scatter module of go where x is list plan, y is list water, mode is'markers'
Add_trace to the variable fig, scatter module of go, where x is a list, x1 is a list, y=f(x1), mode is'lines'
[6] Import pandas module, alias pd
Put it in the variable date, start with pd's date_range() function '2020-01-01', end '2020-10-07'Make a date
Import plotly.graph_objects, alias go
Put in variable f ig. go.Figure() image
Add add_trace to the variable fig, scatter module of go where x is a list, y is a list water

**컴퓨터가 이해하는 파이썬 명령어로 축약해 코딩화한다.**

[3단계] 코딩화한 각 셀을 ▶ 또는 Shift+Enter 눌러 한 행씩 실행한다

```
import numpy as np


plan=[4.1, 4.2, 4.2, 4.2, 4.1, 4.3, 4.4, 4.6, 4.7, 5.0]
water=[3.7, 4.2, 4.5, 4.6, 4, 5.2, 5.3, 6.5, 7, 8.2]


a,b,c = np.polyfit(plan,water,2)
```

컴퓨터가 이해하는 파이썬 명령어로 축약해 코딩화한다.

[3단계] 코딩화한 각 셀을 ▶ 또는 Shift+Enter 눌러 한 행씩 실행한다

```python
def f(x1): return a*x1**2 + b*x1 + c
x1 = np.linspace(np.min(plan)-0.5, np.max(water)+0.5)
```

```python
import plotly.graph_objects as go
fig = go.Figure()
fig.add_trace(go.Scatter(x=x1 , y=f(x1) ,mode='lines'))
fig.add_trace(go.Scatter( x=plan,y=water, mode='markers'))
```

```python
import pandas as pd
date = pd.date_range(start='2020-01-01', end='2020-10-07' )
```

```python
import plotly.graph_objects as go
fig = go.Figure()
fig.add_trace(go.Scatter(x=date, y=water))
fig.add_trace(go.Scatter(x=date, y=plan))
```

 (구글 코랩 노트북으로 실습하려면)

크롬 브라우저 검색창에서 코랩사이트 링크(https://colab.research.google.com/ ) 입력해 새 코랩 노트북 만들기 위해 시작페이지에 접속한다. 또는 이미 코드가 작성되어 있는 노트북으로 실습하려면 옆의 QR코드를 스마트폰으로 인식하여 실행해 코드 수정해 본다.

## 4.3 미사일이 비행기를 맞추기 위해 두 궤적선이 만나는 지점을 구하다. 연립방정식의 Intersection Point 계산하기 해를 구하고, 함수의 형상을 그리기

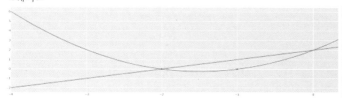

\<궤적\>

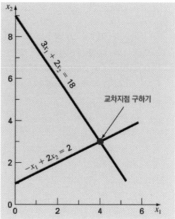

\<레이더 화면\>

공대공 미사일이 비행기를 맞추기 위해서는 비행기 궤적과 미사일 궤적이 중간에 교차하는 지점을 찾아야 한다. 두 궤적은 관점에 따라 실제 궤적인 곡선끼리의 교차와 레이더 화면으로는 직선의 교차가 동시에 발생한다.

2개 이상의 연립 방정식 $ax + by = c$ 또는 $y=ax2 +bx +c$ 같은 직선 또는 2차 곡선 함수의 교차점을 찾는 것은 2개 연립방정식 해를 구하는 방법[1]으로 접근할 수도 있고, 도식적 방법[2] 도 가능하다.

연립방정식 해를 구하기 위해 우선 sympy 라이브러리[3]를 이용해 해를 구해 방정식을 표현하는 함수를 만들어 보자. 우선 2개 직선 $3x1+2x2=18$과 $-x1 + 2x2 = 2$의 교차점을 찾는 것은, 2개의 2차 곡선 함수의 교차점을 찾는 방법과도 동일하다. from sympy import * 로 심파이 라이브러리에 있는 모든(*) 함수를 한번에 가져온다. 파이썬의 변수와 마찬가지로 sympy에서 기호 변수를 symbols로 정의해야 한다. sympy의 symbols()함수는 식을 구성하는 변수를 지정하는 것이다. solve(equation)은 equation = 0 이라는 방정식을 풀어서 그 근을 리스트로 반환해 준다. 파라미터에 dict=True 라는 옵션을 주면 근을 dictionary사전 데이터 형태로 반환하며, 근이 여러 개일 경우에는 사전들의 리스트로 반환한다.

방정식 1,2를 f와 f2함수 2개로 만들어서 함수를 이용해 그래프를 그려보자.
함수 f(x), f2(x)라는 이름으로 정의하고, y=f(x)의 형태로 y값으로 치환하여 만든다. 이렇게 만든 f(x) 함수에 방정식1에서 구한 근의 x값 4를 넣으면 y값으로 3이 나온다.
연속적인 시간마다 거리 측정하려면 x축을 시간순으로 배열을 만들어야 한다. 이처럼 숫자를 순서대로 배열로 만드는데 numpy.linspace(start, end, num=개수)는 start ~ end 사이의 값을 개수만큼 생성하여 배열로 반환하는 것이다. y축의 값은 함수 f(x)와 f2(x) 2개의 값을 찾으면 연속적인 y값이 나오고, 이렇게 나온 x, y 값으로 line을 그리면 된다.

---

1 방정식(方程式, equation)은 미지수가 포함된 식으로 방정식을 참으로 만드는 변수의 값을 찾는 것이 목적이다.

2 변수들의 수학적인 관계를 하나의 함수로 표현하고 이를 시각적으로 형상하기 위해 그래프(graph)를 사용한다. 그래프를 작성할 영역을 작은 구간으로 나눈다. 구간 간격이 너무 크면 그래프가 부정확해지고, 구간 간격이 너무 작으면 계산 시간이 증가하며 메모리 등의 리소스가 낭비된다. y 벡터의 구간을 더 조밀하게 만들면 그래프는 곡선으로 보이게 된다. 이차함수의 곡선으로서의 방정식 $y=ax2 +bx +c$를 확장하면, 이차함수의 그래프는 대칭축이 수직선인 포물선이다. 즉 대칭축이 수직선인 모든 포물선은 어떤 이차함수의 그래프인 것이다.

3 sympy (symbolic mathematics)는 기호 연산으로 사람이 연필로 그래프 그리며 선형대수 계산하는 것과 같은 형태의 연산을 하는 라이브러리이다.

## Program coding flownote 한글 명령어를 영어로 번역한 코드 작성 순서노트

생활영어처럼 [1][2][3]단계별로 실행되는 한글 명령어 순서도 작성한다.

---

[1단계] 파이썬하고 대화하듯이 명령 순서도 작성

---

[1] sympy 패키지로부터 모든(*) 모듈 임포트

---

[2] 리스트 'X','Y' 에 담다, symbols('X','Y')을

---

[3] equation2에 담다, 3*X + 2* Y -18
    equation1에 담다, -X + 2*Y -2

---

[4] 방정식1,방정식2를 풀다

---

[5] f(x) 함수를 정의하다.-(3*x -18)/2 값을 반환하다
    f2(x) 함수를 정의하다. -(-x -2)/2 값을 반환하다

---

[6] f(4)

---

[7] numpy 모듈 가져오다, 별칭 np로
    리스트 'x' 에 담다, np.linspace로 0부터 6까지 사이 값을

---

[8] plotly.graph_objects를 가져오다, 별칭 go로
    변수f ig에 담다. go.Figure() 이미지를
    변수fig에 add_trace 더한다,go의 Scatter모듈로 x는 리스트x, y는 리스트 f(x), 모드는'lines'
    변수fig에 add_trace 더한다,go의 Scatter모듈로 x는 리스트x, y는 리스트 f2(x), 모드는'lines'

---

한글 프로그램 순서도를 구글 번역으로 영어로 번역한다.

---

[2단계] 구글 번역한 영어 문장을 한 행씩 압축해 코딩화한다

---

[1] Import all (*) modules from sympy package
[2] Put in list'X','Y', symbols('X','Y')
[3] Put in equation2, 3*X + 2* Y -18
    Put in equation1, -X + 2*Y -2
[4] Solve Equation 1 and Equation 2
[5] Define f(x) function, return -(3*x -18)/2 value
    Define f2(x) function, return -(3*x -18)/2 value
[6] f(4)
[7] Import numpy module, alias np
    Put in list'x', np.linspace with values between 0 and 6
[8] Import plotly.graph_objects, alias go
    Put in variable f ig. go.Figure() image
    Add_trace to variable fig, scatter module of go where x is list x, y is list equalation f(x), mode is'lines'
    Add add_trace to the variable fig, scatter module of go where x is list x, y is list equalation f2(x), mode is'lines'

---

컴퓨터가 이해하는 파이썬 명령어로 축약해 코딩화한다.

---

[3단계] 코딩화한 각 셀을 ▶ 또는 Shift+Enter 눌러 한 행씩 실행한다

---

```
[1]   from sympy import *

[2]   X,Y = symbols('X,Y')

[3]   equation2 = 3*X + 2* Y -18
      equation1 = -X + 2*Y -2

[4]   solve([equation1, equation2],dict=True )

      [{X: 4, Y: 3}]

[5]   def f(x): return -(3*x  -18)/2
      def f2(x): return -(-x -2)/2

[6]   f(4)

      3.0

[7]   import numpy as np
      x = np.linspace(0,6)

[8]   import plotly.graph_objects as go
      fig = go.Figure()
      fig.add_trace(go.Scatter(x=x , y=f(x) ,mode='lines'))
      fig.add_trace(go.Scatter(x=x , y=f2(x) ,mode='lines'))
```

 (구글 코랩 노트북으로 실습하려면)
크롬 브라우저 검색창에서 코랩사이트 링크(https://colab.research.google.com/ ) 입력해 새 코랩
노트북 만들기 위해 시작페이지에 접속한다. 또는 이미 코드가 작성되어 있는 노트북으로 실습하려면
옆의 QR코드를 스마트폰으로 인식하여  실행해  코드 수정해 본다.

## 4.4 북한이 미사일 발사하면, 궤적을 추적하여 최고 높이와 수치 미분 접선으로 발사 시간마다 미사일 위치 구하기

북한 대포동 미사일은 발사 후에 **포물선 궤적**을 그리며 날아간다. 미사일이 최고로 높이 올라간 높이는 곡선을 미분한[1] 순간 변화율이 0인 곡선의 최고점이고, 이 곡선 꼭지점에서 미사일이 방향을 바꾸어 미사일이 하강하는 것을 알 수 있다.

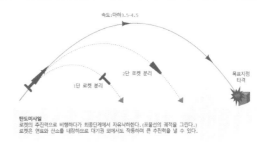

### 곡선을 미분(微分)하여 변화를 분석하다

미사일의 궤적은 이차함수의 곡선으로서의 방정식 y=f(x) 에서 y=ax2 +bx +c 의 식으로 표현되며, 이 식의 곡선 그래프는 대칭축이 수직선인 포물선이다. 미사일이 곡선을 따라서 날아가며, 곡선 꼭지점에서 방향을 바꾸어 내려간다. 이처럼 미사일이 곡선상에서 움직일 때 순간 기울기를 '미분'이라고 한다. 동선곡선 함수를 미분하여 접선기울기 (gradient)가 된다.

미분한 도함수를 구하려면 sympy 라이브러리 가져온다. 미분 결과는 접선인데, 이 접선을 표현하는 함수를 접선방정식으로 표현한다. 함수 y=f(x)에서 우변 f(x)를 x에 대해 미분 계산하면 f′(x) = lim (f(x+h)-f(x)/h) 가 된다. y=ax2 +bx +c 2차곡선 함수에서 신볼릭 연산에서 x2 미분연산을 수행하면 2x가 된다. diff() 명령어로 미분한다.

함수 f(x)와 미분 함수 f_diff(x), 접선 함수 f_tangent(x) 라는 이름으로 정의하고, y=f(x)의 형태로 y값으로 치환하여 함수들을 만든다.

곡선 그래프를 그리기 위해서 연속적인 거리마다 폭탄의 궤도를 측정하려면 x축을 거리 순으로 numpy. linspace(0,125)로 0부터 125km까지의 배열을 만들어야 하고, y축은 함수 f(x) 등으로 구성하여야 한다.

함수 f(x)의 곡선 그래프를 그리려면 꼭짓점으로 최소 최대점을 알면 포물선 곡선을 그릴 수 있다. 이 지점은 미분하여 곡선이 변하는 순간을 알면 그래프를 그릴 수 있다. 미분 f_diff(x)=0으로부터 최고점은 x = 6.3/0.1임을 알 수 있다. 폭탄 접선 그래프는 numpy.linspace(50,80)으로 50~ 80km의 크기로 만든다

---

1 미분(微分)하다는 '미세하게 분해된 미세한 부분'의 값을 구하라는 것이며, *difference* 미세한 변화 dx는 x의 미세한 변화량이다. *differential*은 움직이는 물체의 순간 속도나 순간 변화율을 구하는 것으로 순간 변화율이나 순간 속도가 가장 느린 순간인 0인 순간은 곡선의 최고점일 때이다. 함수의 최고, 최소점의 값이나 근을 구하는 공식 이외에도 함수의 기울기(경사) 값을 구하여 기울기가 낮은 쪽으로 계속 이동시켜서 결국 극소값에 수렴하는 *convergence* 최적화 알고리즘이 '경사 하강법(Gradient descent)'이다. 2차 곡선의 중요한 공식들이 딥러닝 알고리즘의 핵심이다.

## Program coding flownote 한글 명령어를 영어로 번역한 코드 작성 순서노트

생활영어처럼 [1][2][3]단계별로 실행되는 한글 명령어 순서도 작성한다.

| [1단계] 파이썬하고 대화하듯이 명령 순서도 작성 |
| --- |
| [1] sympy 패키지로부터 모든(*) 모듈 임포트<br>　　리스트 'X' 에 담다, symbols('X')을<br>　　equation에 담다, -0.05*X**2 + 6.3*X<br>　　equation.diff(X) |
| [2] numpy 함수모듈을 가져오다, 별칭 np로 |
| [3] f(x) 함수를 정의하다. -0.05*X**2 + 6.3*X 값을 반환하다<br>　　f_diff(x) 미분함수를 정의하다. -0.1*x + 6.3 값을 반환하다<br>　　f_tangent(x,x1,y1) 함수를 정의하다.f_diff(x1)*(x - x1) + y1 값을 반환하다 |
| [4] 리스트 'x_line' 에 담다, np.linspace로 0부터 125까지 사이 값을<br>　　x 변수에 담다, 6.3/0.1 을<br>　　리스트 'tangent_line'에 담다, np.linspace로 50부터 80까지 사이 값을 |
| [5] plotly.graph_objects를 가져오다, 별칭 go로<br>　　문자열 '높이는='과 f(x1)함수 계산결과값을 출력해<br>　　변수f ig에 담다. go.Figure() 이미지를<br>　　변수fig에 add_trace 더한다,go의 Scatter모듈로 x는 리스트[x], y는 리스트[f(x)], 모드는'markers'<br>　　변수fig에 add_trace 더한다,go의 Scatter모듈로 x는 리스트x_line, y는 리스트f(x_line), 모드는'lines'<br>　　변수fig에 add_trace 더한다,go의 Scatter모듈로 x는 리스트tangent_line, y는 리스트 f_tangent(tangent_line, x, f(x)), 모드는'lines' |

한글 프로그램 순서도를 구글 번역으로 영어로 번역한다.

| [2단계] 구글 번역한 영어 문장을 한 행씩 압축해 코딩화한다 |
| --- |
| [1] Import all (*) modules from sympy package<br>　　Put in list'X', symbols('X')<br>　　Put in the equation, -0.05*X**2 + 6.3*X<br>　　equation.diff(X)<br>[2] Import numpy function module, alias np<br>[3] Define the f(x) function. Returns -0.05*X**2 + 6.3*X<br>　　f_diff(x) defines the derivative function. Returns -0.1*x + 6.3<br>　　Define f_tangent(x,x1,y1) function, return f_diff(x1)*(x-x1) + y1 value<br>[4] Put in the list'x_line', put the value between 0 and 125 with np.linspace<br>　　put in the x variable, 6.3/0.1<br>　　Put in the list'tangent_line', np.linspace with a value between 50 and 80<br>[5] Import plotly.graph_objects, alias go<br>　　The string'height ='and the result of the f(x1) function<br>　　Put in variable f ig. go.Figure() image<br>　　Add_trace to the variable fig, scatter module of go, where x is a list [x], y is a list [f(x)], and the mode is'markers'.<br>　　Add add_trace to the variable fig, scatter module of go where x is a list x_line, y is a list f (x_line), mode is'lines'<br>　　Add_trace to the variable fig, scatter module of go where x is a list tangent_line, y is a list f_tangent(tangent_line, x, f(x)), mode is'lines' |

컴퓨터가 이해하는 파이썬 명령어로 축약해 코딩화한다.

[3단계] 코딩화한 각 셀을 ▶ 또는 Shift+Enter 눌러 한 행씩 실행한다

```
[1]  from sympy import *
     X = symbols('X')
     equation = -0.05*X**2 + 6.3*X
     equation.diff(X)

     -0.1*X + 6.3


[2]  import numpy as np


[3]  def f(x): return -0.05*x**2 + 6.3*x
     def f_diff(x): return -0.1*x + 6.3
     def f_tangent(x, x1, y1): return f_diff(x1)*(x - x1) + y1


[4]  x_line = np.linspace(0,125)
     tangent_line = np.linspace(50,80)
     x = 6.3/0.1


[5]  import plotly.graph_objects as go
     fig = go.Figure()
     fig.add_trace(go.Scatter(x=x_line, y=f(x_line) , mode='lines'))
     fig.add_trace(go.Scatter(x=[x] , y=[f(x)] ,mode='markers'))
     fig.add_trace(go.Scatter(x=tangent_line, y=f_tangent(tangent_line, x, f(x)) , mode='lines'))
```

(구글 코랩 노트북으로 실습하려면)

크롬 브라우저 검색창에서 코랩사이트 링크(https://colab.research.google.com/ ) 입력해 새 코랩 노트북 만들기 위해 시작페이지에 접속한다. 또는 이미 코드가 작성되어 있는 노트북으로 실습하려면 옆의 QR코드를 스마트폰으로 인식하여 실행해 기 작성된 코드를 수정하면서 실습해 본다.

## 4.5 사이보그 딱정벌레 위치 추적으로 움직이는 동선 공식을 구하고, 딱정벌레 등 위에 달아맨 화살 표지로 수치 미분의 결과인 접선을 그래프로 표현하기

딱정벌레 등 위에 위치 센서와 소형 카메라를 달아 사이보그 벌레(cyborg Bug)가 되었다. 사이보그 딱정벌레 수백 마리가 건물이 무너졌거나 산사태가 난 곳에 인간이 찾기 어려운 실종자를 찾는 데 큰 역할을 할 것이다. 딱정벌레가 움직인 동선에 매분마다 일일이 점을 찍으며 그린다면, 3차 곡선의 함수를 구할 수 있다.

y=ax3 + bx2 + cx + d

여러 점들이 산포되어 있는 데이터 점집합에 적합한 3차 곡선 등 다항식 곡선을 그리려면, 곡선의 차수별 계수를 찾아야 한다. 이를 위해 numpy.polyfit(x,y,n) 명령어를 사용한다. 3차 곡선의 a, b ,c, d 각 차수항과 상수항의 계수를 리스트로 받아서, 3차 곡선을 함수식으로 만든다. 즉 딱정벌레의 매순간의 위치 함수 코드로 정의하면 def f(x) : return a*x**3 + b*x**2 + c*x + d 가 된다.

f(x)를 sympy라이브러리로 수치 미분하여 코드로 정의하면 def f_diff(x): return 3*x**2 + 6*x - 9가 된다. 미분의 결과인 접선은 딱정벌레의 등에 붙인 화살표가 매순간마다 방향을 바꾸기 때문에 변하는 방향을 표현하는 접선함수이며 이를 이으면 곡선이 된다. 이를 코드로 나타내면 def tangent_slop(x, x1, y1): return f_diff(x1)*(x - x1) + y1 이다.

### 사이보그 딱정벌레의 동선의 특징과 접선의 변화를 분석해 보자

딱정벌레가 움직일 때 분당 움직이는 위치를 표현한 점 11개를 가지고 개미의 동선과 각 지점에서 딱정벌레 등에 붙인 화살표의 방향을 구해 보면 f(x)는 11개의 개미 위치 점이 들어간 곡선 함수는 x의 세제곱이 들어간 3차 곡선식이 된다. 3차 함수 곡선이 **구간 [a,b] 사이에서 즉 linspace(-6,6)으로 -6부터 6까지의 사이에서** x = 3 일때의 수치 미분의 결과인 접선을 그려보면, 사이보그 벌레가 x=3일때 화살표 모양과 접선이 향한 방향을 나타낼 수 있다.

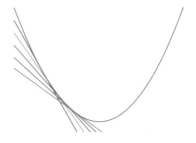

## Program coding flownote 한글 명령어를 영어로 번역한 코드 작성 순서노트

생활영어처럼  [1][2][3]단계별로 실행되는 한글 명령어 순서도 작성한다.

| [1단계] 파이썬하고 대화하듯이 명령 순서도 작성 |
| --- |

| [1] numpy 모듈 가져오다, 별칭 np로<br>　　리스트 'bug'에 담다, [-5,-4,-3,-2,-1,0,1,2,3,4,5] 값을<br>　　리스트 'move'에 담다, [0,25,32,27,16,5,0,7,32,81,160] 값을<br>　　변수a,b,c,d에 담다, np의 polyfit 모듈로 bug, move 값을 3차원으로 다항식 구하다<br>　　f(x) 함수를 정의하다. a*x**3 + b*x**2 + c*x + d 값을 반환하다 |
| --- |
| [2] sympy 패키지로부터 모든(*) 모듈 임포트 |
| [3] 리스트 'X' 에 담다, symbols('X')을 |
| [4] equation에 담다, a*X**3 + b*X**2 + c*X + d<br>　　equation.diff(X)<br>　　f_diff(x) 함수를 정의하다. 3*x**2 + 6*x - 9값을 반환하다<br>　　line(x,x1,y1) 함수를 정의하다, f_diff(x1)*(x - x1) + y1값을 반환하다 |
| [5] 리스트 'x' 에 담다, np.linspace로 -6부터 6까지 사이 값을<br>　　x1, y1 변수에 담다, 3, f(x1) 함수값을<br>　　리스트 'slop'에 담다, np.linspace로 x1-2부터 x1+2까지 사이 값을 |
| [6] plotly.graph_objects를 가져오다, 별칭 go로<br>　　변수f ig에 담다. go.Figure() 이미지를<br>　　변수fig에 add_trace 더한다,go의 Scatter모듈로 x는 리스트x, y는 리스트f(x), 모드는'lines'<br>　　변수fig에 add_trace 더한다,go의 Scatter모듈로 x는 리스트bug, 리스트 y=move, 모드는'markers'<br>　　변수fig에 add_trace 더한다,go의 Scatter모듈로 x는 리스트[x1], y는 리스트[f(x1)], 모드는'markers'<br>　　변수fig에 add_trace 더한다,go의 Scatter모듈로 x는 리스트slop, y는 리스트(f_diff(3)*(slop -3)+f(x1)), 모드는'lines' |

한글 프로그램 순서도를 구글 번역으로 영어로 번역한다.

| [2단계] 구글 번역한 영어 문장을 한 행씩 압축해 코딩화한다 |
| --- |

[1] Import numpy module, alias np
　　Put in the list'bug', the value of [-5,-4,-3,-2,-1,0,1,2,3,4,5]
　　Put in the list'move', the value [0,25,32,27,16,5,0,7,32,81,160]
　　Put in variables a,b,c,d, bug with polyfit module of np, find polynomial of move values in 3D
　　Define f(x) function a*x**3 + b*x**2 + c*x + d returns
[2] Import all (*) modules from sympy package
[3] Put in list'X', symbols('X')
[4] Put into the equation, a*X**3 + b*X**2 + c*X + d
　　equation.diff(X)
　　Define the f_diff(x) function. 3*x**2 + 6*x-returns 9
　　define function line(x,x1,y1), return f_diff(x1)*(x-x1) + y1
[5] Put in list'x', np.linspace with values between -6 and 6
　　Put the x1, y1 variables, 3, the f(x1) function value
　　Put in the list'slop', use np.linspace to change the values from x1-2 to x1+2
[6] Import plotly.graph_objects, alias go
　　Put in variable f ig. go.Figure() image
　　Add add_trace to the variable fig, go's Scatter module where x is list x, y is list f(x), mode is'lines'
　　Add add_trace to the variable fig, scatter module of go where x is list bug, list y=move, mode is'markers'
　　Add_trace to the variable fig, scatter module of go, where x is a list[x1], y is a list[f(x1)], and the mode is'markers'
　　Add_trace to the variable fig, scatter module of go where x is a list slop, y is a list (f_diff(3)*(slop -3)+f(x1)), mode is'lines'

컴퓨터가 이해하는 파이썬 명령어로 축약해 코딩화한다.

[3단계] 코딩화한 각 셀을 ▶ 또는 Shift+Enter 눌러 한 행씩 실행한다

```
[1]  import numpy as np
     bug=[-5,-4,-3,-1.5,-1,0,1,2.5,3,4,5]
     move=[10,35,32,27,26,15,0,17,32,81,170]
     a,b,c,d = np.polyfit(bug,move,3)
     def f(x): return  a*x**3 + b*x**2 + c*x + d

[2]  from sympy import *
     X = symbols('X')
     equation = a*X**3 + b*X**2 + c*X + d
     equation.diff(X)

     3.197607332547*X**2 + 6.31000228291409*X - 10.7429403731558

[3]  def f_diff(x): return 3.2*x**2 + 6.3*x - 10.7
     def f_tangent(x, x1, y1): return f_diff(x1)*(x - x1) + y1

[4]  x_line = np.linspace(-6,6)
     tangent_line = np.linspace(1,5)
     x = 3

[5]  import plotly.graph_objects as go
     fig = go.Figure()
     fig.add_trace(go.Scatter(x=x_line, y=f(x_line) , mode='lines'))
     fig.add_trace(go.Scatter(x=bug , y=move ,mode='markers'))
     fig.add_trace(go.Scatter(x=tangent_line, y=f_tangent(tangent_line, x, f(x)) , mode='lines'))
```

(구글 코랩 노트북으로 실습하려면)

크롬 브라우저 검색창에서 코랩사이트 링크(https://colab.research.google.com/ ) 입력해 새 코랩 노트북 만들기 위해 시작페이지에 접속한다. 또는 이미 코드가 작성되어 있는 노트북으로 실습하려면 옆의 QR코드를 스마트폰으로 인식하여 실행해 기 작성된 코드를 수정하면서 실습해 본다.

## 4.6 산속 도로공사의 토공사에서 산과 골을 얼마나 깎고 메워서 평평하게 해야 할지 흙의 양을 적분 계산하는 '유토 곡선'을 그려 보자

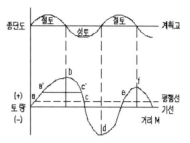

산속에서 도로 공사를 할 때 흙을 파내고 메우는 토량 계산을 정확하게 하지 못하면 흙이 남거나 모자라서 인근 산을 추가로 훼손하게 된다. 우선 도로공사할 때는 산과 계곡의 각 지점들을 일일이 현장 측량하여 현재 위치를 좌표 점을 찍으면 그 지역 지형을 구할 수 있고, 그 그래프를 표현하는 함수는 3차 곡선의 함수이다.

y=ax³ + bx² + cx + d  3차 곡선의 함수는 자연 지형을 나타내는 곡선인 것이다. 이를 미분하면 지형의 최소, 최고 지점의 위치를 구할 수 있음을 앞장에서 배웠다. 3차 곡선 모양의 자연 지형에서 직선으로 건설하는 고속도로는 곡선과 직선이 연립하는 그래프로 표현된다. 곡선과 직선이 겹쳐지면 두 개의 그래프 사이의 교차하는 부분이 발생하고 그곳의 넓이를 구해서 직선 그래프 아래이면 마이너스(-)로 흙을 추가로 메워야 하며, 직선의 윗부분이면 플러스(+) 부분으로 산을 깎아내는 즉 흙을 파

$$\int_a^b f(x)dx = \lim_{n \to \infty} \sum_{k=1}^n f(x_k)\Delta x$$

내는 지역이다. 이 두 개 그래프 사이의 면적을 구하면 흙을 파내고 메우는 토량 계산을 할 수 있다. 이렇게 두 그래프 사이의 면적을 구하는 방법으로 적분[1]을 사용한다.

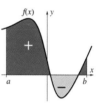

sympy 패키지에서integrate(f, x) 명령어로 부정적분[2] indefinite integral을 구할 수 있다. 3차 곡선내의 면적을 구하는 데 주로 사용하는 정적분(definite integral)은 integrate(f, (x, a, b)) 명령어 사용하여 함수 f를 적분하는데, 독립변수 x가 어떤 구간 [a,b] 사이일 때 파라미터로 정적분의 아래끝 a와 위끝 b만 지정해 주면 된다. 즉 정적분은 그 구간에서 함수 f(x) 의 값과 수평선(x 축)이 이루는 면적을 구하는 것이다.

---

### Program coding flownote 한글 명령어를 영어로 번역한 코드 작성 순서노트

생활영어처럼 [1][2][3]단계별로 실행되는 한글 명령어 순서도 작성한다.

| [1단계] 파이썬하고 대화하듯이 명령 순서도 작성 |
| --- |
| [1] sympy 패키지로부터 모든(*) 모듈 임포트<br>　　리스트 'X' 에 담다, symbols('X')을<br>　　equation에 담다, 1.07*X**3 + 3.15*X**2 -10.72*X + 8.55 |
| [2] integrate 모듈로 방정식을 변수 X로 적분하다 |
| [3] integrate 모듈로 방정식을 변수 X가 1부터 6 사이에서 적분하다 |
| [4] numpy 모듈 가져오다, 별칭 np로<br>　　f(x) 함수를 정의하다. 1.07*x**3 + 3.15*x**2 -10.72*x + 8.55 값을 반환하다<br>　　리스트 'x' 에 담다, np.linspace로 -6부터 6까지 사이 값 |
| [5] plotly.graph_objects를 가져오다, 별칭 go로<br>　　변수f ig에 담다. go.Figure() 이미지를<br>　　변수fig에 add_trace 더한다,go의 Scatter모듈로 x는 리스트x, y는 리스트f(x), 모드는'lines',fill='tozeroy')) |

---

1 적분(integral)은 '온전히 완성된'의 의미로 '미세하게 분해한다'는 미분과 반대되는 개념이다. 미분하여 미세하게 분해된 잘게 부순 것(分)을 쌓는다(積)이고, 원래 모양을 거의 회복하는 것이다.

2 적분에는 부정적분(indefinite integral)과 정적분(definite integral)이 있다. 정적분은 쉽게 말해 넓이나 부피 등을 구하는 것이고, 부정적분(indefinite integral)은 미분의 역연산으로 함수f(x)가 어떤 함수를 미분하여 나온 결과인 dx 도함수라고 가정하고 이 도함수 f(x) 대한 미분되기 전의 원래의 함수를 찾는 과정(integration) 또는 그 결과(integral)를 ∫ dx기호로 말한다.

한글 프로그램 순서도를 구글 번역으로 영어로 번역한다.

[2단계] 구글 번역한 영어 문장을 한 행씩 압축해 코딩화한다

[1] Import all (*) modules from sympy package
Put in list'X', symbols('X')
Put in the equation, 1.07*X**3 + 3.15*X**2 -10.72*X + 8.55
[2] Integrate equation into variable X with the integrate module
[3] integrate Modularly integrate equations with variable X between 1 and 6
[4] Import numpy module, alias np
Define the f(x) function 1.07*x**3 + 3.15*x**2 -10.72*x + 8.55 returns
Put in list'x', np.linspace with values between -6 and 6
[5] Import plotly.graph_objects, alias go
Put in variable f ig. go.Figure() image
Add add_trace to the variable fig, go's Scatter module where x is list x, y is list f(x), mode is'lines', fill='tozeroy'))

컴퓨터가 이해하는 파이썬 명령어로 축약해 코딩화한다.

[3단계] 코딩화한 각 셀을 ▶ 또는 Shift+Enter 눌러 한 행씩 실행한다

```
[1]  from sympy import *
     X = symbols('X')
     equation = 1.07*X**3 + 3.15*X**2 -10.72*X + 8.55
```

```
[2]  integrate(equation,X)

     0.2675*X**4 + 1.05*X**3 - 5.36*X**2 + 8.55*X
```

```
[3]  integrate(equation,(X,1,6))

     427.312500000000
```

```
[5]  import numpy as np
     def f(x): return  1.07*x**3 + 3.15*x**2 -10.72*x + 8.55
     x = np.linspace(-6,6)
```

```
[6]  import plotly.graph_objects as go
     fig = go.Figure()
     fig.add_trace(go.Scatter(x=x, y=f(x), mode='lines',fill='tozeroy'))
```

(구글 코랩 노트북으로 실습하려면)
크롬 브라우저 검색창에서 코랩사이트 링크(https://colab.research.google.com/ ) 입력해 새 코랩 노트북 만들기 위해 시작페이지에 접속한다. 또는 이미 코드가 작성되어 있는 노트북으로 실습하려면 옆의 QR코드를 스마트폰으로 인식하여 실행해 기 작성된 코드를 수정하면서 실습해 본다.

## 4.7 코드 몇 줄로 콘크리트 슬래브 구조 다리를 구조 해석하여 전단 응력, 휨 모멘트, 지점 반력 등을 계산하고 그래프로 표현하기

콘크리트 건설자재로 지어진 교량은 컴퓨터 구조 해석을 해서 교량에 가해지는 힘에 견딜 수 있는지 안전도를 계산해야 한다. 건설자재 중에 가장 많이 사용하는 평면 콘크리트 슬래브는 폭과 너비, 두께를 가진 3차원 입체구조물이다. 그렇지만 구조물 구조 해석에서는 횡방향으로 동일한 변형을 가지므로 단위폭을 1m 만큼 잘라내어 나무막대기 같은 모양 즉 빔(beam) 형태로 계산한다. 평면판 모양의 슬래브를 나무막대기 같은 빔(beam) 구조로 해석해도 동일한 결과를 얻기 때문이다.

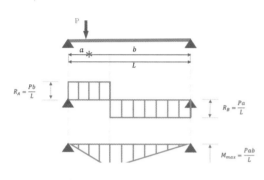

옆 그림은 단순보 빔(beam)에 하나의 집중하중 P가 중간쯤에 작용하였을 경우, 막대기가 절단되거나 휘어지게 하는 힘이 발생한다. 물체를 절단하려는 힘을 '전단력'이라고 하고, 물체를 회전시켜 휘어지게 하는 힘[1]을 '휨모멘트'라고 한다. 전단력이 가장 크게 발생하는 위치는 양쪽 끝 지점 A,B이고, 휨모멘트가 가장 크게 발생하여 물체가 크게 휘어지는 부분은 빔에 P가 가해지는 지점이다. 따라서 이 막대기 같은 빔이 힘 P에 안전하지 여부는, 빔이 가진 단단한 강도가 전단력과 휨모멘트에 견딜수 있는 능력값의 한계를 초과하는지 여부에 따라서 구조물의 구조안전을 해석하는 것이다.

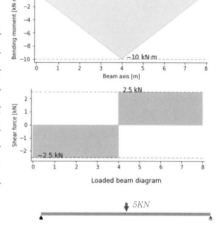

Loaded beam diagram

보의 양쪽 경계지점은 움직임에 따라 hinge는 회전은 안되고 좌우로는 움직일 수 있는 것이고, roller는 좌우로 움직임이 가능한 조건으로 계산한다. 단순보 빔(beam)의 구조 해석을 하면 반력, 변위, 부재력, 응력을 계산할 수 있다. 파이썬 라이브러리 중에 beambending은 보 모든 단면에서의 전단력과 휨 모멘트의 값을 나타내는 전단력도(shear force diagram, SFD)와 휨 모멘트도(bending moment diagram, BMD), 보의 반력을 계산하는 데 유용하다. 라이브러리 beambending을 설치하고, 단순보 beam의 규격과 각 지점의 서포트 형태와 위치를 설정한다. 빔에 하중과 하중이 작용하는 지점을 추가해서 값을 구한다.

A지점의 반력RA와 중간지점의 휨모멘트 Mmax 계산은

$$R_A = \frac{Pb}{L} = \frac{-5KN * 4m}{8m} = -2.5KN$$

$$Mmax = \frac{Pab}{L} = \frac{-5KN * 4m * 4m}{8m} = -10KN.m$$

---

1   집중하중 P가 작용하면 빔의 양쪽 끝인 삼각형 모양의 지점에서 P*b 또는 P*a에 전체 길이 L을 나눈 값인 반력이 발생한다. 최대 휨모멘트 Mmax는 집중하중 받는 위치에서 발생하며 P*a*b를 전체 길이 L로 나눈 값이다.

## Program coding flownote 한글 명령어를 영어로 번역한 코드 작성 순서노트

생활영어처럼 [1][2][3]단계별로 실행되는 한글 명령어 순서도 작성한다.

| |
|---|
| [1단계] 파이썬하고 대화하듯이 명령 순서도 작성 |
| [1] 보휨 모멘트 패키지모듈을 인스톨한다 |
| [2] 보휨 모멘트 패키지로부터 모든(*) 모듈 임포트 |
| [3] 변수'beam' 에 담다, Beam()에 길이 8m 값을 |
| [4] 변수'beam' 핀서포트가 x 좌표 0, 변수'beam' 롤링서포트가 x 좌표 8 |
| [5] 변수'beam'에 하중추가, PointLoadV()에 힘 -5KN, x 좌표 4 m |
| [6] 변수'beam' plot, 휨 모멘트<br>　　변수'beam' plot, 전달력<br>　　변수'beam' plot |

한글 프로그램 순서도를 구글 번역으로 영어로 번역한다.

| |
|---|
| [2단계] 구글 번역한 영어 문장을 한 행씩 압축해 코딩화한다 |
| |
| [1] Install the beam bending moment package module<br>[2] Importing all (*) modules from beam bending moment packages<br>[3] Put in the variable'beam', and put length 8m value in Beam()<br>[4] Variable'beam' pin support is x coordinate 0, variable'beam' rolling support is x coordinate 8<br>[5] Add load to variable'beam', force to PointLoadV() -5KN, x coordinate 4 m<br>[6] Variable'beam' plot, bending moment<br>　　Variable'beam' plot, transmission force<br>　　Variable'beam' plot |

컴퓨터가 이해하는 파이썬 명령어로 축약해 코딩화한다.

[3단계] 코딩화한 각 셀을 ▶ 또는 Shift+Enter 눌러 한 행씩 실행한다

```
[ ]  !pip install beambending

[ ]  from beambending import *

[ ]  beam = Beam(8)

[ ]  beam.pinned_support = 0
     beam.rolling_support = 8

[ ]  beam.add_loads([PointLoadV(-5, 4)])

[ ]  fig=beam.plot_bending_moment()
     fig=beam.plot_shear_force()
     fig=beam.plot()
```

(구글 코랩 노트북으로 실습하려면)

크롬 브라우저 검색창에서 코랩사이트 링크(https://colab.research.google.com/ ) 입력해 새 코랩 노트북 만들기 위해 시작페이지에 접속한다. 또는 이미 코드가 작성되어 있는 노트북으로 실습하려면 옆의 QR코드를 스마트폰으로 인식하여 실행해 기 작성된 코드를 수정하면서 실습해 본다.

## 4.8 성수대교가 무너진 원인은 무엇인가?
## 코드 몇 줄로 무너질 때 가해진 무게와 옆으로 미는 힘을 추정하고,
## 그 순간의 휨 모멘트, 전단력, 반력 등을 계산하고 그려 보자

성수대교는 설계시 버틸 수 있는 하중이 32톤이었지만, 평소 40톤 넘는 덤프트럭이나 100톤 넘는 석재나 철재를 실은 트럭이 많이 다녔기에 붕괴는 예견되었다.

교량을 이루는 트러스 철판 부재는 핀이나 힌지 등으로 이어져 있는데, 핀과 힌지 등 이음새가 약해져서 결국 헐거워지게 된 상태였다. 이런 상태에서 지나가는 과적 트럭 등의 순간적인 큰 힘에 의해서 트러스가 옆으로 밀리게 된다. 결국 트러스 이음새가 파괴되어 교량 상판이 붕괴된 것이다. 단순보(beam)에 하나의 집중하중이 작용하였을 경우 보다 여러 개의 집중하중이 겹쳐서 가해지면 더 큰 휨 모멘트를 받게 되어 단순보가 더 크게 휘게 된다. 더구나 큰 힘을 받고 있는 양쪽 지점에 옆으로 부재를 미는 집중하중이 작용하면 결합하는 부속물이 빠져서 교량이 붕괴한다.

### 단순보(beam)의 부재력도 구하기

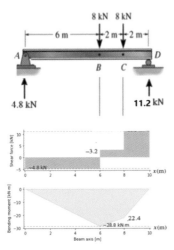

막대기 같은 단순보는 집중적으로 힘이 가해지면, 모든 단면에서 보를 끊어지게 하려는 힘 '전단력'과 보를 휘게 하려는 힘 '휨 모멘트'가 발생한다. 이 값들을 나타내는 전단력도(shear force diagram, SFD)와 휨 모멘트도(bending moment diagram, BMD)를 구하는 것은 교량 설계과정에서 매우 큰 도움이 된다. 두 개의 힘 8kN과 8kN이 동시에 가해지면 보의 A지점에는 4.8이, 반대편 B 지점에는 11.2가 발생하여 전체로는 16kN으로 평형을 이룬다. 모멘트는 보를 휘게 하려는 부분이 큰 곳이 28.2이고, 나머지 부분은 22.4의 힘으로 휘는 힘이 발생한다.

라이브러리 beambending을 설치하고, 단순보 beam의 규격과 각 지점의 서포트 형태와 위치를 설정한다. 'beam'에 가해지는 하중과 하중이 작용하는 지점을 추가해서 값을 구한다. 코드는 앞 장과 같아서 생략한다.

보의 반력을 계산한 다음에 전단력도를 작성하고 휨 모멘트도를 그린다(양쪽 지점의 반력은 각각 VA = Pb/L, VB = Pa/L로 계산된다). 이음점 사이의 임의의 지점에 작용하는 휨 모멘트를 계산하는 식이다. 집중하중이 작용하는 지점을 지나면 휨 모멘트는 Mx = Pa(L-x)/L의 식으로 계산할 수 있다.

## Program coding flownote 한글 명령어를 영어로 번역한 코드 작성 순서노트

생활영어처럼 [1][2][3]단계별로 실행되는 한글 명령어 순서도 작성한다.

| [1단계] 파이썬하고 대화하듯이 명령 순서도 작성 |
| --- |
| [1] 보휨 모멘트 패키지모듈을 인스톨한다 |
| [2] 보휨 모멘트 패키지로부터 모든(*) 모듈 임포트 |
| [3] 변수'beam' 에 담다, Beam()에 길이 8m 값을 |
| [4] 변수'beam' 핀서포트가 x 좌표 0, 변수'beam' 롤링서포트가 x 좌표 8 |
| [5] 변수'beam'에 하중추가,PointLoadH() 10KN, x coordinate 3 m,PointLoadV() -40KN, x coordinate 3m,PointLoadV() -10KN, x coordinate 6 m |
| [6] 변수'beam' plot <br> 변수'beam' plot, 휨모멘트 <br> 변수'beam' plot, 전단력 |

한글 프로그램 순서도를 구글 번역으로 영어로 번역한다.

| [2단계] 구글 번역한 영어 문장을 한 행씩 압축해 코딩화한다 |
| --- |
| [1] Install the beam bending moment package module <br> [2] Importing all (*) modules from beam bending moment packages <br> [3] Put in the variable'beam', and put length 8m value in Beam() <br> [4] Variable'beam' pin support is x coordinate 0, variable'beam' rolling support is x coordinate 8 <br> [5] Add load to variable'beam', force to PointLoadII() 10KN, x coordinate 3 m,PointLoadV() -40KN, x coordinate 3 m,PointLoadV() -10KN, x coordinate 6 m <br> [6] Variable'beam' plot <br> Variable'beam' plot, bending moment <br> Variable'beam' plot,  shear force |

컴퓨터가 이해하는 파이썬 명령어로 축약해 코딩화한다.

| [3단계] 코딩화한 각 셀을 ▶ 또는 Shift+Enter 눌러 한 행씩 실행한다 |
| --- |

```
[1]  !pip install beambending
     import beambending

[2]  beam = beambending.Beam(8)
     beam.pinned_support = 0
     beam.rolling_support = 8

[3]  beam.add_loads((beambending.PointLoadH(10, 3),
                     beambending.PointLoadV(-40, 3),
                     beambending.PointLoadV(-10, 6)))

[4]  fig = beam.plot()
     fig = beam.plot_bending_moment()
     fig = beam.plot_shear_force()
     fig = beam.plot_normal_force()
```

**Loaded beam diagram**

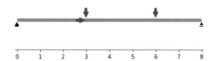

[4]

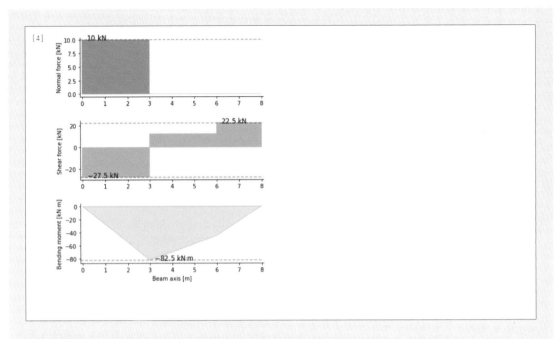

 (구글 코랩 노트북으로 실습하려면)

크롬 브라우저 검색창에서 코랩사이트 링크(https://colab.research.google.com/ ) 입력해 새 코랩 노트북 만들기 위해 시작페이지에 접속한다. 또는 이미 코드가 작성되어 있는 노트북으로 실습하려면 옆의 QR코드를 스마트폰으로 인식하여 실행해 기 작성된 코드를 수정하면서 실습해 본다.

# 5 STEP
**확률 통계 던전**

## 확률공간 속 확률분포 탐구,
## 실생활 문제 해결 위한 확률
## 처리 기법 및 통계적인 접근 방법

---

왜 A 혈액형이 코로나에 잘 걸릴까? 혈액형 O형이 코로나 바이러스에 통계적으로
내성이 강하다고 할 수 있을까?

도박 귀신의 미신, 10번 동전을 던져서 계속 뒷면만 나왔다.
그럼 이번에 동전을 던지면 앞면이 나올 확률이 높겠지 ? 빈도 그래프 그리기

아파트 분양 당첨자를 추첨하기 위해 추첨 박스에서 무작위로 번호 한 개 또는 여러 개를 꺼내는 코드 몇 줄을 만들자

로또 용지처럼 5회 시도할 로또 번호를 자동으로 산출하자

해커가 비밀번호 알아내는 원리는? 블록체인 암호화 화폐 기술로 메시지를 암호화하는 키를 만들다

게임 승률 높이려면, 게임 통제하는 진행자 관점에서 전체 판을 보면서 게임하자

열이 심하네? 코로나19인지 감기인지 확률은? 인간의 심리 주관에 바탕을 둔 베이즈 추론으로 계산하자

한글을 순서대로 정렬하기, 저금통 속 잔돈을 순서대로 분류하기

## 5.1 왜 A 혈액형이 코로나에 잘 걸릴까? 혈액형 O형이 코로나 바이러스에 통계적으로 내성이 강하다고 할 수 있을까?

혈액형 O형이 코로나바이러스 감염증에서 상대적으로 내성이 강하다고 할 수 있을까? 코로나19 확진 판정을 받은 환자와 일반인 수천명의 혈액형 패턴을 통계에 근거해 조사한 결과, 혈액형별 분포는 정규분포의 모양이다. 정상인 3천 694명의 혈액형 중 A형은 전체의 32.16%, B형은 24.90%, AB형이 9.10%, O형은 33.84%였다. 하지만 병원에 입원한 코로나19 환자 1천 775명의 경우 A형이 37.75%, B형이 26.42%, AB형이 10.03%, O형이 25.80%였다. **일반인 혈액형 분포도**와 비교해 보니 두 분포 배열 간에 상관관계가 있다고 분석된다. A형 분포도보다 높았고, O형은 일반인 O형 분포도보다 "유의미하게 낮았다"고 두 데이터의 분포 형태와 특징과 경향을 분석했다. 이에 따라 A형인 사람은 코로나19 감염 기회를 줄이기 위해 개인 보호 강화가 필요함을 알수 있다.

**정규분포는 자연이 따르는 또는 사회현상을 해석하는 가장 완벽한 형태의 연속확률 분포이다**

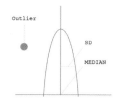

정규분포의 형태[1]나 모양은 평균과 표준편차에 의해 결정된다. 중심축은 기댓값(평균)인데, 이로부터 멀리 떨어진 Outlier는 표준편차에서도 벗어나 상태로 예외 변수이다. 정규분포 함수에서 가로축에 확률변수 x와 기대값인 평균을 중심축으로 표시할 수 있다. 평균mean이 아닌 중간값 median을 계산하면 극단적인 값은 제외하기 때문에 정확한 중간값을 구한다. 분산(VARIANCE)은 정규분포 함수가 중심축으로부터 벌어진 정도로서, 확률변수 X의 '기댓값(평균)에서 벗어난 상태'이다. 분산이 크면 편차가 심하다는 의미이다. 분산의 제곱근을 표준 편차(STD)라 하며, 중간값에서 어느 정도 값까지를 커버할지를 결정하는 일종의 범위가 된다.

두 데이터 확률분포의 관계, 성격과 경향을 파악하려면, 두 변수 배열 간에 어떤 관계가 존재하는지를 '상관 관계'라고 하고, x 독립변수와 y 종속변수의 일차방정식은 직선이고, 통계적으로는 선형관계(linear)라고 한다. 두 변수 배열간 상관관계 즉 두 변수 사이의 선형적인 관계 정도[2]를 알고 싶을 때 피어슨 상관계수(Pearson correlation coefficient)를 사용하고 공분산(covariance)도 두 변수가 변하는 경향성을 측정한다. corrcoef()로 코로나 감염자(covid) 배열과 일반인(blood) 배열 두 특성 사이가 어느 정도 상관관계가 있나 살펴보면, -1 혹은 1에 가까울 때 상관관계가 크다고 말할 수 있다. 1에 가까울수록 상관관계가 높아 일반인 A형은 확률이 높으니 코로나 걸린 확률도 높은 것이다. 보통 상관계수가 0.4 이상이면 두 변수의 관련성이 있다고 판단한다. 분산은 모집단으로부터 추출한 하나의 변수가 어떻게 분포하느냐의 분산을 살펴봄으로써 모집단의 분포를 추정하는 것이다. 공분산 (covariance)은 두 변수간의 변동을 의미하며, 분산이 하나의 변수를 살핀다면 공분산은 두 변수 사이의 관계를 살펴보는 것이다. 앞의 전체 혈액형 변수 중 두가지 요소들 즉 일반인 중에 혈액형 A 비율과 감염자 중 A의 비율을 가지고 A형이 더 잘 걸린다는 게 이치에 맞는 말일까를 판단하는데 사용한다. 공분산 계산은 일반인들의 각 혈액형 요소들의 분산과 감염자들의 혈액형을 내적(dot)한다. 서로의 분산이 유사한 증가 혹은 감소 패턴을 보인다면 dot 의 크기가 매우 커질 것이고, 4개 행렬 값 중에서 cov(a,b) 값이 클수록 상관관계가 있다고 볼 수 있다. 일반적으로는 평균 **Mean(단순 average)**과 중간값 **Median**은 **차이**가 없지만, 통계학에서는 **Mean**보다는 **Median**을 계산하게 되는데 그 이유는 Outlier라고 표준 오차범위 외에 있는 데이터를 빼고 계산하기 때문에 **Mean**보다는 정확한 분포를 알 수 있기 때문이다.

---

1    데이터의 형태와 특징(평균, 분산, 표준편차) 분포의 모습을 나타내는 첫번째 기준으로 기대값은 확률변수의 위치를 나타내고 분산이나 표준편차(標準 偏差, standard deviation)는 얼마나 넓게 퍼져 있는지를 나타낸다. 평균은 일상에서 산술 평균arithmetic mean 즉 단순 평균이라고 하고, 통계학에서는 확률변수의 평균값 mean이라고 하고, x의 출현 확률을 기댓값이라고 한다. 중앙값(median)은 데이터를 크기대로 정렬하였을 때 가장 가운데에 있는 수이다.

2    상관 분석은 연속형 변수로 측정된 두 변수 간의 선형적 관계를 분석하는 기법이다. 연속형 변수는 산술 평균을 계산할 수 있는 숫자형의 데이터이며, 선형적 관계라 함은 흔히 비례식이 성립되는 관계를 말한다. 예를 들어 A 변수가 증가함에 따라 B 변수도 증가되는지 혹은 감소하는지를 분석하는 것이다.

## Program coding flownote 한글 명령어를 영어로 번역한 코드 작성 순서노트

생활영어처럼 [1][2][3]단계별로 실행되는 한글 명령어 순서도 작성한다.

---

[1단계] 파이썬하고 대화하듯이 명령 순서도 작성

---

[1] 딕셔너리'covid' 에 담다, 'A':37.75,'B':26.42,'AB':10.03,'O':25.8 값을
　　딕셔너리'blood' 에 담다, 'A':32.16,'B':24.9,'AB':9.1,'O':33.84 값을

[2]numpy 모듈을 가져오다, 별칭 np로
　　numpy모듈의 상관계수를 구하라 list(covid.values()),list(blood.values()값을

[3] numpy모듈의 평균,중심값,표준편차을 구하라 리스트 blood.values()값을

[4] plotly.graph_objects 그래프 모듈을 가져오다, 별칭 go 로
　　변수fig에 go모듈의 Fiqure()함수 담는다
　　변수fig에 추적 추가하다, go모듈의 Bar()함수에 넣다,(y=list(blood.values()),x=list(blood.keys())값을
　　변수fig에 추적 추가하다, go모듈의 Bar()함수에 넣다, (y=list(covid.values()),x=list(covid.keys())값을

---

한글 프로그램 순서도를 구글 번역으로 영어로 번역한다.

---

[2단계] 구글 번역한 영어 문장을 한 행씩 압축해 코딩화한다

---

[1] Put in the dictionary'covid','A':37.75,'B':26.42,'AB':10.03,'O':25.8 values
　　Put in dictionary'blood','A':32.16,'B':24.9,'AB':9.1,'O':33.84
[2] Import numpy module, alias np
　　Find the correlation coefficient of the numpy module. list(covid.values()), list(blood.values()
[3] Find the mean, center value, and standard deviation of the numpy module. The list blood.values()
[4] import plotly.graph_objects graph module, alias go
　　Put the go module's Fiqure() function in the variable fig
　　Add trace to variable fig, put it in Bar() function of go module, (y=list(blood.values()),x=list(blood.keys()))
　　Add trace to variable fig, put it in Bar() function of go module, (y=list(covid.values()),x=list(covid.keys()))

---

컴퓨터가 이해하는 파이썬 명령어로 축약해 코딩화한다.

---

[3단계] 코딩화한 각 셀을 ▶ 또는 Shift+Enter 눌러 한 행씩 실행한다

---

```
covid = {'A':37.75,'B':26.42,'AB':10.03,'O':25.8}
list(covid.values())

[37.75, 26.42, 10.03, 25.8]


blood = {'A':32.16,'B':24.9,'AB':9.1,'O':33.84}
list(blood.values())

[32.16, 24.9, 9.1, 33.84]


import numpy as np
np.corrcoef(list(blood.values()),list(covid.values()))

array([[1.        , 0.87163957],
       [0.87163957, 1.        ]])


np.mean(list(covid.values())), np.median(list(covid.values())), np.std(list(covid.values()))

(25.0, 26.11, 9.865594254782629)


np.mean(list(blood.values())), np.median(list(blood.values())), np.std(list(blood.values()))

(25.0, 28.529999999999998, 9.775367000783142)
```

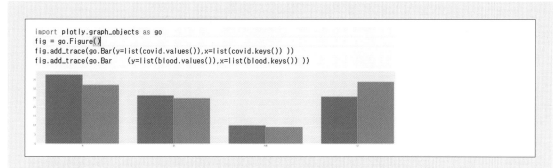

```
import plotly.graph_objects as go
fig = go.Figure()
fig.add_trace(go.Bar(y=list(covid.values()),x=list(covid.keys()) ))
fig.add_trace(go.Bar    (y=list(blood.values()),x=list(blood.keys()) ))
```

 (구글 코랩 노트북으로 실습하려면)

크롬 브라우저 검색창에서 코랩사이트 링크(https://colab.research.google.com/ ) 입력해 새 코랩 노트북 만들기 위해 시작페이지에 접속한다. 또는 이미 코드가 작성되어 있는 노트북으로 실습하려면 옆의 QR코드를 스마트폰으로 인식하여  실행해 기 작성된 코드를 수정하면서 실습해 본다.

## 5.2 도박 귀신의 미신, 10번 동전을 던져서 계속 뒷면만 나왔다. 그럼 이번에 동전을 던지면 앞면이 나올 확률이 높겠지? 빈도 그래프 그리기

동전을 던져서 앞면이 나올 확률은 얼마일까?

1개의 동전을 던졌을 때 원하는 일이 일어날 가능성 즉 '운'을 숫자로 나타내면 수학적으로 p=0.5 즉 50% 확률(probability)로 나온다. 그런데 도박사들이 도박을 할 때 헷갈리는 게 있다. 동전을 10번 던졌을 때 앞과 뒤가 6:4의 비율로 나왔다고 할 때, "앞이 많이 나왔으니 다음도 앞이 나올 것이다" 라든지 "뒤가 적게 나왔으니 다음에는 뒤가 나올 차례다"라고 해석하는 것은 옳을까 ? 도박 사들이 이것을 믿기 때문에 계속 도박에 빠지는 것이다.

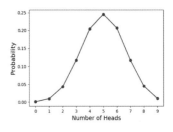

**어떻든 11번째라고 해도 동전 던져서 앞이나 뒤가 나올 확률도 각각 50:50일 뿐이다. 왜냐하면 동전 던지기 게임은 매번 새로운 게임으로 reset되기 때문에 그 전 확률은 사라진다.**

### 이분법 확률 분포도 극한으로 가면 반반이다

동전 던지기 실험은 원하는 일이 일어날 확률과 일어나지 않을 확률의 이분법으로 이뤄진 분포인 이항분포로 동전의 앞면이 나오면 1 뒷면이 나오면 0이면, 앞 또는 뒤가 나올 확률이 각 50%(p=0.5)이다. 단일 동전으로 동전 던지기 실험을 1000번 size로 반복하고 각 실험마다 동전을 "n = 10"번 던진다.

np.random.binomial(n=10,p=0.5,size=1000) 코드를 실행하면 무작위 정수로 된 난수가 추출되어 배열 x에 저장된다. x의 요소 중에서 0은 거의 안보이는데 이는 머리 부분만 나온 경우는 드물기 때문이고 또한 4 번, 5 번 또는 6 번씩 머리가 나오는 실험을 더 많이 관찰하는 것을 볼 수 있다. 결국 1000회 실험을 여러 번 반복하면, 10번 던져서 5 번의 머리가 나오는 실험을 관찰할 확률이 가장 높음을 알 수 있다. plt.hist(x, bins=10, alpha=0.5) 로 그래프를 그려서 보면 정규분포와 형태가 비슷하게 나타나지만, 이항 확률분포는 연속이 아닌 이산적으로 정수로 구성되기 때문에 정규분포가 될 수는 없고, 다만 실험횟수 size를 키워 극한으로 갈수록 정규분포와 근접하다는 사실을 알 수 있다.

### 영어 문장처럼 한줄로 for문 코딩하기

영어 문장의 어순과 같으니, 앞에서부터 순서대로 해석하면 코드를 이해할 수 있다.

[np.equal(x,e).mean() for e in range(10)]를 해석해 보자.

np.equal(x,e)는 x와 e를 비교 연산해서 같은 값이 나오는 횟수를 가지고, mean()는 배열의 산술 평균값을 찾아서 [ ] 리스트를 만들 건데, 그 e는 for 문으로 반복해서 range(10) 속에서 가져와

<u>한줄 for loop 코드는 대괄호로[ ] 묶어서 결과가 리스트로 나오게 한다. [ ]속은 [실행명령, for loop in 리스트] 구조로 반복 실행해서 배열을 새로이 생성할 때 사용한다. 한줄 for loop 코드가 [실행명령, for loop in 리스트] 구조로 반복 실행했다면, 리스트 객체가 출력된다.</u>

확률은 어떤 사건이 일어날 가능성을 **0과 1 사이의 값**으로 나타낸 것이고, 이를 수학적 확률( Mathematical Probability)이라고 한다. 또는 확률은 어떤 사건이 일어날 결과들의 비율 즉 통계를 뜻하면 이를 통계적 확률 (Statistical Probability)이라고 한다. 빈도주의(Frequentist) 확률은 직접 실험하여 통계를 내는 확률이다. 즉 반복적

실험으로 선택된 표본이 사건(부분 집합) A의 원소가 될 경향(propensity)을 그 사건의 확률이라고 한다.

예를 들어 동전을 던져 "앞면이 나오는 사건"의 확률값이 0.5라는 것은 빈도주의 관점에서는 실제로 동전을 반복하여 던졌을 경우 동전을 던진 전체 횟수에 확률값을 곱한 숫자만큼 해당 사건이 발생한다고 본다. 예를 들어 10,000번을 던지면 10,000×0.5=5,000번 앞면이 나오는 경향을 가진다는 의미이다. 빈도주의는 누구에게나 같은 확률인 객관적인 확률을 다룬다. 통계적 확률의 분모 n을 수학용어로 <u>시행 횟수라고 부르고 시행 횟수를 늘릴수록 수학적 확률과 점점 가까워진다.</u>

## Program coding flownote 한글 명령어를 영어로 번역한 코드 작성 순서노트

생활영어처럼 [1][2][3]단계별로 실행되는 한글 명령어 순서도 작성한다.

| [1단계] 파이썬하고 대화하듯이 명령 순서도 작성 |
|---|
| [1] numpy 모듈을 가져오다 별칭 np로<br>    matplotlib.pyplot 그래프 모듈을 가져오다, 별칭 plt 로 |
| [2] 리스트'x' 에 담다, np의 랜덤 이항분포모듈(n은 10번, p는 0.5, size는 1만번) |
| [3] 리스트'probs' 에 담다, np의 비교연산모듈(x,e)평균값을, 10번 동안 |
| [4] plot 그래프, 리스트로 10 범위로 리스트 'probs'을 원 마커로 찍다 |
| [5] plot 히스토그램, 리스트'x', 빈도 10번, 알파값은 0.5로 |
| [6] plot 수직축라인, np로 평균값(x), 색은 레드, 선폭은 3으로<br>    plot 수직축라인, np로 평균+ 표준편차 , 색은 블루, 선폭은 1으로 |

한글 프로그램 순서도를 구글 번역으로 영어로 번역한다.

| [2단계] 구글 번역한 영어 문장을 한 행씩 압축해 코딩화한다 |
|---|
| [1] Import the matplotlib.pyplot graph module, alias plt<br>[2] Add to list'x', random binomial distribution module of np (n is 10 times, p is 0.5, size is 10,000 times)<br>[3] Add to list'probs', compare average value of np comparison operation module (x,e) for 10times.<br>[4] plot graph, list'probs' in a range of 10 with a circle marker<br>[5] Plot histogram, list'x', frequency 10 times, alpha value 0.5<br>[6] plot vertical axis line, average value (x) in np, color is red, line width is 3<br>    plot vertical axis line, mean + standard deviation in np, color is blue, line width is 1 |

컴퓨터가 이해하는 파이썬 명령어로 축약해 코딩화한다.

[3단계] 코딩화한 각 셀을 ▶ 또는 Shift+Enter 눌러 한 행씩 실행한다

```
import numpy as np
import matplotlib.pyplot as plt

x=np.random.binomial(n=10, p=0.5, size=1000)

probs = [np.equal(x,e).mean() for e in range(10)]

[0.002, 0.006, 0.043, 0.104, 0.21, 0.242, 0.209, 0.127, 0.05, 0.005]

plt.plot(list(range(10)),probs,marker='o')

[<matplotlib.lines.Line2D at 0x7f4a01ab2828>]
```

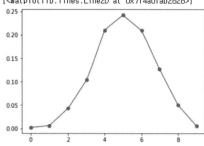

```
plt.hist(x, bins=10,alpha=0.5)
plt.axvline(np.mean(x), color='r', linewidth=3)
plt.axvline(np.mean(x)+np.std(x), color='b', linewidth=1)

<matplotlib.lines.Line2D at 0x7f49feb80128>
```

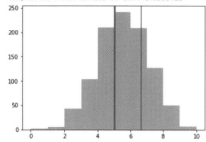

 (구글 코랩 노트북으로 실습하려면)
크롬 브라우저 검색창에서 코랩사이트 링크(https://colab.research.google.com/ ) 입력해 새 코랩 노트북 만들기 위해 시작페이지에 접속한다. 또는 이미 코드가 작성되어 있는 노트북으로 실습하려면 옆의 QR코드를 스마트폰으로 인식하여 실행해 기 작성된 코드를 수정하면서 실습해 본다.

## 5.3 아파트 분양 당첨자를 추첨하기 위해 추첨 박스에서 무작위로 번호 한 개 또는 여러 개를 꺼내는 코드 몇 줄을 만들자

강남 로또 아파트 분양받기 위해 신청한 수백 명 중에서 한 명을 선택하는 무작위 추첨을 실시해 보자. 무작위로 숫자를 생성하는 랜덤 모듈을 사용한다. 우선 range(start, stop, step) 함수로 만들어지는 정수를 리스트에 담는다. 이 중에 하나를 랜덤하게 선택하면 된다.

random module 속에는 여러 가지 함수 프로그램이 있어서 모듈 내에서 내 프로그램에 필요한 함수만 콕 찍어서 가져와 사용할 수 있다. random 모듈 속에 있는 함수 중에 .choice() 함수로 랜덤하게 하나의 숫자를 선택해 보자. sample() 함수는 랜덤하게 여러 개의 원소를 선택한다. shuffle() 함수는 원소의 순서를 랜덤하게 바꾼다. 랜덤 모듈 가져와 사용하는 첫번째 방법은 모듈 전체를 가져와서, 모듈.변수함수의 형식으로 사용한다. 매번 변수함수를 써주려면 번거롭다. 두번째 방법은 모듈 내에서 필요한 것만 콕 찍어서 가져오는 방법이다. 모듈 내 모든 함수를 가져오는 것은 메모리 낭비일 수도 있으니, 필요한 함수만으로 불러와 사용하는 것이다. from random import (함수명 또는 *) 라고 써서 random 모듈 내의 함수를 가져와 사용한다.

추첨 제비뽑기 한다면, 당첨 확률을 높일 수 있을까?
추첨 시스템에서 추첨 상자 속 원소가 무한하게 제공되면 추첨운이 없는 사용자는 추첨율이 낮아서 시도 횟수대비 당첨 확률이 낮아진다. 만약 제비뽑기 방식으로 추첨한다면 당첨 확률을 높일 수는 있지 않을까? 당첨 확률을 예측하여 당첨 확률이 높은 시점에 선택적으로 참여할 수 있다면, 즉 추첨이 진행되는 상황을 실시간 통계내면서 상자에 남은 당첨 요소의 잔량을 공지하고 추첨 요소의 잔량이 줄어들수록 당첨 확률이 증가하므로 원하는 시점에 당첨 확률을 예측하여 참여할 수 있다면 당첨 확률을 높일 수도 있을 것이다.

print( ) 함수로 문자열 출력은 .fomat(데이터) 옵션으로 { } 중괄호로 대응되어 ( ) 속 데이터를 읽어온다.

**Program coding flownote 한글 명령어를 영어로 번역한 코드 작성 순서노트**
생활영어처럼 [1][2][3]단계별로 실행되는 한글 명령어 순서도 작성한다.

| |
|---|
| [1단계] 파이썬하고 대화하듯이 명령 순서도 작성 |
| [1] numpy 모듈을 가져오다, 별칭 np로 |
| [2] 리스트'int_list'에 담는다, range() 함수로 1 ~ 100 범위의 연속된 정수를 생성해서 |
| [3] 변수 number에 입력하다, np.random 모듈로 리스트'int_list'에서 무작위로 숫자 선택하고 |
| [4] 문자열 "임의로 선택한 숫자 " 과 값 출력한다 |
| [5] 리스트'result'에 담는다, np.random 모듈로 리스트'int_list'에서 숫자 5개 무작위로 선택하고 |

한글 프로그램 순서도를 구글 번역으로 영어로 번역한다.

[2단계] 구글 번역한 영어 문장을 한 행씩 압축해 코딩화한다

[1] import numpy module, alias np
[2] Put it in list'int_list'. Using range() function, create a continuous integer in range of 1 to 100
[3] Enter in variable number, randomly select a number from list'int_list' with np.random module
[4] Print string "Randomly selected number" and value
[5] Add to list'result', randomly select 5 numbers from list'int_list' with np.random module

컴퓨터가 이해하는 파이썬 명령어로 축약해 코딩화한다.

[3단계] 코딩화한 각 셀을 ▶ 또는 Shift+Enter 눌러 한 행씩 실행한다

```
[1]   import numpy as np

[2]   int_list = range(1,100, 1)

[3]   number = np.random.choice(int_list)
      number
```
⤷ 40

```
[4]   print("임의로 선택한 숫자 {}".format(number))
```
⤷ 임의로 선택한 숫자 40

```
[5]   result = list(np.random.choice(int_list,5))
      result
```
⤷ [21, 13, 36, 79, 79]

(구글 코랩 노트북으로 실습하려면)
크롬 브라우저 검색창에서 코랩사이트 링크(https://colab.research.google.com/ ) 입력해 새 코랩 노트북 만들기 위해 시작페이지에 접속한다. 또는 이미 코드가 작성되어 있는 노트북으로 실습하려면 옆의 QR코드를 스마트폰으로 인식하여 실행해 기 작성된 코드를 수정하면서 실습해 본다.

## 5.4 로또 용지처럼 5회 시도할 로또 번호를 자동으로 산출하자

로또복권은 45개의 숫자 중 원하는 6개 숫자를 선택해 일정 수 이상의 번호를 맞추면 당첨금을 지급받는 방식이다. 로또 용지는 5번 시도할 수 있게 5회치 로또번호가 인쇄된다. 이를 코드로 만들려면 랜덤하게 1~45 숫자 중에서 6개를 선택하고, 그것을 5번 반복해 출력하여야 한다.

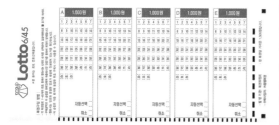

랜덤 모듈을 호출하여 난수를 생성하는 모듈을 가져온다. np의 arange 모듈로, 1부터 45까지의 자연수가 하나씩 들어 있는 배열을 선언한다. np.random.shuffle(arr) 코드로 arr 배열의 원소를 랜덤 모듈의 shuffle 이용해 무작위로 섞는다. arr[:6]은 섞여진 배열 arr 속에서 처음부터 6번째까지 6개만 추려내서 arr_selected 리스트에 담는다. 이를 for 루프문으로 linspace(1,5,5)로 5번 반복해 출력한다. arr_selected 리스트에는 5번 반복한 숫자 조합 중에서 마지막 숫자 6개 조합이 남아 있다. 계속 나오는 배열과 리스트에 대해서 이번 장에서 한번 더 학습하였다. 사실 range는 파이썬에서 기본적으로 제공하는 데이터를 일렬로 나열하는 기능으로 range에서 실수 등 숫자만으로 사용할 수 없어 인공지능 프로그램에서는 잘 사용하지 않는다. 대신 numpy에서 제공하는 숫자 배열하는 arange와 linspace를 많이 사용한다. array range로 숫자가 일렬로 나열된 행렬(array)을 리턴하여 행렬 계산할 수 있다. numpy.arange(start,end,step)는 start ~ end-1 사이의 값을 간격만큼 띄워 배열로 반환한다. numpy.linspace(start, end, num=개수)는 start ~ end 사이의 값을 개수만큼 생성하여 배열로 반환하는 것이다.

### 로또 1등 번호를 예측할 수 있을까 ?

지금까지 로또 당첨 번호를 빈도 통계 내어 많이 나온 번호를 조합하면 당첨 확률이 높을까? 6개의 각 번호별로 당첨된 빈도수로 조합하여 1등 확률을 예측하면 실수할 수 있다. 로또는 숫자 6개 조합한 확률을 사용해야 하기 때문이다. 로또 1등 번호 6개를 맞출 확률은 얼마일까? 로또는 순서대로 나오는 6가지 숫자가 각각 1부터 45까지 있고, 각각의 숫자는 겹치지 않고 1번씩만 나온다. 다만 숫자 배열에서 중복되는 조합은 제외한다. 1등 번호가 될 경우의 수는 45x44x43x42x41x40 = 5,864,443,200의 총 경우의 수에서 6개의 숫자가 순서를 바꿔가며 중복되는 조합의 경우의 수 6x5x4x3x2x1 = 720으로 나누면 8,145,060 이다. 로또 1등 당첨 확률이 약 800만분의 1의 확률이기 때문에 예측하기에는 기존 데이터가 부족할 수 있다.

range는 숫자, 문자 등 데이터를 일렬로 나열하는 기능으로 숫자만 일렬로 배열하기 위해서는 numpy에서 제공하는 arange와 linspace를 사용한다. numpy.arange(start,end,step)는 start ~ end-1 사이의 값을 간격만큼 띄워 배열로 반환한다. numpy.linspace(start, end, num=개수)는 start ~ end 사이의 값을 개수만큼 생성하여 배열로 반환하는 것이다.

## Program coding flownote 한글 명령어를 영어로 번역한 코드 작성 순서노트

생활영어처럼 [1][2][3]단계별로 실행되는 한글 명령어 순서도 작성한다.

| [1단계] 파이썬하고 대화하듯이 명령 순서도 작성 |
| --- |
| [1] numpy 모듈을 가져오다, 별칭 np로 |
| [2] 리스트'arr'에 담는다, np의 arange() 함수로 1 ~ 46 범위 1간격만큼 띄워 |
| [3] for반복은 np.linspace()함수로 1부터 5까지 5개 속에서 요소를 꺼내면서 반복해<br>  np.random 모듈의 섞기()로 리스트'arr'에서<br>  리스트'arr_selected'에 담다, 리스트'arr'의 6개만 선택<br>  출력해 리스트'arr_selected' |

한글 프로그램 순서도를 구글 번역으로 영어로 번역한다.

| [2단계] 구글 번역한 영어 문장을 한 행씩 압축해 코딩화한다 |
| --- |
| [1] import numpy module, alias np<br>[2] Put it in the list'arr', and np's arange() function moves 1 to 46 by 1 interval<br>[3] for iteration is repeated with the np.linspace() function taking out the elements in 5 from 1 to 5.<br>  From list'arr' with shuffle() in np.random module<br>  Add to the list'arr_selected', select only 6 of the list'arr'<br>  Print out the list'arr_selected' |

컴퓨터가 이해하는 파이썬 명령어로 축약해 코딩화한다.

| [3단계] 코딩화한 각 셀을 ▶ 또는 Shift+Enter 눌러 한 행씩 실행한다 |
| --- |

```
[1]   import numpy as np

[2]   arr = np.arange(1,46,1)
      arr
```
```
array([ 1,  2,  3,  4,  5,  6,  7,  8,  9, 10, 11, 12, 13, 14, 15, 16, 17,
       18, 19, 20, 21, 22, 23, 24, 25, 26, 27, 28, 29, 30, 31, 32, 33, 34,
       35, 36, 37, 38, 39, 40, 41, 42, 43, 44, 45])
```
```
[3]   for x in np.linspace(1,5,5):
          np.random.shuffle(arr)       # 섞기
          arr_selected = arr[:6]  # 6개만 선택
          print(arr_selected )
```
```
[30 24 32 13 17 36]
[40  5 11 30 34 16]
[44 29  3  2 43 22]
[ 6 32 16 39 26 36]
[10 35 39 32 44  3]
```
```
[4]   arr_selected
```
```
array([10, 35, 39, 32, 44,  3])
```

(구글 코랩 노트북으로 실습하려면)
크롬 브라우저 검색창에서 코랩사이트 링크(https://colab.research.google.com/ ) 입력해 새 코랩 노트북 만들기 위해 시작페이지에 접속한다. 또는 이미 코드가 작성되어 있는 노트북으로 실습하려면 옆의 QR코드를 스마트폰으로 인식하여 실행해 기 작성된 코드를 수정하면서 실습해 본다.

## 5.5 해커가 비밀번호 알아내는 원리는? 블록체인 암호화 화폐 기술로 메시지를 암호화하는 키를 만들다

### 해커가 비밀번호 알아내는 원리는?

해커들은 비밀번호를 알아내기 위해 일반적으로 많이 사용되는 혹은 빈도수가 높고 비밀번호로 유용한 단어들의 key 리스트를 가지고 있다. key 리스트에서 무작위로 비밀번호를 조합해서 컴퓨터 열쇠구멍에 하나씩 넣어서 맞는 비밀번호를 반복해 찾아보는 것이다.

블록체인 기술 암호화폐(crypto currencies)는 암호를 이용한 전자화폐이고, 암호화 기술과 peer-to-peer P2P 네트워크 기술로 구성되어 있다. P2P 네트워크는 다수의 피어(노드)로 구성되고 각 피어는 동일한 권한의 참가자로서 서버 겸 클라이언트 모델이므로, 종전의 중앙 서버가 있는 네트워크와 다른 3자 중개가 필요 없는 분산형 네트워크이다. 그리고, 암호화

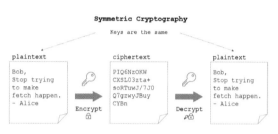

는 디지털서명과 암호화 해시함수인 거래 ID 등으로 구성된다. 암호를 만드는 방법은 비밀키 암호를 사용하고 이 개인키는 암호화폐 지갑에 잘 저장해야 한다. **따라서 블록체인 네트워크는 해커가 암호화[1] 비밀번호를 해킹해서 찾아내더라도 실시간으로 이동하는 P2P네트워크의 어디에 내가 찾는 정보가 저장되어 있는지 찾을 수 없어서 결국 블록체인은 해킹할 수 없다고 하는 것이다.**

암호를 만드는 방법은 가장 간단하게는 random 함수로 문자, 숫자를 무작위로 선택해 만들거나 조합해 만들기도 한다. 암호 비밀키로 암호를 만들면 암호를 풀기 어렵다. random 모듈 속에 있는 함수 중에 .choice() 함수로 문자, 숫자를 선택해 패스워드를 만들어 보자. 여러 개 선택하는 방법이 for 반복문 사용하거나, map() 함수로 리스트를 출력한다. 숫자와 문자의 조합을 구하는 combination() 함수는 리스트의 원소 N개 중에서 M개를 중복 없이 선택해 조합으로 만든다.

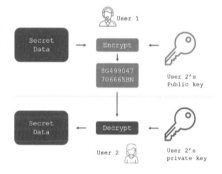

아래 코드 실습에서는 암호화 라이브러리인 cryptography를 사용해 암호 비밀키 생성해 암호화 복호화를 실습한다.

- 파이썬 암호화 라이브러리인 cryptography를 설치하고 fernet을 가져온다.
- 암호문을 생성(암호화)할 때 사용하는 키와 암호문으로부터 평문을 복원(복호화)할 때 사용하는 키를 생성한다.
- 생성된 키를 가지고 문자열 hi korea를 encrypt 하여 token 변수에 담는다. 생성된 키를 가지고 token 변수에 담긴 평문을 복호화decrypt하여 암호를 해석한다.

---

1 암호학(暗號學, cryptography) 은 정보를 보호하기 위한 언어학적 및 수학적 방법으로 암호를 만드는 것이다. 암호학을 이용하여 보호해야 할 메시지를 평문(平文, plaintext)이라고 하며, 평문을 암호학적 방법으로 변환한 것을 암호문(暗號文, ciphertext)이라고 한다. 이때 평문을 암호문으로 변환하는 과정을 암호화(暗號化, encryption)라고 하며, 암호문을 다시 평문으로 변환하는 과정을 복호화(復號化, decryption)라고 한다.

## Program coding flownote 한글 명령어를 영어로 번역한 코드 작성 순서노트

생활영어처럼 [1][2][3]단계별로 실행되는 한글 명령어 순서도 작성한다.

| [1단계] 파이썬하고 대화하듯이 명령 순서도 작성 |
| --- |
| [1] 암호화 패키지모듈을 인스톨한다 |
| [2] 암호화 모듈을 가져오다 |
| [3] Fernet은 암호화 된 메시지를 키없이 읽을 수없는 키를 생성한다 |
| [4] Fernet () 함수에 비밀 키를 입력하여 'hi korea'데이터를 암호화하고 그 값을 변수 token에 넣는다 |
| [5] 비밀 키로 Fernet 토큰에 담긴 데이터 'hi korea'로 해독하다 |

한글 프로그램 순서도를 구글 번역으로 영어로 번역한다.

| [2단계] 구글 번역한 영어 문장을 한 행씩 압축해 코딩화한다 |
| --- |
| [1] install cryptography with !pip<br>[2] import Fernet function module from cryptography.fernet<br>[3] Fernet generates key that a message encrypted using it cannot be read without the key.<br>[4] Enter a secret key into the fernet () function to encrypt the data 'hi korea' put in token<br>[5] Decrypts a Fernet token with secret key |

컴퓨터가 이해하는 파이썬 명령어로 축약해 코딩화한다.

| [3단계] 코딩화한 각 셀을 ▶ 또는 Shift+Enter 눌러 한 행씩 실행한다 |
| --- |

```
[1]  !pip install cryptography

☐→  Collecting cryptography
      Downloading https://files.pythonhosted.org/packages/
      |████████████████████████████| 2.7MB 2.8MB/s
      Requirement already satisfied: cffil=1.11.3,>=1.8 in /
      Requirement already satisfied: six>=1.4.1 in /usr/loca
      Requirement already satisfied: pycparser in /usr/local
      Installing collected packages: cryptography
      Successfully installed cryptography-2.9.2

[2]  from cryptography.fernet import Fernet

[3]  secret_key = Fernet.generate_key()
     secret_key

☐→  b'mPEbPBGp2TqMc6dsB29JOMJ5zwvAxOHpxDk26Pg7tkA='

[4]  token = Fernet(secret_key).encrypt(b'hi korea')

     token

☐→  b'gAAAAABepASLyLxV_oDfwnfpg6jkXQEjCHR1xLfwqkNhjG80EiJr

[5]  Fernet(secret_key).decrypt(token)

☐→  b'hi korea'
```

(구글 코랩 노트북으로 실습하려면)

크롬 브라우저 검색창에서 코랩사이트 링크(https://colab.research.google.com/ ) 입력해 새 코랩 노트북 만들기 위해 시작페이지에 접속한다. 또는 이미 코드가 작성되어 있는 노트북으로 실습하려면 옆의 QR코드를 스마트폰으로 인식하여 실행해 기 작성된 코드를 수정하면서 실습해 본다.

## 5.6 게임 승률 높이려면,
## 게임 통제하는 진행자 관점에서 전체 판을 보면서 게임하자

몬티 홀 문제(Monty Hall problem)

참가자가 세 개의 문 중에서 1번 문 뒤에 차가 있을 것이라 선택했을 때, 진행자는 3번 문 뒤에는 염소가 있음을 보여주면서 1번 문 대신에 2번 문을 선택하겠냐고 물었다. 참가자가 자동차를 가지려면 원래 선택했던 번호를 유지하는 게 유리할까? 아니면 바꾸는 것이 유리할까? 몬티 홀 문제는 게임참여자의 관점에서 어떤 것을 선택하는 확률과 게임을 통제하는 진행자의 관점에서 게임의 전 체계를 선택하는 확률 문제를 살펴보는 좋은 사례이다.

게임 진행자 Monty가 게임 참여자가 선택한 문과 자동차가 들어있는 문 모두를 제외한 나머지 문을 열어준다고 가정하고 실험한다. 게임 참여자 입장에서는 어떤 상황이 주어지냐에 따라서 확률이 완전히 달라진다. 첫째로 처음의 선택을 유지하겠다는 전략으로 1만 번 시행하면, 맞는 것은 33%이고 틀린 것은 67%이다. 문을 다시 선택한다는 전략으로 1만 번 시행하면, 맞는 것은 66%, 빗나간 것은 33%이다. 이 결과를 놓고 보면 다시 선택하는 쪽이 확실히 승률이 높다. 게임 참여자의 관점에서 보면, 대부분의 사람들은 자신의 선택을 바꾸지 않는다. 사회자가 염소가 있는 문을 열어주었기 때문에 정답을 맞힐 확률이 3분의 1에서 2분의 1로 늘어났다고 생각하기 때문이다.

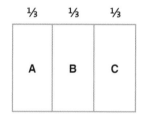

게임을 통제하는 진행자의 관점에서 확률은 전체를 1로 보는 면적으로 보면,

(1단계, 기존 믿음 Prior) 3번 문을 열지 않은 상태에서 1번 문 뒤에 자동차가 있을 확률은 1/3이고, 각 문의 선택 확률은 1/3이므로, 2번 또는 3번 문 뒤에 자동차가 있을 확률은 2/3이다.

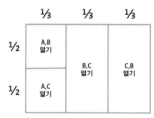

(2단계, 새로운 증거 나타남 New Evidence) 문 뒤에 무엇이 있는지 알고 있는 진행자가 3번 문을 열고 염소가 있음을 보여준다.

(3단계, 믿음 수정 Posterior) 기존의 믿음과 새로운 증거를 고려하여, 2번 또는 3번 문은 염소가 있어서 틀린 것이므로 즉 가능성이 사라져 버렸으므로 즉 사회자가 선택지를 제거했으므로 선택지가 3개에서 2개로 계가 바뀌므로 종전 1개를 소거하면 2, 3번에는 2/3만 확률로 남는다.

따라서 처음 선택한 번호를 바꾸지 않을 때 자동차가 있는 문을 선택할 확률은 1/3이지만, 처음 선택한 번호를 바꾸면 즉 새로운 정보(증거)로 계가 업데이트되어 계가 바뀌기 때문에 확률은 2/3으로 증가한다.

| 시뮬레이션 실행 | 전환 할 경우 이길 확률 | 전환하지 않을 경우 이길 확률 |
|---|---|---|
| 10 | 0.6 | 0.2 |
| $10^2$ | 0.63 | 0.33 |
| $10^3$ | 0.661 | 0.333 |
| $10^4$ | 0.6683 | 0.3236 |
| $10^5$ | 0.66762 | 0.33171 |
| $10^6$ | 0.667255 | 0.334134 |
| $10^7$ | 0.6668756 | 0.3332821 |

파이썬 코드로 작성해 보자.

- doors가 3개이고 1만 번의 시뮬레이션을 통해 결정을 바꿨을 때 얼마의 확률로 자동차 문을 열 수 있는가? for 문으로 **시뮬레이션을 천 번 실행한다.**
- np.random chose() **함수는 자동차가 뒤에 있는 문 0, 1 또는 2를 선택하는 난수 생성한다.**
- pop()함수는 랜덤으로 생성되는 리스트 [0,1,2] 의 맨 마지막 요소를 꺼내서 삭제하여 keep_door 변수에 값을 담는다. doors = ['car','goat','goat']에서 doors[0]의 값을 change_door변수에 값을 담는다.

---

**Program coding flownote 한글 명령어를 영어로 번역한 코드 작성 순서노트**
생활영어처럼 [1][2][3]단계별로 실행되는 한글 명령어 순서도 작성한다.

| [1단계] 파이썬하고 대화하듯이 명령 순서도 작성 |
|---|
| [1] numpy 모듈을 가져오다, 별칭 np로 |
| [2] 리스트'keep_doors'에 빈 담는다<br>   리스트'change_doors'에 빈 담는다 |
| [3] for반복은 range()로 1부터1000까지<br>   리스트 'doors'에 담는다, ['car', 'goat', 'goat']<br>   리스트 'door_index'에 담는다, np.random의 선택()로  리스트 [0,1,2]에서 선택 |
| [4] 변수 'keep_door'에 담는다,리스트'doors'에서 door_index 꺼내<br>   리스트 'keep_doors'의 덧 붙여() , 변수'keep_door' |
| [5] 변수 'change_door'에 담는다,doors[0] 요소를<br>   리스트 'change_doors'의 덧 붙여(), 변수'change_door' |
| [6] 리스트'keep_doors'의 'car'횟수셈, 나누기 1000 |
| [7] 리스트'change_doors'의 'car'횟수셈, 나누기 1000 |

한글 프로그램 순서도를 구글 번역으로 영어로 번역한다.

[2단계] 구글 번역한 영어 문장을 한 행씩 압축해 코딩화한다

[1] import numpy module, alias np
[2] Put empty in the list'keep_doors'
    Put empty in the list'change_doors'
[3] for iteration is range() from 1 to 1000
    Add it to the list'doors', ['car','goat','goat']
    Included in the list'door_index', select from list [0,1,2] with np.random selection()
[4] Put it in the variable'keep_door', pull out door_index from the list'doors'
    List'keep_doors' appended (), variable'keep_door'
[5] Put in the variable'change_door', the elements of doors[0]
    Add'(change_doors')to list (), variable'change_door'
[6] Count'car' in list'keep_doors', divide 1000
[7] Count'car' in list'change_doors', divide 1000

컴퓨터가 이해하는 파이썬 명령어로 축약해 코딩화한다.

[3단계] 코딩화한 각 셀을 ▶ 또는 Shift+Enter 눌러 한 행씩 실행한다

```
[1]  import numpy as np
     keep_doors = []
     change_doors = []
     for i in range(1000):
         doors = ['car', 'goat', 'goat']
         door_index = np.random.choice([0, 1, 2])
         keep_door = doors.pop(door_index)
         change_door = doors[0]
         keep_doors.append(keep_door)
         change_doors.append(change_door)


[2]  keep_doors.count('car') / 1000

⤷   0.346


[3]  change_doors.count('car') / 1000

⤷   0.654
```

 (구글 코랩 노트북으로 실습하려면)
크롬 브라우저 검색창에서 코랩사이트 링크(https://colab.research.google.com/ ) 입력해 새 코랩 노트북 만들기 위해 시작페이지에 접속한다. 또는 이미 코드가 작성되어 있는 노트북으로 실습하려면 옆의 QR코드를 스마트폰으로 인식하여 실행해 기 작성된 코드를 수정하면서 실습해 본다.

## 5.7 열이 심하네? 코로나19인지 감기인지 확률은?
인간의 심리 주관에 바탕을 둔 베이즈 추론으로 계산하자

환자: 계속 열이 심해서 열꽃이 납니다.

알고 있는 정보는 열이 심해서 나는 열꽃이라는 '증상'이고, 알아내야 할 것은 열꽃의 원인 즉 '병명'이다. 열꽃을 증상으로 하는 질병 중에서 맞는 것을 골라야 한다. 의사의 사전 지식이나 경험을 사용하여 열꽃이 나는 여러 질병 중에서 가장 확률이 높은 쪽으로 추측해서 진단하는 것이 "베이즈 추론(Bayesian inference)"인 것이다. 간단하게 사례를 들어서 베이즈 추론에 따라 확률을 계산해 보자.

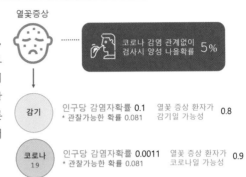

### 열꽃 심할 때 코로나19 감염될 확률은 얼마인가?

**열꽃(symptom) 통계 조사를 해보면** 감기일 가능성(likelihood) P(열꽃|감기) = 0.8, 코로나19일 가능성 P(열꽃|코로나19) = 0.9 이고, 코로나19로 진단받은 사람이 더 많은 비율로 열꽃이 생기는 것을 알수 있다.

**인구당 감염자 숫자인 사전 확률(prior prob)은** P(감기) = 0.1이고, P(코로나19) = 0.0011 이다.
**관찰 가능한 P (열꽃)측정 증거**(marginal likelihood = prob of spots)는 모든 질병에 0.081로 같은 확률이다.

**Posterior 성공 확률의 사후 분포는** posterior = likelihood * prior / pSpots 이므로, 열꽃이 코로나19 감염 때문일 확률은 P (코로나19 | 열꽃) = P (열꽃 | 코로나19) * P (코로나19) / P (열꽃) 0.9*0.0011/0.081 = 0.011 이고, 감기로 열꽃하는 확률은 0.8*0.1 /0.081 = 0.988 이므로 열꽃 증상이 있는 경우 데이터에 기반한 숨겨진 인과변수 H는 다행히 감기일 확률이 훨씬 더 높다.

### 코로나19 환자가 발생한 종합병원에서 무작위로 선택한 입원 환자를 검사했을 때 양성이 나오면
### 그 입원 환자가 코로나19에 걸릴 확률은 얼마인가 ?

사전에 세 가지 정보가 제공된다는 전제로 코로나19 걸릴 확률을 조사한다. 첫째 정보는 인구당 감염자 숫자인 기본 비율을 사전 확률이라고 하며, 0.0011 확률의 사람들이 코로나19에 걸렸고 0.1 확률로 감기에 걸렸다는 정보이다. 두번째는 열꽃 걸린 사람의 민감도를 조사해보면, 코로나19 환자의 0.9 확률이 열꽃 증상을 보이며 0.8 확률로 감기 환자가 증상을 보인다는 것이다. 특이사항으로는 열꽃 증상이 없는 사람의 95%가 음성 검사결과인데, 사전 정보에 따른 계산을 해보면 검사를 통해 환자가 코로나19에 걸렸다는 사실을 알게 되면 코로나19에 걸릴 확률은 0.019에 불과하다.

동전 하나를 던졌을 때 앞면이 나올 확률이 50%이다"라는 진술을 빈도주의자는 "동전 하나 던지기를 수 천, 수 만 번 하면 그중에 50%는 앞면이 나오고, 50%는 뒷면이 나온다"라고 해석한다. 반면 베이즈주의자는 "동전 하나 던지기의 결과가 앞면이 나올 것이라는 확신은 50%이다"라고 해석한다. 빈도주의자는 확률을 객관적 확률로 해석하고, 베이즈주의자는 주관적 확률로 해석하는 것이다. 베이즈 확률[1]은 빈도주의 확률, 수학적 확률과 완전히 반대로 확률을 믿음의 정도나 지식 등과 같은 주관에 바탕을 두고 추측하는 추론이다.

---

1  베이지안 확률은 사후 확률(posterior probability)을 사전 확률(prior probability)과 가능성(likelihood)를 이용해서  likelihood가 가장 큰 조건을 선택하는 방법을 주로 쓴다. 베이지안 확률은 영상 처리에서 classification 문제, detection 문제에 많이 사용한다. Bayesian Inference 베이지안 추론의 핵심은 서로 다른 두 가지 분포 가능성 및 사전 확률을 하나의 "더 똑똑한" 분포로 결합하는 것이다. 이때의 최적화는 그래디언트 디센트(gradient descent)와 같은 머신 러닝에서 사용되는 최적화와 동일하다."

## Program coding flownote 한글 명령어를 영어로 번역한 코드 작성 순서노트

생활영어처럼 [1][2][3]단계별로 실행되는 한글 명령어 순서도 작성한다.

---

[1단계] 파이썬하고 대화하듯이 명령 순서도 작성

---

[1] 함수 bayes theorem()를 정의하다. P_B = P_B_A * P_A + P_B_not_A * (1 - P_A)
P_A_B = P_B_A * P_A / P_B
P_A_B 값을 반환하다

---

[2] P_A = 0.0011, P_B_A = 0.9 ,P_B_not_A = 0.05

---

[3] 변수 result에 담는다, 함수 bayes theorem()에 매개변수P_A, P_B_A, P_B_not_A 값을

---

[4] 프린트해, 문자열 P(A|B) =와 result 변수값을

---

한글 프로그램 순서도를 구글 번역으로 영어로 번역한다.

---

[2단계] 구글 번역한 영어 문장을 한 행씩 압축해 코딩화한다

---

[1] Define function bayes theorem(). P_B = P_B_A * P_A + P_B_not_A * (1-P_A)
P_A_B = P_B_A * P_A / P_B
Return P_A_B value
[2] P_A = 0.0011, P_B_A = 0.9 ,P_B_not_A = 0.05
[3] Put in variable result, parameter P_A, P_B_A, P_B_not_A values in function bayes theorem()
[4] Print, string P(A|B) = and result variable value

---

컴퓨터가 이해하는 파이썬 명령어로 축약해 코딩화한다.

---

[3단계] 코딩화한 각 셀을 ▶ 또는 Shift+Enter 눌러 한 행씩 실행한다

---

```
def bayes_theorem(P_A, P_B_A, P_B_not_A):
  P_B = P_B_A * P_A + P_B_not_A * (1-P_A)
  P_A_B = P_B_A * P_A / P_B
  return P_A_B


P_A = 0.0011
P_B_A = 0.9
P_B_not_A = 0.05


result = bayes_theorem(P_A, P_B_A, P_B_not_A)

print('P(A|B) =', result)

P(A|B) = 0.019436536762540493
```

---

(구글 코랩 노트북으로 실습하려면)

크롬 브라우저 검색창에서 코랩사이트 링크(https://colab.research.google.com/ ) 입력해 새 코랩 노트북 만들기 위해 시작페이지에 접속한다. 또는 이미 코드가 작성되어 있는 노트북으로 실습하려면 옆의 QR코드를 스마트폰으로 인식하여 실행해 기 작성된 코드를 수정하면서 실습해 본다.

## 5.8  한글을 순서대로 정렬하기, 저금통 속 잔돈을 순서대로 분류하기

한글 자음 모음을 순서대로 정렬하거나, 저금통 속에 한꺼번에 들어가 있는 세계 잔돈을 잔돈을 분류해 순서대로 정렬하기 위해서 거품 정렬 Bubble Sorting 등 다양한 알고리즘을 사용한다.

<u>거품 정렬(Bubble sort)</u>은 두 인접한 원소를 검사하여 정렬하는 방법이다. 순서가 잘못된 경우 인접한 요소를 반복적으로 교체하여 작동하는 가장 간단한 정렬 알고리즘이다. 일반적으로 자료의 교환 작업(SWAP)이 자료의 이동 작업(MOVE)보다 더 시간이 소요되기 때문에, 버블 정렬은 단순성에도 불구하고 거의 쓰이지 않는다. 인공지능 알파고가 바둑의 수 읽기하여 상대의 돌을 예측하려면, 여러

가지 기본자료 탐색해 최적의 경우의 수를 빨리 찾는 퀵 정렬 알고리즘이 가장 중요한 과정이다. 알파고에 적용된 탐색 알고리즘은 몬테카를로 트리 탐색 알고리즘이지만, 분류하고 정리하는 정렬 알고리즘은 다양하다.  bubble sort 등은 for문과 if문의 혼합으로 코드를 만들 수 있지만, 기존에 제공되는 모듈을 사용한다. numpy의 sort() 명령어를 사용해 array를 정렬한다. 또한 직접 만든 Sort( ) 함수로 거품 정렬의 속도를 실험한다. 이 중 for문으로 구성되며 첫 for문은 요소의 개수 n만큼 반복하고, 두번째 for 문은 요소의 개수 n-1만큼 반복한다. if 문으로 현재 요소의 값과 다음 요소의 값을 비교하여 큰 값을 다음 요소로 보낸다.

---

### Program coding flownote 한글 명령어를 영어로 번역한 코드 작성 순서노트
생활영어처럼  [1][2][3]단계별로 실행되는 한글 명령어 순서도 작성한다.

| [1단계] 파이썬하고 대화하듯이 명령 순서도 작성 |
| --- |
| [1] 배열 'arr'에 담는다, ['ㅌ','ㄱ','ㅎ','ㅂ','ㄹ','ㅅ','ㄴ'] |
| [2] numpy 모듈을 가져오다<br>　　numpy.sort()함수에 배열'arr'넣어 실행한다 |
| [3] 배열 'arr'에 담는다, [64, 34, 25, 12, 22, 11, 90] |
| [4] numpy.sort()함수에 배열'arr'넣어 실행한다 |

### 한글 프로그램 순서도를 구글 번역으로 영어로 번역한다.

| [2단계] 구글 번역한 영어 문장을 한 행씩 압축해 코딩화한다 |
| --- |
| [1] Put in an array'arr', ['ㅌ','ㄱ','ㅎ','ㅂ','ㄹ','ㅅ','ㄴ']<br>[2] Import the numpy module<br>　　Execute the numpy.sort() function by putting the array'arr'<br>[3] put in array'arr', [64, 34, 25, 12, 22, 11, 90]<br>[4] Execute the numpy.sort() function by putting the array'arr' |

컴퓨터가 이해하는 파이썬 명령어로 축약해 코딩화한다.

[3단계] 코딩화한 각 셀을 ▶ 또는 Shift+Enter 눌러 한 행씩 실행한다

```
arr = ['ㅌ','ㄱ','ㅎ','ㅂ','ㄹ','ㅅ','ㄴ']

import numpy
numpy.sort(arr)

array(['ㄱ', 'ㄴ', 'ㄹ', 'ㅂ', 'ㅅ', 'ㅌ', 'ㅎ'], dtype='<U1')
```

```
arr = [64, 34, 25, 12, 22, 11, 90]
numpy.sort(arr)

array([11, 12, 22, 25, 34, 64, 90])
```

```
def Sort(arr):
    n = len(arr)
    for i in range(n):
        for j in range(0, n-i-1):
            if arr[j] > arr[j+1] :
                arr[j], arr[j+1] = arr[j+1], arr[j]
    return arr
```

(구글 코랩 노트북으로 실습하려면)
크롬 브라우저 검색창에서 코랩사이트 링크(https://colab.research.google.com/ ) 입력해 새 코랩 노트북 만들기 위해 시작페이지에 접속한다. 또는 이미 코드가 작성되어 있는 노트북으로 실습하려면 옆의 QR코드를 스마트폰으로 인식하여 실행해 기 작성된 코드를 수정하면서 실습해 본다.

# 6
## 메트릭스 던전

STEP

# 메트릭스 속으로 탐험, 행렬 연산과
# 데이터 처리기법, 선형회귀 분석

혈액형별 통계를 엑셀 대신 판다스 행렬(matrix) 구하기.
딕셔너리/ 배열/ 리스트/행렬/ 데이터프레임 그리고 텐서 개념에 대해 알아보자

집안의 전기 회로망에 흐르는 전류를 각 방마다 행렬 연산으로 구하기.
분전반의 허용하는 전류의 양을 계산하자

드론이나 비행기의 비행 자세 교정하는 자이로스코프 3개 축 평면 계산하여
회전각과 방위각 등 변수 계산하자

인터넷상 코로나19 데이터를 엑셀 파일로 다운 받아 판다스의 데이터프레임으로 다루기. 쿼리조건과 통계 구하기

한국 코로나19 데이터만 추출해서 자동으로 회귀 그래프 그리기. 간이함수 사용법 배워서 분석하기

향후 세계 코로나19 발생의 미래를 예측하기, 세계 각 나라 코로나19 발생 현황 및 향후 예측곡선 그리는 함수 만들기

우리나라 성인 키와 몸무게 관계 사이에 존재하는 패턴을 분석하여 체형을 예상하는 함수식 만들기

음식 배달원의 행태를 분석해서 효율적인 관리를 한다.
배달 거리와 시간 통계로 배달원들의 행태 분석 함수식 만들기

# 6.1 혈액형별 통계를 엑셀 대신 판다스 행렬(matrix) 구하기.
## 딕셔너리/배열/리스트/행렬/데이터프레임 그리고 텐서 개념에 대해 알아보자

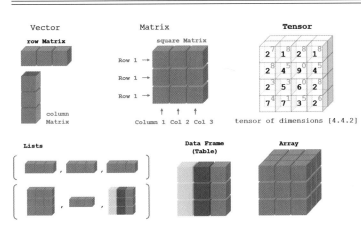

파이썬에는 엑셀과 같은 행과 열로 구성된 다양한 자료 구조가 있다. 명함박스 같은 Lists, 영어사전 같은 dictionary, numpy의 배열(Array)의 1차원 Vector 등 목걸이 같이 1열로 연결되거나, 2차원 행렬 Matrix, Pandas의 데이터테이블(Data Frame) 등 엑셀 시트 같이 행과 열로 구성된 것 그리고 3차원 이상 배열, 텐서플로의 텐서 등의 자료구조가 있다. 텐서(tensor)는 벡터를 요소로 가진 N차원 매트릭스를 의미하며, 다차원의 다이나믹 데이터 배열(multi dimensional and dynamically sized data array)이고, 3차원 이상의 다차원 배열로 나타낼 수 있다. 벡터는 211p를 참조한다.

numpy의 배열(array)[1]은 숫자만을 일렬로 묶은 것으로 파이썬의 리스트(list)가 숫자, 문자를 포함한 여러 자료를 묶은 것과 구분된다. numpy 배열은 수학 및 공학 계산을 위한 것으로 1차원 배열, 2차원 배열, 3차원 배열 등이 있다. 1차원 배열은 1차원 축으로 목걸이처럼 1행으로 구성되며 axis=0이고 벡터의 각 요소로 구성된다. 2차원 배열은 2개 차원의 축과 열이 있고 axis=1이고, 행렬(matrix)은 이들 중 2차원 배열 형태로 수를 묶은 것으로 계산을 위해 수를 직사각형 모양으로 수를 묶음한 것이다. 선형 연립방정식 해결 위해서 행렬을 연구한 것이다.

Pandas의 DataFrame은 데이터를 엑셀 스프레드시트 같은 2차원 테이블 형태(DataFrame)로 행렬(matrix)과 같이 행(row)과 열(column)로 이루어져 있으며, 이를 인덱스를 이용해 접근할 수 있다. column을 조회할 때 df['column']를, row를 조회할 때는 df.loc[index]를 많이 사용한다. 판다스 데이터프레임이 통계 데이터 분석에 좋은 점은 2차원 리스트 혹은 배열과 유사한 자료 구조로서 배열이나 행렬 등 2차원 값을 엑셀처럼 시각적으로 알아보기 쉽기 때문이다. 통계 분석하기 좋은 데이터는 각 변수가 열columns이고 각 관측치가 행row이 되도록 행렬을 배열한 것이다.

Pandas의 시리즈나 데이터프레임은 plot이라는 시각화 메서드를 내장하고 있다. dataframe을 그래프로 표현하려면 df에 직접 .plot()을 수행하거나, df.plot(kind='bar') 넣어 바차트 만들거나, 가로방향 bar plot은 kind='barh'를 실행하여 plot 메서드의 kind라는 인수를 바꾸면 여러 가지 플롯을 그릴 수 있다. kind 인수에 문자열을 쓰는 대신 plot.bar처럼 bar 직접 메서드로 사용할 수도 있다. 바 그래프(bar graph)는 표현 값에 비례하여 높이와 길이를 지닌 직사각형 막대로 범주형 데이터를 표현하는 차트나 그래프이다.

describe() 함수는 생성했던 DataFrame의 간단한 통계 정보를 보여준다. 컬럼별로 데이터의 개수(count), 데이터의 평균 값(mean), 표준편차 등이다.

---

1 _numpy 배열은 수학 및 공학 계산을 위한 것으로 1차원 배열, 2차원 배열, 3차원 배열 등이 있다. 1차원 배열은 1차원 축으로 1행으로 구성되며 axis=0이고 벡터의 각 요소로 구성된다. 2차원 배열은 2차원 축(열)이 있고 axis=1이고 행렬(matrix)는 이들 중 2차원 배열 형태로 수를 묶은 것이다._ 3차원 배열은 3차원 축(채널)이 있고 axis=2이상으로 3차원 큐빅 형태의 행과 열, 채널을 갖고 각 컬럼은 벡터 형태를 갖는다. 이러한 벡터 공간 3차원 벡터는 행 벡터와 열 벡터 좌표를 써서 3차원 공간에서 Depth로 표현한다.

## Pandas DataFrame의 행,열 이름을 이용해 선택하기

특정 행과 특정 열의 위치(location)를 선택하려면 .loc[ ] 사용한다. a행을 조회하기 위해서는 df.loc[['a']] 형식으로 loc[ ] 속에 행명 즉 인덱스명을 입력하고, 2차원 데이터프레임 형태로 출력하려면 [[ ]] 사용하여 .loc[[행],[열]]로 한다. A열을 조회하기 위해서는,df.loc[:,['A']] 형식으로 모든 행은 :로 표시하고 쉼표(,)를 입력하고 열명을 입력하면 해당 열만 가져오고, 2차원 데이터프레임 형태로 출력하려면 [[] , [ ]] 사용한다.

### Program coding flownote 한글 명령어를 영어로 번역한 코드 작성 순서노트

생활영어처럼 [1][2][3]단계별로 실행되는 한글 명령어 순서도 작성한다.

| [1단계] 파이썬하고 대화하듯이 명령 순서도 작성 |
|---|
| [1] 딕셔너리'covid' 에 담다, 'A':37.75,'B':26.42,'AB':10.03,'O':25.8 값을<br>　　딕셔너리'blood' 에 담다, 'A':32.16,'B':24.9,'AB':9.1,'O':33.84 값을 |
| [2] 리스트 'a'에 담기, list함수로 covid.values() 값을<br>　　리스트 'b'에 담기, list함수로 blood.values() 값을 |
| [3] numpy 모듈을 가져오다, 별칭 np로<br>　　np.array 모듈로 리스트 a를 배열로 만들다 |
| [4] 배열'array_2d'에 담다, np.array 모듈로 리스트 a에 [] 추가해서 2차원 배열로 만들다 |
| [5] pandas 모듈을 가져오다, 별칭 pd로<br>　　pd의 데이터프레임()에 리스트'a'를 넣어 1차원열 만들다 |
| [6] pd의 데이터프레임()에 배열'array_2d'를 넣어 2차원행 만든다,컬럼명은 ['A','B','AB','O'],index는 ['a']로 |
| [7] pd의 데이터프레임()에 딕셔너리'covid'를 넣어 2차원행 만든다,index는 ['a']로<br>　　데이터프레임'df_2d'에 담다,  pd의 데이터프레임()에 딕셔너리'covid','blood'를 넣어 2차원행 만든다,index는 ['a','b']로 |
| [8] df_2d의.plot(kind='bar')<br>　　df_2d의.describe() |

한글 프로그램 순서도를 구글 번역으로 영어로 번역한다.

| [2단계] 구글 번역한 영어 문장을 한 행씩 압축해 코딩화한다 |
|---|
| [1] Put in the dictionary'covid','A':37.75,'B':26.42,'AB':10.03,'O':25.8 values<br>　　Put in dictionary'blood','A':32.16,'B':24.9,'AB':9.1,'O':33.84<br>[2] Put in the list'a', the value of covid.values() with the list function<br>　　Put in the list'b', the blood.values() value with the list function<br>[3] Import numpy module, alias np<br>　　Make list a into an array with the np.array module<br>[4] Put in array'array_2d', add [] to list a with module np.array to make two-dimensional array<br>[5] import pandas module, alias pd<br>　　Create a one-dimensional column by putting list'a' in pd's data frame()<br>[6] Put the array'array_2d' in the data frame() of pd to make a two-dimensional row, the column name is ['A','B','AB','O'], and the index is ['a']<br>[7] Create a two-dimensional row by putting the dictionary'covid' in the data frame() of pd, index is ['a']<br>　　Put in the data frame'df_2d', put the dictionaries'covid' and'blood' in the data frame () of pd to create a<br>　　two-dimensional row, index is ['a','b']<br>[8] df_2d's.plot(kind='bar')<br>　　df_2d's.describe() |

컴퓨터가 이해하는 파이썬 명령어로 축약해 코딩화한다.

[3단계] 코딩화한 각 셀을 ▶ 또는 Shift+Enter 눌러 한 행씩 실행한다

```
[ ]  covid = {'A':37.75,'B':26.42,'AB':10.03,'O':25.8}
     blood = {'A':32.16,'B':24.9,'AB':9.1,'O':33.84}
```

```
[ ]  a = list(covid.values())
     b = list(blood.values())
```

```
[ ]  import numpy as np
     np.array(a)

     array([37.75, 26.42, 10.03, 25.8 ])
```

```
[ ]  array_2d = np.array([a])

     array([[37.75, 26.42, 10.03, 25.8 ]])
```

```
[ ]  import pandas as pd
     pd.DataFrame(a)
```

|   | 0     |
|---|-------|
| 0 | 37.75 |
| 1 | 26.42 |
| 2 | 10.03 |
| 3 | 25.80 |

```
[ ]  pd.DataFrame(array_2d,columns=['A','B','AB','O'],index=['a'])
```

|   | A     | B     | AB    | O    |
|---|-------|-------|-------|------|
| a | 37.75 | 26.42 | 10.03 | 25.8 |

```
[ ]  pd.DataFrame(covid,index=['a'])
```

|   | A     | B     | AB    | O    |
|---|-------|-------|-------|------|
| a | 37.75 | 26.42 | 10.03 | 25.8 |

```
[ ] df_2d = pd.DataFrame([covid,blood],index=['a','b'])
```

```
[ ] df_2d.plot(kind='bar')
```

<matplotlib.axes._subplots.AxesSubplot at 0x7f594c081588>

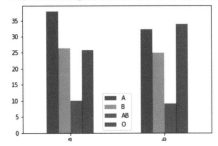

```
[ ] df_2d.describe()
```

|       | A         | B         | AB        | O         |
|-------|-----------|-----------|-----------|-----------|
| count | 2.000000  | 2.000000  | 2.000000  | 2.000000  |
| mean  | 34.955000 | 25.660000 | 9.565000  | 29.820000 |
| std   | 3.952727  | 1.074802  | 0.657609  | 5.685139  |
| min   | 32.160000 | 24.900000 | 9.100000  | 25.800000 |
| 25%   | 33.557500 | 25.280000 | 9.332500  | 27.810000 |
| 50%   | 34.955000 | 25.660000 | 9.565000  | 29.820000 |
| 75%   | 36.352500 | 26.040000 | 9.797500  | 31.830000 |
| max   | 37.750000 | 26.420000 | 10.030000 | 33.840000 |

(구글 코랩 노트북으로 실습하려면)

크롬 브라우저 검색창에서 코랩사이트 링크(https://colab.research.google.com/ ) 입력해 새 코랩 노트북 만들기 위해 시작페이지에 접속한다. 또는 이미 코드가 작성되어 있는 노트북으로 실습하려면 옆의 QR코드를 스마트폰으로 인식하여 실행해 작성된 코드를 수정하면서 실습해 본다

## 6.2 집안의 전기 회로망에 흐르는 전류를 각 방마다 행렬 연산으로 구하기, 분전반이 허용하는 전류의 양을 계산하자

아파트 집 현관문에 보면 두꺼비집이 있다. 집에 들어오는 전기를 각 방마다 전기를 나누어 주거나 각 방의 전기를 제어하는 분전반이라고 한다. 분전반 안에는 각 방마다 사용하는 전류의 양이 한도를 초과하면 회로를 멈추게 하는 전기 차단하는 누전 차단기가 있다. 각 방은 하나의 회로(circuit)로 집 전체 네트워크는 분전반에서 통제한다. 각 회로가 과부하 걸려서 분전반이 작동하게 하려면 분전반이 허용하는 전류 용량을 알아야 하고, 이는 각 회로의 전선에 흐르는 전류(current)양이 일반적으로 허용하는 또는 소요되는 전류의 양을 계산해야 한다. 집에 흐르는 전기 네트워크의 메쉬 분석(Mesh analysis of a electrical network) 닫힌 영역에 흐르는 전류 I를 구한다. 폐회로마다 Kirchoff의 전압 법칙을 적용하여 옴의 법칙을 적용해 연립방정식을 NumPy matrix모듈 사용하여 만든다.

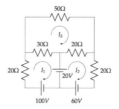

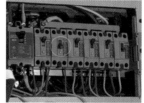

$$50I_1 - 30I_3 = 80,$$
$$40I_2 - 20I_3 = 80,$$
$$-30I_1 - 20I_2 + 100I_3 = 0.$$

계수들로 이뤄진 행렬식을 만들고, numpy 함수 np.linalg.solve 사용해 루프 전류 연립방정식의 해를 찾는다. numpy에 있는 선형대수(Linear Algebra)는 행렬로 연립방정식 푼다. 역행렬이 제대로 푼 것인지 확인은 원래의 행렬에 역행렬을 곱하면, 즉 a.dot(a_inv) 또는 np.dot(a, a_inv)를 하면 단위 행렬(unit matrix)이 되는가 이다. 그림처럼 전력망은 각 회로에 대한 행렬 연립방정식들의 수가 천문학적으로 많다. 종전의 슈퍼 컴퓨터로도 전국의 전력망 회로 시스템을 동시에 분석하는 것은 어려웠다. 그러나 인공지능 딥러닝의 출현으로 대규모 병렬 계산이 손쉽게 해결되어 요즘은 전력망을 모두 한 네트워크로 연결하여 에너지 시스템(그리드)으로 통합하고 그리드에 연결된 분산 에너지 자원 및 다수의 발전/수요 자원을 묶어 하나의 발전소처럼 운영하여 낭비 요소를 최소화한 '아낀 전기'망을 실현하였다. 더불어 재생에너지 등 다양한 분산에너지 자원 확산과 소규모 전력생산 시장 참여자의 증가를 연결, 제어해 효율과 안정성을 기하고, '아낀 전기'를 보상하는 수요자원 거래시장 활성화, 개별 발전 / 수요 자원 운영 최적화할 수 있다.

<u>numpy 라이브러리의 matrix 자료형</u>[1]으로 사용하면 배열 array 형 보다 손쉽게 행렬 곱 등 행렬계산을 수행한다. asmatrix() 함수를 사용하여 배열(array)을 행렬(matrix)로 변환할 수 있다. array 형태로 다시 변환하는 방법은 matrix.A 이다. 옆 그림에 numpy array 형 변수 a는 ()로 표시하고, numpy matrix형 변수 b는 [ ]로

$$a = \begin{pmatrix} 1 & 2 \\ 3 & 4 \end{pmatrix}, \ b = \begin{bmatrix} 1 & 2 \\ 3 & 4 \end{bmatrix}$$

보여준다. 행렬 곱 (matrix multiplication, dot product)은 행렬형인 경우에 matrix*matrix만 사용했으나, 요즘은 array형 변수 a와 matrix형 변수 b를 모두 사용해 계산할 수 있다. 배열에서 *의 사용은 각 요소(element)간의 곱을 의미하지 수학적인 배열의 곱이 아니므로 행렬 곱은 배열형에서 행렬 곱 @을 사용하여 구현할 수 있다. 행렬(matrix)의 곱에서도 *대신 @을 사용해도 된다.

---

1   행렬(matrix) 자료형은 데이터를 엑셀 스프레드시트 같은 2차원 테이블 형태(DataFrame)로 다룬다. *Pandas DataFrame*은 2차원 리스트 혹은 배열과 유사한 자료 구조로서 배열이나 행렬 등 2차원 값을 엑셀처럼 시각적으로 알아보기 쉽다. *lists, dictionary* 등으로부터 만들 수 있다.

**Program coding flownote** 한글 명령어를 영어로 번역한 코드 작성 순서노트

생활영어처럼 [1][2][3]단계별로 실행되는 한글 명령어 순서도 작성한다.

[1단계] 파이썬하고 대화하듯이 명령 순서도 작성

[1] numpy 모듈을 가져오다, 별칭 np로

[2] 행렬 'R'에 담기, np의 행렬()로 2차원 리스트[[50, 0, -30],[0, 40, -20],[-30,-20,100]]을
   행렬 'V'에 담기, np의 행렬()로 2차원 리스트[[80],[80],[0]]을

[3] pandas 모듈을 가져오다, 별칭 pd로
   pd의 데이터프레임()에 행렬'R'를 넣어 2차원행 만들다

[4] 행렬 'I'에 담기,np의 선형대수()로 해구하기 행렬R과 행렬V의

[5] np의 곱셈dot(행렬 'R', 'V')
   pd의 데이터프레임()에 행렬'R'곱하기 'V'값

한글 프로그램 순서도를 구글 번역으로 영어로 번역한다.

[2단계] 구글 번역한 영어 문장을 한 행씩 압축해 코딩화한다

[1] Import numpy module, alias np
[2] Add to matrix'R', 2D list[[50, 0, -30],[0, 40, -20],[-30,-20,100]] as matrix () of np
   Put in matrix'V', 2D list[[80],[80],[0]] as matrix() of np
[3] Import the pandas module, alias pd
   Create a two-dimensional row by putting matrix'R' in pd's data frame()
[4] Add to matrix'I', solve with linear algebra () of np Matrix R and matrix V
[5] Multiplication of np dot(matrix'R','V')
   Data frame () of pd is multiplied by matrix'R' times'V' value

컴퓨터가 이해하는 파이썬 명령어로 축약해 코딩화한다.

[3단계] 코딩화한 각 셀을 ▶ 또는 Shift+Enter 눌러 한 행씩 실행한다

```
import numpy as np

R = np.matrix([[50, 0, -30],[0, 40, -20],[-30,-20,100]])
V = np.matrix([[80],[80],[0]])
R

matrix([[ 50,    0, -30],
        [  0,   40, -20],
        [-30,  -20, 100]])

import pandas as pd
pd.DataFrame(R)

     0    1    2

0   50    0  -30

1    0   40  -20

2  -30  -20  100

I = np.linalg.solve(R,V)
I
```

```
matrix([[2.33333333],
        [2.61111111],
        [1.22222222]])

np.dot(R,V)

matrix([[ 4000],
        [ 3200],
        [-4000]])

pd.DataFrame(R*V)
```

|   | 0 |
|---|---|
| 0 | 4000 |
| 1 | 3200 |
| 2 | -4000 |

 (구글 코랩 노트북으로 실습하려면)

크롬 브라우저 검색창에서 코랩사이트 링크(https://colab.research.google.com/ ) 입력해 새 코랩 노트북 만들기 위해 시작페이지에 접속한다. 또는 이미 코드가 작성되어 있는 노트북으로 실습하려면 옆의 QR코드를 스마트폰으로 인식하여 실행해 기 작성된 코드를 수정하면서 실습해 본다.

## 6.3 드론이나 비행기의 비행 자세 교정하는 자이로스코프 3개 축 평면 계산하여 회전각과 방위각 등 변수 계산하자

3차원(3D) 자이로스코프(Gyroscope)는 서로 직각으로 교차한 x,y,z 3개 축을 중심으로 동작을 인식하여 균형감과 입체감을 감지하는 센서로 자세 측정장치로 부르고 있다. 그리스어로 '회전'이라는 의미의 'Gyro'와 '본다'는 의미의 'Skopein'의 합성어로 '회전을 본다'라는 의미를 가지고 있으며, 항공기의 자세 변화와 각속도를 감지해 항공기나 드론이 하늘 공간에서 비행 자세 잡는데 결정적으로 도움을 주는 항법장비 중 하나다.

회전하는 팽이는 외부에서 힘이 작용하지 않으면 지지면의 기울기와 상관 없이 회전을 계속 유지하려는 성질(관성)을 가지고 있다. 기계식 자이로는 이와 같은 원리와 성질을 이용하여 동체의 움직임을 감지한다. 모터로 고속 회전하는 회전자는 베어링으로 지지 고리인 짐발(gimbal) 안에 설치되어 있으며, 동체의 움직임은 자이로에 짐발이 회전하여 각 검출기에서 각 변위량을 검출해 회전각과 방위각을 산출하여 자세값 등을 측정한다. 3D 자이로스코프는 x, y, z 축을 따라 각도 가속도를 측정하여 3개의 선형방정식이 실시간으로 측정되는 것이다.

**3개의 선형방정식으로 구성된 선형 시스템**은 직사각형 모양[1]의 상자 속에 있는 3개의 평면의 모음과 같고, 그 교차점이 해이다. 각각의 미지수가 선형 조합의 열 벡터가 된다. 벡터 공간 속에서 벡터 방정식을 푸는 것은 행렬 방정식 계산과 같다.

### 3개의 선형 방정식 연립 linear equations intersection Point 행렬 계산하기

3개의 선형 방정식은 세개의 변수 x, y, z 의 해를 구하는 것이다. 각 방정식은 개별적이 아니라 3개의 변수에 의해 집합적으로 고려되어야 하므로 하나의 시스템 속에 있다.

$$3x + 2y - z = 1$$
$$2x - 2y + 4z = -2$$
$$-x + \frac{1}{2}y - z = 0$$

3개 연립방정식을 기호방정식 형태로 그대로 풀어 보자. 파이썬 기호수학 라이브러리인 sympy 가져온다. sympy에서 기호변수 x,y,z 를 symbols로 정의하고, solve() 함수로 equation1, equation2, equation3 3개의 방정식을 풀어서 그 근을 딕셔너리 데이터 형태로 반환한다.

3개 연립방정식을 선형대수의 형태로 치환해 행렬 형태로 만들어 행렬 계산해 풀어본다. Ax=B의 형태에서 x를 구하는 방법으로 x=A-1B 이므로 이를 numpy의 linalg.inv(A).dot(B)로 A의 역 행렬을 구할 수 있고, 여기에 .dot(B)로 dot product를 구한다. 또는 numpy.solve(A,B)로 간단히 매트릭스A와 매트릭스B를 계산할 수 있다. 선형 대수(Linear Algebra) 함수 사용해 연립방정식의 해를 풀기 위해서는 numpy.linalg.solve(A,B) 사용한다. 리스트 박스 [ ] 대괄호를 2개 중첩하여 2차원 배열 [[ ]] 을 만든다. A[0]은 [3,2,-1]이고, A[0][0]은 3으로 A[row][col]의 2차원 배열의 첫번째 값이다.

---

1  직사각형 모양으로 수를 배열한 것을 행렬이라고 한다. 행렬 또는 2차원 배열은 직사각형 데이터테이블을 가지고 있다. 파이썬은 어떤 데이터테이블이라도 리스트로 나타낼 수 있다. 행과 열로 구성된 배열인 행렬 Two-dimensional lists는 arrays 라고도 하며 numpy 모듈로 계산하기 쉽다. 배열 각 원소를 한꺼번에 연산하는 벡터화 연산을 위해서 list type은 array type으로 바꾸는 게 좋다. list를 array로 바꾸고 싶다면 data = numpy.array(data)와 같이 numpy.array 함수를 이용한다. 반대로 array를 list로 바꾸고 싶다면 data = data.tolist() 와 같이 tolist()를 이용한다.

## Program coding flownote 한글 명령어를 영어로 번역한 코드 작성 순서노트

생활영어처럼 [1][2][3]단계별로 실행되는 한글 명령어 순서도 작성한다.

| [1단계] 파이썬하고 대화하듯이 명령 순서도 작성 |
| --- |
| [1] sympy 패키지로부터 모든(*) 모듈 임포트 |
| [2] 리스트 'X,Y,Z'에 담다, symbols('X,Y,Z')을 |
| [3] equation1에 담다, 3*X + 2 *Y -Z -1<br>equation2에 담다, 2*X -2 *Y +4*Z +2<br>equation3에 담다, -X + Y/2 -Z |
| [4] 리스트 'dict_output'에 담다, 방정식1,방정식2,방정식3를 풀다 |
| [5] 매트릭스 A에 담다, 3 미지수에 대한 3 가지 방정식을 리스트로 만들다. |
| [6] 매트릭스 B를 리스트로 만들다 |
| [7] 변수 Metrix에 담다, numpy.linglg,solve 함수로 매트릭스 A와 B의 두 배열의 내적 값을 |

한글 프로그램 순서도를 구글 번역으로 영어로 번역한다.

| [2단계] 구글 번역한 영어 문장을 한 행씩 압축해 코딩화한다 |
| --- |
| [1] Importing all (*) modules from the sympy package<br>[2] Add to list'X,Y,Z', symbols('X,Y,Z')<br>[3] Add to equation1, 3*X + 2 *Y -Z -1<br>    Add to equation2, 2*X -2 *Y +4*Z +2<br>    Add to equation3, -X + Y/2 -Z<br>[4] Add to the list'dict_output', solve equation 1, equation 2, equation 3<br>[5] Add to matrix A, list 3 equations for 3 unknowns.<br>[6] List Matrix B<br>[7] In the variable Metrix, use the numpy.linglg,solve function to retrieve the inner product values of<br>    the two arrays of matrix A and B. |

컴퓨터가 이해하는 파이썬 명령어로 축약해 코딩화한다.

| [3단계] 코딩화한 각 셀을 ▶ 또는 Shift+Enter 눌러 한 행씩 실행한다 |
| --- |

```
[1]   from sympy import *

[2]   X,Y,Z = symbols('X,Y,Z')

[3]   equation1 = 3*X + 2 *Y -Z -1
      equation2 = 2*X -2 *Y +4*Z +2
      equation3 = -X + Y/2 -Z

[4]   dict_output = solve([equation1, equation2,equation3] )
⊏→    {X: 1, Y: -2, Z: -2}

[5]   A = [[3,2,-1],[2,-2,4],[-1,0.5,-1]]
      B = [1,-2,0]

[6]   import numpy
      Metrix = numpy.linalg.solve(A,B)
      print(Metrix)
⊏→    [ 1. -2. -2.]
```

 (구글 코랩 노트북으로 실습하려면)
크롬 브라우저 검색창에서 코랩사이트 링크(https://colab.research.google.com/ ) 입력해 새 코랩 노트북 만들기 위해 시작페이지에 접속한다. 또는 이미 코드가 작성되어 있는 노트북으로 실습하려면 옆의 QR코드를 스마트폰으로 인식하여 실행해 기 작성된 코드를 수정하면서 실습해 본다.

## 6.4 인터넷상 코로나19 데이터를 엑셀 파일로 다운로드 받아 판다스의 데이터프레임으로 다루기, 쿼리 조건과 통계 구하기

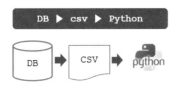

세계 코로나19 데이터[1] 같이 방대한 데이터와 매일 수시로 업데이트 되는 데이터들은 사용자들이 실시간 사용할 수 있도록 파일 형태로 제공하고 있다. 데이터 분석에서 가장 많이 사용하는 파일 형태인 csv 엑셀 형태로 제공하고 있다. 인터넷상 데이터베이스(DB)에 디지털 자료 형태로 저장되어 있는 대용량 데이터를 csv로 제공하고, 이를 python의 read_csv() 함수를 사용하여 컴퓨터나 핸드폰에 다운 받아서 csv파일을 읽어 사용한다. CSV 엑셀파일을 가져오는 방법은 웹페이지에서 csv파일을 다운받거나, Github나 다른 웹페이지 화면에 raw데이터 형태 그대로 가져오는 방식이 있다.

**파이썬의 판다스는 엑셀 프로그램과 기능이 거의 같다**

데이터베이스에 있는 데이터를 csv파일로 저장하거나, csv파일을 읽어 오는 방법은 read_csv() 함수를 사용한다. read_csv() 함수의 ( ) 속에 따옴표 ' '로 묶어 csv 파일[2]의 링크를 문자열로 넣는다. csv파일형식은 **pandas**의 **DataFrame** 형태이다.

covid_df.head(3) 명령어는 **Pandas dataframe**의 앞부분 3줄을 표시하는 것이며, **tail**(3) 함수는 뒤부분 3줄을 의미하며, 출력된 결과를 보면 마치 엑셀 시트와 같은 형태임을 알수 있다.

판다스 데이터프레임에서 query( ) 함수는 ( ) 속에 조건식을 문자열로 넣고, 해당 조건에 만족하는 행을 출력하는 것이다. df.query('country == "World"')로 country 열에서 World 문자열을 찾아 == 같은 행의 내용만을 추출한다. query는 질문을 의미하며, 그 질문에 맞는 것을 데이터베이스에서 정보를 가져오는 것으로 데이터프레임의 열을 쿼리하는 데 사용한다. DataFrame.query (조건문) 형태로 사용한다.

plotly는 벡터화된 그래프를 표현하는 라이브러리로서 코로나19 감염추이 등 시계열 데이터 분석에 적합하다. plotly의 graph_objects를 별칭 go로 가져와서 변수fig에 빈 그림판 go.Figure()을 만들어 담을 수도 있고, 직접 데이터를 변수fig에 바로 넣을 수도 있다. Scatter모듈로 x는 데이터프레임 df_World의 ['date'] 행 값을, y는 df_World['total_cases'] 값을, text는 '총확진자'로 표시하여 변수 fig에 담는다. 반복하여 변수fig에 go의 Scatter모듈로 x는 df_World['date'], y는 df_World['biweekly_cases'], text는 '주간 확진자를 추가해서 표현한다.

---

1   옥스포드대학과 비영리단체 *Global Change Data Lab*는 협력하여 ourworldindata.org 에서 코로나19 전세계 현황 자료를 csv 엑셀 형태로 제공하고 있다. 실시간 csv파일 다운링크는 (https://covid.ourworldindata.org/data/jhu/full_data.csv)이고 Github 웹페이지내 raw데이터 링크는 ( https://raw.githubusercontent.com/owid/covid-19-data/master/public/data/jhu/full_data.csv) 이다.

2   CSV(comma-separated values)는 몇 가지 필드를 쉼표(,)로 구분한 텍스트 데이터 및 텍스트 파일이다. 확장자는 .csv이며 text이다. comma-separated variables라고도 한다. read_csv()함수로 csv 파일에 저장되어 있던 데이터들을 불러들이고 pandas의 DataFrame 형태로 인식하는데, 이는 표 형태의 데이터로 작업할 수 있다. pandas의 장점은 행/열 혹은 표 형태의 데이터테이블의 각 셀의 모든 값들을 쉽게 연산할 수 있다

## 통계함수 사용하기

판다스 데이터프레임에서 describe() 함수는 생성했던 DataFrame의 통계 정보를 보여준다. 컬럼별로 데이터의 개수(count), 데이터의 평균 값(mean), 표준편차(std) 등이다. 파이썬에서 곱셈은 *를 제곱은 **를 이용하고, 큰 숫자를 표시하는 지수 표현방식은 e를 사용해서 10의 제곱을 곱해줄 수

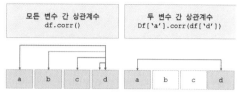

있다. 2.45e+02 는 2.45 * 10의 +2제곱으로 245가 된다. 판다스 데이터프레임에서 corr() 함수는 모든 변수간 상관계수나 두 변수간 상관계수를 구한다. 상관계수 값은 1에 가까우면 두 변수간 선형관계가 형성되고 + 양의 값은 두 변수가 같은 방향으로 선형적으로 변한다는 의미이고, 반대로 – 음의 값이면 반대방향으로 움직인다는 의미이다.

---

### Program coding flownote 한글 명령어를 영어로 번역한 코드 작성 순서노트

생활영어처럼 [1][2][3]단계별로 실행되는 한글 명령어 순서도 작성한다.

| [1단계] 파이썬하고 대화하듯이 명령 순서도 작성 |
| --- |
| [1] pandas 모듈을 가져오다, 별칭 pd로 |
| [2] 데이터프레임'covid_df'에 담기, pd의 csv 읽기()에<br>　　링크'https://covid.ourworldindata.org/data/jhu/full_data.csv'를 |
| [3] df_World에 담기, 데이터프레임'covid_df'의 쿼리() 'location'이 "World"와 동일 |
| [4] plotly.graph_objects를 가져오다, 별칭 go로<br>　　변수f ig에 담다. go.Figure() 이미지를 go.Scatter모듈로 x는 df_World['date'],y는 df_World['total_cases'],text는 '총확진자'<br>　　변수fig에 add_trace 더한다,go의 Scatter모듈로 x는df_World['date'],y=df_World['biweekly_cases'],text='주간 확진자'<br>　　변수fig에 add_trace 더한다,go의 Scatter모듈로 x는 df_World['date'],y=df_World['new_cases'],text='신규 확진자' 변수fig에 update_layout 설정하다, 폭 800 |
| [5] 데이터프레임'covid_df'의 통계 묘사() |

한글 프로그램 순서도를 구글 번역으로 영어로 번역한다.

| [2단계] 구글 번역한 영어 문장을 한 행씩 압축해 코딩화한다 |
| --- |
| [1] Import the pandas module, alias pd<br>[2] Add to data frame'covid_df', link'https://covid.ourworldindata.org/data/ecdc/full_data.csv' to read csv of pd()<br>[3] Add to df_World, data frame'covid_df' query ()'location' is the same as "World"<br>[4] Import plotly.graph_objects, alias go<br>　　Put in variable f ig. go.Figure() image to go.Scatter module, x is df_World['date'], y is df_World['total_ cases'], text is'total confirmed patients'<br>　　Add_trace to the variable fig, x is df_World['date'], y=df_World['biweekly_cases'],text='weekly diagnoses'<br>　　Add_trace to the variable fig, scatter module of go, where x is df_World['date'],y=df_World['new_cases'],text='new diagnosed'<br>　　Set update_layout in variable fig, width 800<br>[5] Statistical description of data frame'covid_df' |

컴퓨터가 이해하는 파이썬 명령어로 축약해  코딩화한다.

**[3단계] 코딩화한 각 셀을** ▶️ **또는 Shift+Enter 눌러 한 행씩 실행한다**

```python
import pandas as pd
covid_df = pd.read_csv('https://covid.ourworldindata.org/data/jhu/full_data.csv')
covid_df.head(3)
```

|   | date | location | new_cases | new_deaths | total_cases | total_deaths | weekly_cases | weekly_deaths | biweekly_cases | biweekly_deaths |
|---|------|----------|-----------|------------|-------------|--------------|--------------|---------------|----------------|-----------------|
| 0 | 2020-02-24 | Afghanistan | 1.0 | NaN | 1.0 | NaN | NaN | NaN | NaN | NaN |
| 1 | 2020-02-25 | Afghanistan | 0.0 | NaN | 1.0 | NaN | NaN | NaN | NaN | NaN |
| 2 | 2020-02-26 | Afghanistan | 0.0 | NaN | 1.0 | NaN | NaN | NaN | NaN | NaN |

```python
df_World = covid_df.query('location == "World"')
df_World.tail(3)
```

|   | date | location | new_cases | new_deaths | total_cases | total_deaths | weekly_cases | weekly_deaths | biweekly_cases | biweekly_deaths |
|---|------|----------|-----------|------------|-------------|--------------|--------------|---------------|----------------|-----------------|
| 61663 | 2021-01-28 | World | 589801.0 | 16564.0 | 101459952.0 | 2191243.0 | 3909939.0 | 98975.0 | 8314696.0 | 196173.0 |
| 61664 | 2021-01-29 | World | 609271.0 | 15180.0 | 101502266.0 | 2194866.0 | 3861361.0 | 98272.0 | 8159323.0 | 196390.0 |
| 61665 | 2021-01-30 | World | 514596.0 | 13523.0 | 102016862.0 | 2208389.0 | 3806215.0 | 96492.0 | 8054452.0 | 196832.0 |

```python
import plotly.graph_objects as go
fig=go.Figure(go.Scatter(x=df_World['date'],y=df_World['total_cases'],text='총확진자'))
fig.add_trace(go.Scatter(x=df_World['date'],y=df_World['biweekly_cases'],text='주간확진자'))
fig.add_trace(go.Scatter(x=df_World['date'],y=df_World['new_cases'],text='신규확진자'))
fig.update_layout(width=800)
```

```python
df_World.describe()
```

|   | new_cases | new_deaths | total_cases | total_deaths | weekly_cases | weekly_deaths | biweekly_cases | biweekly_deaths |
|---|-----------|------------|-------------|--------------|--------------|---------------|----------------|-----------------|
| count | 335.000000 | 335.000000 | 3.350000e+02 | 3.240000e+02 | 3.290000e+02 | 329.000000 | 3.220000e+02 | 322.000000 |
| mean | 185883.674627 | 4338.898507 | 1.558470e+07 | 5.215177e+05 | 1.287833e+06 | 30256.285714 | 2.542660e+06 | 60296.136646 |
| std | 172815.414417 | 2929.369313 | 1.749496e+07 | 4.457501e+05 | 1.174177e+06 | 18747.261557 | 2.279218e+06 | 36080.404131 |
| min | 0.000000 | 0.000000 | 2.700000e+01 | 1.000000e+00 | 0.000000e+00 | 2.300000e+01 | 1.000000e+01 | 1.000000 |
| 25% | 38407.000000 | 1705.000000 | 3.790970e+05 | 4.227750e+04 | 3.357340e+05 | 16555.000000 | 7.479515e+05 | 40549.750000 |
| 50% | 135663.000000 | 4839.000000 | 7.894442e+06 | 4.596475e+05 | 9.771700e+05 | 35877.000000 | 1.947634e+06 | 72297.000000 |
| 75% | 283170.500000 | 6117.000000 | 2.709238e+07 | 8.996472e+05 | 1.869380e+06 | 40651.000000 | 3.710787e+06 | 81010.750000 |
| max | 679758.000000 | 12583.000000 | 6.227103e+07 | 1.453531e+06 | 4.182966e+06 | 71978.000000 | 8.302092e+06 | 139209.000000 |

```python
df_World.corr()
```

|   | new_cases | new_deaths | total_cases | total_deaths | weekly_cases | weekly_deaths | biweekly_cases | biweekly_deaths |
|---|-----------|------------|-------------|--------------|--------------|---------------|----------------|-----------------|
| new_cases | 1.000000 | 0.868674 | 0.939083 | 0.952129 | 0.981712 | 0.870721 | 0.976446 | 0.859896 |
| new_deaths | 0.868674 | 1.000000 | 0.837209 | 0.844075 | 0.838360 | 0.928520 | 0.841158 | 0.915651 |
| total_cases | 0.939083 | 0.837209 | 1.000000 | 0.982157 | 0.961103 | 0.893382 | 0.969877 | 0.892887 |
| total_deaths | 0.952129 | 0.844075 | 0.982157 | 1.000000 | 0.971382 | 0.902364 | 0.977368 | 0.903979 |
| weekly_cases | 0.981712 | 0.838360 | 0.961103 | 0.971382 | 1.000000 | 0.896330 | 0.997675 | 0.886806 |
| weekly_deaths | 0.870721 | 0.928520 | 0.893382 | 0.902364 | 0.896330 | 1.000000 | 0.904085 | 0.995095 |
| biweekly_cases | 0.976446 | 0.841158 | 0.969877 | 0.977368 | 0.997675 | 0.904085 | 1.000000 | 0.900019 |
| biweekly_deaths | 0.859896 | 0.915651 | 0.892887 | 0.903979 | 0.886806 | 0.995095 | 0.900019 | 1.000000 |

**(구글 코랩 노트북으로 실습하려면)**

크롬 브라우저 검색창에서 코랩사이트 링크(https://colab.research.google.com/ ) 입력해 새 코랩 노트북 만들기 위해 시작페이지에 접속한다. 또는 이미 코드가 작성되어 있는 노트북으로 실습하려면 옆의 QR코드를 스마트폰으로 인식하여  실행해 기 작성된 코드를 수정하면서 실습해 본다.

## 6.5 한국 코로나19 데이터만 추출해서 자동으로 회귀 그래프 그리기. 간이 함수 사용법 배워서 분석하기

앞장의 전세계 코로나19 데이터에서 한국만의 자료를 추출해 내고, 이를 시계열[1] 등 통계분석과 미래 통계예측을 하는 코딩을 해 보자. 판다스 데이터프레임[2] 특정한 데이터만 골라내는 작업은 인덱싱indexing이라고 하며, loc[행, 인덱싱값] 방식은 행(row)을 인덱싱 값으로 선택해서 해당 열을 골라내는 방법이고, query() 방식은 조건식에 맞는 열만 골라내는 방식이다.

query 명령어는 조건식을 문자열로 입력받아 해당 조건에 만족하는 행을 판다스 시리즈(배열) 형태로 출력하는 것이다. 전세계 데이터에서 특정한 문자열의 데이터만 추출해서 새롭게 데이터프레임을 만들자. df.query('country == "Korea, South"')로 country 열에서 Korea, South 조건을 찾아 행 내용을 출력한다. DataFrame에서 하나의 열 A에 속한 행들을 추출하면 Series가 되고, 이는 순서대로 나열된 배열 구조이다.

데이터 중에 non 값이 있는 부분은 제외하고 가져오기 위해 최초 확진자가 발생한 후인 2020년 1월 20일 이후 데이터부터 가져오는 조건식을 추가한다.

```
df_Korea = covid_df.query('location == "South Korea"')
df_Korea = df_Korea.query('date > "2020-01-20"')
```

조건식은 각각의 데이터프레임에 적용할 수도 있고, query() 명령어 여러 개를 한번에 적용할 수도 있다. df_Korea = covid_df.query('location == "South Korea"').query('date > "2020-01-20"') 이렇게 query()를 반복해 적용해도 같은 값이 df_Korea에 저장된다.

### 선형회귀 기법은 기본적인 통계적 예측기법

선형회귀란 회귀모델 중에서 각 변수들 관계가 선형관계로서 독립변수에 따라 종속변수의 값이 일정한 패턴으로 변해가는 관계를 나타내는 회귀선이 선형 그래프이다. polyfit() 함수는 입력인 독립변수와 출력 값인 종속변수로부터 다항식의 계수를 찾아 예측 추세선을 구하는 것이다. 이미 존재하는 코로나19 데이터로부터 미래의 관측치를 예상하기 위해서 예측모델을 개발한다. 단순 선형회귀는 두 변수 사이의 관계성을 선형적으로 이해하는 방법이다. 회귀모델에 대한 자세한 설명은 247p를 참조한다.

---

1 코로나19 확진자 데이터같은 일일 변화 데이터는 시간을 x축으로 가지는 시계열(Time-series) 형태의 데이터로 표현된다. 시계열 분석(Time series analysis)이란, 독립변수(Independent variable)를 이용하여 종속변수(Dependent variable)를 예측하는 일반적인 기계학습 방법론에 대하여 시간을 독립변수로 사용한다는 특징이 있다.

2 pandas에는 행과 열로 이루어진 데이터 구조를 dataframe이라고 하고 각 열로 된 것을 Series라고 한다. 엑셀의 Sheet처럼 행과 열로 이루어진 데이터 구조이다. Series는 칼럼이 하나인 데이터이고, numpy의 1차원 배열과 구조가 동일하여 판다스의 series와 넘파이의 list를 서로 변환해서 사용한다. Series를 여러 개 붙인 것을 DataFrame이라고 할 수 있다.

numpy.polyfit(x,y,n) 명령어로 최소 제곱법으로 한국의 코로나19 발생 데이터들에 적합한 다항식의 계수를 구할 수 있다. x와 y는 데이터 점의 좌표가 포함된 벡터이고, n은 피팅할 다항식의 차수이다. polyfit 모듈로 df_Korea['total_cases'],df_Korea['new_cases'] 값을 데이터로 하여 4차원 다항식의 계수를 찾는다. 찾은 계수는 넘파이 어레이로 출력된다. 이들 계수는 데이터의 기울기와 절편 근사값이고, 예측값 찾기 위해 나만의 함수를 만들어 준다. 한 줄 함수로 추세선 함수를 만든다. def 함수명 끝에 콜론( : )을 붙여주고 콜론(:)에 바로 이어서 return 반환값으로 추세선 함수식을 넣는다.

함수의 형상을 시각적으로 파악하기 위해 다차 곡선그래프를 pandas그래프 모듈인 plotly으로 데이터프레임df_Korea에서 df_Korea['date']를 시리즈(리스트,배열)로 추출하여 x축에 df_Korea['total_cases']를 시리즈(리스트, 배열)로 추출하여 y축에 표현하여 추세선을 그린다.

**Program coding flownote 한글 명령어를 영어로 번역한 코드 작성 순서노트**

생활영어처럼 [1][2][3]단계별로 실행되는 한글 명령어 순서도 작성한다.

| [1단계] 파이썬하고 대화하듯이 명령 순서도 작성 |
| --- |
| [1] df_Korea에 담기, 데이터프레임'covid_df의 쿼리() 'location'이 "South Korea"와 동일 |
| [2] plotly.graph_objects를 가져오다, 별칭 go로<br>변수fig에 담다. go.Figure() 이미지를 go.Scatter모듈로 x는 df_Korea['date'],y는 df_Korea['total_cases'],text는 '총확진자'<br>변수fig에 add_trace 더한다,go의 Scatter모듈로 x는 df_Korea['date'],y= df_Korea['biweekly_cases'],text='주간go확진자'<br>변수fig에 add_trace 더한다,go의 Scatter모듈로 x는 df_Korea['date'],y= df_Korea['new_cases'],text='신규확진자'<br>변수fig에 update_layout 설정하다, 폭 800 |
| [3] numpy 모듈 가져오다, 별칭 np로<br>변수e,d,c,b,a에 담다, np의 polyfit 모듈로 df_Korea['total_cases'],df_Korea['new_cases']값을 4차원 다항식 구하다 |
| [4] f(x1) 함수를 정의하다.e*x1**4 + d*x1**3 + c*x1**2 + b*x1**1 + a*x1*0값을 반환하다<br>리스트 'x1' 에 담다, np.linspace로 np.min(df_Korea['total_cases'])-0.5부터, np.max(df_Korea['total_cases'])+0.5까지 사이 값을 |
| [5] 변수f ig에 담다. go.Figure() 이미지를<br>변수fig에 add_trace 더한다,go의 Scatter모듈로 x는 리스트x1, y는 리스트f(x1), 모드는'lines'<br>변수fig에 add_trace 더한다,go의 Scatter모듈로 x는 리스트df_Korea['total_cases'],y는 리스트df_Korea['new_cases'], 모드는'markers'<br>변수fig에 update_layout 설정하다, 폭 800 |

프로그램 순서도를 구글 번역으로 영어로 번역한다.

## [2단계] 구글 번역한 영어 문장을 한 행씩 압축해 코딩화한다

[1] Add to df_Korea, query of data frame'covid_df' ()'location' is the same as "South Korea"
[2] Import plotly.graph_objects, alias go
    Put in variable fig. go.Figure() image to go.Scatter module, x is df_Korea['date'], y is df_Korea['total_cases'], text is'total confirmed patients'
    Add_trace to the variable fig, scatter module of go, where x is df_Korea['date'],y= df_Korea['biweekly_cases'],text='weekly diagnoses'
    Add_trace to the variable fig, scatter module of go, where x is df_Korea['date'],y= df_Korea['new_cases'],text='new confirmed person'
    Set update_layout in variable fig, width 800
[3] Import numpy module, alias np
    Put in variables e,d,c,b,a, np polyfit module to find df_Korea['total_cases'],df_Korea['new_cases'] values in 4D polynomials
[4] Define f(x1) function e*x1**4 + d*x1**3 + c*x1**2 + b*x1**1 + a*x1*0 return value
    Put in the list'x1', use np.linspace to change the value between np.min(df_Korea['total_cases']-0.5 to np.max(df_Korea['total_cases'])+0.5.
[5] Put in variable f ig. go.Figure() image
    Add add_trace to the variable fig, scatter module of go, where x is list x1, y is list f(x1), mode is'lines'
    Add_trace to the variable fig, scatter module of go, where x is a list df_Korea['total_cases'], y is a list df_Korea['new_cases'], mode is'markers'
    Set update_layout in variable fig, width 800

컴퓨터가 이해하는 파이썬 명령어로 축약해 코딩화한다.

## [3단계] 코딩화한 각 셀을 ▶ 또는 Shift+Enter 눌러 한 행씩 실행한다

```
import pandas as pd
covid_df = pd.read_csv('https://raw.githubusercontent.com/owid/covid-19-data/master/public/data/.
covid_df.head(3)
```

|   | date | location | new_cases | new_deaths | total_cases | total_deaths | weekly_cas |
|---|------|----------|-----------|------------|-------------|--------------|------------|
| 0 | 2020-02-24 | Afghanistan | 1.0 | NaN | 1.0 | NaN | N |
| 1 | 2020-02-25 | Afghanistan | 0.0 | NaN | 1.0 | NaN | N |
| 2 | 2020-02-26 | Afghanistan | 0.0 | NaN | 1.0 | NaN | N |

```
df_Korea = covid_df.query('location == "South Korea"')
df_Korea = df_Korea.query('date > "2020-02-01"')
df_Korea.tail(3)
```

|   | date | location | new_cases | new_deaths | total_cases | total_deaths | weekl |
|---|------|----------|-----------|------------|-------------|--------------|-------|
| 46364 | 2020-12-23 | South Korea | 983.0 | 17.0 | 53533.0 | 756.0 | |
| 46365 | 2020-12-24 | South Korea | 1237.0 | 17.0 | 54770.0 | 773.0 | |
| 46366 | 2020-12-25 | South Korea | 1132.0 | 20.0 | 55902.0 | 793.0 | |

```
import plotly.graph_objects as go
fig=go.Figure(data=[go.Scatter(x=df_Korea['date'],y=df_Korea['total_cases'],text='총확진자')])
fig.add_trace(go.Scatter(x=df_Korea['date'],y=df_Korea['biweekly_cases'],text='격주간확진자'))
fig.add_trace(go.Scatter(x=df_Korea['date'],y=df_Korea['new_cases'],text='신규확진자'))
fig.update_layout(width=800)
```

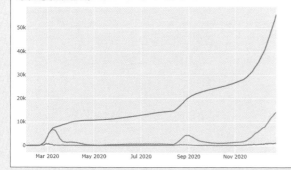

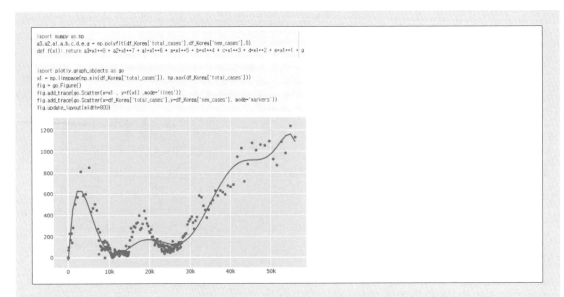

```
import numpy as np
a3,a2,a1,a,b,c,d,e,g = np.polyfit(df_Korea['total_cases'],df_Korea['new_cases'],8)
def f(x1): return a3*x1**8 + a2*x1**7 + a1*x1**6 + a*x1**5 + b*x1**4 + c*x1**3 + d*x1**2 + e*x1**1 + g

import plotly.graph_objects as go
x1 = np.linspace(np.min(df_Korea['total_cases']), np.max(df_Korea['total_cases']))
fig = go.Figure()
fig.add_trace(go.Scatter(x=x1 , y=f(x1) ,mode='lines'))
fig.add_trace(go.Scatter(x=df_Korea['total_cases'],y=df_Korea['new_cases'], mode='markers'))
fig.update_layout(width=800)
```

(구글 코랩 노트북으로 실습하려면)

크롬 브라우저 검색창에서 코랩사이트 링크(https://colab.research.google.com/ ) 입력해 새 코랩 노트북 만들기 위해 시작페이지에 접속한다. 또는 이미 코드가 작성되어 있는 노트북으로 실습하려면 옆의 QR코드를 스마트폰으로 인식하여 실행해 기 작성된 코드를 수정하면서 실습해 본다.

## 6.6 향후 세계 코로나19 발생의 미래를 예측하기, 세계 각 나라 코로나19 발생 현황 및 향후 예측 곡선 그리는 함수 만들기

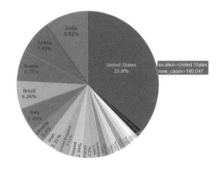

전세계 코로나19 데이터를 매일 업데이트 되게 추출하고, 날짜별로 예측곡선을 그려서 추세선이 맞는지 확인한다.

query() 함수를 사용하여 총사망자수가 total_deaths > 10000' 넘는 국가의 일별 모든 데이터만 가져와 데이터프레임 df_all에 담는다.

능동 대화형 그래프모듈인 plotly의 express() 함수를 별칭 px로 가져온다. express() 함수는 그래프 하나씩 그리고, graph_objects() 함수는 go단축 명령어로 점, 선 등 모든 그래프를 함께 그릴 수 있다. px에는 좌표 점을 표시하는 명령어로 scatter()가 있다. 괄호 안에 ( ) 각 데이터프레임의 x,y,z 값을 표시하며, x,y로 2차원 그래프 x,y,z으로 3차원 그래프를 그릴 수 있다. size는 데이터프레임 해당 열 값의 크기에 따라 점 크기가 변하고, color는 데이터프레임 해당 열 값의 유형별로 색을 달리해 표시한다.

### 제외 조건 등 여러 조건을 만족하는 데이터 필터링하기

df_all 데이터에는 전세계 각나라별 데이터와 전체를 합친 World데이터도 함께 있다. 여기서 World데이터를 제외하고, 특정한 날짜의 세계 코로나19 감염 현황만 필터링해서 가져오자. query() 함수를 중복해서 사용해 'total_deaths > 10000'이상 데이터에서 date=='2020-11-29'날짜의 것들만 가져오고, location != "World" 데이터는 제외해서 가져와 df_date에 조건에 맞는 데이터만 담는다. 제외 조건명령어 중에 != 은 == 같다와 반대로 작동해서 World와 같지 않은 것들만 선택해서 결국 World가 있는 데이터만 제외하는 것이다. 또는 drop() 명령어를 통해 컬럼 전체를 삭제할 수 있다.()

pie() 함수는 원형 통계 차트로, values 값의 숫자 비율을 나타낸다. 숫자 비율을 원형 안에 표시하려면, textposition은 'inside'로 하고, fig를 .update_traces()하면 된다.

### 실시간 데이터로 현재 추이와 미래 통계 예측

데이터프레임 df_world의 'total_cases'컬럼의 값들만 가져오려면, df_world['total_cases']입력한다! 이는 df_world.total_cases와 같이 series 자료로 가져온다. **데이터들의 추세의 특성과 형태를 보여주는 회귀선은 추정한 값으로 실제 값에 근사하면 미래를 예측하는 데에도 우수한 통계예측 방식이다. 미래를 예측하기 위해 추세선을 시뮬레이션하는 것은 회귀선으로 계산된 미래 예측값과 실제 관측값과의 비교로 회귀선을 적합하게 fitting해 나가는 것이다.**

실시간으로 업데이트되는 코로나19 데이터로부터 미래의 관측치를 예상하기 위해서 예측모델을 개발한다. 단순 선형회귀는 두 변수 사이의 관계성을 선형적으로 이해하는 방법이다. 선형회귀의 결과는 예측(독립) 변수의 함수로서 반응(종속) 변수를 예측하는 선형함수이다. numpy.polyfit(x,y,n) 명령어로 최소 제곱법으로 한국의 코로나19 발생 데이터 들에 적합한 다항식의 계수를 구해 선형회귀식으로 사용한다.

query() 함수로 total_deaths > 10000이상에서 location == "World"로 세계 전체 데이터만 추출한다. new_cases를 y로 total_cases를 x로한 배열 데이터로부터 개발한 예측모델을 함수로서, 'new_cases'행의 향후 결과를 예측한다. 3차원 다항식 예측모델로 미래 예측값 찾기 위해 나만의 함수로 사용할 수 있다.

## Program coding flownote 한글 명령어를 영어로 번역한 코드 작성 순서노트

생활영어처럼 [1][2][3]단계별로 실행되는 한글 명령어 순서도 작성한다.

| [1단계] 파이썬하고 대화하듯이 명령 순서도 작성 |
|---|
| [1] pandas 모듈을 가져오다, 별칭 pd로 |
| [2] 데이터프레임'covid_df'에 담기,pd의 csv 읽기()에 링크'https://co-'를 |
| [3] 데이터프레임'df_all'에 담다,데이터프레임covid_df의 쿼리() total_deaths 〉 10000 조건<br>데이터프레임'df_ko'의 머리부분 3줄 표시 |
| [4] plotly.express 모듈을 가져오다, 별칭 px로 |
| [5] px의 산점도() 데이터프레임'df_all', x는'date' , y는'new_deaths',size는'total_cases',color는 'location' |
| [6] 데이터프레임'df_date'에 담다,데이터프레임covid_df의 쿼리() total_deaths 〉 10000과<br>　　date=='2020-11-29' 과 location != "World" 조건들<br>　　변수 fig에 담다, px.pie()로 df_date, values= new_cases, names은 'location' 값을<br>　　변수fig를 업데이트하다. 글자위치는 inside, textinfo는 percent+label |
| [7] df_World에 담다,covid_df의 쿼리() total_deaths 〉 10000과 location == "World" 조건들<br>　　시리즈 x에 담다,데이터프레임 df_ko의 'total_cases'행을<br>　　시리즈 y에 담다, 데이터프레임 df_ko의 'new_cases'행을 |
| [8] 함수 정의는 키워드 def 다음에 함수 이름 poly_3와 매개 변수는 x,y<br>　　numpy 모듈을 가져오다, 별칭 np로<br>　　변수'a,b,c,d'에 담다, np의 polyfit 모듈로 x,y 값을 3차원으로<br>　　리스트'x_val'에 담다,np의 linspace() 함수 start는 np.min(x), end는 np.max(x)사이의 값을<br>　　리스트'y_regression'에 담다, 식 a * x_val**3 + b * x_val**2 + c*x_val + d 에 값을<br>　　plotly.graph_objects를 가져오다, 별칭 go로<br>　　변수f ig에 담다. go.Figure() 이미지를<br>　　변수fig에 add_trace더한다,go의 Scatter모듈로 x는 변수x, y는 y, 모드는'markers'<br>　　변수fig에 add_trace더한다,go의 Scatter모듈로 x는 리스트x_val,y는리스트y_regression,모드는'lines' |

한글 프로그램 순서도를 구글 번역으로 영어로 번역한다.

| [2단계] 구글 번역한 영어 문장을 한 행씩 압축해 코딩화한다 |
|---|
| [1] Import the pandas module, alias pd |
| [2] Add to data frame'covid_df', link'https://co-' to read csv of pd() |
| [3] Put in data frame'df_all', query of data frame covid_df() total_deaths〉10000 condition<br>　　Display 3 lines of head of data frame'df_ko' |
| [4] Import plotly.express module, alias px |
| [5] Scatter plot of px() Data frame'df_all', x is'date', y is'new_deaths', size is'total_cases', color is'location' |
| [6] Put in data frame'df_date', query of data frame covid_df() total_deaths〉10000 and<br>　　date=='2020-11-29' and location != "World" conditions<br>　　Put in the variable fig, df_date with px.pie(), new_cases for values, and'location' for names<br>　　Update variable fig Text position is inside, textinfo is percent+label |
| [7] Add to df_World, query of covid_df() total_deaths〉10000 and location == "World" conditions<br>　　Put in series x,'total_cases' row of data frame df_ko<br>　　Put in series y, data frame df_ko's row'new_cases' |
| [8] function definition is the keyword def followed by the function name poly_3 and the parameters x,y<br>　　import numpy module, alias np<br>　　Add to variable'a,b,c,d', np's polyfit module x,y values in three dimensions<br>　　Add to the list'x_val', np's linspace() function start is np.min(x), end is np.max(x)<br>　　Add to the list'y_regression', the value in the expression a * x_val**3 + b * x_val**2 + c*x_val + d<br>　　Bring plotly.graph_objects, alias go<br>　　Put in the variable f ig go.Figure() image<br>　　Add add_trace to variable figure, with Sc's module of go, x is variable x, y is y, mode is'markers'<br>　　Add add_trace to variable figure, go Scatter module, x is list x_val, y is list y_regression, mode is'lines' |

컴퓨터가 이해하는 파이썬 명령어로 축약해 코딩화한다.

[3단계] 코딩화한 각 셀을 ▶ 또는 Shift+Enter 눌러 한 행씩 실행한다

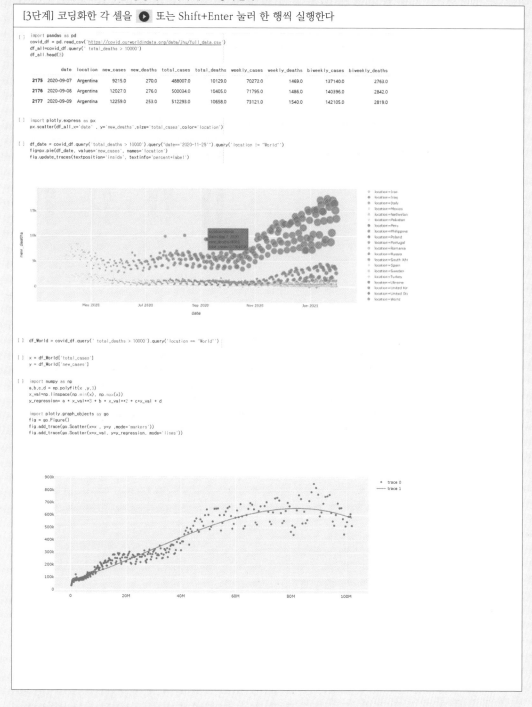

(구글 코랩 노트북으로 실습하려면)

크롬 브라우저 검색창에서 코랩사이트 링크(https://colab.research.google.com/ ) 입력해 새 코랩 노트북 만들기 위해 시작페이지에 접속한다. 또는 이미 코드가 작성되어 있는 노트북으로 실습하려면 옆의 QR코드를 스마트폰으로 인식하여 실행해 기 작성된 코드를 수정하면서 실습해 본다.

## 6.7 우리나라 성인 키와 몸무게 관계 사이에 존재하는 패턴을 분석하여 체형을 예상하는 함수식 만들기

우리나라 평균 성인의 키와 몸무게 데이터를 준비한다.

키와 몸무게 데이터의 패턴을 살피기 위해 데이터를 좌표평면에 키를 x축에 몸무게를 y축에 점찍어서 시각화해 보면 한눈에 우상향 곡선 그래프가 나타난다. 상식적으로도 키가 늘어남에 따라 몸무게도 비슷한 속도로 늘어나는 것을 볼 수 있는 것이다. 대충 선형 패턴을 찾을 수 있다. 선형 패턴을 찾을 수 있고, 기존의 키와 몸무게 데이터로부터 선형 곡선과 함수식을 만들 수 있다. 만약 성인의 옷을 만들고자 한다면, 옷을 맞추고자 하는 사람의 키를 측정함으로써 키만으로 몸무게와 목치수 등 체형을 예측해서 체형을 실측하지 않고도 옷을 만들 수 있다.

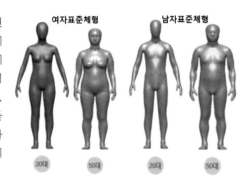

예측 함수(fitted function)는 처음에는 직선으로 시작한다. 직선으로부터 기존에 존재했던 데이터들이 직선과 떨어진 만큼이 오차 e이며, 모든 선들의 오차 합을 최소로 줄인다면 결국 모든 점 위를 지나가는 하나의 선을 찾아서 그을 수 있는 것이다.

예측을 실제와 가장 가깝게 할 수 있는 모델(model) 함수를 만드는 것은 결국 데이터 관측 점을 가장 잘 표현하는 곡선형 그래프 함수를 수정해 가는 curve fitting function 적합 함수를 구하는 것이다.

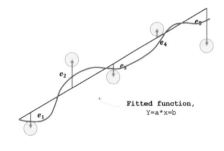

Fitted function, Y=a*x=b

polyfit() 함수와 polyval() 함수를 사용하여 예측 추세선을 직접 만들어보자. polyfit() 함수는 입력과 출력 값으로부터 다항식의 계수를 찾아 주는 함수이며, 그래프의 기울기와 y절편값 자동으로 구해준다. 다만 a,b,c,d,e,f = np.polyfit(x_height,y_weight,5)처럼 5차 곡선식을 구하기 위해서 a,b,c,d,e,f 6개의 계수 변수를 구하고 이를 이용해 a*x_val**5 + b*x_val**4 + c*x_val**3+ d*x_val**2 + e*x_val + f 모양의 복잡한 회귀 함수를 만들어 사용하는 불편이 있었다. polyval() 함수는 polyfit()함수로 구한 계수 데이터를 그래프로 그릴 수 있는 형태로 변환하는 것으로, polyval(poly,x_val)은 x_val의 각점에서 구해진 poly 배열의 계수로 5차 곡선식을 계산하는 것이다. 회귀 함수에 입력 변수와 출력 변수간의 상관관계를 보면 그래프는 지수, 로그 등의 함수를 예상할 수 있다. 그런 함수를 구하려면 여러 번의 polyfit() 함수 사용해야 하므로, 처음에 데이터의 분포 상태를 보고 로그, 지수 형태로 넣어도 된다. 즉 polyfit(x_height,np.log(y_weight),5)로 y_weight 분포를 로그 형태로 예측하고 계산한다면, 회귀함수 계산한 것을 표시할 때는 반대로 np.exp(y_reg)로 지수를 넣어 주어야 한다.

**numpy의 corrcoef() 함수는 pandas의 corr() 함수와 같다.** 피어슨 상관 계수(Pearson correlation coefficient)는 두 행렬 속의 열 사이 또는 두 배열 사이의 쌍별 상관 관계를 확인하는 것이다. 두 변수 간의 상관관계는 두 특성 사이의 연관관계를 말하는 것으로, 상관관계는 인과관계를 의미하는 것은 아니고, 단순히 두 변수의 연관성을 확인하는 것이다. 'x_height', 'y_weight' 사이의 상관 계수는 0.767로 1에 가까울수록 양의 상관성이 높게 있는 것이다. 두 변수가 정규분포일 때 잘 작동한다.

## Program coding flownote 한글 명령어를 영어로 번역한 코드 작성 순서노트

생활영어처럼 [1][2][3]단계별로 실행되는 한글 명령어 순서도 작성한다.

| [1단계] 파이썬하고 대화하듯이 명령 순서도 작성 |
|---|
| [1] 리스트'x_height'에 담다, [--] <br> 리스트 'y_weight'에 담다, [--] |
| [2] numpy 모듈을 가져오다, 별칭 np로 <br> np의 상관관계 구해, 'x_height', 'y_weight' 사이에 |
| [3] 리스트'poly'에 담다, np의 polyfit 모듈로 x_height,np.log(y_weight)값을 5차원으로 |
| [4] 리스트'x_val'에 담다,np의 linspace() 함수 start는 np.min(x_height), end는 np.max(x_height)사이의 값을 |
| [5] 리스트'y_reg'에 담다, np의 polyval 모듈로 poly,x_val 값을 |
| [6] plotly.graph_objects를 가져오다, 별칭 go로 <br> 변수f ig에 담다. go.Figure() 이미지를 |
| [7] 변수fig에 add_trace 더한다,go의 Scatter모듈로 x는 변수x_height, y는 y_weight, 모드는'markers' |
| [8] 변수fig에 add_trace 더한다,go의 Scatter모듈로 x는 리스트x_val,y는 리스트y_reg, 모드는'lines' |

한글 프로그램 순서도를 구글 번역으로 영어로 번역한다.

| [2단계] 구글 번역한 영어 문장을 한 행씩 압축해 코딩화한다 |
|---|
| [1] Add to list'x_height', [--] <br> Put in the list'y_weight', [--] <br> [2] Import numpy module, alias np <br> Find the correlation of np, between'x_height' and'y_weight' <br> [3] Put in the list'poly', the value of x_height,np.log(y_weight) in 5 dimensions with the polyfit module of np <br> [4] Put in the list'x_val', np's linspace() function start is np.min(x_height), end is the value between np.max(x_height) <br> [5] Put in the list'y_reg', add poly,x_val value to np's polyval module <br> [6] import plotly.graph_objects, alias go <br> Put in the variable f ig go.Figure() image <br> [7] Add add_trace to variable figure, with Sc's module of go, x is variable x_height, y is variable y_weight, <br> mode is'markers' <br> [8] Add add_trace to variable figure, with Sc's module of go, x is list x_val, y is list y_reg, mode is'lines' |

컴퓨터가 이해하는 파이썬 명령어로 축약해 코딩화한다.

| [3단계] 코딩화한 각 셀을 ⏵ 또는 Shift+Enter 눌러 한 행씩 실행한다 |
|---|

```
x_height = [170, 168, 177, 181 ,172, 171, 169, 175, 174, 178, 170, 167,
    177, 182 ,173, 171, 170, 179, 175, 177, 186, 166, 183, 168]
y_weight = [70, 66, 73, 77, 74, 73, 69, 79, 77, 80, 74, 68, 71, 76, 78,
    72, 68, 79, 77, 81, 84, 73, 78, 69]


import numpy as np
np.corrcoef(x_height,y_weight)

array([[1.        , 0.76766369],
       [0.76766369, 1.        ]])


poly =np.polyfit(x_height,np.log(y_weight),5)
```

```
x_val=np.linspace(np.min(x_height), np.max(x_height))


y_reg = np.polyval(poly,x_val)


import plotly.graph_objects as go
fig = go.Figure()
fig.add_trace(go.Scatter(x=x_height,y=y_weight,mode='markers'))
fig.add_trace(go.Scatter(x=x_val, y=np.exp(y_reg), mode='lines'))
```

(구글 코랩 노트북으로 실습하려면)

크롬 브라우저 검색창에서 코랩사이트 링크(https://colab.research.google.com/ ) 입력해 새 코랩 노트북 만들기 위해 시작페이지에 접속한다. 또는 이미 코드가 작성되어 있는 노트북으로 실습하려면 옆의 QR코드를 스마트폰으로 인식하여  실행해  기 작성된 코드를 수정하면서 실습해 본다.

## 6.8 음식 배달원의 행태를 분석해서 효율적인 관리를 한다.
## 배달 거리와 시간 통계로 배달원들의 행태 분석 함수식 만들기

배달 시간과 거리간의 기존 데이터로부터 배달 행태를 분석하면 배달 데이터에서 평균선을 벗어난 이상치를 찾아서 문제점을 걸러낼 수 있고, 기존 관측 데이터를 기반으로 측정하지 않은 미래 특정한 시간이나 발생할 경우의 데이터 값을 예측하고 싶을 때는 기존 데이터들에 대한 최적의 피팅 곡선을 찾는다. 이 방법을 curve fitting 이라고 한다. 예측선을 찾는 것은 배달거리 x와 배달시간 y 사이에 선형함수 y=ax+b의 상관관계가 있다고 생각하고, 그 최적의 피팅 곡선 함수를 구하는 것이다.

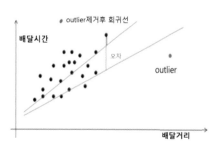

측정된 배달 시간과 거리 데이터의 개수만큼 식을 가진 연립방정식이 나오고, 연립방정식은 행렬로도 표현할 수 있다. 시간과 거리의 행렬로 상관 선형함수 구해서 연립방정식을 계산할 수 있다. 평균선에서 오차가 큰 점들은 너무 빨리 오토바이를 운행해서 시간이 적게 걸리거나, 배달중 사고가 나서 시간이 평균보다 더 걸린 이상치이다. 이상치를 제거하여 회귀선이 예측 선과 점들의 거리의 합을 최소화할 수 있다.

넘파이 2차원 array나 판다스의 2차원 데이터프레임 데이터에서 각 열을 꺼내면 1차원 리스트 배열 데이터가 된다. x 데이터를 넣을때 2차원 array형태인 [[ ]]여야 한다. x변수가 하나일 때 뿐만 아니라 여러 개일 때인 다중회귀분석을 sklearn, 딥러닝 등으로도 실시하기 위해서이다.

**최적의 피팅곡선 찾는 함수 만들어 오차 줄이기**

넘파이의 polyfit() 함수나 sklearn 등의 Linear Regression(선형회귀) 함수는 두 변수 사이의 선형패턴 즉 선을 찾는 것이다. **오차의 합을 최소한으로 줄이는 선을 찾는다면 예측을 가장 실제와 가깝게 하는 모델이라고도 할 수 있다. 오차 제곱의 합**이 최소화되는 회귀선을 찾는 방법으로 함수인 polyfit과 polyval을 사용하여, 회귀곡선을 구하는 재사용할 수 있는 함수를 만들어 시뮬레이션해 곡선을 찾아보자. 최적의 회귀선을 찾기 위해서 데이터에 적합하게 fitting하는 함수 이름을 fit_poly(x_distance,y_time,n )으로 만든다. polyfit() 함수에 x_distance,y_time 변수와 n차 변수를 입력받아서 반복해서 회귀선이 데이터 점에 적합한 곡선을 찾는 방식이다.

## Program coding flownote 한글 명령어를 영어로 번역한 코드 작성 순서노트

생활영어처럼 [1][2][3]단계별로 실행되는 한글 명령어 순서도 작성한다.

| [1단계] 파이썬하고 대화하듯이 명령 순서도 작성 |
| --- |
| [1] numpy 모듈을 가져오다, 별칭 np로<br>　　배열 'data'에 담다, np의 배열() 2차원 값 [[ --- ]] |
| [2] 배열'x_distance'에 담다, 배열 data의 0번 열값을<br>　　배열'y_time'에 담다, 배열 data의 1번 열값을 |
| [3] 함수 정의는 키워드 def, 함수이름은 fit_poly와 매개변수는 x_distance,y_time,n<br>　　리스트'poly'에 담다, np의 polyfit 모듈로x_distance,y_time값을 n차원으로<br>　　리스트'x_val'에 담다,np의 linspace() 함수 start는 np.min('x_distance), end는 np.max('x_distance)사이의 값을<br>　　리스트'y_reg'에 담다, np의 polyval 모듈로 poly,x_val 값을<br><br>　　plotly.graph_objects를 가져오다, 별칭 go로 변수f ig에 담다. go.Figure() 이미지를<br>　　변수f ig에 담다. go.Figure() data의 go.Scatter()모듈로 이x=x_val, y=y_reg 값<br>　　변수fig에 add_trace 더한다,go의 Scatter모듈로 x는 변수x_val, y는 Y_reg, 모드는'lines'<br>　　변수fig에 add_trace 더한다,go의 Scatter모듈로 x는 리스트x_distance는 리스트y_time, 모드는'markers'<br>　　변수 fig값을 반환하다 |
| [4] 함수명 fit_poly에 매개변수 x_distance,y_time,7 넣어 실행하다 |

한글 프로그램 순서도를 구글 번역으로 영어로 번역한다.

| [2단계] 구글 번역한 영어 문장을 한 행씩 압축해 코딩화한다 |
| --- |
| [1] Import numpy module, alias np<br>　　Put in the array'data', an array of np() 2D values [[ --- ]]<br>[2] Put in the array'x_distance', the value of column 0 of the array data<br>　　Put in the array'y_time', the value of column 1 of the array data<br>[3] The function definition is the keyword def, the function name is fit_poly, and the parameters<br>　　are x_distance,y_time,n.<br>　　Put in list'poly', np's polyfit module sets x_distance,y_time values in n dimension<br>　　Put in the list'x_val', np's linspace() function start is np.min('x_distance), end is the value between np.max('x_distance)<br>　　Put in the list'y_reg', put poly,x_val values into np's polyval module<br><br>　　Take plotly.graph_objects and put it in variable f ig with alias go. go.Figure() image<br>　　Put in variable f ig. go.Figure() Go.Scatter() module of data, this x=x_val, y=y_reg value<br>　　Add add_trace to the variable fig, scatter module of go, where x is the variable x_val, y is Y_reg, and the mode is'lines'<br>　　Add add_trace to the variable fig, scatter module of go, where x is a list, x_distance is a list, y_time, mode is'markers'<br>　　Return the variable fig value<br>[4] Run the function name fit_poly with parameters x_distance,y_time,7 |

컴퓨터가 이해하는 파이썬 명령어로 축약해 코딩화한다.

[3단계] 코딩화한 각 셀을 ▶ 또는 Shift+Enter 눌러 한 행씩 실행한다

```
import numpy as np
data = np.array([[100, 20],[150, 24],[300, 36],[400, 47],
    [130, 22],[240, 32],[350, 47],[200, 42],[100, 21],
    [110, 21],[190, 30],[120, 25],[130, 18],[270, 38],[255, 28]])

x_distance = data[:,0]
y_time = data[:,1]

def fit_poly(x_distance,y_time,n ) :
  poly =np.polyfit(x_distance,y_time,n)
  x_val=np.linspace(np.min(x_distance), np.max(x_distance))
  y_reg = np.polyval(poly,x_val)

  import plotly.graph_objects as go
  fig = go.Figure()
  fig = go.Figure(data=go.Scatter(x=x_val, y=y_reg))
  fig.add_trace(go.Scatter(x=x_val, y=y_reg, mode='lines'))
  fig.add_trace(go.Scatter(x=x_distance, y=y_time, mode='markers'))
  return fig

fit_poly(x_distance,y_time,7)
```

(구글 코랩 노트북으로 실습하려면)
크롬 브라우저 검색창에서 코랩사이트 링크(https://colab.research.google.com/ ) 입력해 새 코랩
노트북 만들기 위해 시작페이지에 접속한다. 또는 이미 코드가 작성되어 있는 노트북으로 실습하려면
옆의 QR코드를 스마트폰으로 인식하여 실행해 기 작성된 코드를 수정하면서 실습해 본다.

# 7
**STEP**

시간 던전

# 시간이 있는 공간으로
# 탐험, 시계열 분석, 상관 분석

---

파이썬의 시간은 1970년 1월 1일 0시부터 흐른다!  Stopwatch 시간 측정기 코드로 만들기

나의 바이오리듬을 생성하여 시계열 데이터로 만들어 자신의 미래의 건강과 감정 상태를 예측해 보자

자동으로 바이오리듬 데이터와 그래프 그리는 함수 만들기,
시계열 데이터를 엑셀 같은 DataFrame에 넣어 분석하기

매일 삼성전자 주식 데이터 가져와서 SMA 평균 이동선 방향성 찾아 주식투자 시점 결정하기

엑셀 행과 열 형태로 삼성, LG, SK하이닉스 다수 기업 주가 분석하고 한글 그래프 그리기

코로나19 팬데믹 공포에 세계 주식시장은 어떻게 움직였을지 뉴욕 주식시장 변동성 지수 상관 분석하자

## 7.1 파이썬의 시간은 1970년 1월 1일 0시부터 흐른다!
## Stopwatch 시간 측정기 코드로 만들기

인간에게 시간은 매우 익숙한 개념이다. 하지만 컴퓨터 기계는 시간을 계산하는
것이나 공간을 인식하는 것은 인간과 다르게 시간이나 공간을 단순히 숫자로만
인식하고 그 변화도 숫자로만 인식한다. 인공지능을 포함한 컴퓨터는 숫자 0과 1
로만 구성되어진 디지털 세상 속에 존재하기 때문이다.

파이썬에게 시각은 어떤 시점을 기준으로 한 변화량인 것이다. 이를 단위 변환하면 사람에게 익숙한 날짜, 시간 단위로
표현할 수 있다. 주식 변동량, 혈압, 전기 변화 등과 같이 시간에 따라 신호(signal)가 발생하고 이 신호를 분석하기 위
해 시간에 따른 변동을 살펴볼 수 있기 위해서는 시간의 경과를 측정하는 것은 중요하다.
시간의 경과나 변화를 측정하기 위해 파이썬의 time 모듈을 가져오자. time 모듈은 운영 체제[1] 제공하는 다양한 시
간 기능을 다루는 모듈이다. time 모듈 속에 있는 time() 함수는 1970년 1월 1일 0시 0분 0초부터 경과한 시간을 초
단위로 누적된 측정된 현재 시간을 소수점 숫자로 나타낸다. 지금도 초를 쪼갠 단위로 시간이 흐르고 있다.
time.time() 함수는 컴퓨터의 현재 시각을 구하는 함수이며, 반환값 기준 시각(운영 체제마다 다름)에서 몇 초가 지났
는지를 나타내는 실수다. 예를 들어 time.time() 함수를 한번 호출한 뒤 그 값을 변수'startTime'에 담아 놓는다. 그리
고 정확히 3 초 후에 다시 time.time() 함수를 호출한다면, 두 반환값은 3초 만큼의 차이가 날 것이다.

<u>ime.time() - startTime 코드</u>는 시간 모듈을 사용해서 시간을 측정하고 그 값을 변수 'startTime'에 담고 변수에
담긴 시간과 새롭게 time.time() 함수를 호출하는 사이의 시간을 측정하는 코드이다. **이를 이용하면 스톱워치 기능**
**을 하는 함수를 코드할 수 있다. 우선 stopwatch() 함수 이름으로 정의하고**, 변수'startTime'에 시작 시간을 담는다,
input() 명령어로 스톱할 순간을 입력받는다. **time.time() - startTime 코드로 변수**'startTime'에 **담긴 시간과 새롭**
**게 입력받은 time.time()** 시간 사이를 빼서 계산한다. **stopwatch() 함수를 시작하고** 일정 시간이 지나면 중간에 시간
을 멈추게 하여 시간 경과를 측정하는 스톱워치의 기능을 구현한 것이다.

---

### Program coding flownote 한글 명령어를 영어로 번역한 코드 작성 순서노트
생활영어처럼 [1][2][3]단계별로 실행되는 한글 명령어 순서도 작성한다.

| |
|---|
| [1단계] 파이썬하고 대화하듯이 명령 순서도 작성 |
| [1] 타임 모듈을 가져오다 |
| [2] 변수'startTime'에 담다, 타임의 타임() |
| [3] 변수'stopTime'에 담다, 타임의 타임()에서 변수'startTime'<br>　　 프린트하다,문자열 "몇초 지났나?", 정수() stopTime 값 |
| [4] stopwatch() 함수를 정의하다<br>　　 변수'startTime'에 담다, 타임의 타임()<br>　　 입력해, 문자열'start ... stop!' 표시하고<br>　　 변수'stopTime'에 담다, 타임의 타임()에서 변수'startTime'<br>　　 프린트하다,문자열 "몇초 지났나?", 정수() stopTime 값 |

---

1　 거의 모든 OS (Linux, Mac OSX, Windows 및 기타 모든 Unix 포함)에서 시간의 시작대는 1970-1-1, 00:00 UTC 이며, 시간이 항상 부
　　 동 소수점 숫자로 반환된다. 시간대는 UTC(Universal Time Coordinated, 협정 세계시)로 약속된 것이다.

한글 프로그램 순서도를 구글 번역으로 영어로 번역한다.

[2단계] 구글 번역한 영어 문장을 한 행씩 압축해 코딩화한다

[1] bring the time module
[2] Put in variable'startTime', time of time()
[3] Put in variable'stopTime', variable'startTime' in time of time()
　　Print,string "how many seconds have passed?", integer() stopTime value
[4] Define the stopwatch() function
　　Put in variable'startTime', time of time()
　　Enter the string'start ... stop!' Display and
　　Put in variable'stopTime', variable'startTime' in time of time()
　　Print,string "how many seconds have passed?", integer() stopTime value

컴퓨터가 이해하는 파이썬 명령어로 축약해 코딩화한다.

[3단계] 코딩화한 각 셀을 ▶ 또는 Shift+Enter 눌러 한 행씩 실행한다

```
import time


startTime = time.time()


stopTime = time.time() - startTime
print ( "몇초 지났나?",stopTime)

몇초 지났나? 1.3389317989349365


def stopwatch():
  startTime = time.time()
  input('start...stop!')
  stopTime = time.time() - startTime
  print ( "몇초 지났나?",stopTime)


stopwatch()

start...stop!
몇초 지났나? 2.233808755874634
```

(구글 코랩 노트북으로 실습하려면)
크롬 브라우저 검색창에서 코랩사이트 링크(https://colab.research.google.com/ ) 입력해 새 코랩
노트북 만들기 위해 시작페이지에 접속한다. 또는 이미 코드가 작성되어 있는 노트북으로 실습하려면
옆의 QR코드를 스마트폰으로 인식하여 실행해 작성된 코드를 수정하면서 실습해 본다.

## 7.2 나의 바이오리듬을 생성하여 시계열 데이터로 만들어 자신의 미래의 건강과 감정 상태를 예측해 보자

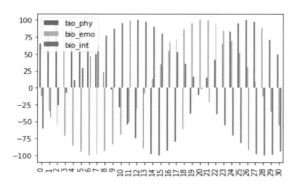

파이썬에서 시계열[1]을 실습하기에 좋은 사례는 자신의 바이오리듬을 생성해 시계열 데이터로 만들어서 나의 미래, 나의 몸상태를 예측하는 등 분석해 보는 것이다. 바이오리듬(biorhythm)은 인체에 신체,감성,지성의 세가지 주기가 있으며 이 세가지 주기가 생년월일의 입력에 따라 어떤 패턴으로 나타난다는 것이다. 신체(physical cycle)는 23일, 감성(emotional cycle)은 28일 그리고 지성(intellectual cycle)은 33일을 주기로 한다.

여성의 일반적인 생리주기인 28과 감성리듬이 비슷하여 참고하기에 편리하다. 바이오리듬을 계산하기 위해서는 신체, 감성, 지성 각각의 사인그래프를 그릴 수 있다. 각 지수가 양(+)인 기간을 고조기라고 하며, 음(-)인 기간을 저조기라고 한다. 바이오리듬을 계산하기 위해서는 생년월일로부터 알고자 하는 날까지 총 살아온 날을 세어야만 한다. 이 생존일수를 t라고 할 때 각각의 주기가 반복되는 $\sin\theta$ 주기그래프 즉 바이오리듬은 삼각함수의 일정인 사인곡선으로 그릴 수 있다.

· 신체 주기 : $y = \sin\dfrac{2\pi}{23}t$

· 감성 주기 : $y = \sin\dfrac{2\pi}{28}t$

· 지성 주기 : $y = \sin\dfrac{2\pi}{33}t$

파이썬 코드로 자신의 생일에 맞게 바이오리듬을 만들어 보자. 1975-10-10을 샘플로 만들어본다. 파이썬 datetime 모듈은 날짜와 시간을 조작한다. datetime의 date() 함수는 숫자로 초기값을 주면 날짜로 그레고리 달력의 날짜로 변환해 준다. 파이썬의 datetime 모듈의 datetime은 날짜와 시간의 조합으로 1970-01-01 12:11:23 형식이다. datetime.strptime() 함수는 날짜, 시간 형식의 문자열을 datetime으로 만든다. datetime.strftime() 함수는 날짜, 시간을 문자열로 출력하며 %Y는 년도, %m은 월, %d는 날짜를 출력하는 것이다.

지금 현재의 날짜와 시간은 datetime.now() 함수를 사용한다.

timedelta ()함수는 두 날짜나 시간의 차이인 기간을 나타내며, 사용시에 **timedelta**(days=0, seconds=0, microseconds=0, milliseconds=0, minutes=0, hours=0, weeks=0) days=i 로 날짜의 차이를 구한다.

for 루프문으로 현재부터 15일 전과 15일 후 기간인 30일간의 바이오리듬을 얻기 위해 30번 반복한다. 바이오리듬 주기곡선 계산식인 sin( 2*3.14*count_days)을 신체(physical cycle)는 23일, 감성(emotional cycle)은 28일 그리고 지성(intellectual cycle)은 33일을 주기로 나눈다.

---

1  시계열(時系列, time series)은 일정 시간 간격으로 배치된 데이터들의 수열을 말한다. 종합 주가지수, 환율 등 시계열 데이터로 볼 수 있다. 시계열 분석(Time series analysis)은 시간을 독립변수(Independent variable)로 하여 종속변수(Dependent variable)를 예측하는 일반적인 기계학습 방법이며, 이를 통해 미래를 예측하는 데 중요한 도구가 될 수 있다.

## Program coding flownote 한글 명령어를 영어로 번역한 코드 작성 순서노트

생활영어처럼  [1][2][3]단계별로 실행되는 한글 명령어 순서도 작성한다.

---

[1단계] 파이썬하고 대화하듯이 명령 순서도 작성

---

[1] 패키지 datetime부터 datetime, timedelta  가져오다
   numpy 모듈을 가져오다, 별칭 np로

---

[2] 변수 BIRTHDAY에 담는다, datetime.strptime() 1975-10-10, %Y-%m-%d 형식으로

---

[3] 변수 TODAY에 담다, datetime.now()
   변수 delta에 담다, 변수 TODAY에서 변수 BIRTHDAY 빼다
   변수 n_days_ago에 담다, 변수 delta의 days

---

[4] for 동안 i를 범위 range()의 -15부터 16까지 반복
   변수 tdelta에 담다, 변수 TODAY와 timedelta() 모듈에 days는 i를 넣기
   변수 count_days 에 담다, 변수 n_days_ago에 i 더하다
   변수 date에 담다, 변수 tdelta의 strftime()함수에 '%Y-%m-%d' 형식

---

[5] 변수 bio_phy에 담다, 반올림() np의 sin()에 2*3.14*count_days를 23으로 나누고 100 곱하기
   변수 bio_emo에 담다, 반올림() np의 sin()에 2*3.14*count_days를 23으로 나누고 100 곱하기
   변수 bio_int에 담다, 반올림() np의 sin()에 2*3.14*count_days를 23으로 나누고 100 곱하기
   프린트() date,bio_phy, bio_emo, bio_int

---

한글 프로그램 순서도를 구글 번역으로 영어로 번역한다.

---

[2단계] 구글 번역한 영어 문장을 한 행씩 압축해 코딩화한다

---

[1] get datetime, timedelta from package datetime
   import numpy module, alias np
[2] In the variable BIRTHDAY, datetime.strptime() 1975-10-10, %Y-%m-%d
[3] put in variable TODAY, datetime.now()
   Put in variable delta, subtract variable BIRTHDAY from variable TODAY
   Put in variable n_days_ago, days in variable delta
[4] Repeat i for -15 to 16 of range range() during for
   Put in the variable tdelta, put days in the variable TODAY and timedelta() modules with i
   Put in variable count_days, add i to variable n_days_ago
   Put in variable date,'%Y-%m-%d' in strftime() function of variable tdelta
   [5] Add to variable bio_phy, divide 2*3.14*count_days by 23 and multiply 100 by sin() of round() np
   Add to variable bio_emo, divide 2*3.14*count_days by 23 of sin() of round() np, multiply by 100
   Put it in the variable bio_int, divide 2*3.14*count_days by 23 in sin() of round() np and multiply by 100
   Print() date,bio_phy, bio_emo, bio_int

---

컴퓨터가 이해하는 파이썬 명령어로 축약해  코딩화한다.

---

[3단계] 코딩화한 각 셀을 ▶ 또는 Shift+Enter 눌러 한 행씩 실행한다

```
import numpy as np
from datetime import datetime, timedelta


BIRTHDAY = datetime.strptime('1970-10-10', "%Y-%m-%d")
TODAY = datetime.now()
delta = TODAY - BIRTHDAY
n_days_ago = delta.days


for i in range(-15, 16):
```

```
    tdelta = TODAY + timedelta(days=i)
    count_days = n_days_ago + i
    date = tdelta.strftime('%Y-%m-%d')
    bio_phy = round( np.sin(2*3.14*count_days / 23) * 100 )
    bio_emo = round( np.sin(2*3.14*count_days / 28) * 100 )
    bio_int = round( np.sin(2*3.14*count_days / 33) * 100 )
    print(date,bio_phy, bio_emo, bio_int)

2020-07-06 19.0 5.0 100.0
2020-07-07 -8.0 -18.0 99.0
2020-07-08 -34.0 -39.0 96.0
2020-07-09 -59.0 -59.0 89.0
2020-07-10 -78.0 -75.0 78.0
```

 (구글 코랩 노트북으로 실습하려면)

크롬 브라우저 검색창에서 코랩사이트 링크(https://colab.research.google.com/ ) 입력해 새 코랩 노트북 만들기 위해 시작페이지에 접속한다. 또는 이미 코드가 작성되어 있는 노트북으로 실습하려면 옆의 QR코드를 스마트폰으로 인식하여  실행해 기 작성된 코드를 수정하면서 실습해 본다.

## 7.3 자동으로 바이오리듬 데이터와 그래프 그리는 함수 만들기, 시계열데이터를 엑셀같은 DataFrame에 넣어 분석하기

자신의 바이오리듬(biorhythm)을 시계열 데이터로 추출한 후에 엑셀같은 데이터프레임 형태로 만들어서 시계열 분석(Time series analysis)해 보기로 하자. 바이오리듬 같은 시계열 데이터와 같이 연속된 시간(Time) 데이터 셋(Series)을 데이터프레임으로 만들려면 pandas.DataFrame() 사용한다. pandas의 장점[1]은 행/열 혹은 표 형태의 데이터테이블의 각 셀의 모든 값들을 쉽게 연산할 수 있다는 것이다. 마치 엑셀처럼 사용할 수 있는 것이다.

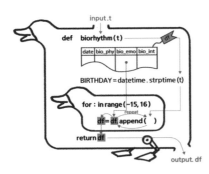

'보캉송의 똥싸는 오리 자동기계'를 모티브로 작성한 biorhythm()함수 알고리즘 이미지이다. 자기의 생일(t)를 입력하여 바이오리듬을 생성하고, 그 데이터를 반복해서 데이터프레임에 담는 문진 프로그램을 만들어 보자. 우선 기능을 하는 코드를 묶어서 함수로 만들고 이름은 biorhythm()로 붙인다. 그 함수 () 속에 데이터박스 코드 블럭(code_block)이 3부분이 포함되어 있다.

첫째는 판다스로 바이오리듬 시계열 데이터를 담을 빈 DataFrame을 만들고, for 문 내부에서 반복적으로 빈 DataFrame에 한 열row씩 데이터를 추가하여 채우고, 최종값으로 데이터프레임을 반환하는 기능이다. 둘째는 요리하는 도구인 datetime, numpy 등과 요리 재료인 변수 BIRTHDAY, 변수 TODAY, 변수 delta, 변수 TODAY, 변수 n_days_ago 등을 준비하는 것이다. 셋째는 임의 생일 "1975-02-23"을 입력받으면 그 날짜를 기준으로 일정 기간의 바이오리듬을 매일 반복적으로 생성하는 프로그램을 for -loop문으로 만든다. 함수 biorhythm() 매개변수 "1970-10-10"로 실행하고, Pandas의 시각화 함수인 plot()으로 차트나 그래프를 그린다.

### 판다스의 데이터프레임으로 각종 데이터를 다루는 이유

IOT센서 등 수많은 장치로부터 실시간으로 초단위로 데이터가 일렬로 생성되면 에러메시지 등 오류를 포함하여 원시상태 그대로 배열데이터로 저장된다. 이같이 정제되지 않은 raw data를 쉽게 다루기 위해서는 단순히 나열된 배열데이터를 데이터베이스화하여 데이터프레임에 저장해야 한다. 배열데이터는 숫자만 나열되어 있지만, 판다스의 데이터프레임은 행 데이터, 열 데이터가 단순 숫자가 아닌 문자 등 정보를 가져서 더 의미를 가진 데이터베

이스로 바뀌어 분석이 편리해지기 때문이다. 또한 만들어진 데이터테이블은 dataframe.to_csv() 함수 사용해 csv 엑셀파일로 저장할 수 있다.

---

1   *pandas*에는 행과 열로 이루어진 사각형 모양의 데이터 구조를 *dataframe*는 2차원의 인덱스를 가지는 배열(*labeled array*)이므로, *pd.Series(data, index=index)* 같이 사용된다. 인덱스의 값을 부여하지 않으면 '*pandas*'는 자동적으로 0부터 주어진다.

## Program coding flownote 한글 명령어를 영어로 번역한 코드 작성 순서노트

생활영어처럼 [1][2][3]단계별로 실행되는 한글 명령어 순서도 작성한다.

---

### [1단계] 파이썬하고 대화하듯이 명령 순서도 작성

[1] 함수 정의는 키워드 def 다음에 함수 이름 'biorhythm'와 매개 변수는 생일t
pandas 모듈을 가져오다, 별칭 pd로
데이터프레임'df'에 담기,pd의 데이터프레임()에 빈 데이터프레임 만들다 컬럼명은
['date','bio_phy','bio_emo','bio_int']으로

[2] 패키지 datetime부터 datetime, timedelta 가져오다
numpy 모듈을 가져오다, 별칭 np로
변수 BIRTHDAY에 담는다, datetime.strptime() "1975-10-10", %Y-%m-%d 형식으로
변수 TODAY에 담다, datetime.now()
변수 delta에 담다, 변수 TODAY에서 변수 BIRTHDAY 빼다
변수 n_days_ago에 담다, 변수 delta의 days

[3] for 동안 i를 범위 range()의 -15부터 16까지 반복
변수 tdelta에 담다, 변수 TODAY와 timedelta() 모듈에 days는 i를 넣기
변수 count_days 에 담다, 변수 n_days_ago에 i 더하다
변수 date에 담다, 변수 tdelta의 strftime()함수에 '%Y-%m-%d' 형식
변수 bio_phy에 담다, 반올림() np의 sin()에 2*3.14*count_days를 23으로 나누고 100 곱하기
변수 bio_emo에 담다, 반올림() np의 sin()에 2*3.14*count_days를 23으로 나누고 100 곱하기
변수 bio_int에 담다, 반올림() np의 sin()에 2*3.14*count_days를 23으로 나누고 100 곱하기

[4] 데이터프레임'df'에 담기,df에 덧붙이기(),2차리스트 데이터 [[ date, bio_phy, bio_emo, bio_int]]를 컬럼명은
['date','bio_phy','bio_emo','bio_int']

[5] 함수 biorhythm() 매개변수 "1970-10-10"로 실행하다

[6] 함수 biorhythm( "1970-10-10") 실행값, 플롯 바차트로

---

한글 프로그램 순서도를 구글 번역으로 영어로 번역한다.

### [2단계] 구글 번역한 영어 문장을 한 행씩 압축해 코딩화한다

[1] The function definition is the keyword def followed by the function name'biorhythm' and the parameter
is birthday t
Import the pandas module, alias pd
Put in data frame'df', create an empty data frame in data frame () of pd. The column names are ['date','bio_
phy','bio_emo','bio_int']
[2] Get datetime, timedelta from package datetime
Import the numpy module, alias np
Put in variable BIRTHDAY, datetime.strptime() "1975-10-10", in %Y-%m-%d format
Put in variable TODAY, datetime.now()
Put in variable delta, subtract variable BIRTHDAY from variable TODAY
Put in variable n_days_ago, days in variable delta
[3] Iterate i during for from -15 to 16 of range()
Put in variable tdelta, put i for days in module TODAY and timedelta()
Put in variable count_days, add i to variable n_days_ago
Put in variable date, in the form of'%Y-%m-%d' in the strftime() function of the variable tdelta
Put in the variable bio_phy, round () np's sin(), divide 2*3.14*count_days by 23 and multiply by 100
Put in the variable bio_emo, round () np's sin(), divide 2*3.14*count_days by 23 and multiply by 100
Put in variable bio_int, round () np's sin(), divide 2*3.14*count_days by 23 and multiply by 100
[4] Add to data frame'df', append to df(), secondary list data [[ date, bio_phy, bio_emo, bio_int]] with column
names ['date','bio_phy','bio_emo',' bio_int']
[5] run with function biorhythm() parameter "1970-10-10"
[6] Function biorhythm("1970-10-10") run value, plot bar chart

컴퓨터가 이해하는 파이썬 명령어로 축약해 코딩화한다.

[3단계] 코딩화한 각 셀을 ▶ 또는 Shift+Enter 눌러 한 행씩 실행한다

```python
[ ]  def biorhythm (t):
         import pandas as pd
         df = pd.DataFrame(columns=['date','bio_phy','bio_emo','bio_int'])

         from datetime import datetime, timedelta
         import numpy as np
         BIRTHDAY = datetime.strptime(t, "%Y-%m-%d")
         TODAY = datetime.now()
         delta = TODAY - BIRTHDAY
         n_days_ago = delta.days

         for i in range(-15, 16):
             tdelta = TODAY + timedelta(days=i)
             count_days = n_days_ago + i
             date = tdelta.strftime('%Y-%m-%d')
             bio_phy = round( np.sin(2*3.14*count_days / 23) * 100 )
             bio_emo = round( np.sin(2*3.14*count_days / 28) * 100 )
             bio_int = round( np.sin(2*3.14*count_days / 33) * 100 )
             df = df.append(pd.DataFrame([[ date,bio_phy,bio_emo,bio_int]],
                 columns=[ 'date', 'bio_phy','bio_emo','bio_int']),ignore_index=True)
         return df
```

```python
[ ]  biorhythm("1970-10-10").head(3)
```

|   | date | bio_phy | bio_emo | bio_int |
|---|------|---------|---------|---------|
| 0 | 2021-01-17 | -35 | 29 | 78 |
| 1 | 2021-01-18 | -8 | 7 | 88 |
| 2 | 2021-01-19 | 19 | -15 | 96 |

```python
[ ]  biorhythm("1970-10-10").plot()
```

<matplotlib.axes._subplots.AxesSubplot at 0x7f0083cb5fd0>

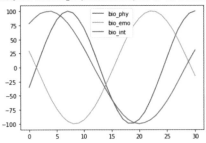

```python
[ ]  biorhythm("1970-10-10").to_csv("bio.csv",encoding='utf-8')
```

```python
[ ]  import pandas as pd
     df_csv = pd.read_csv("bio.csv",encoding='utf-8')
     df_csv.head(3)
```

|   | Unnamed: 0 | date | bio_phy | bio_emo | bio_int |
|---|------------|------|---------|---------|---------|
| 0 | 0 | 2021-01-17 | -35 | 29 | 78 |
| 1 | 1 | 2021-01-18 | -8 | 7 | 88 |
| 2 | 2 | 2021-01-19 | 19 | -15 | 96 |

 (구글 코랩 노트북으로 실습하려면)
크롬 브라우저 검색창에서 코랩사이트 링크(https://colab.research.google.com/ ) 입력해 새 코랩
노트북 만들기 위해 시작페이지에 접속한다. 또는 이미 코드가 작성되어 있는 노트북으로 실습하려면
옆의 QR코드를 스마트폰으로 인식하여 실행해 기 작성된 코드를 수정하면서 실습해 본다.

# 7.4 매일 삼성전자 주식데이터 가져와서
# SMA 평균 이동선 방향성 찾아 주식투자 시점 결정하기

**주식투자 시점을 결정하는 가장 간단한 조건은 SMA5 이평선과 SMA30 등** 이동평균선을 **기준으로 크로스가 되었을 때 풀 매수, 풀 매도하는 전략이다.** Yahoo Finance와 Google Finance의 금융데이터는 전 세계 주식 데이터를 제공하고 있다. 구글은 회원제이므로 비회원도 접근이 가능한 야후사이트(https://finance.yahoo.com)에서 제공하는 금융 api를 통해서 삼성의 주가 데이터를 자동으로 가져올 수 있다.

삼성전자의 종목코드는 구글링으로 찾으면 약칭해서 '005930' 6자리이다. 여기에 국내 증시이니 0을 포함해 6자리 모두에 .ks를 붙여서 yahoo finance를 통해 삼성전자의 주식 정보를 가져오게 된다. 기간을 따로 입력하지 않으면 전체 데이터를 가져오게 되며, 만약 특정 날짜 혹은 일정 기간 동안의 데이터만 필요한 경우 datetime을 이용해 날짜 정보를 입력하여 가져오면 된다. 삼성전자의 2018-1-1 데이터부터 현재 날짜의 데이터를 숫자[1]로 가져와 본다.

### 주가의 예측은 사실 불가능하다?

최근의 코로나19 팬더믹과 같이 매일의 무질서한 주가의 변동은 만취한 사람의 걸음걸이처럼 움직인다. 이는 과거의 정보를 기반으로 통계분석과 상관성이 없이 무작위적(random)으로 변동한다는 랜덤워크 가설random walk hypothesis을 사용하는데, 주가의 변화는 과거의 변화나 어떤 패턴에 제약을 받지 않고 독립적으로 움직인다는 가설이다.

주가의 예측은 사실 불가능하다고 보이지만 시계열적으로 동일한 형태의 확률분포를 갖는 확률변수라고 보고, 그러나 예측할 수 없는 움직임이라도 평균을 내보면 어떠한 방향성을 찾을 수 있지 않을까? 라는 가정에서 이동평균선이 등장하게 되었

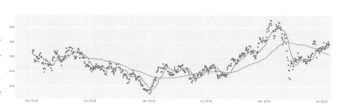

다. 주식의 이동평균선은 과거 일정 동안의 주가를 평균 낸 값을 계속 이어서 표시하는 방법으로 주가가 예측할 수 없이 움직이더라도 평균으로 방향성을 찾을 수 있는 것이다.

단순 이동평균 SMA(simple moving average)으로 20일 동안의 평균 이동선은 rolling(20)으로 구간설정하고 mean()으로 평균을 낸다. rolling(100)은 100일 동안이다. 20일 이동평균선은 과거 20일 동안의 주가를 평균 낸 값을 계속 이어서 표시하는 방법으로, 이런 이동평균선과 현재 주가의 괴리가 얼마나 벌어져 있는가로 추세 매매를 결정하게 된다. 100 이평선은 반년, 200 이평선은 1년의 거래일에 대한 평균을 측정한다.

이동평균은 기술적 분석에서 매일 가격 변동에서 나오는 노이즈(noise)를 제거하는데 도움을 주어서 가격변동성을 부드럽게 해준다. 이동지평선이 올라가거나 내려가고 있다면 현재 가격도 같이 움직인다는 것으로, 가격 추세를 볼 수 있도록 도움을 준다. 단순 이동평균 SMA(simple moving average)는 이동평균에 대해 단순히 구하는 값이므로 rolling 함수를 이용한 뒤 mean() 함수를 사용하여 구한다.

---

1   날짜를 숫자로 변경하려면, 만약 엑셀작업 등으로 보통 '2020-07-24' 처럼 년월일을 입력한 경우 파이썬으로 받으면 문자열 string이 된다. 이를 시계열 데이터로 사용하려면 Datetime 으로 변경해야 한다. parse_dates 명령어를 사용하면 데이터 타입을 str → datetime 으로 변경한다. 더구나 Date 열을 index로 선정한다. pd.read_csv('00.csv', index_col='Date', parse_dates=True)는 Date colum을 index로 선정, parse_dates는 날짜인 것 같으면 문자열에서 날짜 형식으로 바꿔버린다.

**Program coding flownote 한글 명령어를 영어로 번역한 코드 작성 순서노트**

생활영어처럼 [1][2][3]단계별로 실행되는 한글 명령어 순서도 작성한다.

---

[1단계] 파이썬하고 대화하듯이 명령 순서도 작성

---

[1] pandas 모듈을 가져오다, 별칭 pd로
  pandas_datareader 패키지로 get_data_yahoo 모듈을 가져오다

---

[2] 데이터프레임'sumsung'에 담기,pd의 데이터프레임()의 get_data_yahoo 모듈로 '005930.KS' ,'2018-1-01
  '부터 데이터를 데이터프레임'sumsung'의 머리부분 3줄 표시

---

[3] plotly.express 모듈을 가져오다, 별칭 px로
  px의 선() 데이터프레임'sumsung', x 는 'sumsung'의 index,, y는 'Close'

---

[4] 데이터프레임 sumsung의 행'sma20'에 담다,데이터프레임sumsung의 행'Close'의 20일간 rolling(20) 평균
  mean()
  데이터프레임 sumsung의 행'sma100'에 담다,데이터프레임sumsung의 행'Close'의 100일간 rolling(100)평균
  mean()

---

[5] plotly.graph_objects를 가져오다, 별칭 go로
  변수f ig에 담다. go.Figure() 이미지를
  변수fig에 add_trace더한다,go의 Scatter모듈로 x는 sumsung.index, y는 sumsung['Close'], 모드는'markers'
  변수fig에 add_trace더한다,go의 Scatter모듈로 x는 sumsung.index, y는 sumsung['sma100'],모드는 'lines'
  변수fig에 add_trace더한다,go의 Scatter모듈로 x는 sumsung.index, y는 sumsung['sma20'],모드는 'lines'

---

한글 프로그램 순서도를 구글 번역으로 영어로 번역한다.

---

[2단계] 구글 번역한 영어 문장을 한 행씩 압축해 코딩화한다

---

[1] import the pandas module, alias pd
  Import the get_data_yahoo module into the pandas_datareader package
[2] Add to data frame'sumsung', get_data_yahoo module of pd's data frame () to receive data from
  '005930.
  KS' and '2018-1-01'
  Display 3 lines of head of data frame'sumsung'
[3] import module plotly.express, alias px
  px line() data frame'sumsung', x is'sumsung' index, y is'Close'
[4] Data frame sumsung's row'sma20', 20 days rolling(20) average mean() of data frame sumsung's
  row'Close'
  Data frame sumsung row'sma100', data frame sumsung row'Close' 100 days rolling(100) average
  mean()
[5] import plotly.graph_objects, alias go
  Put in the variable f ig go.Figure() image
  Add add_trace to the variable figure, with the Scatter module of go, x is sumsung.index, y is sumsung['Close'],
  and mode is'markers'
  Add add_trace to variable figure, with Sc's module of go, x is sumsung.index, y is sumsung['sma100'], and
  mode is'lines'
  Add add_trace to the variable figure, with the Scatter module of go, x is sumsung.index, y is sumsung['sma20'],
  and mode is'lines'

---

컴퓨터가 이해하는 파이썬 명령어로 축약해 코딩화한다.

**[3단계] 코딩화한 각 셀을 ▶ 또는 Shift+Enter 눌러 한 행씩 실행한다**

```
[ ]  import pandas as pd
     from pandas_datareader import get_data_yahoo
```

```
[ ]  samsung = pd.DataFrame(get_data_yahoo('005930.KS', '2018-1-01'))
     samsung.head(3)
```

|  | High | Low | Open | Close | Volume | Adj Close |
|---|---|---|---|---|---|---|
| **Date** |  |  |  |  |  |  |
| **2018-01-03** | 52560.0 | 51420.0 | 52540.0 | 51620.0 | 10013500.0 | 32073.728516 |
| **2018-01-04** | 52180.0 | 50640.0 | 52120.0 | 51080.0 | 11695450.0 | 31738.205078 |
| **2018-01-05** | 52120.0 | 51200.0 | 51300.0 | 52120.0 | 9481150.0 | 32384.400391 |

```
[ ]  samsung.info()
```

```
[ ]  import plotly.express as px
     px.line (samsung,x=samsung.index, y='Close')
```

```
[ ]  samsung['sma20'] = samsung['Close'].rolling(20).mean()
     samsung['sma100'] = samsung['Close'].rolling(100).mean()
```

```
[ ]  import plotly.graph_objects as go
     fig = go.Figure()
     fig.add_trace(go.Scatter(x=samsung.index, y=samsung['Close'], mode='markers'))
     fig.add_trace(go.Scatter(x=samsung.index, y=samsung['sma100'], mode='lines'))
     fig.add_trace(go.Scatter(x=samsung.index, y=samsung['sma20'], mode='lines'))
```

 **(구글 코랩 노트북으로 실습하려면)**
크롬 브라우저 검색창에서 코랩사이트 링크(https://colab.research.google.com/ ) 입력해 새 코랩 노트북 만들기 위해 시작페이지에 접속한다. 또는 이미 코드가 작성되어 있는 노트북으로 실습하려면 옆의 QR코드를 스마트폰으로 인식하여 실행해 기 작성된 코드를 수정하면서 실습해 본다.

## 7.5 엑셀 행과 열 형태로 삼성, LG, SK하이닉스 다수 기업 주가 분석하고 한글 그래프 그리기

야후의 금융사이트의 한국거래소[1]에 상장한 수많은 회사 데이터링크를 통해서 삼성, LG, SK하이닉스 다수 기업의 주가 데이터를 자동으로 한꺼번에 가져와 본다. 주식 분석에서 다수의 기업종목의 데이터를 가져와서 한번에 조회하고 결과를 취합하는 여러 가지 방식을 시도해 본다.

df_axis1

| Date | 삼성전자 | SK하이닉스 | LG전자 |
|---|---|---|---|
| | | axis=1 | |
| 2018-01-03 | 51620.0 | 77700.0 | 109500.0 |
| 2018-01-04 | 51080.0 | 77100.0 | 106000.0 |
| 2018-01-05 | 52120.0 | 79300.0 | 111000.0 |
| 2018-01-08 | 52020.0 | 78200.0 | 105000.0 |
| 2018-01-09 | 50400.0 | 76900.0 | 109000.0 |

일렬로 배열된 삼성, SK, LG 등 각 기업의 series데이터들을 하나의 데이터프레임으로 합치는 방법 중에 첫번째는 concat() 함수로 axis=1 세로축이든 axis=0 가로축으로 합치는 것이고, 두번째는 데이터들을 모두 리스트로 만든 후에 데이터프레임에 직접 시리즈데이터를 넣는 것이다. 우선 엑셀 등에서 익숙한 형태인 열 방향으로 주식데이터를 세우는 방법을 병합함수를 사용해본다. 가져온 데이터를 [["삼성전자", "005930. ks"],["SK하이닉스", "000660.ks"],["LG전자", "066570.ks"]] 주식코드 자료를 2차원 리스트하여 리스트 stock_list에 담는다.

연결의 뜻concatenation인 concat() 함수로 () 안에 병합할 데이터프레임이나 시리즈는 [ ] 리스트 타입으로 넣는다. axis=1은 축이 y축(column)을 기준으로 합을 구하는 방식으로 y축 즉 컬럼축을 합치는 합산이고, 마치 axis의 1 축으로 책을 세워놓듯이 데이터를 합친다. Series(배열) 데이터 get_data_yahoo(code, '2018-12-01')['Close']를 가져와서 axis=1로 데이터를 세로방향(y축, column)으로 넣거나, axis=0로 가로방향(x축, row)으로 넣는 등 결과를 취합하고 데이터를 합칠 수 있다.

한줄 for loop 코드는 대괄호 [ ]로 묶어서, list_code = [code for name, code in stock_list]처럼 [실행명령 또는 변수code for loop in 리스트] 구조로 반복 실행해서 배열을 새로이 리스트로 생성할 때 사용한다. 데이터프레임 pd.DataFrame()로 get_data_ yahoo 모듈로 list_code 값으로 '2018-1-01'부터의 ['Close']열의 자료를 가져와 데이터프레임 df_axis1에 담는다, 데이터프레임 df_axis1의 columns 의 이름을 list_name으로 변경한다. 데이터프레임 df_axis1를 axis의 1 축 columns으로 시리즈를 책을 책꽂이에 꽂듯이 합친다.

---

1  한국 거래소(KRX)에 상장한 회사는 약 3800여개 이며, 이들 회사 주식의 정보를 가져오기 위해서는 코스피(KOSPI)와 코스닥(KOSDAQ)의 종목 코드를 알아야 한다. 판다스의 read_html()함수는 홈페이지의 HTML에서 〈table〉〈/table〉태그를 찾아 자동으로 DataFrame형식으로 만들어준다. header = 0 으로 맨 윗줄의 데이터를 헤더로 사용하고, 얻은 자료를 리스트 형태로 이용하기 위해 뒤에 [0] 을 붙여준다. 한국거래소에서 상장법인목록을 엑셀로 제공한 자료를 다운로드한, 3800여개 회사 중에서 특정한 회사를 선택해 업종 등 회사 소개 자료를 조회해 볼 수 있다. dataframe에서 특정한 문자열을 찾기 위해서는 변수를 사용해 df.columns 목록을 반복해 찾고, 특정한 문장열을 찾으면 그 결과를 변수에 추가한다.

두번째로 일렬로 배열된 데이터를 횡방향으로 주식데이터를 쌓는 방법을 데이터프레임에 직접 리스트를 넣는 방식으로 구현한다. 한 줄 for loop 코드는 대괄호 [ ]로 묶어서, list_price= [get_data_yahoo(price, '2018-1-01') ['Close'] for name, price in stock_list]처럼 [실행명령 또는 변수, for loop in 리스트] 구조로 반복 실행해서 배열을 새로이 리스트로 생성할 때 사용한다.

df_axis0

| Date | 2018-01-03 | 2018-01-04 | 2018-01-05 | 2018-01-08 | 2018-01-09 |
|---|---|---|---|---|---|
| 삼성전자 | 51620.0 | 51080.0 | 52120.0 | 52020.0 | 50400.0 |
| SK하이닉스 | 77700.0 | 77100.0 | 79300.0 | 78200.0 | 76900.0 |
| LG전자 | 109500.0 | 106000.0 | 111000.0 | 105000.0 | 109000.0 |

→ axis=0

데이터프레임 pd.DataFrame() list_price, index=list_name으로 데이터프레임 df_axis0에 담는다.

데이터프레임 df_axis0를 axis=0은 축의 x(row)축을 기준으로 합을 구하듯 결과적으로 row를 합치는 과정이다. 마치 axis의 0 축 index 행을 시리즈로 책을 눕혀서 쌓듯이 합친다. 능동형 그래프 라이브러리인 plotly 명령어를 사용해 삼성과 SK하이닉스의 주식 데이터를 가져와서 시계열로 조회하자. 데이터프레임 열이나 행 작업할 때 axis(축)을 지정해야 한다. 축을 넣어야 할 때 axis=0은 index 행을 따라 동작하고 작업 결과도 행으로 나타난다. 마치 책을 위로 쌓아 정리하는 것과 같다., axis=1, columns은 열을 따라 동작하고 작업 결과가 열로 나타난다. 마치 책을 옆으로 세워서 정리하는 것과 같다. 책을 어떤 방향으로 정리하든, 금융 시계열(time series) 데이터는 1차원 배열 구조를 사용하는 것이다.

---

**Program coding flownote 한글 명령어를 영어로 번역한 코드 작성 순서노트**

생활영어처럼 [1][2][3]단계별로 실행되는 한글 명령어 순서도 작성한다.

> [1단계] 파이썬하고 대화하듯이 명령 순서도 작성

> [1] pandas 모듈을 가져오다, 별칭 pd로
>     pandas_datareader 패키지로 get_data_yahoo 모듈을 가져오다

> [2] 리스트 stock_list에 담다,2차원 리스트[["삼성전자", "005930.ks"],["SK하이닉스", "000660.ks"],["LG전자", "066570.ks"]]

> [3] 리스트 list_name에 담다, 리스트 stock_list 안에서 name, price에서 name 값을

> [4] 데이터프레임 df_axis1에 담다, pd의 concat 합치기()의 get_data_yahoo(code, '2018-12-01')['Close']행과
>     kospi['Close']을 리스트 for문으로 반복해 stock_list 안에서 name값으로, axis=1 동일 축으로

> [5] 데이터프레임 df_axis1의 columns에 list_name 넣기

> [6] 리스트 list_price에 담다, get_data_yahoo모듈로 code, '2018-12-01'데이터의 행 'Close'값을,
>     리스트 stock_list 안에서 name, code로

> [7] 데이터프레임df_axis0에 담기,pd의 데이터프레임()의 list_prices를 index는 list_name

> [8] plotly.graph_objects를 가져오다, 별칭 go로
>     변수f ig에 담다. go.Figure() 이미지를
>     변수fig에 add_trace더한다,go의 Scatter모듈로 x는 (prices.columns),y는(prices.loc['삼성전자']),text는 '삼성전자', 모드는'lines'
>     변수fig에 add_trace더한다,go의 Scatter모듈로x는 (prices.columns),y는(prices.loc['SK하이닉스']),text는 'SK하이닉스', 모드는'lines'
>     변수fig에 add_trace더한다,go의 Scatter모듈로 x는 x는 (prices.columns),y는(prices.loc['LG전자']),text는 'LG전자', 모드는'lines'

한글 프로그램 순서도를 구글 번역으로 영어로 번역한다.

> [2단계] 구글 번역한 영어 문장을 한 행씩 압축해 코딩화한다

> [1] Import the pandas module, alias pd
>     Import the get_data_yahoo module into the pandas_datareader package

[2] Add to list stock_list,2D list[["Samsung Electronics", "005930.ks"],["SK Hynix", "000660.ks"],
["LG Electronics", "066570.ks"] ]
[3] Put in list list_name, name in list stock_list, name in price
[4] In the data frame df_axis1, in the stock_list by repeating the get_data_yahoo(code, '2018-12-01')['Close']
row and kospi['Close'] with the list for statement of the pd concat merge As the name value, axis=1 to the
same axis
[5] Put list_name in columns of data frame df_axis1
[6] Put in list list_price, code with get_data_yahoo module,'Close' value of row of '2018-12-01' data as name
and code in list stock_list
[7] Add to data frame df_axis0, list_name to index list_prices of data frame () of pd
[8] Import plotly.graph_objects, alias go
Put in variable f ig. go.Figure() image
Add_trace to the variable fig, scatter module of go where x is (prices.columns), y is (prices.loc['Samsung
Electronics']), text is'Samsung Electronics', mode is'lines'
Add_trace to the variable fig, scatter module of go, x is (prices.columns), y is (prices.loc['SK Hynix']), text
is'SK Hynix', mode is'lines'
Add_trace to the variable fig, scatter module of go where x is (prices.columns), y is (prices.loc['LG
Electronics']), text is'LG Electronics', mode is'lines'

컴퓨터가 이해하는 파이썬 명령어로 축약해 코딩화한다.

## [3단계] 코딩화한 각 셀을 ▶ 또는 Shift+Enter 눌러 한 행씩 실행한다

```
from pandas_datareader import get_data_yahoo
import pandas as pd

stock_list = [["삼성전자", "005930.ks"],["SK하이닉스", "000660.ks"],["LG전자", "066570.ks"]]

list_name = [name for name, code in stock_list]

df_axis1 = pd.concat([get_data_yahoo(code, '2018-12-01')['Close'] for name, code in stock_list], axis=1)
df_axis1.columns = list_name
df_axis1
```

|  | 삼성전자 | SK하이닉스 | LG전자 |
|---|---|---|---|
| Date |  |  |  |
| 2018-12-03 | 43250.0 | 70500.0 | 74400.0 |
| 2018-12-04 | 42150.0 | 69000.0 | 73200.0 |
| 2018-12-05 | 41450.0 | 68200.0 | 71700.0 |
| 2018-12-06 | 40500.0 | 66000.0 | 68600.0 |

```
list_prices=[get_data_yahoo(code, '2018-12-01')['Close'] for name, code in stock_list]

df_axis0 = pd.DataFrame(list_prices, index=list_name)
df_axis0
```

| Date | 2018-12-03 | 2018-12-04 | 2018-12-05 | 2018-12-06 | 2018-12-07 | 2018-12-10 | 2018-12-11 | 2018-12-12 | 2018-12-13 | 2018-12-14 | 2018-12-17 | 2(12 |
|---|---|---|---|---|---|---|---|---|---|---|---|---|
| 삼성전자 | 43250.0 | 42150.0 | 41450.0 | 40500.0 | 40950.0 | 40200.0 | 40250.0 | 40450.0 | 40000.0 | 38950.0 | 39150.0 | 389 |
| SK하이닉스 | 70500.0 | 69000.0 | 68200.0 | 66000.0 | 66800.0 | 65500.0 | 64900.0 | 66200.0 | 65500.0 | 61800.0 | 62200.0 | 611 |
| LG전자 | 74400.0 | 73200.0 | 71700.0 | 68600.0 | 66900.0 | 65300.0 | 66700.0 | 67900.0 | 68200.0 | 67700.0 | 69100.0 | 669 |

3 rows × 542 columns

```
import plotly.graph_objects as go
fig = go.Figure()
fig.add_trace(go.Scatter(x=(df_axis0.columns),y=(df_axis0.loc['삼성전자']),text='삼성전자',mode='lines'))
fig.add_trace(go.Scatter(x=(df_axis0.columns),y=(df_axis0.loc['SK하이닉스']),text='SK하이닉스',mode='lines'))
fig.add_trace(go.Scatter(x=(df_axis0.columns),y=(df_axis0.loc['LG전자']),text='LG전자',mode='lines'))
```

(구글 코랩 노트북으로 실습하려면)
크롬 브라우저 검색창에서 코랩사이트 링크(https://colab.research.google.com/ ) 입력해 새 코
랩 노트북 만들기 위해 시작페이지에 접속한다. 또는 이미 코드가 작성되어 있는 노트북으로 실습하
려면 옆의 QR코드를 스마트폰으로 인식하여 실행해 기 작성된 코드를 수정하면서 실습해 본다.

## 7.6 코로나19 팬더믹 공포에 세계 주식시장은 어떻게 움직였을지 뉴욕 주식시장 변동성 지수 상관 분석하자

**최근의 코로나 공포에 세계 금융시장은 어떻게 움직였을까?**

그림은 1987년 블랙먼데이부터 IMF위기, 금융위기, 2020년 코로나 팬데믹 크래시까지, 최근 지수 움직임이 과거 변동과 비슷하다는 예측으로 뉴욕 주식시장 변동성 지수 VIX지수[1] 데이터를 살펴본 것이다. 코로나19가 전 세계적으로 공포를 유발한 최초일자인 3월 9일에 뉴욕 주식시장 변동성 지수VIX 지수가 전일 대비 22.9% 상승해서 54.46를 기록했다. 이 수치는 2008년 세계

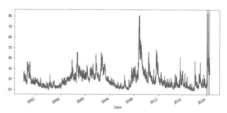

금융위기 이후 최고치로 현재 최고의 위기임을 알 수 있다. VIX 지수가 높다는 것은 곧 시장 참여자들의 시장에 대한 불안감이 크다는 것을 의미하며, 이 때문에 VIX를 '공포지수'라고도 부르기도 한다.

VIX지수는 S&P500 지수 투자기대치 변동성 지수이다. VIX는 장기적인 움직임을 파악하는 데 유리하고, 단기적으로 증권 시장의 지수(예를 들어 S&P500 지수, KOSPI 지수)와 반대로 움직이는 특징이 있다. VIX가 30(%)이라고 하면 앞으로 한 달간 주가가 30%의 등락을 할 것이라고 예상하는 투자자들이 많다는 것을 의미한다. 보통 VIX는 보통 30을 기준으로 30보다 높으면 변동성이 높다고 하고, 20 이하면 변동성이 낮다고 한다. get_data_yahoo() 함수에서 코스피지수 ^KS11를 1990-01-01 이후 데이터를 가져온다. VIX 가격 데이터도 ^VIX로 1990-01-01 이후를 가져와서 1990 ~ 2020 사이 과거와 현재의 세계 경제위기에 주가 동향과 비교해 본다.

**pd.concat()**
**append()**

Series(배열) 데이터vix['Close']와 kospi['Close']를 가져와서 DataFrame으로 합치는 방법 중에 concat() 함수 사용한다. concat()은 연결의 뜻concatenation으로 데이터프레임끼리도 결합할 수 있다. 데이터프레임 속에 데이터 추가는 append()를 사용하여 같은 결과를 내기도 한다. concat()의 괄호 속에 매개변수로 sort=False,True는 index를 중심으로 내림차순으로 한번에 정렬하거나 조회하고, axis=1로 데이터를 가로방향으로 넣거나, axis=0(세로방향) 등 결과를 취합하고 데이터를 합칠 수 있다. pd.concat([vix['Close'], kospi['Close']],axis=1) 처럼 concat() 함수로 ()안에 병합할 데이터프레임이나 시리즈는 [ ] 리스트 타입으로 넣고, axis의 1 축 으로 책을 세워놓듯이 데이터를 합친다.

두 배열의 주가 시계열 데이터간의 상관계수가 마이너스인 조합을 찾으면 안정적인 수익을 얻는 데 도움이 될 수 있다. 예를 들어 삼성전자와 현대자동차의 상관계수가 -1이라고 하면, 투자금액 중 절반은 삼성에 나머지 절반은 현대에 투자하면 위험 요소로부터 전체 투자금은 최소한 지킬 수는 있다. 음의 상관관계가 강한 기업들 주가나 펀드지수의 조합을 찾는다면 차익거래 실현을 할 수 있다.

df.corr()함수로 상관계수를 구한다. KOSPI지수와 VIX지수 및 S&P500지수의 상관계수[2]는 매우 높게 나타난다. VIX 지수의 경우 S&P500지수와는 -0.439, KOSPI지수와는 -0.514로 역상관 관계가 나타나고, VIX지수에 배팅한다는 것은 주식시장의 하락에 배팅을 한다는 의미가 된다. VIX지수 시계열 차트에서 특정한 기간을 강조하기 위해 matplotlib 라이브러리의 axvspan() 함수를 사용해 강조한다.

---

1  뉴욕 주식시장 변동성 지수 VIX지수(NewYork Volatility Index, VIX)는 S&P 500지수 옵션 가격에 대한 향후 30일 동안의 투자 기대치를 지수화한 것이다. 시카고 옵션거래소(CBOE)에서 제공하고 있어 CBOE VIX라고 표기하기도 하고, 주식시장의 변동성이 커지면 위험을 헤지하기 위해 옵션에 대한 수요가 증가하게 되어 옵션의 가격(프리미엄)이 높아진다. 즉 VIX가 오르게 된다는 것이다.

2  상관계수 분석(correlation coefficient analysis)은 확률론과 통계학에서 두 변수간에 어떤 선형적 관계를 갖는지 분석하는 변수 사이에 얼마나 강한 상관 관계가 있는지 정도를 파악하는 것이다.

## Program coding flownote 한글 명령어를 영어로 번역한 코드 작성 순서노트

생활영어처럼 [1][2][3]단계별로 실행되는 한글 명령어 순서도 작성한다.

---

[1단계] 파이썬하고 대화하듯이 명령 순서도 작성

[1] pandas 모듈을 가져오다, 별칭 pd로
   pandas_datareader 패키지로 get_data_yahoo 모듈을 가져오다

[2] 데이터프레임 kospi에 담다, pd의 데이터프레임()의 get_data_yahoo모듈로^KS11, '1990-01-01'데이터의 행 값을
   데이터프레임'kospi'의 꼬리부분 3줄 표시

[3] 데이터프레임'kospi'의 'Close'행을 플롯

[4] 데이터프레임 vix에 담다, pd의 데이터프레임()의 get_data_yahoo모듈로^VIX, '1990-01-01'데이터의 행 값을

[5]데이터프레임 df에 담다, pd의 concat 합치기()의 vix['Close']행과 kospi['Close']을 axis=1 동일 축으로

[6] 데이터프레임 df의 행columns에 담다, 'VIX', 'KOSPI'

[7] 데이터프레임 df의 상관계수

[8] 데이터프레임의 kospi, VIX의 플롯, 그림크기는 (11,5), 두번째 y축은 'VIX' 축척으로

[9] 그림틀 ax에 담다, 데이터프레임VIX'의 'Close'행을 플롯, 그림크기는 (11,5)
   그림틀 ax의 axvspan 수직폭 '1990-01', '1990-12'까지,칼라는 yellow로 표현
   그림틀 ax의 axvspan 수직폭 '1997-01', '1997-12'까지,칼라는 yellow로 표현
   그림틀 ax의 axvspan 수직폭 '2007-01', '2008-12'까지,칼라는 yellow로 표현
   그림틀 ax의 axvspan 수직폭 '2020-01', '2020-07'까지,알파농도는 0.3,칼라는 red로 표현

---

한글 프로그램 순서도를 구글 번역으로 영어로 번역한다.

---

[2단계] 구글 번역한 영어 문장을 한 행씩 압축해 코딩화한다

[1] import the pandas module, alias pd
   Import the get_data_yahoo module into the pandas_datareader package
[2] In the data frame kospi, get_data_yahoo module of pd's data frame () ^KS11, '1990-01-01' data row value
   Display 3 lines of tail of data frame'kospi'
[3] Plot the'Close' row of the data frame'kospi'
[4] Add to data frame vix, get_data_yahoo module of pd data frame () ^VIX, '1990-01-01' row value of data
[5] Put it in the data frame df, and the vix['Close'] line and kospi['Close'] of pd's concat merge() are axis=1 on the same axis.
[6] Add to column column of data frame df,'VIX','KOSPI'
[7] correlation coefficient of data frame df
[8] Data frame kospi, VIX plot, picture size (11,5), second y-axis as'VIX' scale
[9] Put in the picture frame ax, plot the'Close' row of the data frame VIX, and the picture size is (11,5)
   The axvspan vertical width of the picture frame ax up to '1990-01' and '1990-12', color is expressed in yellow
   The axvspan vertical width of the picture frame ax up to '1997-01' and '1997-12', the color is expressed in yellow
   The axvspan vertical width of the picture frame ax up to '2007-01' and '2008-12', color is expressed in yellow
   The axvspan vertical width of the picture frame ax up to '2020-01' and '2020-07', the alpha concentration is 0.3, and the color is expressed in red

컴퓨터가 이해하는 파이썬 명령어로 축약해 코딩화한다.

[3단계] 코딩화한 각 셀을 ▶ 또는 Shift+Enter 눌러 한 행씩 실행한다

```
[1] import pandas as pd
    from pandas_datareader import get_data_yahoo
```

```
[2] kospi=pd.DataFrame(get_data_yahoo("^KS11",'1990-01-01'))
    kospi.tail(3)
```

|  | High | Low | Open | Close | Volume | Adj Close |
|---|---|---|---|---|---|---|
| **Date** |  |  |  |  |  |  |
| **2020-07-22** | 2238.860107 | 2221.620117 | 2228.199951 | 2228.659912 | 856200.0 | 2228.659912 |
| **2020-07-23** | 2227.239990 | 2202.989990 | 2227.239990 | 2216.189941 | 934400.0 | 2216.189941 |
| **2020-07-24** | 2219.570068 | 2195.489990 | 2196.729980 | 2200.439941 | 1001000.0 | 2200.439941 |

```
[3] kospi['Close'].plot()
```

<matplotlib.axes._subplots.AxesSubplot at 0x7f0b816e07f0>

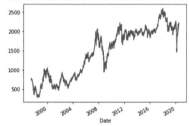

```
[4] vix=pd.DataFrame(get_data_yahoo("^VIX",'1990-01-01'))
    vix.tail(3)
```

|  | High | Low | Open | Close | Volume | Adj Close |
|---|---|---|---|---|---|---|
| **Date** |  |  |  |  |  |  |
| **2020-07-22** | 26.260000 | 24.129999 | 24.559999 | 24.32 | 0 | 24.32 |
| **2020-07-23** | 26.950001 | 23.600000 | 23.969999 | 26.08 | 0 | 26.08 |
| **2020-07-24** | 28.580000 | 25.530001 | 27.959999 | 25.84 | 0 | 25.84 |

```
[5] vix['Close'].plot()
```

```
[6] df = pd.concat([vix['Close'], kospi['Close']], axis=1)
    df.columns = ['VIX', 'KOSPI']
```

```
[7] df.corr()
```

|  | VIX | KOSPI |
|---|---|---|
| **VIX** | 1.000000 | -0.363059 |
| **KOSPI** | -0.363059 | 1.000000 |

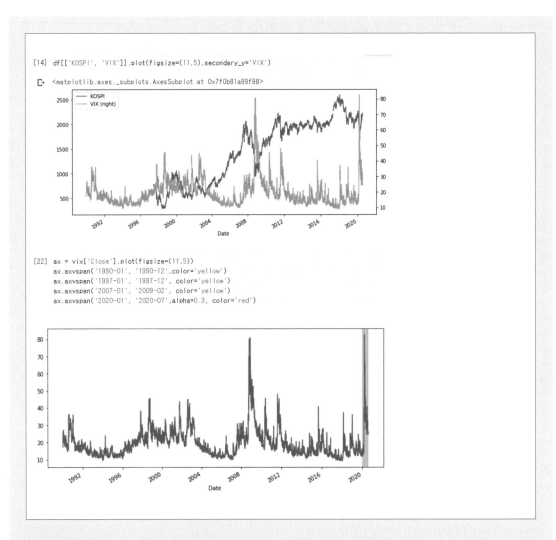

```
[14] df[['KOSPI', 'VIX']].plot(figsize=(11,5),secondary_y='VIX')
```
```
<matplotlib.axes._subplots.AxesSubplot at 0x7f0b81a99f98>
```

```
[22] ax = vix['Close'].plot(figsize=(11,5))
     ax.axvspan('1990-01', '1990-12',color='yellow')
     ax.axvspan('1997-01', '1997-12', color='yellow')
     ax.axvspan('2007-01', '2009-02', color='yellow')
     ax.axvspan('2020-01', '2020-07',alpha=0.3, color='red')
```

(구글 코랩 노트북으로 실습하려면)

크롬 브라우저 검색창에서 코랩사이트 링크(https://colab.research.google.com/ ) 입력해 새 코랩 노트북 만들기 위해 시작페이지에 접속한다. 또는 이미 코드가 작성되어 있는 노트북으로 실습하려면 옆의 QR코드를 스마트폰으로 인식하여 실행해 기 작성된 코드를 수정하면서 실습해 본다.

# 8 STEP

디지털 지리 던전

## 디지털 지리 좌표공간 Geometry 잇기, 지도 데이터 시각화 및 지오 코딩 (우주부터 Mikrokosmos 까지)

---

우주인 관점으로 관찰해 본 초록별 위의 내 위치를 지도 위에 좌표로 표현하자

지구 위 궤도상을  지나는 국제 우주정거장을 Real-Time 위치 추적해(ISS Tracker) 지도에 표시하기

국제 우주정거장 이동(Movement) 경로를 추적해 초록별 위 움직임을 선과 마커로 표현하기

내 집 주소를 위도 경도 좌표로 변환하여 지도에 표시하기

건물 명칭과 주소 여러 개 사이의 거리를 계산하고, 그 값을 리스트로 만들어 지도에 그리기

사건 현장을 범위로 표현하다. 지구인 관점으로 초록별 위 움직임을 점, 선, 면으로 표현하기,
세상은 사건이 일어나는 장소(Place)와 이동(Movement)으로 구성되다

평지에 쌓여 있는 흙 폐기물 기하함수 3D 지형 x, y, z surface로 표현하기

지오판다스geopandas로 지오 기하학적 객체 point 세계지도에 표현하기

서울에서 평양까지 지오 선 haversine 잇자. 그 거리는 ? 한반도와 평양 서울을 지도에 그리다

## 8.1 우주인 관점으로 관찰해 본 초록별 위의 내 위치를 지도 위에 좌표로 표현하자

울퉁불퉁한 지구 표면 위의 위치를 표현하기 위해 초록별 지구를 지구 밖에서 관찰하는 우주인의 관점이 필요하다.

울퉁불퉁한 둥근 지구 위의 내가 있는 위치를 표현하는 것은, 마치 우주인이 우주에서 초록별 지구를 관찰할 때 내 위치를 정탐하는 방식과 같다. 초록별 지구를 관찰하는 우주인 관점으로 둥근 지구 위의 위치를 표시할 때 즉 우리가 현실세계에서 지도상의 위치를 표시하기 위해 '위도(latitude)'와 '경도(longitude)[1]'를 사용한다.

초록별 지구는 산도 있고 바다도 있어서 수치로 공간을 표현하기가 쉽지 않다. 지리정보(geo information)는 초록별 지구의 지상(지표면)의 위치정보 즉 지리(지역) 공간상의 지리적 위치와 경계 정보를 의미한다. 울퉁불퉁한 지구상 위치 표현하기 위해 초록별 지구를 관찰하는 우주인 관점으로 둥근 지구 위의 위치를 표현한다. 마치 우주인이 우주에서 초록별 지구를 관찰할 때 위치를 정하는 방식과 같다. 초록별 지구를 관찰하는 우주인 관점으로 둥근 지구 위의 위치를 표현한다. 둥근 지구 위 어느 지점을 표시할 때 위도와 경도를 사용한다.

Folium 은 'Open Street Map' 등 지도데이터에 'Leaflet.js'를 이용하여 위치정보를 시각화하기 위한 파이썬 라이브러리다. 기본적으로 'GeoJSON' 형식 또는 'topoJSON' 형식으로 데이터를 지정하면, 오버레이를 통해 마커의 형태로 위치 정보를 지도상에 표현할 수 있다.

우선 아래 방식으로 스마트폰 등으로 확인한 내 위치를 나타내는 위도, 경도 값을 구한다. 구한 내 위치의 위도, 경도 값 리스트 [37.356262 ,126.921003] 를 mylocation 변수에 담는다. folium의 .Map() 함수로 mylocation변수에 담긴 좌표를 중심으로 지도를 만든다. 지도를 만들 때 화면의 크기를 지정하는 방법은 'zoom_start' 속성이다.

지도에 위치를 표시하는 마커의 생성은 '.Marker()' 함수를 이용하고, 추가(.add_to())함수로 지도에 마커 표시를 중첩하여 지도상에 표시한다.

---

1  위도(Latitude)는 적도(Equator)를 기준으로 위로 90도 ($\pi/2$ 라디안) 올라간다. 경도(Longitude)는 영국 그리니치 천문대를 0으로 하는 본초 자오선(Prime Meridian)을 기준으로 동경으로 180도 (파이 라디안) 횡단하는 선으로 표시된다. 한국의 위도 경도는 북위 38도 동경 127도이다.

### 초록별 지구 위에서 내 위치를 어떻게 알 수 있는걸까?

스마트폰에 내장된 GPS(Global Positioning System)는 인공위성을 이용하여 지상의 내 위치를 알 수 있는 Geo 위치좌표를 제공할 수 있기 때문이다. 스마트폰에 내장된 GPS로 우리는 손쉽게 구글지도 앱 등으로 내가 있는 위치를 확인할 수 있다. 구글지도로 내 위치(Location)를 위도 및 경도 GPS 좌표로 찾기 하자. 구글 크롬에서 '내위치찾기'로 검색하면, 구글지도가 나온다. 구글지도 앱을 바로 사용해도 좋다. 스마트폰 구글지도 앱 버튼을 클릭한 뒤 (1) 내 위치 아이콘을 클릭하면, 내가 있는 위치로 지도가 움직인다 (2) 기본 지도 위 지점을 2, 3초 누르면 붉은색 마커가 찍히고 검색창에 위도와 경도가 표시된다. 또는 로드뷰 지도형식으로 작은 팝업 창이 하나 열리고, 하단에 위치좌표인 위도와 경도 좌표가 표시된다.

---

## Program coding flownote 한글 명령어를 영어로 번역한 코드 작성 순서노트

생활영어처럼 [1][2][3]단계별로 실행되는 한글 명령어 순서도 작성한다.

| [1단계] 파이썬하고 대화하듯이 명령 순서도 작성 |
| --- |
| [1] folium 모듈 가져오다 |
| [2] 리스트 mylocation에 담다, [38, 127] |
| [3] 변수 mymap에 담다,folium의 지도모듈로 리스트 mylocation, 줌크기 3 |
| [4] folium의 마커모듈로 리스트 mylocation를 더한다, 변수 mymap에 |
| [5] 변수 mymap으로 지도 표시 |
| [6] 리스트 mylocation에 담다, [37.356262 ,126.921003] |
| [7] 변수 mymap에 담다, folium의 지도모듈로 리스트 mylocation, 줌크기 19 |
| [8] folium의 마커모듈로 리스트 mylocation를 더한다,. 변수 mymap에 |
| [9] 변수 mymap으로 지도 표시 |

한글 프로그램 순서도를 구글 번역으로 영어로 번역한다.

| [2단계] 구글 번역한 영어 문장을 한 행씩 압축해 코딩화한다 |
| --- |
| [2단계] 구글 번역한 영어 문장을 한 행씩 압축해 코딩화한다 |
| [1] import the folium module |
| [2] Add to list mylocation, [38,127] |
| [3] Put in variable mymap, list mylocation with folium's map module, zoom size 19 |
| [4] add list mylocation with folium marker module to variable mymap |
| [5] Mapping with the variable mymap |
| [6] Add to list mylocation, [37.356262 ,126.921003] |
| [7] Put in variable mymap, list mylocation with folium's map module, zoom size 19 |
| [8] add list mylocation with folium marker module to variable mymap |
| [9] Mapping with the variable mymap |

컴퓨터가 이해하는 파이썬 명령어로 축약해 코딩화한다.

[3단계] 코딩화한 각 셀을 ▶ 또는 Shift+Enter 눌러 한 행씩 실행한다

```
[ ]   import folium
```

```
[ ]   mylocation = [37.356262 ,126.921003]
```

```
[ ]   mymap = folium.Map(mylocation, zoom_start=3)
```

```
[ ]   folium.Marker(mylocation).add_to(mymap)
      mymap
```

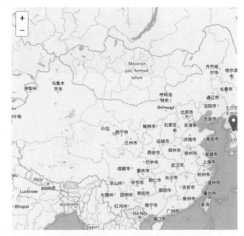

```
mylocation = [37.356262 ,126.921003]


mymap = folium.Map(mylocation, zoom_start=19)


folium.Marker(mylocation).add_to(mymap)
mymap
```

 (구글 코랩 노트북으로 실습하려면)
크롬 브라우저 검색창에서 코랩사이트 링크(https://colab.research.google.com/ ) 입력해 새 코랩
노트북 만들기 위해 시작페이지에 접속한다. 또는 이미 코드가 작성되어 있는 노트북으로 실습하려면
옆의 QR코드를 스마트폰으로 인식하여 실행해 기 작성된 코드를 수정하면서 실습해 본다.

## 8.2 지구위 궤도상을 지나는 국제 우주정거장을 Real-Time 위치 추적해(ISS Tracker) 지도에 표시하기

하늘의 별만큼 많이 떠 있는 인공위성 중에서 국제 우주정거장 International Space Station(ISS)이 가장 크고 가장 빛난다. 옆 사진은 미국 17세 소년 존크라우스가 찍은 달 앞을 지나가는 ISS이다. 지구 상공 약 400km의 고도에서 하루에 16번 매번 90분씩 초당 7.66 km의 속도로 지구 궤도를 돌고 있다. NASA가 제공하는 우주정거장 ISS 실시간 위치를 제공하는 위성서버에 HTTP 통신방식으로 요청request(위치값을 주세요 ~)하여 위성서버로부터 위치정보를 응답리턴response(위치값 주니 잘 받아요~) 받아 위도와 경도값을 지도에 표시하는 코드를 만들자.

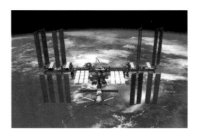

### 인터넷 기반의 디지털 네트워크 통신 규약

인공위성과 지구 관제센터와의 사이에는 디지털데이터가 빛의 속도로 전송되는 네트워크망이 형성되어 있다. 이렇게 먼거리에 서로 떨어져 있는 각각의 수많은 네트워크를 연결하여 하나의 네트워크처럼 연결하여 사용하기 위해서는 통일된 통신규칙이 필요하다. 아래의 네트워크 프로토콜 계층구조를 보면, 응용계층에는 수많은 인터넷 및 네트워크 통신방식 중에서 HTTP 프로토콜(하이퍼 텍스트 전송 프로토콜)을 많이 사용하고, 전송계층은 TCP 그리고 네트워크 계층에는 IP 방식을 많이 사용한다.

파이썬은 HTTP request 방법으로 requests모듈을 많이 사용한다. requests 모듈을 사용해서 URL 주소에서 가져오는 자료가 json 또는 text인 경우에는 requests모듈의 get()함수를 사용하고 ( ) 속에 매개변수로 url주소를 전달해 주면 json, text변수에 접근해서 자료를 가져올 수 있다. JSON 디코더가 내장되어 .json()은 응답 데이터가 딕셔너리형식 json 파일[1] 이면 사용하고, .text는 응답데이

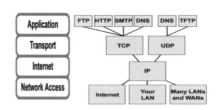

터가 딕셔너리형식 텍스트인 경우 사용한다. json형식으로 받아온 데이터에서 data["iss_position"]["latitude"]값과 ["longitude"]값을 float 실수로 변화해서 Lat,Long 변수에 담는다.

코드를 작성해 보자. requests 모듈을 가져오고, HTTP 를 통해 웹 서버에서 데이터를 얻는다. url 정보를 가져오므로 request 까지 모두 import 해 줘야 한다. get() 함수를 써서 해당 URL에 있는 html 데이터를 바이트 문자열로 가져온다. json()함수를 사용해서 json형식으로 받아온 데이터에서 data["iss_position"]["latitude"]값과 ["longitude"]값을 float 실수로 변화해서 Lat,Long 변수에 담는다. 지도 모듈 Folium 은 'Open Street Map' 등 지도데이터에 'Leaflet.js'를 이용하여 위치정보를 시각화하기 위한 파이썬 라이브러리다.

빈 지도를 만들기 위해 .Map() 함수로 내 위치 좌표를 중심으로 지도를 만든다. 초기 화면의 크기를 'zoom_start=3' 으로 축척을 작게 하여 지구본에 표시할 정도로 크기를 지정해 mymap 변수에 지도데이터를 담는다. 생성된 mymap 지도 위에 중첩시켜서, 내 위치를 표시하는 마커를 생성한다. '.Marker()' 함수를 이용하여 내 위치를 표시하고, 추가 (.add_to())함수로 mymap에 마커표시를 중첩한 지도를 화면에 표시한다.

---

1  JSON (JavaScript Object Notation)은 인터넷에서 자료를 주고 받을 때 사용하는 경량의 DATA-교환 형식이다. 이 형식은 딕셔너리 형태로 사람이 읽고 쓰기에 용이하며, 기계가 분석하고 생성함에도 용이하다.

## Program coding flownote 한글 명령어를 영어로 번역한 코드 작성 순서노트

생활영어처럼 [1][2][3]단계별로 실행되는 한글 명령어 순서도 작성한다.

| [1단계] 파이썬하고 대화하듯이 명령 순서도 작성 |
| --- |
| [1] requests 모듈을 가져오다 |
| [2] 변수 response에 담다, requests모듈의 get()함수로 "http://api.open-notify.org/iss-now.json"을 읽다<br>변수 data에 담다, 변수 response의 값을 json()함수로 변환해서 |
| [3] 변수 Lat,Long에 담다, 실수로 변수 data의 ["iss_position"]["latitude"]항, 실수로 변수 data의 ["iss_position"]<br>["longitude"]항 값을 |
| [4] folium 모듈 가져오다 |
| [5] folium의 마커모듈로 변수 Lat,Long를 더한다 변수 mymap에<br>변수 mymap으로 지도 표시 |

한글 프로그램 순서도를 구글 번역으로 영어로 번역한다.

| [2단계] 구글 번역한 영어 문장을 한 행씩 압축해 코딩화한다 |
| --- |
| [1] Import the requests module |
| [2] Put in variable response, read "http://api.open-notify.org/iss-now.json" with get() function of requests<br>module Put in variable data, convert the value of the variable response to json() function |
| [3] Put in variable Lat,Long, accidentally change the value of ["iss_position"]["latitude"] of variable data, and<br>the value of ["iss_position"]["longitude"] of variable data by mistake |
| [4] import folium module<br>Put it in the variable mymap, start the variable Lat,Long, zoom with the map module of folium 3 |
| [5] Add variables Lat and Long with marker module of folium to variable mymap<br>Display map with variable mymap |

컴퓨터가 이해하는 파이썬 명령어로 축약해 코딩화한다.

[3단계] 코딩화한 각 셀을 ▶ 또는 Shift+Enter 눌러 한 행씩 실행한다

```
import requests

response = requests.get('http://api.open-notify.org/iss-now.json')

data = response.json()

Lat,Long=float(data["iss_position"]["latitude"]),float(data["iss_position"]["longitude"])

Lat,Long

(-46.3338, 151.9142)

import folium
mymap=folium.Map([Lat,Long],zoom_start=3)
folium.Marker([Lat,Long]).add_to(mymap)
mymap
```

 (구글 코랩 노트북으로 실습하려면)

크롬 브라우저 검색창에서 코랩사이트 링크(https://colab.research.google.com/ ) 입력해 새 코랩
노트북 만들기 위해 시작페이지에 접속한다. 또는 이미 코드가 작성되어 있는 노트북으로 실습하려면
옆의 QR코드를 스마트폰으로 인식하여 실행해 기 작성된 코드를 수정하면서 실습해 본다.

## 8.3 국제 우주정거장 이동(Movement) 경로를 추적해 초록별 위 움직임을 선과 마커로 표현하기

디지털 세상의 공간은 사건이 일어나는 장소(Place)와 이동(Movement)으로 구성된다. 장소는 위도와 경도 좌표로 나타내며, 이동은 사건이 움직인 경로(path)이다. 이동(Movement)은 사건의 연결에 관한 개념이다. 국제 우주정거장 같은 사물 등의 이동경로를 연결하면 경로가 만들어질 수 있다. 경로는 인간이나 사물 등이 현장에 남긴 흔적들의 위치를 이어서 라인으로 연결한 것이다.

```
{
  'iss_path': {
  'iss_position': [
      {
      'no' : '마곡위치 1',
      'latitude': '47.3044',
      'longitude': '57.6236'
      },
      {
      'no' : '산본위치 2',
      'latitude': '49.3014',
      'longitude': '59.7264'
      },
      ]
      'message': 'success',
      'timestamp': 1604031556
  }
}
```

국제 우주정거장의 데이터베이스에서 제공하는 실시간 위치를 파이썬 모듈 requests을 사용하여 가져온다. requests 모듈을 사용해서 가져오는 자료가 json인 경우에는 requests모듈의 get()함수를 사용하고 ( ) 속에 매개변수로 url주소를 전달해 주면서 .json()함수 사용하여 딕셔너리 형식으로 가져온다. json (JavaScript Object Notation) 데이터구조는 인터넷에서 자료를 주고 받을 때 사용하는 경량의 JavaScript DATA-교환 형식이다. 데이터 포맷은 파이썬 딕셔너리 형태로 객체는 { 로 시작하고 }로 끝나며, '이름 : 값'의 쌍들이 순서대로 이어진 데이터 집합이다.

예를 들어 { 'iss_path': { 'iss_position': [ { 'no' : '마곡위치 1', 'latitude': '47.3044', 'longitude': '57.6236' }, { 'no' : '산본위치 2', 'latitude': '49.3014', 'longitude': '59.7264' }, ] 'message': 'success', 'timestamp': 1604031556 } } 같이 딕셔너리 형태로 데이터를 압축할 수 있다.

### 국제 우주정거장의 움직임을 추적하는 함수를 만들자

쉼 없이 궤도를 도는 우주정거장은 시간마다 지나는 각 지점들의 위경도를 구해서, 좌표로 반환하는 함수를 만든다. 함수 이름은 iss()로 만든다.

함수 iss() 속에는 시간을 딜레이하는 기능도 포함되어 있다. 국제 우주정거장이 움직이는 속도를 감안하여 일정시간이 지난 후에 위치를 추적하는 명령을 반복해서 수행하여, 우주정거장이 진행방향의 좌표들을 추출하도록 한다. 일정한 시간 경과를 주기 위해 time의 sleep()함수로 () 속의 시간만큼 작동을 멈추고 그 시간 이후에 다시 가동하도록 한다. 국제 우주정거장이 움직이는 지점들 위경도 좌표들을 모아서 리스트를 만들어 리스트변수 mylocation 에 넣는다.

이제 위도, 경도 좌표로 일정한 속도로 이동하는 국제 우주정거장의 지점별 좌표값을 자동으로 리스트로 추출한다. 위도와 경도 좌표를 여러 번 반복해서 진행방향 리스트 좌표 추출하는 방식은 for 문을 사용하며 한줄 방식인 iss(n) for n in range(10)으로 한다. 10번 iss와 교신하므로 위치받는 시간이 몇 분 소요된다.

파이썬 지도 라이브러리 folium을 가져온다. mylocation 리스트의 [1]첫번째 좌표를 중심으로 지도를 만들어 변수 mymap에 담는다. 이렇게 생성한 포리움 지도객체에 추가함수(.add_to())로 각 층별로 지도를 만들어 합치면 간단하게 통합된 지도를 생성할 수 있다. folium 에서 line을 생성하는 '.PolyLine()' 함수를 이용하여 위치를 반복해 찍고 이를 연결하는 경로[1] 를 생성한다.

---

1　위치를 표시하는 Marker() 함수의 인자값으로 for –loop 문으로 위도경도 값 리스트를 반복해서 전달하여 여러 개의 마커를 찍는다.
　for each in polygon : folium.Marker(each).add_to(mymap) 은 변수 폴리곤1의 각 좌표값을 하나씩 꺼낸 다음 반복해서 each변수로 표시를 붙인다. 포리움도에 each변수로 전달된 좌표값에 각각 포인트 표시를 붙인다.　mymap 지도 이름을 호칭하여 내 지도에 덧붙인 지도를 화면에 출력한다.

**Program coding flownote 한글 명령어를 영어로 번역한 코드 작성 순서노트**

생활영어처럼 [1][2][3]단계별로 실행되는 한글 명령어 순서도 작성한다.

---

[1단계] 파이썬하고 대화하듯이 명령 순서도 작성

---

[1] 함수 정의는 키워드 def 다음에 함수 이름 'iss'
　　time 모듈을 가져오다
　　time.sleep()함수로 3*n 초를 딜레이하다
　　requests 모듈을 가져오다
　　json 모듈로 부터 loads로 가져오다
　　변수 data에 담다, requests.get모듈로 "http://api.open-notify.org/iss-now.json"을 .json()함수로 읽다
　　변수 Lat,Long에 담다, 실수로 변수 data의 ["iss_position"]["latitude"]항, 실수로 변수 data의 ["iss_position"]["longitude"]
　　항 값을
　　리스트에 담아 반환하다, 변수Lat,Long

---

[2] 리스트 mylocation에 담다, for문으로 10번 반복해 함수 iss()를 실행하다

---

[3] folium 모듈 가져오다
　　변수 mymap에 담다, folium의 지도모듈로 리스트 mylocation의 [0]번항, 줌크기 19

---

[4]folium의 폴리라인모듈로 리스트 mylocation를 더한다, 변수 mymap에

---

[5] for 동안 리스트 mylocation에서 each, folium의 마커모듈로 리스트 each를 더한다, 변수 mymap에
　　변수 mymap으로 지도 표시

---

한글 프로그램 순서도를 구글 번역으로 영어로 번역한다.

---

[2단계] 구글 번역한 영어 문장을 한 행씩 압축해 코딩화한다

---

[1] The function definition is the keyword def followed by the function name'iss'
　　import the time module
　　Delay 3*n seconds with time.sleep() function
　　Import the requests module
　　loads from json module
　　Put in variable data, read "http://api.open-notify.org/iss-now.json" with requests.get module with .json() function
　　Put in variable Lat,Long, by mistake the value of ["iss_position"]["latitude"] of variable data, ["iss_position"]
　　["longitude"] of variable data by mistake
　　Put in a list and return, variable Lat, Long
[2] Put in the list mylocation, repeat the function iss() ten times with a for statement
[3] bring folium module
　　Put in variable mymap, map module of folium, list [0] of mylocation, zoom size 19
[4] Add the list mylocation to folium's polyline module to the variable mymap
[5] During for, add each from the list mylocation to the marker module of the folium and add the list each to
　　the variable mymap.
　　Map display with variable mymap

컴퓨터가 이해하는 파이썬 명령어로 축약해 코딩화한다.

[3단계] 코딩화한 각 셀을 ▶ 또는 Shift+Enter 눌러 한 행씩 실행한다

```
def iss(n):
  import time
  time.sleep(10*n)
  import requests
  data = requests.get('http://api.open-notify.org/iss-now.json').json()
  Lat,Long=float(data["iss_position"]["latitude"]),float(data["iss_position"]["longitude"])
  return Lat,Long


mylocation = [iss(n) for n in range(10)]


import folium
mymap = folium.Map(mylocation[1], zoom_start=3)


folium.PolyLine(mylocation).add_to(mymap)


for each in mylocation:
  folium.Marker(each).add_to(mymap)
mymap
```

 (구글 코랩 노트북으로 실습하려면)
크롬 브라우저 검색창에서 코랩사이트 링크(https://colab.research.google.com/ ) 입력해 새 코랩 노트북 만들기 위해 시작페이지에 접속한다. 또는 이미 코드가 작성되어 있는 노트북으로 실습하려면 옆의 QR코드를 스마트폰으로 인식하여 실행해 기 작성된 코드를 수정하면서 실습해 본다.

## 8.4 내 집 주소를 위도 경도 좌표로 변환하여 지도에 표시하기

주소(Address)를 위도 경도 좌표(Locate)로 또는 반대로 변환하는 것을 Geocoding이라고 한다. Google geocoder가 유명한데 2018년 말부터 지오 코딩 서비스 사용하려면 등록이 필요하다. 다행히 파이썬 전용 패키지인 Geopy는 등록 없이도 사용이 가능하다. Geopy는 Google Maps, Bing Maps, ArcGIS 또는 Open street map의 nominatim[1] 등 다양한 Geocoding Services를 사용할 수 있다. 세계 어느 장소든 주소, 명칭으로 위도/경도 좌표를 찾을 수 있고, Nominatim country_bias를 'South Korea'로 지정하면 한글 주소와 명칭으로도 찾을 수 있다.

파이썬 전용 패키지인 Geopy 속에 있는 기능 중에 geocode( ) 명령어는 ( ) 속에 넣은 주소 문자열로부터 위경도 위치를 찾고, reverse() 역 지오코딩 명령어는 반대로 위경도 좌표로 주소를 찾을 수 있다. Geopy는 위도 경도의 두 점 사이의 최단 거리인 측지거리를 계산할 수도 있다.

코드를 실습해 보자. !pip를 사용하여 geopy 패키지를 설치한다. 지도와 주소 소스를 검색하는 기능을 다운로드 하기 위해 nominatim 라이브러리 모듈을 가져온다. 내가 자주 가는 공간인 산본역과 마곡나루역의 명칭으로 위도, 경도 좌표를 찾아보자. 이제 코드 속에 각자 자기의 주소를 넣어서 위도, 경도 좌표를 찾아보자. 가끔 한글 주소로 위도, 경도 좌표를 못 찾는 경우가 있다. nominatim 지도데이터 검색기능의 업데이트가 잘 되지 않을 수도 있으니, 완성도 있는 지오코딩을 위해서는 구글회원에 가입하고 Google Maps을 사용하는 Google geocoder를 사용하거나 Google Maps에서 하나씩 위도, 경도 좌표를 찾으면 된다.

Folium 은 'Open Street Map' 기반 파이썬 지도 라이브러리다. .Map() 함수를 사용하여 주소로 찾은 '위도(latitude)'와 '경도(longitude)'를 중심으로 한 지도를 만든다. 화면의 크기를 지정하는 방법은 'zoom_start' 속성이다. 내 위치를 표시하는 마커의 생성은 '.Marker()' 메소드를 이용하고, 생성한 포리움 객체에 추가(.add_to())하면 간단하게 마커를 지도상에 표시한다.

### Program coding flownote 한글 명령어를 영어로 번역한 코드 작성 순서노트

생활영어처럼 [1][2][3]단계별로 실행되는 한글 명령어 순서도 작성한다.

| [1단계] 파이썬하고 대화하듯이 명령 순서도 작성 |
|---|
| [1] geopy 인스톨하다<br>　　geopy.geocoders패키지로부터 Nominatim 모듈 가져오다 |
| [2] 변수 geolocoder에 담다, 모듈 Nominatim의 country_bias는 'South Korea' |
| [3] 변수 geo에 담다, 변수 geolocoder의 geocode모듈의 '마곡나루역'을 |
| [4] 리스트에 담다, 변수 geo.latitude, geo.longitude |
| [5] folium 모듈 가져오다<br>　　변수 mymap에 담다, folium의 지도모듈로 변수 [geo.latitude, geo.longitude], 줌 시작 17 |
| [6] folium의 마커모듈로 변수 geo.latitude, geo.longitude 를 더한다 변수 mymap에<br>　　변수 mymap으로 지도 표시 |

<hr>

1 Nominatim은 오픈소스 지오코딩으로, 오픈소스 지도인 OpenStreetMap 데이터를 기반으로 한 검색 엔진이다. 지도와 주소 데이터베이스에 저장된 데이터를 검사하고 개체 주소를 제공한다. https://nominatim.openstreetmap.org 사이트에서 간단하게 검색해 볼 수 있다. 다만 전세계에서 OSM Nominatim 서버에 하루에 3천만 개 이상의 쿼리를 요청하고 있으니, 처리 속도는 느릴 수 있다.

한글 프로그램 순서도를 구글 번역으로 영어로 번역한다.

[2단계] 구글 번역한 영어 문장을 한 행씩 압축해 코딩화한다

[1] Function definition is keyword def followed by function name'geo_ip' and parameter is juso
    geopy install
    Import Nominatim module from geopy.geocoders package
    Add to variable geolocoder, module Nominatim's country_bias is'South Korea'
    Put in the variable geo, juso of the geocode module of the variable geolocoder
    Return in list, variables geo.latitude, geo.longitude
[2] Add to variable a, execute function geo_ip('magoknaru station')
    Add to variable b, execute function geo_ip('Daecheong Station')
    Add to variable c, run function geo_ip('Sanbon Library')
[3] import distance module from geopy package
[4] Printing distance module distance(a,b,c) km unit
[5] put in variable mylocation, list a,b,c
[6] folium module import
    Add to variable mymap, folium map module variable mylocation [0] term, zoom start 10
[7] Add variable mylocation with folium's polyline module to variable mymap
    Display map with variable mymap

컴퓨터가 이해하는 파이썬 명령어로 축약해 코딩화한다.

[3단계] 코딩화한 각 셀을 ▶ 또는 Shift+Enter 눌러 한 행씩 실행한다

```
[1] !pip install geopy
    from geopy.geocoders import Nominatim

 ℂ→ Requirement already satisfied: geopy in /usr/local/lib/python3.6/dist-packages (1.17.0)
    Requirement already satisfied: geographiclib<2,>=1.49 in /usr/local/lib/python3.6/dist-pack
```

```
[2] geolocoder = Nominatim(country_bias='South Korea')
    geo = geolocoder.geocode('마곡나루역')
    geo

 ℂ→ /usr/local/lib/python3.6/dist-packages/geopy/geocoders/osm.py:143: UserWarning: Using Nomir
      UserWarning
    Location(마곡나루, 마곡중앙5로, 강서구, 가양1동, 07594, 대한민국, (37.5663087, 126.8276766,
    ◄
```

```
[3] [geo.latitude, geo.longitude]

 ℂ→ [37.5663087, 126.8276766]
```

```
[4] import folium
```

```
[5] mymap=folium.Map([geo.latitude, geo.longitude], zoom_start=17)
    folium.Marker([geo.latitude, geo.longitude]).add_to(mymap)
    mymap
```

 (구글 코랩 노트북으로 실습하려면)
크롬 브라우저 검색창에서 코랩사이트 링크(https://colab.research.google.com/ ) 입력해 새 코랩
노트북 만들기 위해 시작페이지에 접속한다. 또는 이미 코드가 작성되어 있는 노트북으로 실습하려면
옆의 QR코드를 스마트폰으로 인식하여 실행해 기 작성된 코드를 수정하면서 실습해 본다.

## 8.5 건물 명칭과 주소 여러 개 사이의 거리를 계산하고, 그 값을 리스트로 만들어 지도에 그리기

지구 곡면상의 두 지점 사이의 기하학적인 최단거리인 직선을 타원체의 측지선이라고 한다. 측지거리는 지구 타원체 표면에서 가장 짧은 거리이다. 두 지점 a, b 사이의 측지선 계산식은 지구를 sphere(Great-circle)로 가정하고 반경을 구한 식 $(2a + b) / 3 =$ 6371.0087714150598 km (평균 지구 반경 약 6371.009 km, 좌표계 WGS-84의 경우, 오차율 0.5%)을 사용하여 두 지점을 지나는 courcses 를 구한다. 파이썬 전용 패키지인 Geopy 를 사용하여 위도 경도의 두 점 사이의 최단 거리인 측지거리를 계산할 수 있다. 측지거리는 지구의 타원체 모델의 표면에서 가장 짧은 거리이며 0.2 mm까지 정확하다.

코드를 실습하자. 앞장에서 만든 주소를 위도경도 좌표로 변환하는 코드 덩어리를 함수로 만들어 자동으로 지오코딩하도록 해보자. 함수 이름 'geo_ip' 을 사용하고, ( ) 속에 넣을 매개 변수는 juso로 한다. 지오코드로 변환된 위도 경도를 변수 geo에 담는다. geo.latitude, geo.longitude 값을 리스트에 담아 반환한다. 함수 geo_ip()를 사용하여 '마곡나루역' 좌표값을 변수 a에 담는다. 함수 geo_ip()에 '대청역' 좌표값을 변수 b에 담는다. 함수 geo_ip()에 '산본도서관' 실행 좌표값을 변수 c에 담는다. Geopy 패키지로부터 distance 모듈을 가져온다. distance 모듈의 distance( ) 함수를 사용하여 distance(a,b,c)간 km 단위로 거리를 계산한다. 명령어, print(distance.

distance(a,b).km) 는 a와 b 사이의 거리를 km로 산출하여 출력한다. 좌표로 변환한 a,b,c 변수를 [ ]를 사용해 리스트로 만들어 mylocation에 담는다. folium 모듈 가져와서, folium의 지도모듈()로 mylocation의 [0]번째 좌표를 중심으로 지도크기 zoom_start=10를 만든다. 변수 mylocation 값을 폴리라인으로 표시한다. 산출된 거리를 확인하기 위해 구글지도에서 경로를 설정하고 거리 측정해 보면 같은 값이 나온다.

---

### Program coding flownote 한글 명령어를 영어로 번역한 코드 작성 순서노트

생활영어처럼 [1][2][3]단계별로 실행되는 한글 명령어 순서도 작성한다.

| [1단계] 파이썬하고 대화하듯이 명령 순서도 작성 |
| --- |
| [1] 함수 정의는 키워드 def 다음에 함수 이름 'geo_ip'와 매개 변수는 juso<br>　　geopy 인스톨하다<br>　　geopy.geocoders패키지로부터 Nominatim 모듈 가져오다<br>　　변수 geolocoder에 담다, 모듈 Nominatim의 country_bias는 'South Korea'<br>　　변수 geo에 담다, 변수 geolocoder의 geocode모듈의 juso를<br>　　리스트에 담아 반환하다, 변수 geo.latitude, geo.longitude |
| [2] 변수 a에 담다,함수 geo_ip()에 '마곡나루역' 실행<br>　　변수 b에 담다,함수 geo_ip()에 '대청역' 실행<br>　　변수 c에 담다,함수 geo_ip()에 '산본도서관' 실행 |
| [3] geopy 패키지로부터 distance 모듈 가져오기 |
| [4] 프린트하기 distance 모듈의 distance(a,b,c)간 km 단위 |
| [5] 변수 mylocation에 담다, 리스트 a,b,c |
| [6] folium 모듈 가져오다<br>　　변수 mymap에 담다, folium의 지도모듈로 변수 mylocation [0]항, 줌 시작 10 |
| [7] folium의 폴리라인모듈로 변수 mylocation 를 더한다 변수 mymap에<br>　　변수 mymap으로 지도 표시 |

한글 프로그램 순서도를 구글 번역으로 영어로 번역한다.

## [2단계] 구글 번역한 영어 문장을 한 행씩 압축해 코딩화한다

[1] Function definition is keyword def followed by function name'geo_ip' and parameter is juso
 geopy install
 Import Nominatim module from geopy.geocoders package
 Add to variable geolocoder, module Nominatim's country_bias is'South Korea'
 Put in the variable geo, juso of the geocode module of the variable geolocoder
 Return in list, variables geo.latitude, geo.longitude
[2] Add to variable a, execute function geo_ip('magoknaru station' )
 Add to variable b, execute function geo_ip('Daecheong Station' )
 Add to variable c, run function geo_ip('Sanbon Library' )
[3] import distance module from geopy package
[4] Printing distance module distance(a,b,c) km unit
[5] put in variable mylocation, list a,b,c
[6] folium module import
 Add to variable mymap, folium map module variable mylocation [0] term, zoom start 10
[7] Add variable mylocation with folium's polyline module to variable mymap
 Display map with variable mymap

컴퓨터가 이해하는 파이썬 명령어로 축약해 코딩화한다.

## [3단계] 코딩화한 각 셀을 ▶ 또는 Shift+Enter 눌러 한 행씩 실행한다

```
[1]  def geo_ip(juso):
       !pip install geopy
       from geopy.geocoders import Nominatim
       geolocoder = Nominatim(country_bias='South Korea')
       geo = geolocoder.geocode(juso)
       return [geo.latitude, geo.longitude]

[2]  a=geo_ip('마곡나루역')

[3]  b=geo_ip('대청역')

[4]  c=geo_ip('산본도서관')

[5]  from geopy import distance
     print(distance.distance(a,b,c).km)

[➔]  43.381303291730575

[6]  import folium

[7]  mylocation = [a,b,c]
     mymap=folium.Map(mylocation[0], zoom_start=10)
     folium.PolyLine(mylocation).add_to(mymap)
```

(구글 코랩 노트북으로 실습하려면)
크롬 브라우저 검색창에서 코랩사이트 링크(https://colab.research.google.com/ ) 입력해 새 코랩
노트북 만들기 위해 시작페이지에 접속한다. 또는 이미 코드가 작성되어 있는 노트북으로 실습하려면
옆의 QR코드를 스마트폰으로 인식하여 실행해 기 작성된 코드를 수정하면서 실습해 본다.

## 8.6 사건 현장을 범위로 표현하다. 지구인 관점으로 초록별 위 움직임을 점,선,면으로 표현하기, 세상은 사건이 일어나는 장소(Place)와 이동(Movement)으로 구성되다

세상은 사건으로 구성되어 있다. 사건이 일어난 장소(Place)는 사건현장을 특징지어 나타내는 말이다. 사건현장은 장소의 특성과 범위를 가진다. 가령 범죄라는 사건이 일어난 장소의 특성과 범위를 살펴보면, 가난한 동네이거나 경찰이 근처에 없어서 쉽게 범죄의 대상이 되었는지 등 통계적으로 사건현장을 살펴볼수 있는 특성이 있고, 또한 사건이 일어나는 위치를 이어서 라인으로 연결하면 경로가 만들어질 수 있고 사건 장소와 경로로부터 범위가 설정된다. 사건이 일어나는 장소와

이동 모두 초록별 지구 위 곡면공간에서 발생한다. 초록별 둥근 지구 위에 범위를 설정하려면 그 범위는 기하학적으로 곡면공간이며 각도의 크기를 가지지만, 그 장소에서 보면 주변공간은 평면이다.

### 지구인 관점으로 지구 평면에서 움직인다

지구를 관찰하는 우주인 관점이 아니라 지구인 당사자 관점으로 지구 위를 걷고 달리는 아주 작은 사람의 관점으로 변화시켜서 각도의 크기를 거리 개념으로 해석할 수 있다. 각도는 지구밖에서 외계인인 관찰자가 지구상의 인간이 움직이는 것을 계속 바라보기 위해, 지구밖 외계인이 얼마의 각도로 돌려보는가 하는 양의 정도이다. 반면에 초록별 지구 위를 달리고 걷는 지구인 관점에서는 관찰자가 하찮게 여기는 작은 땅이라도 지구인에게는 세상의 전부이다. 따라서 지구인이 열심히 달리고 걸은 거리의 양이 바로 라디안으로 표현된다.

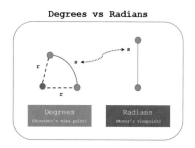

내가 있는 장소 주변의 임의 범위를 표시하는 코드를 실습한다. 범위를 표시하는 것은 폴리곤으로 한다. folium에서 폴리곤 생성은 '.Polygon()' 메소드를 이용하여 생성한다. 4개의 꼭짓점의 위경도 좌표들을 모아서 리스트를 만들어 mylocation 변수에 넣는다. 마커의 인자값으로 위도경도 값 리스트를 전달하고, 생성한 포리움 객체에 추가(.add_to())하면 간단하게 폴리곤을 생성할 수 있다. 폴리곤 안을 붉은색으로 채운다. 거점별 좌표값을 자동으로 리스트로 추출한다. x축 방향과 y축 방향 리스트 추출하는 방식은 for 문을 사용하며, 함수방식, 람다함수방식, 표현식[1] 한줄 방식의 3가지 방식이 있다.

for each in polygon :
    folium.Marker(each).add_to(mymap) 은 변수 폴리곤의 각 좌표 값을 하나씩 꺼낸 다음 반복해서 each변수로 표시를 붙인다. 포리움지도에 each변수로 전달된 좌표값을 각각 포인트 표시를 붙인다. 내 지도에 덧붙인다.

---

1  표현식인 [EXPRESSION for VARIABLE in SEQUENCE] 방식은 파이썬 표현식으로 코드를 축약해 파이썬 함수와 변수를 표현한 것이다. [n ** 2 for n in range(5)] 처럼 산술식과 변수와 함수로 구성된다.

**Program coding flownote 한글 명령어를 영어로 번역한 코드 작성 순서노트**

생활영어처럼 [1][2][3]단계별로 실행되는 한글 명령어 순서도 작성한다.

| [1단계] 파이썬하고 대화하듯이 명령 순서도 작성 |
| --- |
| [1] folium 모듈 가져오다 |
| [2] 리스트 mylocation에 담다,2차원 리스트[[----]] |
| [3] 변수 mymap에 담다,folium의 지도모듈로 리스트 mylocation의 [0]번항, 줌크기 14 |
| [4] folium의 폴리곤모듈로 리스트 mylocation를 붉은색으로 채운다, 더한다 변수 mymap에 |
| [5] for 동안 리스트 mylocation에서 each, folium의 마커모듈로 리스트 each를 더한다 변수 mymap에 |
| [6] 변수 mymap으로 지도 표시 |

한글 프로그램 순서도를 구글 번역으로 영어로 번역한다.

| [2단계] 구글 번역한 영어 문장을 한 행씩 압축해 코딩화한다 |
| --- |
| [1] import the folium module |
| [2] Add to list mylocation,2D list[[----]] |
| [3] Put in variable mymap, folium map module, item [0] of list mylocation, zoom size 14 |
| [4] Fill the list mylocation in red with the polygon module of folium, add it to the variable mymap |
| [5] During for, add each of the list from the list mylocation to the marker module of each and folium to the variable mymap |
| [6] Mapping with the variable mymap |

컴퓨터가 이해하는 파이썬 명령어로 축약해 코딩화한다.

| [3단계] 코딩화한 각 셀을 ▶ 또는 Shift+Enter 눌러 한 행씩 실행한다 |
| --- |

```
[1]  import folium

[2]  mylocation = [[37.361954, 126.929058],
                   [37.361954+0.013, 126.929058+0.013],
                   [37.361954+0.012, 126.929058+0.017],
                  [37.361954, 126.929058+0.012],
                   [37.361954, 126.929058]]

[3]  mymap = folium.Map(mylocation[0], zoom_start=14)

[4]  folium.Polygon(mylocation, fill_color='red').add_to(mymap)

[5]  for each in mylocation:
        folium.Marker(each).add_to(mymap)

[6]  mymap
```

 (구글 코랩 노트북으로 실습하려면)

크롬 브라우저 검색창에서 코랩사이트 링크(https://colab.research.google.com/ ) 입력해 새 코랩 노트북 만들기 위해 시작페이지에 접속한다. 또는 이미 코드가 작성되어 있는 노트북으로 실습하려면 옆의 QR코드를 스마트폰으로 인식하여 실행해 기 작성된 코드를 수정하면서 실습해 본다.

## 8.7 평지에 쌓여 있는 흙폐기물 기하함수 3D 지형 x,y,z surface로 표현하기

산더미 처럼 쌓인 폐기물이 사회문제가 되기 전에 신속하게 공사 현장에서 폐기물처리장이나 매립장으로 운반해야 한다. 쌓인 흙이나 폐기물을 공사장 밖으로 멀리 흙이나 폐기물을 운반해서 폐기장에 버리려면 양을 알아야 한다. 그런데 작은 야산만큼 쌓인 폐기물 운반량을 알기 위해서는 전체 체적을 구해야 한다. 쓰레기 산더미는 표면이 울퉁불퉁하기 때문에 레이저측량기로 촘촘하게 x,y,z의 좌표를 측량해야 한다. 이렇게 측량한 좌표로 흙폐기물 산더미를 3D 입체적으로 표현해 본다.

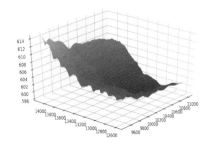

### 폐기물 3D 지형 x,y,z surface 그리기

Python에서 3D 지형 표면 또는 지형 모델링을 만들기 위해 plotly 라이브러리를 사용한다. Plotly 도구를 사용하여 확대, 축소, 이동, 회전, 이미지를 살펴볼 수 있다. 3D 지형 모델을 만들 x,y,z 리스트를 준비한다. numpy 모듈을 가져와서, numpy.linspace(0, 10, 6), .linspace(0, 10, 6)값을 또는 각각 x와 y 좌표 리스트를 만들어 가져온다. z 또는 높이 값을 측량한 값으로 리스트에 담는다.

plotly.graph_objects 모듈을 가져온다. 표면모듈() 사용하여 ()속에 x,y,z 리스트를 넣는다. 3D 만들려면 3개 축의 리스트 데이터가 필요하다.  x축, y축 값이 없으면 자동으로 설정된다.

### 폐기물 산더미 체적, 면적 구하기

3D 지형모델의 면적과 부피를 계산하려면 파이썬의 과학라이브러리 scipy를 사용한다. ConvexHull() 함수는 x,y,z 행렬 2차 배열 데이터로부터 면적과 부피를 모두 계산할 수 있다. 배열 arr1에 다면체의 x,y,z 좌표배열을 예를 들면 [[1,0,0],[-1,0,0],[0,1,0], [0,-1,0], [0,0,1], [0,0,-1]] 처럼 x,y,z 의 3차 좌표배열로 담는다. 리스트 x,y,z을 numpy.array로 리스트를 합친다. points = np.array([list(e) for e in zip(x,y,z)]) 합쳐진 리스트는 scipy에서 과학공학용 3D좌표 배열이 된다. 3차배열 list2을 ConvexHull(list2).volume 함수로 계산해 부피를 계산해 volume변수에 담는다. ConvexHull(list2).area로 3D 지형모델의 최외곽선의 바닥 넓이도 구한다.

---

**Program coding flownote 한글 명령어를 영어로 번역한 코드 작성 순서노트**

생활영어처럼  [1][2][3]단계별로 실행되는 한글 명령어 순서도 작성한다.

| [1단계] 파이썬하고 대화하듯이 명령 순서도 작성 |
| --- |
| [1] 리스트 z에 담다, 2차리스트 [[ --- ]] 를 리스트 x,y에 담다 |
| [2] plotly.graph objects 모듈을 가져오다, 별칭 go로<br>    go의 피겨 모듈 데이터는 go의 표면모듈(z는 리스트 z, x=x, y=y) |
| [3] 리스트 list1에 담다, [ [list(e) for e in zip(x,y,z[i])] for i in range(4) ] |
| [4] itertools로부터 chain 가져오다<br>    리스트 list2에 담다, list(chain(*list1)) |
| [5] scipy.spatial로부터  ConvexHull 가져오기 |
| [6] 부피 volume에 담다, ConvexHull(list2).volume 값을 |
| [7]] 부피 area에담다, ConvexHull(list2).area 값을 |

한글 프로그램 순서도를 구글 번역으로 영어로 번역한다.

[2단계] 구글 번역한 영어 문장을 한 행씩 압축해 코딩화한다

[1] Put in list z, secondary list [[ --- ]]
　　Put in list x,y
[2] Import the plotly.graph_objects module, alias go
　　go's figure module data is go's surface module (z is a list z, x=x, y=y)
[3] Add to list list1, [[list(e) for e in zip(x,y,z[i])] for i in range(4)]
[4] Get chain from itertools
　　Put in list list2, list(chain(*list1))
[5] Import ConvexHull from scipy.spatial
[6] Volume into volume, ConvexHull(list2).volume value
[7] Put in the volume area, ConvexHull(list2).area value

컴퓨터가 이해하는 파이썬 명령어로 축약해 코딩화한다.

[3단계] 코딩화한 각 셀을  또는 Shift+Enter 눌러 한 행씩 실행한다

```
z = [[8.83,8.89,8.81,8.87,8.9,8.87],
     [8.89,8.94,8.85,8.94,8.96,8.92],
     [8.84,8.9,8.82,8.92,8.93,8.91],
     [8.79,8.85,8.79,8.9,8.94,8.92],
     [8.79,8.88,8.81,8.9,8.95,8.92]]

import numpy as np
x, y = np.linspace(0, 10, 6), np.linspace(0, 10, 6)
import plotly.graph_objects as go
go.Figure(data=[go.Surface(z=z, x=x, y=y)])
```

```
[ ]  list1 = [ [list(e) for e in zip(x,y,z[i])] for i in range(4) ]

[ ]  from itertools import chain
     list2 = list(chain(*list1))
     list2

[ ]  from scipy.spatial import ConvexHull
     volume = ConvexHull(list2).volume

     0.20666666666666697

[ ]  area = ConvexHull(list2).area

     5.230596088408976
```

 (구글 코랩 노트북으로 실습하려면)
크롬 브라우저 검색창에서 코랩사이트 링크(https://colab.research.google.com/ ) 입력해 새 코랩 노트북 만들기 위해 시작페이지에 접속한다. 또는 이미 코드가 작성되어 있는 노트북으로 실습하려면 옆의 QR코드를 스마트폰으로 인식하여 실행해 기 작성된 코드를 수정하면서 실습해 본다.

## 8.8 지오판다스geopandas로 지오 기하학적 객체 point 세계지도에 표현하기

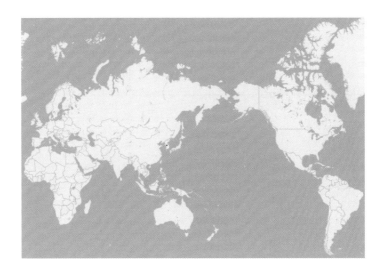

GeoPandas는 파이썬에서 좌표, 주소 등 위치정보를 기반으로 한 GIS(Geospatial Information System) 지리정보 데이터 처리의 기하하적 연산과 시각화 등을 돕는 패키지이다. 파이썬 프로그래밍 언어 개발처럼 자원봉사자들이 개발하는 오픈소스 프로젝트이다. GeoPandas는 두 가지의 자료형 GeoSeries와 GeoDataFrame이 있고, pandas가 사용하는 데이터 유형을 확장하여 기하학적 유형에 대한 공간 작업까지 할 수 있어서 GIS 개발에 유용하다.

GeoPandas에서는 Shapely라는 패키지를 통해 Geometry 데이터를 기하학적 연산 및 벡터연산 등을 처리한다. 기하학적 객체들은 Points, Lines 및 Polygons벡터 형식으로 처리한다. GeoPandas는 점은 2차원 (x, y) 또는 3차원 (x, y, z) 좌표 튜플로서, 좌표 데이터를 Shapely의 Geometry[1]자료형으로 만들고 좌표로 나타낼 수 있고 지도 위에 점을 찍을 수 있다.

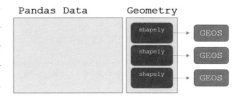

GeoPandas는 각 지오메트리(점, 선 또는 다각형 등)를 Shapely 객체로 감싸 해당 객체를 모두 하나의 열에 저장한다.

기하학적 오브젝트(geometric objects)들은 좌표계로 표현할 수 있는 포인트(Point), 선(Line), 폴리곤(Polygon)이다. 좌표계로는 측지 (위도/경도) 좌표계를 사용하여 객체의 지구 위 위치를 지정할 수 있다.

Geopandas PointField에서 포인트를 표현할 때는 "POINT ({lon} {lat})" 경도, 위도 순서로 되고, 지도나 다른 곳은 위도, 경도 "{lat} {lon}" 순서이다. 순서가 표준화되지 않고 시스템이 개발되기 때문에 프로그램마다 위도 경도 순서에 주의해서 사용해야 한다.

---

1  공간 데이터를 표현하는 데 필요한 기하(geometry) 및 지리(geography)라는 두 가지 데이터 형식을 사용한다. geography 데이터 형식은 지구 중심과 지표면상의 각도인 위도와 경도(타원형 좌표)로 평면을 나타내는 데 반해 geometry 데이터 형식은 x, y 좌표로 평면을 나타낸다. geometry 데이터 형식은 사무실의 3차원 배치도나 창고와 같이 지구의 모양을 고려하지 않아도 되고 비교적 규모가 작은 평면을 나타내는 데 사용할 수 있다. 요즘은 지구상의 공간적 위치를 정밀도 높게 처리하는데 geometry 데이터를 사용하기도 하고, 입속 치과치료처럼 마이크로한 공간 속도 자동화하기 위해 geography GPS 데이터를 사용하기도 한다.

## 코드 실습을 한다

geopandas 인스톨하고, geopandas 모듈을 별칭 gpd로 가져오다. 지리 기하학적으로 분석하는 라이브러리에 geopandas의 shapely가 있다.객체 geometric Point, LineString, Polygon 기하함수들을 사용할 수 있다. 기하학적 오브젝트(geometric objects)들은 좌표계로 표현할 수 있는 기하학적 오브젝트는 포인트(Point), 선(Line), 폴리곤(Polygon)이다. 좌표계로는 측지(위도/경도) 좌표계를 사용하여 객체의 지구 위 위치를 지정할 수 있다. 지오메트리의 좌표는 2D(x, y) 그리고 3D(x, y, z) 그리고 4D(x, y, z, m)일 수 있다. 세계지도 데이터 셋 naturalearth_lowres을 도시 데이터 셋naturalearth_cities을 불러온다. 지도데이터 셋은 엑셀과 같은 데이터테이블로 되어 있다. 여기서 필요한 도시와 국가 데이터만 가져온다.

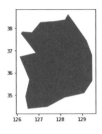

shapely.geometry 팩토리를 모두(*) 가져오다.

- 우리나라에서는 latitude(위도), longitude(경도) ( lat = 위도 = x,  long = 경도 = y) 순으로 표시하는데, 영어권에서는 (경도, 위도) 순으로 표시하므로 geometry.Point 의 좌표기입 순서는 경도, 위도 순이다.
- 실습 데이터 gpd.dataset.get_path() 명령으로 naturalearth_lowres 지도데이터 불러와 사용하며, 변수 map에 저장한다.
- map.plot() 함수로 지도 그림데이터를 만들어 변수 world에 넣는다. geo_point좌표를 world  지도 위에 겹쳐서 붉은색으로 마커한다.

---

컴퓨터가 이해하는 파이썬 명령어로 축약해 코딩화한다.

[3단계] 코딩화한 각 셀을 ▶ 또는 Shift+Enter 눌러 한 행씩 실행한다

```
!pip install geopandas
```

```
import geopandas as gpd
from shapely.geometry import *


mylocation = [127, 38]


geo_point = gpd.GeoSeries(Point(mylocation))
geo_point.plot()
```

```
<matplotlib.axes._subplots.AxesSubplot at 0x7fc5ac873fd0>
```

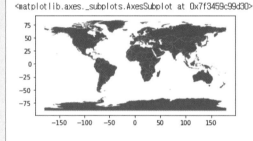

```
map=gpd.read_file(gpd.datasets.get_path('naturalearth_lowres'))


world = map.plot()
geo_point.plot(ax=world,color='red')
```

```
<matplotlib.axes._subplots.AxesSubplot at 0x7f3459c99d30>
```

 (구글 코랩 노트북으로 실습하려면)
크롬 브라우저 검색창에서 코랩사이트 링크(https://colab.research.google.com/ ) 입력해 새 코랩
노트북 만들기 위해 시작페이지에 접속한다. 또는 이미 코드가 작성되어 있는 노트북으로 실습하려면
옆의 QR코드를 스마트폰으로 인식하여 실행해 기 작성된 코드를 수정하면서 실습해 본다.

## 8.9 서울에서 평양까지 지오 선 haversine 잇자.
## 그 거리는? 한반도와 평양 서울을 지도에 그리다

194.7km 서울에서 평양까지의 거리이다. 지표면 곡면 따라 하베스트 거리이고, 평면 직선 거리로는 191km이다. 한반도 지도를 만들고 서울과 평양 사이의 거리를 구하자. 세계지도 데이터에서 국가와 도시를 각각 선과 점으로 나타내고, 도시들을 이어 주는 선을 구할 수 있다. 한반도를 그려보자.

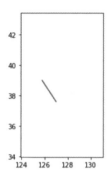

 * 세계지도 데이터 셋 naturalearth_lowres 과 도시 데이터 셋naturalearth_cities 등을 무료로 제공하는 Natural Earth는  NACIS (North American Cartographic Information Society) 자원봉사자들이 제작한 공개 지도데이터이다.

### 코드 실습을 한다

geopandas 인스톨하고, geopandas 모듈을 별칭 gpd로 가져오다. 지리 기하학적으로 분석하는 라이브러리에 geopandas의 shapely가 있다.
shapely.geometry 팩토리를 모두(*) 가져오다.

지도데이터는 gpd.dataset.get_path() 명령으로 naturalearth_lowres 지도데이터 불러와  변수 countries 데이터 프레임 형태로 저장한다.

지도데이터 셋은 엑셀과 같은 데이터테이블로 되어 있다. 여기서 필요한 도시와 국가 데이터만 가져온다.

(엑셀 데이터테이블) == (입력값)처럼  isin 구문은 (데이터테이블) is in (입력값) 형태로, 입력받은 값이 데이터테이블에 존재하는지 여부를 확인할 때 사용한다. Dataframe의 컬럼에서 열이 입력된 list의 값들을 포함하고(is in) 있으면 해당 요소 위치의 값을 출력하고, 그렇지 않으면 false를 출력한다.

map.plot() 함수로 지도 그림데이터를 그리고,
map.geometry 명령어로 지도 데이터의 지오메트리 데이터만 추출한다.
squeeze()함수는 GeoPandas 객체에서 Geometry 데이터만을 압축해 추출해주는 기능을 한다.

하버사인 공식으로 둥근 지구표면에서 최단거리 구하려면, 파이썬haversine 라이브러리 설치 후 불러와서 사용한다. 두 지점의 GPS 거리간의 최단거리를 위도, 경도 순서로 입력해 Km으로 구한다. 네이버맵의 거리측정 방식이다. 반면 Geopandas의 point.distance(point) 함수는 각 포인트까지 데카르트 좌표 거리를 계산한다.

# Program coding flownote 한글 명령어를 영어로 번역한 코드 작성 순서노트

생활영어처럼 [1][2][3]단계별로 실행되는 한글 명령어 순서도 작성한다.

---

[1단계] 파이썬하고 대화하듯이 명령 순서도 작성

[1] geopandas 인스톨하다
　　geopandas 모듈 가져오다, 별칭 gpd로
　　shapely.geometry 팩토리를 모두 가져오다

[2] 변수 countries에 담다, gpd의 read_file모듈로 gpd의 datasets에서 get_path 가져온다 naturalearth_lowres

[3] 데이터프레임 countries의 앞줄 2개 표시

[4] 데이터프레임 countries의 countries.name이 South Korea와 같으면 플롯해
　　데이터프레임 countries의 countries.name이 South Korea와 North Korea를 포함하면 플롯해

[5] 변수korea에 담다, 데이터프레임 countries의 countries.name이 South Korea와 North Korea를 포함한 값을

[6] 변수 cities에 담다, gpd의 read_file모듈로 gpd의 datasets에서 get_path 가져온다 naturalearth_cities

[7] 변수 seoul에 담다,변수cities의 cities.name이 "Seoul"이면 geometry 값만 쥐다
　　변수 Pyongyang에 담다,변수cities의 cities.name이 "Pyongyang"이면 geometry 값만 쥐다

[8] 변수 geo_line에 담다, gpd의 geoseries 모듈로 linestring의 Pyongyang, seoul값을 플롯하다
　　변수 korea 플롯( ax 축에 geo_line, 색은 'yellow

[9] 변수 seoul의 거리(변수 Pyongyang)

[10] haversine 인스톨하다
　　haversine 팩키지로부터 haversine 모듈 가져오다

[11] haversine 모듈로 [seoul.y,seoul.x]부터 [Pyongyang.y,Pyongyang.x]까지

---

한글 프로그램 순서도를 구글 번역으로 영어로 번역한다.

---

[2단계] 구글 번역한 영어 문장을 한 행씩 압축해 코딩화한다

[1] install geopandas
　　Import the geopandas module, alias gpd
　　Get all shapely.geometry factories
[2] Put in variable countries, get_path from datasets of gpd with read_file module of gpd
　　naturalearth_lowres
[3] Display the first two rows of data frame countries
[4] If countries.name of data frame countries is same as South Korea, plot
　　Plot if countries.name of dataframe countries contains South Korea and North Korea
[5] Put in the variable korea, the country.name of the data frame countries contains South Korea
　　and North Korea.
[6] Put in variable cities, get_path from datasets of gpd with read_file module of gpd
　　naturalearth_cities
[7] Put in variable seoul, hold only geometry value if cities.name of variable cities is "Seoul"
　　 Put in variable Pyongyang, hold only geometry value if cities.name of variable cities is "Pyongyang"
[8] Put in variable geo_line, plot Pyongyang, seoul values of linestring with geoseries module of
　　gpd
　　Variable korea plot (geo_line on ax axis, color is'yellow
[9] Distance of variable seoul (variable Pyongyang)
[10] install haversine
　　 Import the haversine module from the haversine package
[11] Haversine module from [seoul.y,seoul.x] to [Pyongyang.y,Pyongyang.x]

---

```
!pip install geopandas
import geopandas as gpd
from shapely.geometry import *

countries=gpd.read_file(gpd.datasets.get_path('naturalearth_lowres'))

countries.head(2)
```

|   | pop_est | continent | name | iso_a3 | gdp_md_est | geometry |
|---|---------|-----------|------|--------|-----------|----------|
| 0 | 920938 | Oceania | Fiji | FJI | 8374.0 | MULTIPOLYGON (((180.00000 -16.06713, 180.00000... |
| 1 | 53950935 | Africa | Tanzania | TZA | 150600.0 | POLYGON ((33.90371 -0.95000, 34.07262 -1.05982... |

```
countries[countries.name=="South Korea"].plot()
```

<matplotlib.axes._subplots.AxesSubplot at 0x7f46e08ab0f0>

```
countries[countries.name.isin(['South Korea', 'North Korea'])].plot()
```

<matplotlib.axes._subplots.AxesSubplot at 0x7f46cd2891d0>

```
korea = countries[countries.name.isin(['South Korea', 'North Korea'])].geometry
cities = gpd.read_file(gpd.datasets.get_path('naturalearth_cities'))

cities.tail(2)
```

|   | name | geometry |
|---|------|----------|
| 200 | Santiago | POINT (-70.66899 -33.44807) |
| 201 | Singapore | POINT (103.85387 1.29498) |

```
cities[cities.name == "Seoul"]
```

|   | name | geometry |
|---|------|----------|
| 173 | Seoul | POINT (126.99779 37.56829) |

```
seoul = cities[cities.name.isin(['Seoul'])].geometry.squeeze()
Pyongyang = cities[cities.name.isin(['Pyongyang'])].geometry.squeeze()

geo_line = gpd.GeoSeries(LineString([Pyongyang, seoul])).plot()
korea.plot(ax=geo_line,color='yellow')
```

```
<matplotlib.axes._subplots.AxesSubplot at 0x7f46ccdb5a90>
```

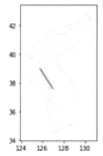

```
seoul.distance(Pyongyang)
```

```
1.9135293808356213
```

```
!pip install haversine
```

```
from haversine import haversine
haversine([seoul.y,seoul.x],[Pyongyang.y,Pyongyang.x])
```

```
194.70654337416866
```

 (구글 코랩 노트북으로 실습하려면)

크롬 브라우저 검색창에서 코랩사이트 링크(https://colab.research.google.com/ ) 입력해 새 코랩 노트북 만들기 위해 시작페이지에 접속한다. 또는 이미 코드가 작성되어 있는 노트북으로 실습하려면 옆의 QR코드를 스마트폰으로 인식하여 실행해 기 작성된 코드를 수정하면서 실습해 본다.

# 2

## 인공지능
## 디지털 직업 얻기

# 9
## STEP

지오그래픽 던전의 GIS전문가

# 디지털 공간 지도 Geograpy,
# 코로나19 게놈 및 코로나 맵 등 제작

GeoJson으로 서울시 구별 지도 만들기, 인터넷 URL에서 지도 GeoJson 데이터 가져와 활용하기

엑셀 파일 데이터를 웹지도에 통합하여 표현하기,
서울시 구별 인구 밀도 등 밀집 지도를 단계도 choropleth 로 그리기

서울시 지하철역 설치 현황 능동 웹지도 만들기, 엑셀 데이터를 웹지도에 중첩하기

세계 코로나19 발생 현황 엑셀 데이터를 활용해 세계 데이터 분포맵, 능동 웹지도  만들기

미국 코로나19 확진자 발생 현황 능동 웹지도 만들기, 코로나 검사소 및 치료 병원 위치도와 비교 분석하기

한국 코로나19 진료소 명칭 json 데이터 가져와 위도 경도 좌표 변환한 후 지도에 표시하고 html 웹지도 만들기

서울 매입 임대아파트 분포 및 구별 현황 단계도  Choropleth  웹지도 만들기, 네트워크 관계도 만들기

한국 코로나19 진료소간 협력 네트워크 관계도 그리기,
진료소간 접속 밀접도 이동 거리 등 비중 두어 네트워크 분석하기

## 9.1 GeoJson으로 서울시 구별 지도 만들기, 인터넷 URL에서 지도 GeoJson 데이터 가져와 활용하기

웹브라우저에서 지도를 표현하려면 json 포맷으로 된, 지리정보표시를 위한 geojson 포맷을 사용해야 한다. GeoJSON 파일형식을 활용하여 다각형 polygon과 coordinates로 좌표값을 작성하고, 그와 매칭되는 properties, feature 속성을 작성해서 행정구역 같은 경계선 표현이 쉽다. 깃허브에 공개된 아래와 같은 내용의 서울시 행정구역 데이터(seoul_municipalities_geo.json)¹를 이용해서 지도 json 파일을 가져와 사용한다.

```
{
"type": "FeatureCollection",

"features": [
{ "type": "Feature", "properties": { "SIG_CD": "11320", "SIG_KOR_NM": "도봉구", "SIG_ENG_NM": "Dobong-gu", "ESRI_PK": 0,
127.022171477000029, 37.699607367999988 ], [ 127.023411842999963, 37.69995983299998 ], [ 127.025337918999981, 37.69948105
127.028238350000038, 37.700188083 ], [ 127.028335344999959, 37.700068851000024 ], [ 127.029013076999949, 37.6995731889999
127.029750026999977, 37.69621560600001 ], [ 127.030186585000024, 37.69515116600016 ], [ 127.030474116000005, 37.694733088
127.030846699999984, 37.693656668000017 ], [ 127.030992031999972, 37.693525322000028 ], [ 127.031012634000035, 37.6933633
127.032045292000021, 37.692927676000011 ], [ 127.032186658, 37.692794094000021 ], [ 127.032358187, 37.692122937000022 ],
37.692216861000002 ], [ 127.034946244000025, 37.692302391 ], [ 127.035643542, 37.692486957000028 ], [ 127.035668499000053,
127.037020501000029, 37.69294347499999 ], [ 127.03754590799997, 37.693218478 ], [ 127.037924808999946, 37.69327076000019
127.038854238, 37.693764695000042 ], [ 127.038967962000015, 37.693397974000021 ], [ 127.039590264000026, 37.694045791 ],
37.695076672000027 ], [ 127.041126677999955, 37.695296503 ], [ 127.041331635, 37.695320465 ], [ 127.041830664000031, 37.6
127.04234794199999, 37.695057377000012 ], [ 127.043090271999972, 37.69523619 ], [ 127.043237129999966, 37.694918545 ], [
127.043371410999953, 37.694078901000012 ], [ 127.043174608999948, 37.693799479 ], [ 127.043054152999957, 37.693628671 ],
37.693460715000015 ], [ 127.043906418, 37.693428235999988 ], [ 127.044081424999945, 37.69313151 ], [ 127.044342682999968,
], [ 127.046678776999945, 37.693018309000024 ], [ 127.04478186599999, 37.692963399 ], [ 127.044834118000024, 37.6929405860
127.045068656000999, 37.692394778999983 ], [ 127.04531272, 37.692368662899996 ], [ 127.045666115000017, 37.692384920999984
127.046057911000048, 37.692501542999999 ], [ 127.046114818999968, 37.692526235 ], [ 127.046156135000047, 37.692543914 ],
37.692721069000015 ], [ 127.046837965, 37.692769189999979 ], [ 127.046881757000051, 37.692816255000025 ], [ 127.046982299
```

### 코드 실습을 한다

requests 모듈을 가져와서 서울시 구별 지도데이터가 있는 인터넷 링크주소의 json 데이터를 가져온다. json()함수로 json형식으로 받아온 데이터를 변수data에 담는다. 지도 모듈 Folium을 가져와서, 바탕지도를 생성하기 위해 '.Map()' 함수로 중심 좌표값을 지정, 초기 화면의 크기 'zoom_start을 11'로 하여 생성한다. folium. GeoJson() 함수로 json data를 이미 생성한 포리움 바탕지도 mymap에 추가(.add_to())하면 간단하게 서울시 구별 지도를 중첩하여 표시한다. 이제 변수 mymap 속에 바탕지도와 서울시 구별 json지도가 합쳐져 있어 mymap 불러와 인터넷 웹상에 지도 표시할 수 있다.

**Program coding flownote 한글 명령어를 영어로 번역한 코드 작성 순서노트**

생활영어처럼 [1][2][3]단계별로 실행되는 한글 명령어 순서도 작성한다.

| [1단계] 파이썬하고 대화하듯이 명령 순서도 작성 |
| --- |
| [1] requests 모듈을 가져오다 |
| [2] 변수 data에 담다, requests모듈의 get()함수로 ('https://raw.githubusercontent.com/southkorea/seoul-maps/master/juso/2015/json/seoul_municipalities_geo.json').json() 함수로 읽는다 |
| [3] folium 모듈 가져오다<br>변수 mymap에 담다, folium의 지도모듈로 변수 location은 [37.5592,127.1021], 줌 시작 3 |
| [4] folium의 GeoJson모듈로 변수 data를 더한다 변수 mymap에 |
| [5] 변수 mymap으로 지도 표시 |

---

1　이 지도데이터는 네이버 파파고에서 일하는 박은정님이 만들어 무료로 오픈한 것이고, 지속적으로 업그레이드되고 있어 json 지도 데이터로 우수하다. 박은정님의 github에서 지도데이터를 가져온다.

한글 프로그램 순서도를 구글 번역으로 영어로 번역한다.

---

**[2단계] 구글 번역한 영어 문장을 한 행씩 압축해 코딩화한다**

[1] GeoJason Add to data, {[" --- "]}

[2] import urlopen from urllib.request module

　　import from json module into loads

　　Add to variable data, read "http:/--- json" with urlopen module of loads module

[3] import folium module

　　Put in variable mymap, folium map module, variable location is [37.5592,127.1021], zoom start 3

[4] Add variable data to the folium GeoJson module to the variable mymap

[5] Mapping with the variable mymap

---

컴퓨터가 이해하는 파이썬 명령어로 축약해 코딩화한다.

---

**[3단계] 코딩화한 각 셀을 ▶ 또는 Shift+Enter 눌러 한 행씩 실행한다**

```
import requests
data=requests.get('https://raw.githubusercontent.com/southkorea/seoul-maps/master/juso/2015/json/seoul_municipalities_geo.json').json()

import folium
mymap = folium.Map(location=[37.5592,127.1021], zoom_start=11 )
folium.GeoJson(data).add_to(mymap)
mymap
```

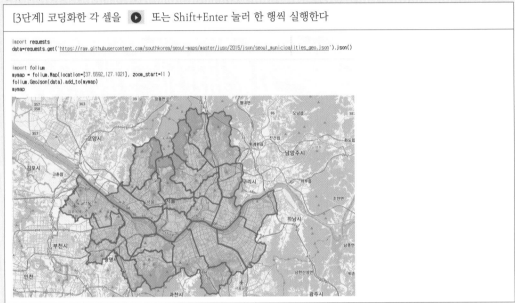

---

(구글 코랩 노트북으로 실습하려면)

크롬 브라우저 검색창에서 코랩사이트 링크(https://colab.research.google.com/ ) 입력해 새 코랩 노트북 만들기 위해 시작페이지에 접속한다. 또는 이미 코드가 작성되어 있는 노트북으로 실습하려면 옆의 QR코드를 스마트폰으로 인식하여 실행해 기 작성된 코드를 수정하면서 실습해 본다.

## 9.2 엑셀 파일 데이터를 웹지도에 통합하여 표현하기, 서울시 구별 인구 밀도 등 밀집지도를 단계도 choropleth 로 그리기

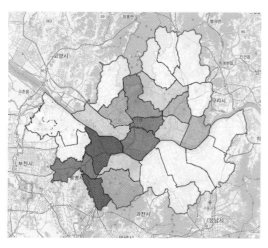

folium 지도 단계구분도(Choropleth map)는 주제도(thematic map)로 인구밀도, 1인당 소득 같은 정보를 비례하여 음영처리나 패턴을 넣어 지도상에 표현한다. 즉 서울시 지도 위에 단계구분도로 색칠하는 것이다. 단계구분도는 가장 일반적인 지오그래피geography 형태이다. geography(지리학地理學)는 초록별 지구의 지표면 상에서 일어나는 자연 및 인문 현상을 지역적 관점을 가지고 시각적으로 표현한 것이다. 지오그래피 데이터 형식은 지구 중심과 지표면 상의 각도인 위도와 경도(타원형 좌표)로 평면을 나타내며, "지오(geo)" 지구 혹은 대지라는 의미의 접두어로, 인간이 사는 지구땅 Geo의 모든 형태의 정보를 기술하고(graphy) 분석 표현한다는 의미이다.

### 코드 실습을 한다

requests 모듈을 가져와서 서울시 구별 지도데이터가 있는 인터넷 링크주소의 json 데이터를 가져온다.
json()함수로 json형식으로 받아온 데이터를 변수data에 담는다.
pandas 모듈을 가져오다, 별칭 pd로,
서울시 구별로 구분된 인구밀도 데이터파일 등 딕셔너리 데이터[1] 를 pd의 pd.DataFrame(list(dict,items())),Columns = [ ]구조로 인코딩하여 읽고, 데이터프레임'df'에 담는다.

지도 모듈 Folium을 가져와서, 바탕지도를 생성하기 위해 '.Map()' 함수로 중심 좌표값을 지정, 초기 화면의 크기 'zoom_start을 11'로 하여 생성한다.

```
import requests
data=requests.get('https://raw.githubusercontent.com/southkorea/seoul-maps/master/juso/2015/json/seoul_municipalities_geo.json').json()

data
            [127.02509639999994, 92.64671639…]
            ]],
        'type' : 'Polygon'),
    'properties' : { ESRI_PK': 0,
        'SHAPE_AREA' : 0.0021,
        'SHAPE_LEN' : 0.29960,
        'SIG_CD': '11320'
        'SIG_ENG_NM': 'Dobong-gu',
        'SIG_KOR_NM': 도봉구},
    'highlight' : {'fillOpacity' : 0.9, 'weight' : 3},
    'style' : {'color' : 'black',
        'fillColor' : 'black'
        'fillOpacity' : 0.6,
        'opacity' : 1,
        'weight' : 1}}},
{'geometry' : {'coordinates' :  [[[128.95137325000004, 37.65489147],
            [128.95137890199998, 37.654863951],
            [128.95233330399999, 37.65497855],
            [128.95284705999998, 37.654935491000015],
```

folium.Choropleth () 함수로 json data를 이미 생성한 포리움 바탕지도 mymap에 추가(.add_to())하면 간단하게 서울시 구별 지도를 중첩하여 단계별 주제도(thematic map)를 표시할 수 있다.

구별로 구분된 json 파일을 geo_data 바탕지도로 하고, 인구 csv 파일을 데이터로 하여 서로 연결하려면 index명이 "구"로 통일되어야 한다. 데이터프레임 df의 columns에서 인덱스를 '구별' 로 지정하고, "key_on="은 JSON지도와 CSV를 매칭할 때 사용할 데이터를 지정하는 곳으로 json 지도에서 'feature.properties.SIG_KOR_NM' 항목이 '구'별로 인덱스된 것이다. geojson 파일에 id 칼럼을 단계구분도에 표시되는 정보에 연결하는 key_on 은 'feature..properties.SIG_KOR_NM' 으로 매칭시키는 게 핵심이다.

---

1   서울시 구별로 구분된 인구밀도, 지하철역 데이터는 공동데이터 포털에서 다운받은 데이터를 사용한다.

## Program coding flownote 한글 명령어를 영어로 번역한 코드 작성 순서노트

생활영어처럼 [1][2][3]단계별로 실행되는 한글 명령어 순서도 작성한다.

---

[1단계] 파이썬하고 대화하듯이 명령 순서도 작성

---

[1] requests 모듈을 가져오다
   변수 data에 담다, requests모듈의 get()함수로 ('https://raw.githubusercontent.com/southkorea/seoul-maps/
   master/juso/2015/json/seoul_municipalities_geo.json').json() 함수로 읽는다

[2] dict = {--- }
   pandas 모듈을 가져오다, 별칭 pd로
   데이터프레임'df'에 담기,pd의 DataFrame() 함수로 리스트(dict.items())를 컬럼명은
   ['구별', '인구밀도(천명/㎢)']로 변환해서

[3] folium 모듈 가져오다
   변수 map에 담다, folium의 지도모듈로 변수 location은 [37.5592,127.1021], 줌 시작 11
   folium의 Choropleth모듈로 geo_data는 geo_json, data 는 df,
         columns은 ['구별','인구밀도(천명/㎢)'],
         fill_color는 'YlGnBu',
         highlight는 True,
         key_on 은 'feature.properties.SIG_KOR_NM') 더한다 변수 map에

---

한글 프로그램 순서도를 구글 번역으로 영어로 번역한다.

---

[2단계] 구글 번역한 영어 문장을 한 행씩 압축해 코딩화한다

---

[1] Import the requests module
Put in variable data, with get() function of requests module ('https://raw.githubusercontent.com/southkorea/
seoul-maps/master/juso/2015/json/seoul_municipalities_geo.json').json() function Read
[2] dict = {---}
Import the pandas module, alias pd
Put in the data frame'df', convert the list (dict.items()) with the DataFrame() function of pd into
['distinct','population density (thousands/㎢)']
[3] bring folium module
Put in variable map, map module of folium, variable location is [37.5592,127.1021], start zooming 11
Folium's Choropleth module, geo_data is geo_json, data is df,
         The columns are ['differentiation','population density (thousand people/㎢)'],
         fill_color is'YlGnBu',
         highlight is True,
         key_on is'feature.properties.SIG_KOR_NM') to the variable map

---

컴퓨터가 이해하는 파이썬 명령어로 축약해 코딩화한다.

---

[3단계] 코딩화한 각 셀을 ▶ 또는 Shift+Enter 눌러 한 행씩 실행한다

---

```
[1]  import requests
     data=requests.get('https://raw.githubusercontent.com/UrbanAcupuncture/social_house/master/seoul_gu.json').json()

[2]  dict = {'종로구': 162,'중구': 136,'용산구': 245,'성동구': 308,'광진구': 367,'동대문구': 363,'중랑구': 402,'성북구': 455,
     '강북구': 318,'도봉구': 336,'노원구': 537,'은평구': 485,'서대문구': 323,'마포구': 366,'양천구': 462,'강서구': 598,
     '구로구': 438,'금천구': 252,'영등포구': 401,'동작구': 409,'관악구': 517,'서초구': 435,'강남구': 550,'송파구': 683,'강동구': 440}
     import pandas as pd
     df = pd.DataFrame(list(dict.items()), columns=['구별', '인구밀도(천명/㎢)'])

[3]  import folium
     map = folium.Map(location=[37.5592,127.1021], zoom_start=11 )
     folium.Choropleth( data = df, geo_data=data, columns = ['구별','인구밀도(천명/㎢)'],fill_color = 'YlGnBu',
             highlight=True, key_on = 'feature.properties.SIG_KOR_NM').add_to(map)

     map
```

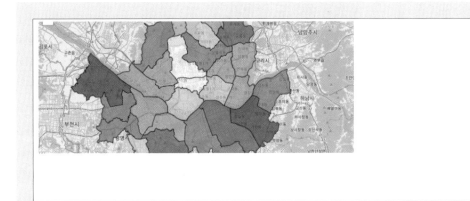

(구글 코랩 노트북으로 실습하려면)

크롬 브라우저 검색창에서 코랩사이트 링크(https://colab.research.google.com/ ) 입력해 새 코랩 노트북 만들기 위해 시작페이지에 접속한다. 또는 이미 코드가 작성되어 있는 노트북으로 실습하려면 옆의 QR코드를 스마트폰으로 인식하여 실행해 기 작성된 코드를 수정하면서 실습해 본다.

## 9.3 서울시 지하철역 설치 현황 능동 웹지도 만들기, 엑셀 데이터를 웹지도에 중첩하기

공공 데이터포털에서 서울시 지하철역 설치 현황을 엑셀파일을 다운받아 보면 한글 주소가 표시되어 있다. 지하철 역을 표시하려면 주소를 지오코딩으로 위도와 경도로 변환한다. 이렇게 변환한 csv 파일로 만들어 능동적으로 검색과 확대축소가 가능한 대화형 웹지도에 엑셀데이터를 중첩한다.

**지하철역 좌표가 들어있는 엑셀데이터를 코랩에 가져오는 방법**

내 컴퓨터 속에 있는 seoul_metro1.csv 엑셀파일을 직접 colab 드라이브 파일에 업로드하려면, colab 화면의 왼쪽 메뉴아이콘에서 '폴더모양'을 선택해 폴더를 펼친 후 상단의 '세션 장소로 업로드' 아이콘을 눌러 '내컴퓨터 파일 열기' 화면으로 이동한다. seoul_metro1.csv 파일을 선택해 탭하면 드라이브에 업로드 표시가 된다. seoul_metro1.csv 파일을 코랩 코딩셀로 가져오기 위해 '/content/seoul_metro1.csv' 파일 경로를 넣는다. 또는 seoul_metro1.csv 파일을 나만의 깃허브[1]에 저장하고 인터넷 csv파일로 읽어와서 웹지도에 중첩해서 표시해 보자. Github는 오픈소스 프로그램의 소스파일 등이 있는 웹하드 같은 곳이다. 로컬 저장소는 자신의 컴퓨터이고, 원격 저장소는 깃허브사이트의 서버등이 있는 곳이다. 로컬 저장소에서 작업하고 그 파일을 원격 저장소에 저장하는 것이다. 작업 순서는 파일을 생성해 git 인덱스에 추가하고(git add), 로컬 저장소에 커밋(git commit)하고, 로컬 저장소에서 원격 저장소로 올리는(git push) 순서이다.

파이썬으로 코딩된 데이터 속에 숨은 사실을 찾는데는 데이터 시각화화 GIS프로그램이 도움이 된다. GIS프로그램은 파이썬하고 연동이 쉽다. 옆 그림은 Shape 파일로 GIS 포맷파일 사용하는 GIS 프로그램인 QGIS 화면이다. 엑셀처럼 피벗차트와 파이챠트 등 통계분석을 사용하거나, 파이썬과 호환되는 오픈소스 지리정보시스템인 QGIS[2]로 지리정보 데이터를 상호교환해 분석해서 기존 데이터를 다양한 관점으로 분석한다.

---

1  깃허브에 *https://github.com/joungna/* 링크로 저장소를 만들어 실습데이터 저장함

2  QGIS(과거 이름: *Quantum GIS*)는 데이터 뷰, 편집, 분석을 제공하는 크로스 플랫폼으로, 오픈소스 지리정보체계(GIS) 응용 프로그램이다. ArcGIS 등 유료 GIS프로그램에 못지 않은 성능을 자랑하고, 파이썬하고 100% 호환된다. 자원봉사자들로 운영되는 재단공식홈페이지에서 사용자 지침서와 교육 교재, 프로그램 등 모두 한국어로 볼 수 있는 버전을 무료로 제공하고 있다. *https://docs.qgis.org/2.18/ko/docs/gentle_gis_introduction/*

## 코드 실습을 한다

requests 모듈을 가져와서 서울시 구별 지도데이터가 있는 인터넷 링크주소의 json 데이터를 가져온다.
json()함수로 json형식으로 받아온 데이터를 변수data에 담는다.
pandas 모듈을 가져오다, 별칭 pd로, github 에 업로드된 seoul_metro.csv 파일 가져온다.
pd의 csv 읽기 함수()로 링크의 csv 파일을 encoding='utf-8' 인코딩하여 읽고 데이터프레임'df_metro'에 담는다.
folium 지도를 세팅하려면 먼저 Map 클래스를 로드해서 범위를 지정해준다. mymap에 folium.Map() 함수로 위치리스트를 [df_metro['x'].mean(), df_metro['y'].mean()] 평균값을 정중앙 좌표를 설정하고, 지도형식은 도로망위주인 'Stamen Toner'로 한다. , zoom_start 속성으로 14 배율을 설정해 근접한 바탕지도를 만든다.

## geopandas에서 데이터프레임 행열에 접근해 수정을 반복하는 방법

for 반복문으로  df_metro의 iterrows 행 반복해서 변수 df_metro의 ['x'][n]번, df_metro의 ['y'][n]번 값을 가져온다. pandas의 데이터프레임에서 행의 값을 반복적으로 수정하려면, 모든 행(rows)을 반복해 조회하면서 특정 값을 비교하고 수정하는 일을 반복해야 한다. iterrows()함수를 사용해 for i, row in df.iterrows() : 행태의 for문으로 데이터프레임df의 행에서 i,row값을 반복하면 실행하는 것과 for i in df.index: 문으로 데이터프레임df의 index를 통해서 for문 반복한다. df.loc[i, col] 함수는 한번에 한 행 i와 행이름 col의 위치에 접근해 데이터프레임의 행을 수정하므로 for 문 내에서 반복할 수 있다. CircleMarker 클래스를 이용하면 특정 위치를 원형 아이콘으로 표시한다. radius=3,  color='red',  popup 글은 str(row['name']을 사용할 수 있다.

---

### Program coding flownote 한글 명령어를 영어로 번역한 코드 작성 순서노트

생활영어처럼  [1][2][3]단계별로 실행되는 한글 명령어 순서도 작성한다.

| [1단계] 파이썬하고 대화하듯이 명령 순서도 작성 |
|---|
| [1] requests 모듈을 가져오다<br>변수 data에 담다, requests모듈의 get()함수로 ('https://raw.githubusercontent.com/southkorea/seoul-maps/master/juso/2015/json/seoul_municipalities_geo.json').json() 읽는다 |
| [2] pandas 모듈을 가져오다, 별칭 pd로<br>데이터프레임'df_metro'에 담기, pd의 csv 읽기함수()로('https://raw.githubusercontent.com/joungna/social_apt/master/seoul_metro1.csv',encoding='CP949', index_col=None) 읽는다 |
| [3]  folium 모듈 가져오다<br>변수 mymap에 담다, folium의 지도모듈로 변수 location은 [df_metro['x'].mean(), df_metro['y'].mean()]값을, 지도형식은 'Stamen Toner' 줌 시작 12 |
| [4]  folium의 GeoJson모듈로 변수 data를 더한다 변수 mymap에 |
| [3] for 동안 n,raw를 범위df_metro의 iterrows 행 반복<br>변수 loc에 담다,변수 df_metro의 ['y'][n]번, df_metro의['x'][n]번 값을<br>모듈 folium의 CircleMarker모듈로 위치는 변수 loc, 반지름3, 색 red, 팝은 문자열의 row['name']으로 더한다 변수 mymap에 |

한글 프로그램 순서도를 구글 번역으로 영어로 번역한다.

[2단계] 구글 번역한 영어 문장을 한 행씩 압축해 코딩화한다

[1] Import the requests module
   Put in variable data, read ('https://raw.githubusercontent.com/southkorea/seoul-maps/master/juso/2015/json/seoul_municipalities_geo.json').json() with get() function of requests module
[2] Import the pandas module, alias pd
   Put in data frame 'df_metro', read with csv read function () of pd ('https://raw.githubusercontent.com/joungna/social_apt/master/seoul_metro1.csv',encoding='CP949', index_col=None)
[3] bring folium module
   Put in variable mymap, map module of folium, variable location is [df_metro['x'].mean(), df_metro['y'].mean()] value, map format is 'Stamen Toner' zoom start 12
[4] Add variable data to folium's GeoJson module to the variable mymap
[3] iterrows rows of df_metro in the range n,raw while for
   Put in variable loc, ['y'][n] of variable df_metro, ['x'][n] of df_metro
   Module folium's CircleMarker module. Position is added to variable loc, radius 3, color red, and pop as row['name'] of string. To variable mymap

컴퓨터가 이해하는 파이썬 명령어로 축약해 코딩화한다.

[3단계] 코딩화한 각 셀을 ▶ 또는 Shift+Enter 눌러 한 행씩 실행한다

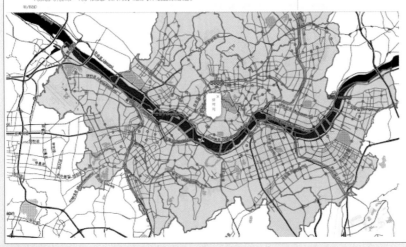

(구글 코랩 노트북으로 실습하려면)

크롬 브라우저 검색창에서 코랩사이트 링크(https://colab.research.google.com/ ) 입력해 새 코랩 노트북 만들기 위해 시작페이지에 접속한다. 또는 이미 코드가 작성되어 있는 노트북으로 실습하려면 옆의 QR코드를 스마트폰으로 인식하여 실행해 기 작성된 코드를 수정하면서 실습해 본다.

## 9.4 세계 코로나19 발생 현황 엑셀 데이터를 활용해 세계 데이터 분포맵, 능동 웹지도 만들기

코로나19 데이터를 웹상에서 애니메이션 효과와 추세선 등 능동적인 지도 표현을 한다.

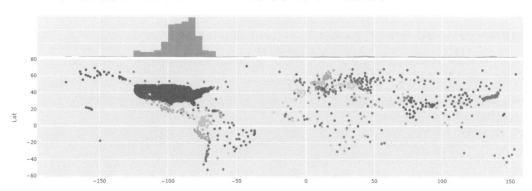

코로나19 데이터를 가지고 계속 코딩해 보자.

covid_df

|   | FIPS | Admin2 | Province_State | Country_Region | Last_Update | Lat | Long_ | Confirmed | Deaths | Recovered | Active |
|---|---|---|---|---|---|---|---|---|---|---|---|
| 0 | 45001.0 | Abbeville | South Carolina | US | 2020-07-25 04:47:39 | 34.223334 | -82.461707 | 260 | 2 | 0 | 258.0 |
| 1 | 22001.0 | Acadia | Louisiana | US | 2020-07-25 04:47:39 | 30.295065 | -92.414197 | 2111 | 62 | 0 | 2049.0 |
| 2 | 51001.0 | Accomack | Virginia | US | 2020-07-25 04:47:39 | 37.767072 | -75.632346 | 1059 | 15 | 0 | 1044.0 |
| 3 | 16001.0 | Ada | Idaho | US | 2020-07-25 04:47:39 | 43.452658 | -116.241552 | 6732 | 45 | 0 | 6687.0 |
| 4 | 19001.0 | Adair | Iowa | US | 2020-07-25 04:47:39 | 41.330756 | -94.471059 | 20 | 0 | 0 | 20.0 |
| ... | ... | ... | ... | ... | ... | ... | ... | ... | ... | ... | ... |
| 3924 | NaN | NaN | Unknown | Colombia | 2020-07-17 22:34:48 | NaN | NaN | 0 | 0 | 0 | 0.0 |
| 3925 | 2070.0 | Dillingham | Alaska | US | 2020-07-17 18:35:12 | 59.796037 | -158.238194 | 1 | 0 | 0 | 1.0 |
| 3926 | NaN | NaN | Grand Princess | Canada | 2020-07-13 12:34:33 | NaN | NaN | 13 | 0 | 13 | 0.0 |
| 3927 | 16061.0 | Lewis | Idaho | US | 2020-07-10 02:34:22 | 46.233153 | -116.434146 | 1 | 0 | 0 | 1.0 |
| 3928 | 41069.0 | Wheeler | Oregon | US | 2020-07-06 19:33:59 | 44.726982 | -120.028143 | 0 | 0 | 0 | 0.0 |

3929 rows × 14 columns

옥스포드대학의 ourworldindata.org에서 코로나19 전 세계 현황자료를 엑셀 형태로 제공하고 있다. read_csv()함수로 csv 파일링크로 불러오며, csv파일에 저장되어 있던 데이터들을 불러들이고 pandas의 DataFrame 형태로 만들어 데이터프레임 covid_df에 담는다.

입력 데이터는 대부분 Pandas 데이터프레임으로 하며 명령어가 간단하다.

능동 웹지도 그리는 plotly.express 모듈을 가져온다.

데이터프레임'covid_df', x 는 'Long_', y는 Lat 데이터를 지도에 산점도를 그린다.

scatter() 산점도 함수는 두 개의 연속형 변수에 대한 관계를 파악하는 데 유용하게 사용할 수 있다.

scatter_geo() 함수를 사용해서 지도상에 x,y 대신 lat, lon 좌표값을 가진 산점도를 그릴 수 있다.

 * 두 연속형 변수 간의 선형회귀 적합선을 산점도에 포함시키려면 trendline = 'ols' 를 설정해준다. 최소자승법 (ols) 방법으로 구한 선형회귀선으로 두 변수의 상관관계를 파악할 수 있다.

hover_name 기능으로 마우스로 위치한 지점의 이름 정보를 화면에 팝업 형식으로 보여주는 대화시 지도이다. scatter_3d()함수로 3차원 산점도 표현방식으로 x,y,z의 3차원 좌표로 데이터를 표시하는 3D 지도를 만들어보자. 산점도 이외에도 데이터 분포의 시각화를 위해 히스토그램, 상자, 플롯방식 등 다양한 표현방식이 있다. 히스토그램은 데이터의 분포를 살펴보는 그래프로 데이터프레임의 열데이터 분포를 y축으로 빈도를 x축으로 살펴보는데 자주 사용되고, 양탄자(rug) 그래프를 사용하면 실제 데이터의 밀집 정도를 X 축 위에 표시한다.

## Program coding flownote 한글 명령어를 영어로 번역한 코드 작성 순서노트

생활영어처럼  [1][2][3]단계별로 실행되는 한글 명령어 순서도 작성한다.

---

[1단계] 파이썬하고 대화하듯이 명령 순서도 작성

---

[1] pandas 모듈을 가져오다, 별칭 pd로

---

[2] 데이터프레임'covid_df'에 담기,pd의 csv 읽기()에 링크'https://co-'를

---

[3] plotly.express 모듈을 가져오다, 별칭 px로

---

[4] px의  스케터() 데이터프레임'covid_df', x 는 'Confirmed', y는 Incidence_Rate, 텍스트는 'Confirmed',칼라는 "Country_Region",트렌드라인 ols, 옆그래프 x는 "histogram", "rug"

---

[5] px의  지오스케터() 데이터프레임'covid_df', x 는 'Long_', y는 Lat, 호버네임은 'Country_Region',칼라는 "Country_Region",프로젝스는 "natural earth"

---

[6] px의 스케터_3d() 데이터프레임'covid_df', x 는 'Long_', y는 Lat, z는 'Confirmed',칼라는 "Country_Region"
한글 프로그램 순서도를 구글 번역으로 영어로 번역한다.

---

### 한글 프로그램 순서도를 구글 번역으로 영어로 번역한다.

[2단계] 구글 번역한 영어 문장을 한 행씩 압축해 코딩화한다

---

[1] import the pandas module, alias pd
[2] Add to data frame'covid_df', link'https://co-' to csv read() of pd
[3] import module plotly.express, alias px
[4] px scatter () data frame'covid_df', x is'Confirmed', y is Incidence_Rate, text is'Confirmed', color is "Country_Region", trend line ols, side graph x is "histogram", " rug"
[5] The data frame of px's geo scatter ()'covid_df', x is'Long_', y is Lat, hovername is'Country_Region', color is "Country_Region", project is "natural earth"
[6] px scatter_3d() data frame'covid_df', x'Long_', y Lat, z 'Confirmed', color "Country_Region"

---

### 컴퓨터가 이해하는 파이썬 명령어로 축약해  코딩화한다.

[3단계] 코딩화한 각 셀을  ▶  또는 Shift+Enter 눌러 한 행씩 실행한다

---

```
[1]  import pandas as pd
     covid_df = pd.read_csv('https://raw.githubusercontent.com/CSSEGISandData/COVID-19/master/csse_cov

[2]  import plotly.express as px
     px.scatter(covid_df, x="Confirmed", y="Incidence_Rate", text='Confirmed',
            color="Country_Region",trendline="ols",marginal_y="histogram",marginal_x="rug")

[3]  px.scatter_geo(covid_df,lon="Long_",lat="Lat",color="Country_Region"
                        ,hover_name="Country_Region",projection="natural earth")

[4]  px.scatter_3d(covid_df, x='Long_', y='Lat',z='Confirmed', color='Country_Region')
```

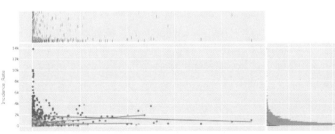

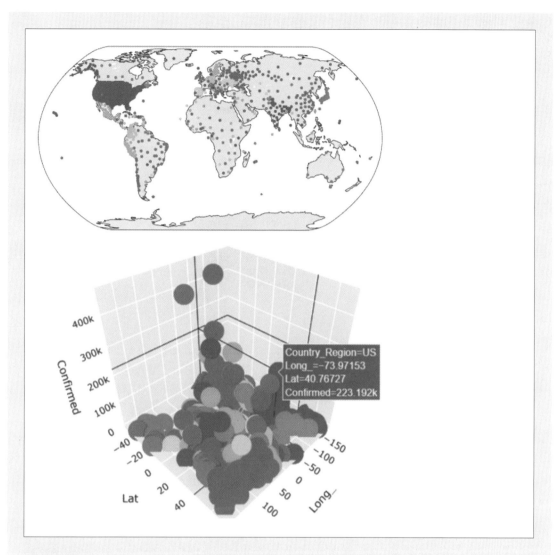

 (구글 코랩 노트북으로 실습하려면)

크롬 브라우저 검색창에서 코랩사이트 링크(https://colab.research.google.com/ ) 입력해 새 코랩 노트북 만들기 위해 시작페이지에 접속한다. 또는 이미 코드가 작성되어 있는 노트북으로 실습하려면 옆의 QR코드를 스마트폰으로 인식하여 실행해 기 작성된 코드를 수정하면서 실습해 본다.

## 9.5 미국 코로나19 확진자 발생 현황 능동 웹지도 만들기, 코로나 검사소 및 치료 병원 위치도와 비교 분석하기

미국 질병통제센터의 예측(2020.7)으로 미국 인구 3억2800만명 중에서 1억6,500백만 명에서 2억2,500백만 명의 미국인이 감염될 수 있다고 하고, 약20만 명에서 170만 명 사이의 사람들이 사망할 수 있다고 한다. 미국에는 5,198개의 지역병원과 925,000 병상이 있지만 240만 명에서 2,100만 명 사이의 미국인 입원이 필요할 경우 의료 붕괴가 우려된다고 한다.

미국 웹지도[1]에는 코로나 검사소 및 치료 가능한 미국내 지역병원 위치를 분포한 것이다. 지역병원 위치 등과 미국내 코로나19 확진자 위치를 좌표로 점찍어서 비교하면 코로나 치료의 필수적인 병원과 검사소 시설이 취약한 지역을 파악할 수 있다. 바닷가에 위치한 뉴욕과 플로리다 등이 검사소와 병원이 좀더 많지만, 집중 발생지역이기 때문에 환자수용 한도를 초과한 실정이라고 보여진다.

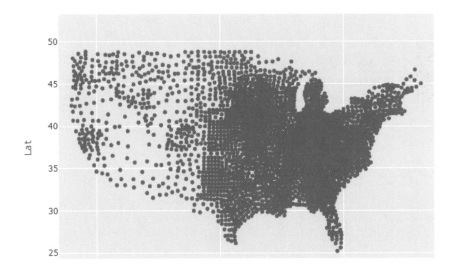

---

1  지도 데이터 소스는 데이터 : 2018 년 AHA 연례 설문 조사에 의한 웹지도로 코로나 검사소 및 치료 가능한 미국내 지역병원 위치를 분포한 것이다.(https://versatilephd.com/research-and-related-work-within-the-hospital-sector/)

## 코드 실습을 한다

세계 코로나19 데이터 중에서 미국 데이터만 추출하여, 미국의 코로나19 바이러스 전염병에 대한 발생 분포현황과 지역병원 분포현황을 살펴본다.

pandas 모듈을 가져오다, 별칭 pd로, pd의 csv 읽기 함수()로 링크의 csv 파일을 encoding='utf-8' 인코딩하여 읽고 데이터프레임'covid_df'에 담는다. query()함수로 매개변수 Country_Region는 "US"조건식에 맞는 열만 골라내서 데이터프레임 df_us에 담는다.

## 조건에 맞는 데이터만 묶는 그룹화

확진자 숫자가 5,000명 이상인 지역만 group화하여 표시하도록 한다. 데이터프레임 df_us['Confirmed'] > 5000 조건식에 맞는 열만 골라내서 데이터프레임df_us["up"]에 담는다. 데이터프레임 df_us를 groupby()함수로 그룹('up')으로 모은다. groupby() 는 다양한 변수를 가진 데이터셋을 그룹별로 나누어 분석하는 함수이다. groupby()함수와 count() 연산자를 사용하여 집단, 그룹별로 데이터를 하나로 묶어 합산 통계 또는 집계 결과를 얻기 위해 사용하는 것이다.

GroupBy 집단별 크기는 size(), 집단별 합계는 sum(), 집단별 평균은 mean() 을 사용한다. 'a'변수와 'd'변수 간 그룹별로 상관관계 분석은  df['a'].corr[df['d']) 사용한다.

능동웹지도 그리는 plotly.express 모듈을 가져오다.

데이터프레임'df_us_up'열에서  x 는 'Long_', y는 Lat 데이터를 open-street 지도에 산점도를 그린다. folium 뿐만 아니라 plotly도 open-street-map사용하여 구글지도처럼 표시할 수 있다

scatter_mapbox() 함수를 사용해서 지도상에 x,y 대신 lat, lon 좌표값을 가진 산점도를 그릴 수 있다. hover_name 기능으로 마우스로 위치한 지점의 이름 정보를 화면에 팝업형식으로 보여주는 대화식 지도이다. hover_data는 [ ]안에 문자열을 리스트로 넣어 팝업으로 보여준다.

---

**Program coding flownote 한글 명령어를 영어로 번역한 코드 작성 순서노트**
생활영어처럼  [1][2][3]단계별로 실행되는 한글 명령어 순서도 작성한다.

| [1단계] 파이썬하고 대화하듯이 명령 순서도 작성 |
| --- |
| [1] pandas 모듈을 가져오다, 별칭 pd로 |
| [2] 데이터프레임'covid_df'에 담기, pd의 csv 읽기()에 링크'https://co-'를<br>    데이터프레임 df_us에 담다, query()는 Country_Region는 "US"조건식 에 맞는 열만 골라내 |
| [3] 데이터프레임df_us["up"]에 담다,데이터프레임 df_us['Confirmed'] > 5000<br>    데이터프레임 df_us를 groupby 그룹('up')하고 숫자를 세다 |
| [4] 데이터프레임 df_us_up에 담다, 데이터프레임 df_us의 query() 'up 은 True' 조건식 에 맞는 열만 골라내 |
| [5] plotly.express 모듈을 가져오다, 별칭 px로<br>    변수fig에 담다,  px의  스케터_지도박스함수()로 데이터프레임'df_us_up', lon 는 'Long_', lat는 Lat, 호버네임은 'Combined_Key', hover_data는 리스트['Last_Update','Confirmed'], 칼라는 "Combined_Key",크기는 size ='Confirmed'zoom=3,height=900 |
| [6] fig를 update_layout()함수로 업데이트한다. mapbox_style은 'open-street-map'사용해서 |

한글 프로그램 순서도를 구글 번역으로 영어로 번역한다.

[1] Import the pandas module, alias pd
[2] Add to data frame'covid_df', link'https://co-' to read csv of pd()
   Put in the data frame df_us, query() selects only the columns that match the "US" conditional expression for Country_Region
[3] Put in data frame df_us["up"], data frame df_us['Confirmed']〉5000
   Group by groupby ('up') the data frame df_us and count the number
[4] Put in data frame df_us_up, query()'up is True' of data frame df_us Select only the columns that meet the conditional expression
[5] Import plotly.express module, alias px
   Put in variable fig, data frame'df_us_up' with scatter_map box function() of px,'Long_' for lon, Lat for lat,'Combined_Key' for hovername, list['Last_Update','Confirmed' for hover_data ], color is "Combined_Key", size is size ='Confirmed'zoom=3,height=900
[6] Update fig with update_layout() function. mapbox_style uses'open-street-map'

퓨터가 이해하는 파이썬 명령어로 축약해 코딩화한다.

```
[1]  import pandas as pd
     covid_df = pd.read_csv('https://raw.githubusercontent.com/CSSEGISandData/COVID-19/master/'
                           'csse_covid_19_data/csse_covid_19_daily_reports/11-01-2020.csv')

[2]  df_us = covid_df.query('Country_Region == "US"')
     df_us.head(3)
```

|     | FIPS | Admin2 | Province_State | Country_Region | Last_Update | Lat | Long_ |
|-----|------|--------|----------------|----------------|-------------|-----|-------|
| 636 | 1001.0 | Autauga | Alabama | US | 2020-11-02 05:25:04 | 32.539527 | -86.644082 |
| 637 | 1003.0 | Baldwin | Alabama | US | 2020-11-02 05:25:04 | 30.727750 | -87.722071 |
| 638 | 1005.0 | Barbour | Alabama | US | 2020-11-02 05:25:04 | 31.868263 | -85.387129 |

```
[3]  df_us["up"] = df_us['Confirmed'] > 5000
     df_us.groupby('up').count()

[4]  df_us_up = df_us.query('up == True')

[5]  import plotly.express as px
```

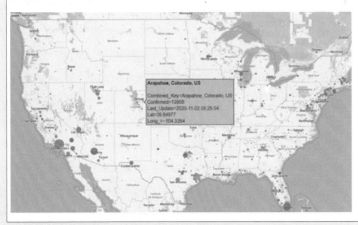

## 9.6 한국 코로나19 진료소 명칭 json 데이터 가져와 위도 경도 좌표 변환한 후 지도에 표시하고 html 웹지도 만들기

보건복지부 질병관리본부(KCDC) 홈페이지에는 코로나 진료소를 공개하고 있다. 사이트의 홈페이지[1]에 있는 진료소 명칭 자료를 복사해서 string 변수에 문자열 리스트로 넣는다.

pandas의 DataFrame에서 문자열(string) 을 데이터 형태로 가지는 칼럼 '선별진료소'를 가져다가 DataFrame 변수 df_covid에 담는다.

!pip를 사용하여 geopy 패키지를 설치해 주소데이터를 다운로드하고 Nominatim 모듈로 country_bias를 'South Korea'로 지정하여 한글주소와 명칭으로도 찾는다.

파이썬의 실제 코드 처리 시간을 감안하여 지오코딩 대기시간을 설정한다. 대기했다가 시행하는 모듈 RateLimiter() 사용하여 geolocator.geocode 명령어와 min_delay_seconds는 2초로 설정하여 변수 geocode_with_delay 에 담는다. df_covid[columns]열에 geocode_with_delay 적용한 것을 df_covid['temp'] 열에 담는다.

람다형식은 "기능변수 = lambda 매개변수 : (return) 식"으로 함수를 딱 한줄로 만들고, lambda에 매개변수들을 지정하고 :(콜론) 뒤에 반환값으로 사용할 식을 지정한다. 람다함수 실행값은 거듭제곱을 구하는 pow라는 기능변수 pow_2 에 저장하여 간편하게 사용하거나, 람다 표현식은 함수를 다른 함수의 인수로 넣을 때 매우 편리하다.

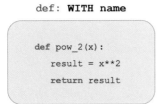

```
def: WITH name

def pow_2(x):
    result = x**2
    return result
```

=

```
lambda: WITHOUT name

pow_2 = lambda x:x**2
>> pow_2(3)
   9
```

〈검사소 코드셀geojson을 x, y, z 좌표 list로 분리하기〉

DataFrame은 여러 Series의 합이므로, row와 column 각각에 index를 설정할 수 있다.
df_covid[['x','y','z']] 변수는 3개의 행이름을 가진 데이터프레임이 만들어진다

* "df[칼럼이름] = 넣고 싶은 값" 형태로 새로운 값을 데이터프레임에 삽입할 수 있다.
df.칼럼명.tolist()는 특정 칼럼만 리스트로 출력하고, 기존 데이터프레임에 새로운 값을 가진 칼럼이 추가한다.
Dataframe 파일의 .index는 인덱스 범위를 구해서 리스트로 나타낸다.

---

1  홈페이지에서 직접 자료를 복사해서 가져오려면, 홈페이지가 html형식이므로 read_html() 함수를 이용해서 웹에 있는 테이블을 수집후 dataframe형식으로 변환해 저장한다. HTML이 포함된 웹페이지 [0]매개변수 사용시에는 HTML에 포함된 데이터테이블을 리스트 형식으로 가져온다.

현위치를 중심으로 한 지도를 표시하기 위해서, 현위치 좌표를 구한다. 이를 위해 좌표들의 중심점 x,y을 구한다. tuple(df_covid.head(1)[['x','y']].iloc[0]) 구해서 투플 xy에 담는다. Folium 은 'Open Street Map' 기반 파이썬 지도 라이브러리다. .Map() 함수를 사용하여 주소로 찾은 '위도(latitude)'와 '경도(longitude)'를 중심으로 한 지도를 만든다. 화면의 크기를 지정하는 방법은 'zoom_start' 속성이다. 내 위치를 표시하는 마커의 생성은 '.Marker()' 메소드를 이용하고, 생성한 포리움 객체에 추가(.add_to())하면 간단하게 마커를 지도상에 표시한다. df 의 coords 항에 있는 데이터의 한 행, 한 행씩(row by row) 분할하고, 앞 부분 가져다가 df 데이터에 골라서 적용하는 apply하여 df 데이터 프레임 칼럼에 채워 넣고를 반복하는 방법이다.

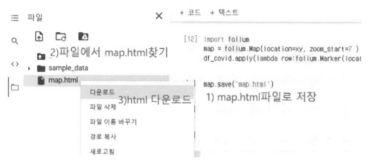

google colab을 사용시 한글폰트가 깨져서 지도가 표시될 경우에는 save()함수로 html문서를 만들면 폰트가 깨지지 않는다.

## Program coding flownote 한글 명령어를 영어로 번역한 코드 작성 순서노트

생활영어처럼 [1][2][3]단계별로 실행되는 한글 명령어 순서도 작성한다.

| [1단계] 파이썬하고 대화하듯이 명령 순서도 작성 |
| --- |
| [1] 리스트 String에 담다, [" --- "] |
| [2] pandas 모듈을 가져오다, 별칭 pd로<br>　　데이터프레임 df_covid에 담다,pd의 DataFrame(String,columns=['선별진료소']) |
| [3] geopy 인스톨하다<br>　　geopy.geocoders패키지로부터 Nominatim 모듈 가져오다<br>　　geopy.extra.rate_limiter 패키지로부터 RateLimiter 모듈 가져오다 |
| [4] 변수 geolocoder에 담다, geocoder모듈 Nominatim의user_agent='autogis_xx' |
| [5] 변수 geocode_with_delay에 담다, geopy Rate Limiter모듈만들어서 변수 geolocator의 geocode모듈로, min_delay_seconds는 2 |
| [6] 데이터프레임df_covid['temp']에 담다,df_covid['승차검진 선별진료소']에 대입해 변수 geocode_with_delay<br>　　데이터프레임 df_covid["coords"]에 담다,데이터프레임df_covid['temp']에 대입해 람다식 loc:tuple(loc.point) 만약 loc가 None 아니면 |
| [7] 데이터프레임df_covid[['x','y','z']]에 담다, pd의 DataFrame(df_covid['coords'].tolist(), index=df_covid.index) |
| [8] 변수 xy에 담다,tuple(df_covid.head(1)[['x','y']].iloc[0]) |
| [9] folium 모듈 가져오다<br>　　변수 map에 담다, folium의 지도모듈로 변수 location은 xy, 줌 시작 7 |
| [10] 데이터프레임df_covid에 대입해 람다식 row:folium.Marker모듈로 location은 [row["x"], row["y"]]를 더한다 변수 map에, axis=1 |

한글 프로그램 순서도를 구글 번역으로 영어로 번역한다.

## [2단계] 구글 번역한 영어 문장을 한 행씩 압축해 코딩화한다

[1] Put in list String, [" --- "]
[2] Import pandas module, alias pd
   Put in data frame df_covid, DataFrame of pd(String,columns=['selection clinic'])
[3] install geopy
   Import the Nominatim module from the geopy.geocoders package
   Import the RateLimiter module from the geopy.extra.rate_limiter package
[4] Put in variable geolocoder, geocoder module Nominatim user_agent='autogis_xx'
[5] Put in variable geocode_with_delay, create geopy rate limiter module to create geocode module of
   variable geolocator, min_delay_seconds is 2
[6] Data frame df_covid['temp'], df_covid['ride checkup screening clinic'], and variable geocode_with_delay
   Put it in data frame df_covid["coords"], and assign it to data frame df_covid['temp'] with the lambda
   expression loc:tuple(loc.point) If loc is not None
[7] Add to data frame df_covid[['x','y','z']], pd's DataFrame(df_covid['coords'].tolist(), index=df_covid.index)
[8] put in variable xy, tuple(df_covid.head(1)[['x','y']].iloc[0])
[9] import folium module
   Add to variable map, folium's map module, variable location xy, zoom start 7
[10] Add lambda-type row:folium.Marker module to the data frame df_covid and add [row["x"], row["y"]] to
   the variable map, axis=1

---

컴퓨터가 이해하는 파이썬 명령어로 축약해 코딩화한다.

## [3단계] 코딩화한 각 셀을 ▶ 또는 Shift+Enter 눌러 한 행씩 실행한다

```
[ ]  String = ['북구보건소',
      '해운대구보건소',
      '대구의료원',
      '북구보건소',
      '대전한국병원',
      '동구보건소',
      '중구보건소',
      '과천시보건소',
      '뉴고려병원',
      '남양주시청제1청사',
      '단원보건소',
      '보은군보건소',
      '제천시보건소',
      '서원보건소',
      '청주의료원',
      '충주의료원',
      '충주시보건소',
      '괴산군보건소',
      '공주시보건소',
      '보령시보건소',
      '구례군보건의료원',
      '무안군보건소',
      '여수시보건소',
      '영광군보건소',
      '영암군보건소',
      '해남군보건소',
      '보성군보건소',
      '함평군보건소',
      '완도군보건소',
      '진도군보건소',
      '김천시보건소',
      '문경시보건소',
      '봉화군보건소',
      '영덕군보건소',
      '포항시 남구보건소',
      '문경중앙병원',
      '김해시보건소',
      '창녕군보건소',
      '한일병원']

[ ]  import pandas as pd
      df_covid = pd.DataFrame(String,columns=['선별진료소'])
```

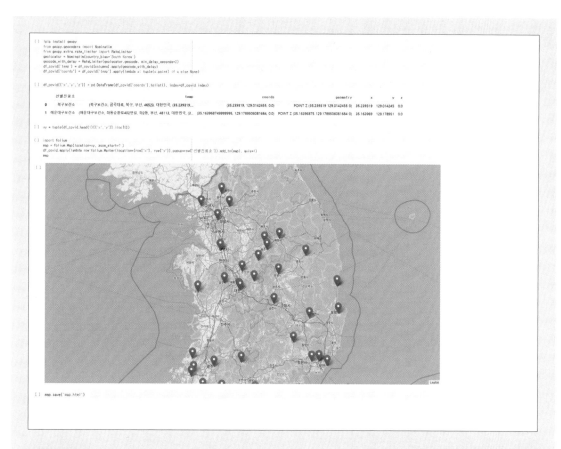

(구글 코랩 노트북으로 실습하려면)

크롬 브라우저 검색창에서 코랩사이트 링크(https://colab.research.google.com/ ) 입력해 새 코랩 노트북 만들기 위해 시작페이지에 접속한다. 또는 이미 코드가 작성되어 있는 노트북으로 실습하려면 옆의 QR코드를 스마트폰으로 인식하여  실행해 기 작성된 코드를 수정하면서 실습해 본다.

## 9.7 서울 매입 임대아파트 분포 및 구별 현황 단계도 Choropleth 웹지도 만들기, 네트워크 관계도 만들기

서울 매입 임대주택 분포 엑셀 파일을 깃허브에 업로드해서 링크를 가져와서 구별현황 웹지도를 만들고, 각 임대주택별로 네트워크 관계도를 만드는 코드를 실습한다.

### 1. 매입 임대주택 좌표로 위치 표시

**(1) 구별 geojson 지도레이어 만들기**
requests 모듈을 가져와서 서울시 구별 지도데이터가 있는 인터넷 링크주소의 json 데이터를 가져온다. json()함수로 json형식으로 받아온 데이터를 변수data에 담는다.

**(2) 임대주택 엑셀 파일 가져오기**
pandas 모듈을 가져오다, 별칭 pd로, pd의 csv 읽기 함수()로 링크의 csv 파일을 encoding='CP949' 인코딩하여 읽고, 데이터 프레임'df_social'에 담는다. 매입 임대주택의 자료는 실습을 위해 임대주택의 좌표 등 자료가 임의로 가공된 것이다. 데이터는 마이홈포털 등

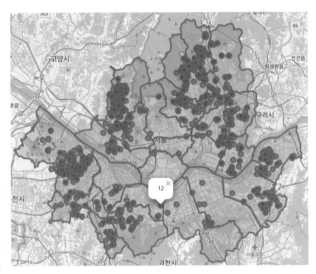

에서 제공하는 서울시 전체 매입임대주택 4,099개 중에서 일부를 추출해서 임의로 좌표를 가공한 것으로 임대주택의 위치가 변형된 것이다.

**(3) 데이터 지도 중심 위치 구하기**
바탕지도의 중심 위치를 화면의 중앙에 지도를 표시하기 위해서, 현위치 좌표를 구한다. 이를 위해 좌표들의 중심점 x,y을 구한다. tuple(df_social.head(1)[['lat_y','long_x']].iloc[0]) 구해서 투플 yx에 담는다.

**(4) 바탕지도 mymap 만들기**
Folium은 'Open Street Map' 기반 파이썬 지도 라이브러리다. .Map() 함수를 사용하여 주소로 찾은 '위도(latitude)'와 '경도(longitude)'를 중심으로 한 지도를 만든다. 화면의 크기를 지정하는 방법은 'zoom_start' 속성 크기는 10이다.

**(5) 임대주택 위치 마커로 점찍기**
임대주택 위치를 표시하는 마커의 생성은 '.Marker()' 메소드를 이용하고, 생성한 포리움 객체에 추가(.add_to())하면 간단하게 마커를 지도상에 표시한다.

## 2. 구 단위로 데이터 통계내서 Choropleth 단계도 만들기

### (1) 구 단위로 임대주택 숫자 통계(sum) 내서 데이터 그룹화

구 단위로 데이터를 매핑하고 싶어서 각 매입 주택의 room 갯수를 구 단위로 묶는다. df_social.groupby() 함수로 ['gu']행을 기준으로 ['room'].sum()합을 구해서 .to_frame().reset_index() 인덱스를 재해체하여 새롭게 묶는다.

### (2) 바탕지도 mymap 만들기

지도 모듈 Folium을 가져와서 바탕지도를 생성하기 위해, '.Map()' 함수로 중심 좌표값을 지정, 초기 화면의 크기 'zoom_start을 10'로 하여 생성한다.

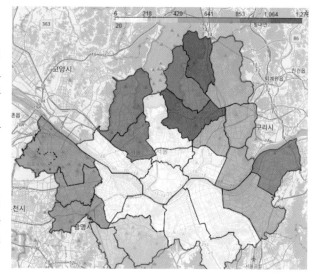

### (3) 바탕지도 mymap 위에 Choropleth와 같은 레이어를 새롭게 생성해 단계도 만들기

우선 바탕지도 데이터파일 경로를 geo_data에 저장한다. 시각화하고자 하는 데이터엑셀 파일은 data에 저장한다.

바탕지도와 매칭할 값과 시각화하고자 하는 변수를 columns = (지도 데이터와 매핑할 값, 시각화 하고자 하는 (변수)에 담는다. key_on변수에 "feature.데이터 파일과 매핑할 값" 을 넣고, "시각화에 쓰일 색상"은 fill_color에 담아서 바탕지도 mymap 레이어 위에 더한다.

## 3. Choropleth 단계도를 바탕으로 하여 매입 임대주택 좌표로 위치 표시

folium.Choropleth () 함수로 json data를 이미 생성한 포리움 바탕지도 mymap에 추가 (.add_to())하면 간단하게 서울시 구별 지도를 중첩하여 단계별 주제도(thematic map)를 표시할 수 있다. 구별로 구분된 json 파일을 geo_data 바탕지도로 하고, 인구 csv 파일을 데이터로 하여 서로 연결하려면 index명이 "구"로 통일되어야 한다. 데이터프레임 df의 columns에서 인덱스를 '구별'로 지정하고, "key_on="은 JSON지도와 CSV를 매칭할 때 사용할 데이터를 지정하는 곳으로 json 지도에서 'feature.properties.SIG_KOR_NM' 항목이 '구'별로 인덱스된 것이다.

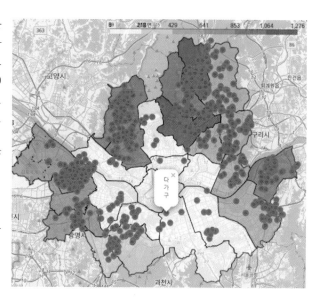

## 4. 주택별 네트워크 관계선 그리기

(1) 매입 임대주택 전체숫자를 소스와 타겟 변수에 랜덤으로 섞어서 담는다.

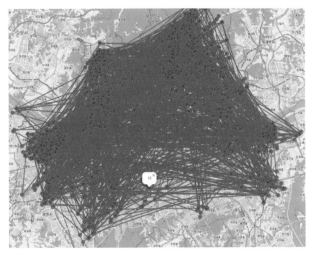

df_social의 데이터의 인덱스값 열이 1267개 연번으로 있어서 이를 숫자 배열(array) np.linspace(1,1267,1267)로 만들고, tolist() 함수로 array를 리스트로 변경한다. np.random.permutation(x).tolist()를 사용해서 랜덤으로 순서를 섞은 후에 리스트를 만들어 source리스트에 담는다. 같은 방법으로 target리스트에도 담는다.

pd의 DataFrame모듈로 list를 zip한다. df['연번'],source,target 항을, 항 이름은 ['연번','source','target']으로 하여 데이터프레임links에 담는다.

네트워크 그래프는 Python의 networkx 모듈을 활용한다. matplotlib에서 scatter, plot등으로 그림을 그릴 때는 이미 axis에서 어떤 좌표에 그림을 그리면 될지가 명확하게 나와 있지만, network에서는 개별 node에 좌표값이 없기 때문에 어디에 그려야 하는지 방향성을 가지고 네트워크를 만든다.

〈 코랩에서 한글이 깨질때 〉
google colab을 사용시 한글폰트가 깨져서 지도가 표시될 경우에는 1) 파일 업로드로 컴퓨터에서 파일 social_xy.csv를 업로드한다 2) 링크를 찾아서 read_csv()함수로 csv문서를 읽고, 한글 폰트가 깨지지 않기 위해 인코드를 넣는다. 3) 데이터프레임으로 저장해 활용한다.

## Program coding flownote 한글 명령어를 영어로 번역한 코드 작성 순서노트
생활영어처럼 [1][2][3]단계별로 실행되는 한글 명령어 순서도 작성한다.

| [1단계] 파이썬하고 대화하듯이 명령 순서도 작성 |
| --- |
| [1] requests 모듈을 가져오다<br>　변수 data에 담다, requests모듈의 get()함수로 ('https://raw.githubusercontent.com/UrbanAcupuncture/social_house/master/seoul_gu.json').json() 함수로 읽는다 |
| [2] pandas 모듈을 가져오다, 별칭 pd로<br>　데이터프레임 df_social에 담다,pd의 csv 읽기()에 ('https://raw.githubusercontent.com/UrbanAcupuncture/social/master/seoul_house.csv',encoding='CP949')<br>　df_social.head(2) |
| [3] 변수 yx에 담다,변수 df_social의 앞부분(1)의 [['lat','long']].iloc[0]행 값을 |
| [4] folium 모듈 가져오다<br>　변수 mymap에 담다, folium의 지도모듈로 변수 location은 변수 yx, 줌 시작 10<br>　folium의 GeoJson모듈로 변수 data를 더한다 변수 mymap에 |
| [5]for 동안 n,raw를 범위 df_social의 iterrows 행 반복<br>　변수 location에 담다,(row['lat'], row['long'])값을<br>　모듈 folium의 CircleMarker모듈로 위치는 변수 location, 반지름5, 색 red, 팝은 문자열의 row['room']으로 더한다 변수 mymap에<br>　mymap |
| [6] 데이터프레임 df_gu에 담다, df_social을 groupby 그룹('gu')하고['room'] 숫자를 합하여 to_frame().reset_index()하다 |
| [7] folium 모듈 가져오다<br>　변수 mymap에 담다, folium의 지도모듈로 변수 location은 변수 yx, 줌 시작 10<br>　모듈 folium의 Choropleth모듈로 data는 df_gu, go_data는 data,<br>　　　　columns은 ['gu','room'],<br>　　　　fill_color는 'YlGnBu',<br>　　　　highlight는 True,<br>　　　　key_on 은 'feature.properties.SIG_KOR_NM') 더한다 변수 mymap에 mymap |

한글 프로그램 순서도를 구글 번역으로 영어로 번역한다.

| [2단계] 구글 번역한 영어 문장을 한 행씩 압축해 코딩화한다 |
| --- |
| [1] Import the requests module<br>　Put it in the variable data, read with the get() function of the requests module ('https://raw.githubusercontent.com/UrbanAcupuncture/social_house/master/seoul_gu.json').json() function<br>[2] Import pandas module, alias pd<br>　Put in data frame df_social, to read csv of pd() ('https://raw.githubusercontent.com/UrbanAcupuncture/social/master/seoul_house.csv',encoding='CP949')<br>　df_social.head(2)<br>[3] Put in the variable yx, the value of the [['lat','long']].iloc[0] line of the front part (1) of the variable df_social<br>[4] bring folium module<br>　Put in variable mymap, map module of folium, variable location is variable yx, zoom start 10<br>　Add variable data to folium's GeoJson module to the variable mymap<br>　Iterrows rows in df_social range n,raw while<br>[5] Put in variable location,(row['lat'], row['long'])<br>　As the CircleMarker module of module folium, the location is added to the variable location, radius 5, color red, and the pop as row['room'] of the string. To the variable mymap<br>　mymap<br>[6] Put in data frame df_gu, group df_social groupby ('gu') and add ['room'] numbers to_frame().reset_index()<br>[7] bring folium module<br>　Put in variable mymap, map module of folium, variable location is variable yx, zoom start 10<br>　Module folium's Choropleth module, data is df_gu, go_data is data,<br>　　　　columns is ['gu','room'],<br>　　　　fill_color is'YlGnBu',<br>　　　　highlight is True,<br>　　　　key_on is'feature.properties.SIG_KOR_NM') to the variable mymap<br>　mymap |

컴퓨터가 이해하는 파이썬 명령어로 축약해 코딩화한다.

[3단계] 코딩화한 각 셀을 ▶ 또는 Shift+Enter 눌러 한 행씩 실행한다

```
import requests
data=requests.get('https://raw.githubusercontent.com/UrbanAcupuncture/social_house/master/seoul_gu.json').json()

import pandas as pd
df_social = pd.read_csv('https://raw.githubusercontent.com/UrbanAcupuncture/social/master/seoul_house.csv',encoding='CP949')

df_social.head(2)
```

|   | number | type | gu | area | room | lat | long |
|---|--------|------|------|--------|------|-----------|------------|
| 0 | 1 | 다가구 | 동작구 | 490.16 | 8 | 37.505436 | 126.947448 |
| 1 | 2 | 다가구 | 양천구 | 259.37 | 8 | 37.545347 | 126.842451 |

```
yx = df_social.head(1)[['lat','long']].iloc[0]

import folium
mymap = folium.Map(location=yx, zoom_start=10)
folium.GeoJson(data).add_to(mymap)
for n, row in df_social.iterrows():
    location = (row['lat'], row['long'])
    folium.CircleMarker(location=location,radius=5,
        fill_opacity=0.6,fill_color='red',popup=str(row['room'])).add_to(mymap)
mymap
```

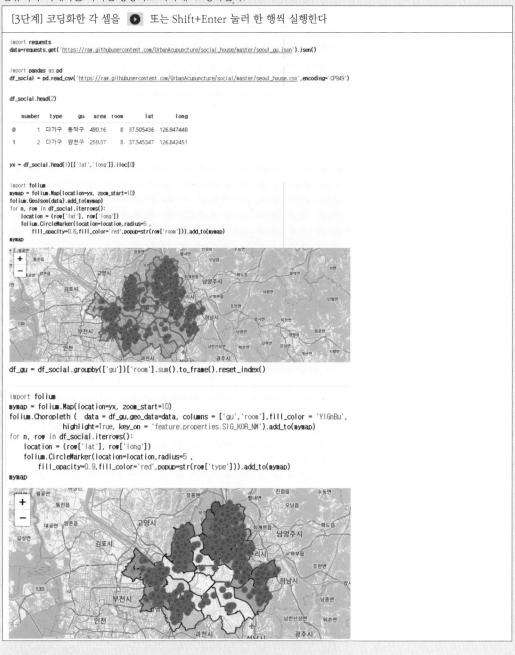

```
df_gu = df_social.groupby(['gu'])['room'].sum().to_frame().reset_index()

import folium
mymap = folium.Map(location=yx, zoom_start=10)
folium.Choropleth(  data = df_gu,geo_data=data, columns = ['gu','room'],fill_color = 'YlGnBu',
            highlight=True, key_on = 'feature.properties.SIG_KOR_NM').add_to(mymap)
for n, row in df_social.iterrows():
    location = (row['lat'], row['long'])
    folium.CircleMarker(location=location,radius=5,
        fill_opacity=0.9,fill_color='red',popup=str(row['type'])).add_to(mymap)
mymap
```

(구글 코랩 노트북으로 실습하려면)
크롬 브라우저 검색창에서 코랩사이트 링크(https://colab.research.google.com/ ) 입력해 새 코랩 노트북 만들기 위해 시작페이지에 접속한다. 또는 이미 코드가 작성되어 있는 노트북으로 실습하려면 옆의 QR코드를 스마트폰으로 인식하여 실행해 기 작성된 코드를 수정하면서 실습해 본다.

## 9.8 한국 코로나19 진료소간 협력 네트워크 관계도 그리기, 진료소간 접속 밀접도 이동 거리 등 비중 두어 네트워크 분석하기

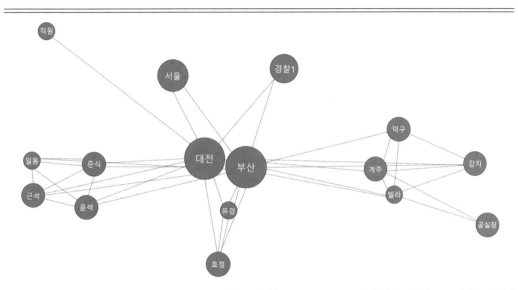

네트워크 그래프는 각각의 모서리 (E; edge or link)가 꼭지점(V; vertex or node) 한 쌍을 연결하는 꼭지점 V의 집합과 모서리 E의 집합을 칭한다. 네트워크 그래프는 어떤 체계나 구조 내에 있는 객체들 간의 "관계(relationship)"를 설명하기 위한 목적으로 주로 활용된다. 객체(노드)와 관계(엣지)로 추상화된 네트워크는 행렬모양으로 행렬데이터가 산출되고 행렬계산으로 최단경로, 자주이용하는 경로 등 경로를 구할 수 있다. 또한 네트워크에서 각 노드 사이에 링크와 노드의 크기, 링크의 복잡도 등으로 가중치를 산출하여 네트워크 관계를 분석할 수 있다

### 네트워크 연결관계도 분석하기

네트워크 그래프는 Python의 networkx 모듈을 별칭 nx이름으로 불러와 활용한다. matplotlib에서 scatter, plot 등으로 그림을 그릴 때는 이미 어떤 좌표에 그림을 그리면 될지가 명확하지만, network에서는 개별 node에 좌표값이 없기 때문에 어디에 그려야 하는지 방향성을 알려주어야 한다. nx.Graph()함수로 변수 G에 네트워크 속성 부여한다. 변수G.add_node(1)함수로 ()안의 노드1을 추가한다. for 반복문으로 데이터프레임 df_covid의 iterrows 행 속에서 n,raw를 찾아서 df_covid의 row['연번']이 위도=row['x'], 경도=row['y'] 노드값을 반복해 G.add_node()함수로 G에 노드를 추가한다. for 반복문으로 데이터프레임 links의 iterrows 행 속에서 n,raw를 찾아서 G.add_edge()함수로 노드 row['source']와 노드 row['target'] 사이에 링크를 반복해 형성하고, 그 가중치는 G.degree()함수로 row['연번']]*10 값을 적용한다. G.degree()함수는 각 노드의 연결된 링크의 수를 계산해 네트워크 연결 가중치를 보여준다. 결국 객체(노드)와 관계(엣지)로 추상화된 네트워크는 행렬모양이므로 numpy의 행렬데이터로 출력할 수 있다. nx.to_numpy_matrix(G)로 matrix 데이터가 산출된다. 행렬계산으로 구할 수 있는 nx.shortest_path 는 최단경로 알고리즘이다. 네트워크에서 각 노드의 좌표를 잘 배치하는 순서는 꼭지점 더하기-> 모서리 더하기 -> 레이블 생성하기 -> 네트워크 그리기 순이다.

네트워크를 잘 표현해 그리기 위해서는 내장된 plt 그래프함수를 사용하여 degree = nx.dcgree(G).values() nx.draw(G, node_size=[e*1000 for e in degree], font_size=30) 로 plt 내장함수로 그릴 수 있다. 또는 folium 으로 노드(df_covid)와 링크(links) 그리고 레이블좌표(xy변수)로 for문으로 반복해 노드와 선을 그리고 노드의 크기는 radius는 G.degree()함수로 row['연번']]*10 값을 적용해 변화를 준다.

## Program coding flownote 한글 명령어를 영어로 번역한 코드 작성 순서노트

생활영어처럼 [1][2][3]단계별로 실행되는 한글 명령어 순서도 작성한다.

---

**[1단계] 파이썬하고 대화하듯이 명령 순서도 작성**

[1] 데이터프레임df_covid['연번']에 담다, df_covid.index

[2] 리스트 source에 담다, [1,2,3,4,17,6,7,8,9,10,11,12,8,14,15,16,17,8,19,20,21,22,23,24,25,26,27,28,29,30,31,32,33,34,35,36,37,38]
리스트 target에 담다, [11,22,3,14,5,6,17,25,26,27,28,8,9,10,1,12,17,16,34,35,36,15,18,19,20,21,23,24,29,17,4,30,31,32,33,37,38]

[3] 데이터프레임links에 담다, pd의 DataFrame모듈로 list를 zip한다 df['연번'],source,target 항을, 항이름은 ['연번','source','target']

[4] networkx 모듈을 가져오다, 별칭 nx로
nx.Graph()함수를 G에 담는다
for 동안 n,raw를 범위 df_covid의 iterrows 행 반복
G에 노드를 더한다, df_covid의 row['연번']이 위도=row['x'], 경도=row['y']
for 동안 n,raw를 범위 links의 iterrows 행 반복
변수 d에 담다, G.degree()함수로 row['연번']]*10 값을
G에 에즈를 더한다, row['source']이 row['target'], 가중치=d

[5] folium 모듈을 가져오다
변수xy에 담다, 투플변수로 df_covid의 앞부분(1)행 [['x','y']]의 iloc[0]행 값을
변수map에 담다, folium.Map()함수 location는 xy, 줌은 10
for 동안 n,raw를 범위 df_covid의 iterrows 행 반복
변수 location에 담다, row['x'], row['y']
모듈 folium의 CircleMarker 모듈로 위치는 변수location,반경은 G.degree[row['연번']] * 10 , 색 red, 팝은 문자열의 row['연번']으로 더한다 변수 map에
for 동안 n,raw를 범위 links의 iterrows 행 반복
변수 start에 담다,투플변수 df_covid의 df_covid['연번']이 row['source']와 같다면 ['x'],['y']의 iloc[0]행 값을
변수 end에 담다,투플변수 df_covid의 df_covid['연번']이 row['target']와 같다면 ['x'],['y']의 iloc[0]행 값을
모듈 folium의 PolyLine 모듈로 위치는 start, end, 색 red, 팝은 문자열의 row['연번']으로 더한다 변수 map에

---

한글 프로그램 순서도를 구글 번역으로 영어로 번역한다.

---

**[2단계] 구글 번역한 영어 문장을 한 행씩 압축해 코딩화한다**

[1] Put in data frame df_covid['serial number'], df_covid.index
[2] Put in list source, [1,2,3,4,17,6,7,8,9,10,11,12,8,14,15,16,17,8,19,20,21 ,22,23,24,25,26,27,28,29,30,31,32,33,34,35,36,37,38]
Put in list target, [11,22,3,14,5,6,17,25,26,27,28,8,9,10,1,12,17,16,34,35,36,15, 18,19,20,21,23,24,29,17,4,30,31,32,33,37,38]
[3] Put in data frame links, zip the list to the DataFrame module of pd. df['sequence number'], source, target term, the term name is ['sequence','source','target']
[4] Import the networkx module, alias nx
Put nx.Graph() function in G
Iterrows rows of range df_covid n,raw during for
Add node to G, row['sequence'] of df_covid is latitude=row['x'], longitude=row['y']
Iterrows rows of range links with n,raw during for
Put in the variable d, the value of row['sequence']]*10 with G.degree() function
Add Ez to G, row['source'] is row['target'], weight=d
[5] import folium module
Put in the variable xy, the value of the iloc[0] line of the first (1) line [['x','y']] of df_covid as a tuple variable
Put in variable map, folium.Map() function location is xy, zoom is 10
Iterrows rows of range df_covid n,raw during for
Put in variable location, row['x'], row['y']

---

Module folium's CircleMarker module. Position is variable location, radius is G.degree[row['sequence']] * 10, color red, pop is added to row['sequence'] of string.
Iterrows rows of range links with n,raw during for
Put in variable start, if df_covid['sequence'] of tuple variable df_covid is same as row['source'], iloc[0] row value of ['x'],['y']
Put in variable end, if df_covid['sequence'] of tuple variable df_covid is same as row['target'], iloc[0] row value of ['x'],['y']
Module Folium's PolyLine module. Position start, end, color red, and pop are added with row['sequence'] of string. To variable map

---

컴퓨터가 이해하는 파이썬 명령어로 축약해 코딩화한다.

**[3단계] 코딩화한 각 셀을 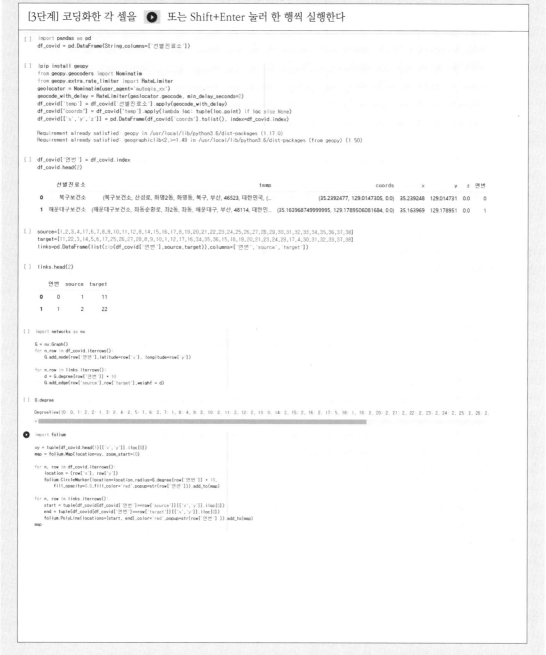 또는 Shift+Enter 눌러 한 행씩 실행한다**

```
[ ]  import pandas as pd
     df_covid = pd.DataFrame(String,columns=['선별진료소'])

[ ]  !pip install geopy
     from geopy.geocoders import Nominatim
     from geopy.extra.rate_limiter import RateLimiter
     geolocator = Nominatim(user_agent='autogis_xx')
     geocode_with_delay = RateLimiter(geolocator.geocode, min_delay_seconds=2)
     df_covid['temp'] = df_covid['선별진료소'].apply(geocode_with_delay)
     df_covid['coords'] = df_covid['temp'].apply(lambda loc: tuple(loc.point) if loc else None)
     df_covid[['x','y','z']] = pd.DataFrame(df_covid['coords'].tolist(), index=df_covid.index)

     Requirement already satisfied: geopy in /usr/local/lib/python3.6/dist-packages (1.17.0)
     Requirement already satisfied: geographiclib<2,>=1.49 in /usr/local/lib/python3.6/dist-packages (from geopy) (1.50)

[ ]  df_covid['연번'] = df_covid.index
     df_covid.head(2)
```

|   | 선별진료소 | temp | coords | x | y | z | 연번 |
|---|---|---|---|---|---|---|---|
| 0 | 북구보건소 | (북구보건소, 산성로, 화명2동, 화명동, 북구, 부산, 46523, 대한민국, (... | (35.2392477, 129.0147305, 0.0) | 35.239248 | 129.014731 | 0.0 | 0 |
| 1 | 해운대구보건소 | (해운대구보건소, 좌동순환로, 좌2동, 좌동, 해운대구, 부산, 48114, 대한민... | (35.163968749999995, 129.1789506081684, 0.0) | 35.163969 | 129.178951 | 0.0 | 1 |

```
[ ]  source=[1,2,3,4,17,6,7,8,9,10,11,12,8,14,15,16,17,8,19,20,21,22,23,24,25,26,27,28,29,30,31,32,33,34,35,36,37,38]
     target=[11,22,3,14,5,6,17,25,26,27,28,8,9,10,1,12,17,16,34,35,36,15,18,19,20,21,23,24,29,17,4,30,31,32,33,37,38]
     links=pd.DataFrame(list(zip(df_covid['연번'],source,target)),columns=['연번', 'source', 'target'])

[ ]  links.head(2)
```

|   | 연번 | source | target |
|---|---|---|---|
| 0 | 0 | 1 | 11 |
| 1 | 1 | 2 | 22 |

```
[ ]  import networkx as nx

     G = nx.Graph()
     for n,row in df_covid.iterrows():
         G.add_node(row['연번'],latitude=row['x'], longitude=row['y'])

     for n,row in links.iterrows():
         d = G.degree[row['연번']] * 10
         G.add_edge(row['source'],row['target'],weight = d)

[ ]  G.degree

     DegreeView({0: 0, 1: 2, 2: 1, 3: 2, 4: 2, 5: 1, 6: 2, 7: 1, 8: 4, 9: 2, 10: 2, 11: 2, 12: 2, 13: 0, 14: 2, 15: 2, 16: 2, 17: 5, 18: 1, 19: 2, 20: 2, 21: 2, 22: 2, 23: 2, 24: 2, 25: 2, 26: 2,
     ◀                                                                                                                   ▶

●    import folium

     xy = tuple(df_covid.head(1)[['x','y']].iloc[0])
     map = folium.Map(location=xy, zoom_start=10)

     for n, row in df_covid.iterrows():
         location = (row['x'], row['y'])
         folium.CircleMarker(location=location,radius=G.degree[row['연번']] * 10,
             fill_opacity=0.6,fill_color='red', popup=str(row['연번'])).add_to(map)

     for n, row in links.iterrows():
         start = tuple(df_covid[df_covid['연번']==row['source']][['x','y']].iloc[0])
         end = tuple(df_covid[df_covid['연번']==row['target']][['x','y']].iloc[0])
         folium.PolyLine(locations=[start, end],color='red',popup=str(row['연번'] )).add_to(map)
     map
```

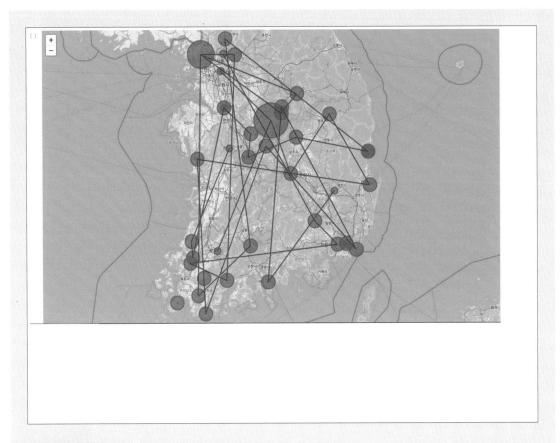

 (구글 코랩 노트북으로 실습하려면)

크롬 브라우저 검색창에서 코랩사이트 링크(https://colab.research.google.com/ ) 입력해 새 코랩 노트북 만들기 위해 시작페이지에 접속한다. 또는 이미 코드가 작성되어 있는 노트북으로 실습하려면 옆의 QR코드를 스마트폰으로 인식하여 실행해 기 작성된 코드를 수정하면서 실습해 본다.

# 10

STEP

# 웹페이지 등 벡터 공간에서
# 텍스트 관계나 의미 분석하는
# 마이닝 기술, 문장 속 글자를 벡터화
# 좌표 분석,자연어 처리

비행기를 사람들이 끌려면 어떻게 해야 할까? 당기는 줄들은 각각 벡터이고
이 벡터들의 합이 최고의 힘이 되도록 하면 된다

디지털 메트릭스 벡터 공간 웹사이트의 html 코드 패턴 속에서 특정 숫자 찾아내어 코로나 피해 상황 출력하기,
세계 코로나 팬더믹 실시간 모니터링 사이트를 해킹하다

백화점 웹사이트에서 상품 검색하여 판다스 데이터프레임(엑셀)으로 가져오기, 상품 가격 등 데이터 크롤링하기

코로나19 바이러스가 전염력이 강한 이유는 무엇일까? 코로나19 DNA 유전자 게놈 해독해 통계 분석하기

코로나19 변이 확인하는 방법은 ? 코로나19 게놈 데이터에서 특정 변이 유전체 문자열 패턴 분석하기

영화《컨택트》속 언어학자가 외계인의 언어를 해석하는 것처럼,
코딩으로 손쉽게 외국어나 유전자 코드를 해독할 수 있으면 좋겠죠?

기업 홈페이지 게시판 글의 제목과 내용을 추출해 어휘 빈도를 분석하고 워드 클라우드 만들기

컴퓨터가 생각한다는 의미는 무엇일까? 생각은 벡터다. 사람의 말과 글은 숫자로 변환되어
머릿속 벡터 공간에 배치할 수 있다. 문장에서 문자열 찾고 이를 숫자로 분석해 단어 맥락 찾기

한글 자연어를 텍스트 시퀀스 처리하여 의미 분석하고, 문장을 쪼개서 형태소 분석하고 단어 토큰 만들기

한글 문장 속 단어를 딥러닝 훈련시켜 벡터 모델 만들고, 긍정, 부정 의미 해석과 벡터 공간에 표현하기

소설 쓰는 인공지능이 이야기 / 문장 / 텍스트를 생성하기, 인간의 글을 인공지능이 인식하고 분석하기

## **10.1** 비행기를 사람들이 끌려면 어떻게 해야 할까? 당기는 줄들은 각각 벡터이고 이 벡터들의 합이 최고의 힘이 되도록 하면된다.

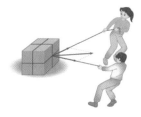

벡터(힘)[1]는 행과 열이 각각 1개이기 때문에 배열처럼 데이터가 일렬로만 존재하는 즉 한줄로 된 선의 형태이다. 벡터는 1D 차원 배열로서 기학적으로는 점들이 모여서 한줄로 된 선분 또는 화살표로 표현되고, 2개의 벡터를 곱하면 1x1의 내적만으로도 스칼라가 된다. 벡터 공간의 원소인 벡터( vector)는 직관적으로 방향 및 길이의 비가 정의된 선형이다. 선형이라는 성질은 행렬[2] 과 동전의 양면과 같은 관계를 가지고 있다. 어떤 연산이 선형이라는 것은 그것이 행렬로 표현 가능하다는 것이다.

### 두 벡터(힘)의 내적(dot product)과 딥러닝 학습계산

서로 다른 방향으로 작용하는 2개의 힘(벡터)이 있을 때, 서로 상호협력하여 얼마나 효과를 내는지가 벡터의 내적이다. 비행기같은 큰 물체를 움직일 때처럼 벡터는 서로 같은 방향에 대한 성분에 대해서만 실질적으로 영향미치므로, 그림처럼 a 벡터를 b 벡터에 수직으로 내리면 b벡터에  |a|cos() 크기 즉 |a| 벡터a의 힘의 크기에서 cos()성분의 크기가 생긴다. |a|cos() 길이는 b 벡터와 협력하는 a 벡터의 크기이고, 둘을 곱한 값이 내적 값이 된다. 이는 인공 신경망에서 딥러닝의 벡터의 내적계산으로 수많은 입력 벡터와 가중치 벡터가 상호협력하여 얼마나 효과를 내는지를 벡터의 내적으

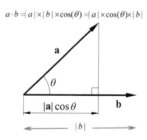

$$a \cdot b = |a| \times |b| \times \cos(\theta) = |a| \times \cos(\theta) \times |b|$$

로 계산하고 그 값을 활성화 함수에 넣어서 결과 벡터를 출력하는 딥러닝 학습 계산기능의 기본원리이다. 또한 두 벡터의 내적은 두 벡터의 비슷한 정도를 나타내서, 네트워크 분석 또는 자연어 처리처럼 단어와 단어 사이의 유사도를 계산할 수 있다. 자연어 처리 등에서 뛰어난 성능을 보이는 Attention 딥러닝모델에서 내적 유사도가 사용되는데, 두개의 단어나 문장 벡터 간의 관계도 파악을 위해서 벡터 내적이 최고의 성능을 내려면 두 벡터가 비슷한 정도 내적 유사도가 높아야 하고 벡터의 내적계산만으로도 벡터간의 유사한 정도를 계산할 수 있다.

벡터 내적을 그래프로 표현하기 위해 matplotlib에 있는 scaled된 화살표를 그리는 quiver()함수로 벡터와 내적을 구현한다. axes.quiver() 함수에 의거  X , Y는 화살표 위치(vector pointing)를 정의, U , V는 화살표 방향(direction)을 정의해 구한다. scale은 화살표 길이 단위로, scale 길이를 크게 할수록 화살표의 길이가 작아진다. 화살표 길이 단위당 데이터 단위의 수로 더 작은 스케일 매개 변수는 화살표를 더 길게 만든다.

두 개의 큰 비행기를 줄로 끌때 서로 다른 두 방향의 힘과 운동을 표현한 직선을 합하면, 힘과 방향을 변으로 하는 평행사변형의 대각선이 된다. 두 벡터의 합은 평행사변형의 대각선이고 이 대각선은 벡터값이다. 벡터의 곱 중에서 내적(크기)은 벡터와 벡터가 아닌 스칼라량이 된다. 내적은 a벡터와 b벡터cos@의 곱으로 두 벡터가 a벡터 방향으로 유사하게 가한 힘을 더한 값으로 두 벡터간 벌어진 각도에 따라 값이 달라진다. 벡터의 내적은 두 벡터의 비슷한 방향으로 진행한 정도를 나타낼 수 있는데, 이는 두 변수 사이의 유사성을 나타내는 상관계수와 같다. 두 행렬에 있어 가로 세로행의 곱으로 숫자가 나오는 과정도 좌표평면이라는 행렬상의 두 벡터의 내적으로 스칼라가 나오는 것과 동일하다.

---

1    벡터란 단어는 "vehere(운반하다)"라는 뜻의 라틴어에서 유래되어, 유클리드 공간에서는 어떤 것을 한 장소에서 다른 곳으로 이동하는 방향성을 내포하고 있는 크기(length)와 방향(direction)을 가진 동적인 기하학 객체(geometric object)이다. 크기만을 의미하는 스칼라라고 한다.

2    행렬(行列,matrix)은 숫자를 괄호 안에 직사각형 표 형태로 배열한 것이고, 행렬의 가로줄을 행(行, row), 세로줄을 열(列, column)이라고 한다. 한 행 또는 한 열 뿐인 행렬을 벡터에 빗대어 행 벡터(row vector),열 벡터(column vector) 라고 한다.

## Program coding flownote 한글 명령어를 영어로 번역한 코드 작성 순서노트

생활영어처럼 [1][2][3]단계별로 실행되는 한글 명령어 순서도 작성한다.

---

[1단계] 파이썬하고 대화하듯이 명령 순서도 작성

---

[1] numpy 모듈을 가져오다, 별칭 np로
matplotlib.pyplot 그래프 모듈을 가져오다, 별칭 plt 로

[2] 변수f ig, ax에 담다. plt.subplots() 이미지를
변수x_point에 담다, np의 배열 [0,0]를
변수y_point에 담다, np의 배열 [0,0]를
변수x_direct에 담다, np의 배열 [1,1]를
변수y_direct에 담다, np의 배열 [1,-1]를

[3] 변수 ax 액자에 quiver모듈로  x_point,y_point,x_direct,y_direct 표시한다. 색은 'r','b'로 척도는 5

[4] 변수 x에 담다, 변수x_direct와 변수y_direct 더해서
변수 ax 액자에 quiver모듈로  x_point,y_point,x[0],x[1] 표시한다. 척도는 5

[5] 변수 fig 그래프 그려라, 변수 x의 값

---

한글 프로그램 순서도를 구글 번역으로 영어로 번역한다.

---

[2단계] 구글 번역한 영어 문장을 한 행씩 압축해 코딩화한다

---

[1] import numpy module, alias np
Import the matplotlib.pyplot graph module, with the alias plt
[2] Put in variables f ig and ax. plt.subplots() image
Put in the variable x_point, the array of np [0,0]
Put in the variable y_point, the array of np [0,0]
Put in the variable x_direct, the array of np [1,1]
Put in variable y_direct, array of np [1,-1]
[3] The variable ax frame displays x_point,y_point,x_direct,y_direct in the quiver module. The color is'r','b'
and the scale is 5
[4] Add to variable x, add variable x_direct and variable y_direct
The variable ax frame displays x_point,y_point,x[0],x[1] in the quiver module. Scale is 5
[5] Graph the variable fig

---

컴퓨터가 이해하는 파이썬 명령어로 축약해  코딩화한다.

---

[3단계] 코딩화한 각 셀을 ▶ 또는 Shift+Enter 눌러 한 행씩 실행한다

---

```
import numpy as np
import matplotlib.pyplot as plt

fig, ax = plt.subplots()
x_point = np.array([0, 0])
y_point = np.array([0, 0])
x_direct = np.array([1, 1])
y_direct = np.array([1,-1])
ax.quiver(x_point,y_point,x_direct,y_direct,color=['r','b'],scale=5)

<matplotlib.quiver.Quiver at 0x7fdf2d440f98>
```

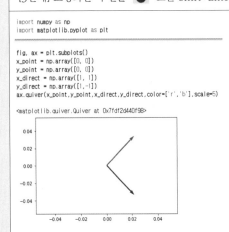

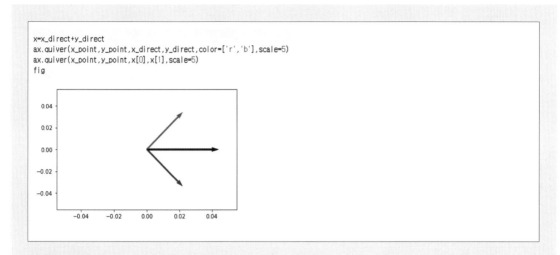

```
x=x_direct+y_direct
ax.quiver(x_point,y_point,x_direct,y_direct,color=['r','b'],scale=5)
ax.quiver(x_point,y_point,x[0],x[1],scale=5)
fig
```

 (구글 코랩 노트북으로 실습하려면)

크롬 브라우저 검색창에서 코랩사이트 링크(https://colab.research.google.com/ ) 입력해 새 코랩 노트북 만들기 위해 시작페이지에 접속한다. 또는 이미 코드가 작성되어 있는 노트북으로 실습하려면 옆의 QR코드를 스마트폰으로 인식하여  실행해 기 작성된 코드를 수정하면서 실습해 본다.

## 10.2 디지털 메트릭스 벡터 공간 웹사이트의 html 코드 패턴 속에서 특정 숫자 찾아내어 코로나 피해 상황 출력하기, 세계 코로나 팬더믹 실시간 모니터링 사이트를 해킹하다

worldometers.info/coronavirus/

COVID-19 CORONAVIRUS PANDEMIC

Last updated: November 08, 2020, 06:41 GMT

Graphs · Countries · Death Rate · Symptoms · Incubation · Transmission · News

Coronavirus Cases:

50,273,577

view by country

Deaths:

1,256,498

Recovered:

35,552,810

코로나 피해 상황 실시간 출력하기 위해서 코로나 웹사이트에서 데이터를 다운받아서, 그중에서 특정 수치만 선택하는 기능을 정규표현식을 조합해서 요소를 추출한다. 모든 웹사이트는 html 언어로 작성되어 있으며, 누구에게나 소스코드가 오픈되어 있다. 그 html 소스코드를 보고 원하는 정보를 가져오려면 html[1] 속에서 정확한 정보를 선택하고 추출해야 한다.

### 정규 표현식으로 웹사이트html 속에서 정보 추출

정규 표현식(Regular Expression)은 텍스트에서 특정 문자열을 검색하거나 치환할 때 사용되며, 웹페이지에서 전화번호나 이메일 주소를 발췌한다거나 로그파일에서 특정 에러메시지가 들어간 라인들을 찾을 때 정규 표현식을 사용하면 쉽게 구현한다.

아래와 같은 웹사이트는 html 문서로 제작된다. 웹사이트의 html 코드 패턴 속에서 특정 숫자 나 문자를 찾아내어 가져오는 것이 웹사이트를 해킹하는 기초라고 할 수 있다.

html

```
'\n<!DOCTYPE html>\n<!--[if IE 8]> <html lang="en" class="ie8"> <![endif]-->\n<!--[if IE 9]> <!
[endif]-->\n<!--[if !IE]><!-->\n<html lang="en">\n<!--<![endif]-->\n<head>\n<meta charset="utf
ompatible" content="IE=edge">\n<meta name="viewport" content="width=device-width, initial-scal
te (Live)" 50,273,577 Cases and 1,256,498 Deaths from COVID-19 Virus Pandemic - Worldometer</t
n" content="Live statistics and coronavirus news tracking the number of confirmed cases, recov
h toll due to the COVID-19 coronavirus from Wuhan, China. Coronavirus counter with new cases,
r 1 Million population. Historical data and info. Daily charts, graphs, news and updates">\n\n
```

HTML 웹사이트를 파싱한 내용에서 홈페이지의 Html 속을 살펴보면, 필요한 숫자 데이터들이 여러 곳에 흩어져 있음을 알 수 있다. 정규표현식 사용하기 위해 re 모듈 읽어들인다. findall함수로 정규표현식을 생성하고 적용해 매칭되는 모든 문자열 숫자를 추출해 읽는다.

숫자를 의미하는 기호로 \d 를 사용한다. 패턴{n, m}는 앞 패턴이 최소 n번, 최대 m 번 반복해서 나타나는 경우 (n 또는 m 은 생략 가능)이다. 즉, [\d]{1,3}의 뜻은 숫자(\d)가 1개, 2개 혹은 3개 반복해 있으면 추출하고, [\d]{3}의 뜻은 숫자(\d)가 3개 반복해 있어야 추출한다는 의미이다. 홈페이지의 html 속에서 숫자가 1~3개 반복해 있는 것을 찾으면 50,273,577이고 이것이 전세계 확진자 숫자이다.

---

1  HTML(하이퍼텍스트 마크업 언어,HyperText Markup Language) 우리가 보는 웹페이지를 작성하기 위해 사용하는 언어이다. HyperText 는 단순 텍스트 이상의, 인터넷 링크 등이 포함되고, Markup은 꺾쇠(〈, 〉)로 이루어진 태그이다. 따라서 html은 링크, 태그 등으로 텍스트 이상의 내용을 만들 수 있어서 웹사이트에 표시되는 문자, 사진, 영상, 레이아웃 모두 HTML로 구성되어 있다.

## Program coding flownote 한글 명령어를 영어로 번역한 코드 작성 순서노트

생활영어처럼 [1][2][3]단계별로 실행되는 한글 명령어 순서도 작성한다.

---

[1단계] 파이썬하고 대화하듯이 명령 순서도 작성

[1]urllib 패키지로 부터 request 모듈 가져오다

　　re 모듈 가져오다

[2] 변수raw에 담다, request의 urlopen 모듈로('https://www.worldometers.info/coronavirus/')

[3] 변수cases에 담다, re 모듈의 모두찾기 r'[\d]{1,3},[\d]{3}', 문자열은 변수raw 읽기

[4] 프린트하다('전 세계 확진자 {0}, 사망자 {1}, 회복자 {2}'

　　.format(cases[0], cases[1], cases[4]))

---

한글 프로그램 순서도를 구글 번역으로 영어로 번역한다.

[2단계] 구글 번역한 영어 문장을 한 행씩 압축해 코딩화한다

[1]Import request module from urllib package

　　import re module

[2] Put in variable raw, as urlopen module of request ('https://www.worldometers.info/coronavirus/')

[3] Add to variable cases, find all of re modules r'[\d]{1,3},[\d]{3}', read the variable raw

[4] Print ('The world's confirmed {0}, the dead {1}, the recoverer {2}'

　　.format(cases[0], cases[1], cases[4]))

---

컴퓨터가 이해하는 파이썬 명령어로 축약해 코딩화한다.

[3단계] 코딩화한 각 셀을 ▶ 또는 Shift+Enter 눌러 한 행씩 실행한다

```
import requests
url='https://www.worldometers.info/coronavirus/'
html = requests.get(url).text

html

'\n<!DOCTYPE html>\n<!--[if IE 8]> <html lang="en" class="ie8">
e" content="IE=edge">\n<meta name="viewport" content="width=devi
statistics and coronavirus news tracking the number of confirmed
istorical data and info. Daily charts, graphs, news and updates'

import re
cases = re.findall('[\d]{1,3},[\d]{3}', html)
print('전세계 확진자 {0}천명, 사망자 {1}천명, 회복자 {2}천명'
     .format(cases[0], cases[1], cases[4]))

전세계 확진자 50,273천명, 사망자 1,256천명, 회복자 35,552천명
```

---

 (구글 코랩 노트북으로 실습하려면)

크롬 브라우저 검색창에서 코랩사이트 링크(https://colab.research.google.com/ ) 입력해 새 코랩
노트북 만들기 위해 시작페이지에 접속한다. 또는 이미 코드가 작성되어 있는 노트북으로 실습하려면
옆의 QR코드를 스마트폰으로 인식하여 실행해 기 작성된 코드를 수정하면서 실습해 본다.

## 10.3 백화점 웹사이트에서 상품 검색하여 판다스 데이터프레임(엑셀)으로 가져오기, 상품 가격 등 데이터 크롤링하기

인터넷 웹사이트에서 사진이나 데이터를 검색해 자동으로 가져오는 것을 크롤링(crawling) 혹은 스크레이핑(scraping)이라고 한다. 이는 스파이더(spider) 혹은 크롤러(crawler)라는 로봇이 웹페이지를 방문해서 html 내용을 읽어오는 것이다. 따라서 크롤링은 사이트 해킹과 같아서 각 사이트마다 로봇 배제기준을 만들어 놓고 있다. '사이트이름/robots.txt' 로 로봇 배제기준을 확인할 수 있다. 백화점사이트인 ssg.com 사이트의 크롤러 규칙을 보니, 모든 크롤러에 액세스 허용하고 있고, 특정디렉토리(/) 몇 개만 액세스를 불허하고 있다. 백화점 웹사이트 페이지를 다 로딩한 후 '라면'같은 특정 상품 검색어를 넣어 검색하고 데이터를 동적으로 불러오는 코드를 만들어보자

웹사이트는 대부분 HTML 등 웹상 언어로 작성된 웹페이지로 구성되어 있다. 수많은 웹사이트를 구성하고 있는 html 문서를 해체하고 그곳에서 원하는 텍스트라는 광물을 찾는다는 의미에서 텍스트마이닝이라고 한다. 텍스트마이닝 과정은 기본적으로 파이썬으로 웹 페이지의 html 정보들을 웹 크롤링(Web Crawling) 명령으로 가져올수 있다. 이후에 정리되지 않은 텍스트 뭉치 속에서 찾고자하는 단어와 뜻을 얻는 것이다.

BeautifulSoup 라이브러리는 웹페이지 html 구조를 분해해서 필요한 데이터만 추출하는 함수 기능들을 제공한다. BeautifulSoup으로 데이터를 디지털화해야 soup속에서 쉽게 텍스트를 찾을 수 있다. find 함수를 통해 찾고자 하는 단어와 단어의 뜻이 있는 HTML 태그를 찾을 수 있다.

```
User-agent : *
Allow: /
Disallow: /comm/ajaxHistoryList
Disallow: /event/getIssuedCpnQty
Disallow: /search/image
Disallow: /search
```

### 코드를 실습한다

실습 웹사이트는 ssg사이트로 농협 등 비회원 사이트가 쉽게 크롤링된다. url변수에 ssg.com 주소를 담고 웹사이트에 http requests 요청으로 사이트에 접속한다. 그 후 .text 명령으로 해당 html문서의 내용을 문자열로 받아 온다. requests 라이브러리로 웹사이트를 똑똑 문 열라고 요청해서 html 페이지를 열고, html 소스 속에서 get()함수로 .text를 골라내어 html 변수에 담는다.

BeautifulSoup 라이브러리로 웹페이지 HTML문서를 파싱(parser, 파쇄)해 수프처럼 페이지 자료를 가져오기 좋게 분해한다. BeautifulSoup(html, 'html.parser') 파싱방법은 BeautifulSoup에 html의 값은 html이라 html.parser를 사용해서 분해한 후에 soup 변수에 저장한다.

select() 함수로 Html 데이터가 파쇄되어 죽처럼 된 soup에서 필요한 데이터를 선택한다. 검색하는 div태그 LeagueType클래스 등 원하는 정보를 모두 찾는다. 한 줄 for문[1]은 리스트에 있는 순서대로 요소 변수에 대입되어 명령을 실행한다. 만들어진 데이터 테이블을 엑셀파일로 저장하려면, dataframe.to_csv()함수 사용해 저장한다.

---

1  한 줄 for loop 코드가 [실행 명령, for loop in 리스트] 구조로 반복 실행했다면, 비슷하게 map 명령어를 써서 리스트에서 값을 가져와 반복 실행을 한 줄로 작성할 수 있다. map 은 map(실행 명령, 리스트) 구조로 사용한다. map은 리스트 객체가 출력된다.

**Program coding flownote 한글 명령어를 영어로 번역한 코드 작성 순서노트**

생활영어처럼 [1][2][3]단계별로 실행되는 한글 명령어 순서도 작성한다.

---

**[1단계] 파이썬하고 대화하듯이 명령 순서도 작성**

[1] request 모듈 가져오다
　　bs4 패키지로부터 BeautifulSoup 모듈 가져오다

[2] 변수 item_name에 담다, ' '

[3] 변수html에 담다, request모듈로 get(링크''http://www.ssg.com/search.ssg?target=all&query='에 item_
　　name 더하고 텍스트로

[4] 변수soup에 담다, BeautifulSoup 모듈로 변수html 'html.parser'방식

[5] 변수name에 담다, 변수name을 텍스트실행해 변수soup선택('div 〉 a 〉 em.tx_ko') 리스트에 있는 요소 name을
　　순서대로 반복해, 3행만

[6]변수price에 담다, 변수price를 텍스트실행해 변수soup선택('div 〉 em')리스트에 있는 요소 price를
　　순서대로 반복해, 3행만

[7] 변수image에 담다, 'http:'와 변수image를 가져와('src') 변수soup선택('div 〉 a 〉 img.i1')리스트에 있는 요소 image
　　를 순서대로 반복해, 3행만

[8] 변수link에 담다, 'http://ssg.com'와 변수link를 가져와('href') 변수soup선택('div.thmb 〉 a')리스트에 있는 요소
　　link를 순서대로 반복해, 3행만

[9] 리스트result에 담다, 딕셔너리('name' : name[i],'price' : price[i],'image' : image[i],'link' : link[i]}를
　　변수name의 범위에 있는 요소i를 반복해

[10] pandas 모듈을 가져오다, 별칭 pd로
　　　pd의 데이터프레임(결과)를 앞부분 3줄 표시

---

한글 프로그램 순서도를 구글 번역으로 영어로 번역한다.

---

**[2단계] 구글 번역한 영어 문장을 한 행씩 압축해 코딩화한다**

[1] bring the request module
　　Importing the BeautifulSoup module from the bs4 package
[2] put in variable item_name, ''
[3] Add it to variable html, add item_name to get(link''http://www.ssg.com/search.ssg?target=all&query='  \
　　with request module and text
[4] Add to variable soup, variable html'html.parser' method with BeautifulSoup module
[5] Add to variable name, execute the variable name as text and repeat the element names in the variable
　　soup selection list ('div〉 a〉 em.tx_ko') in order, only 3 lines
[6] Add to variable price, text execution of variable price, repeat the element price in the list of variable soup
　　('div〉 em') in order, only 3 lines
[7] Put in variable image, take'http:' and variable image ('src') and select variable soup ('div〉 a〉 img.i1').
[8] Put it in the variable link, take the'http://ssg.com' and the variable link ('href') and select the variable soup
　　('div.thmb〉 a'). 3 lines only
[9] Add to list, dictionary {'name': name[i],'price': price[i],'image': image[i],'link': link[i]} of variable name Repeat
　　element i in the range
[10] import the pandas module, alias pd
　　　Display data frame (result) of pd in the first 3 lines

---

컴퓨터가 이해하는 파이썬 명령어로 축약해 코딩화한다.

[3단계] 코딩화한 각 셀을 ▶ 또는 Shift+Enter 눌러 한 행씩 실행한다

```python
import requests
from bs4 import BeautifulSoup

item_name = '라면'

html = requests.get('http://www.ssg.com/search.ssg?target=all&query='+ item_name).text

soup=BeautifulSoup(html, 'html.parser')

name=[name.text for name in soup.select('div > a > em.tx_ko')[:3]]

price=[price.text for price in soup.select('div > em')[:3]]

image=[ "http:"+ image.get('src') for image in soup.select('div > a > img.i1')[:3]]

link=["http://ssg.com" + link.get('href') for link in soup.select('div.thmb > a')[:3]]

result = [{'name' : name[i], 'price' : price[i], 'image' : image[i], 'link' : link[i]
  } for i in range(len(name))]

import pandas as pd
pd.DataFrame(result).head(3)
```

| | name | price | image |
|---|---|---|---|
| 0 | [농심] 올리브 짜파게티 (140g×5입) | 3,280 | http://item.ssgcdn.com/13/36/33/item/000000833... |
| 1 | 라면엔 매콤해물한스푼 70g | 10,900 | http://item.ssgcdn.com/35/11/93/item/209700093... |
| 2 | 라면엔 야채한스푼 100g | 10,900 | http://item.ssgcdn.com/12/10/93/item/209700093... |

```python
pd.DataFrame(result).to_csv('test.csv')
```

(구글 코랩 노트북으로 실습하려면)

크롬 브라우저 검색창에서 코랩사이트 링크(https://colab.research.google.com/ ) 입력해 새 코랩 노트북 만들기 위해 시작페이지에 접속한다. 또는 이미 코드가 작성되어 있는 노트북으로 실습하려면 옆의 QR코드를 스마트폰으로 인식하여 실행해 기 작성된 코드를 수정하면서 실습해 본다

## 10.4 코로나19 바이러스가 전염력이 강한 이유는 무엇일까?
## 코로나19 유전자 게놈 해독해 통계 분석하기

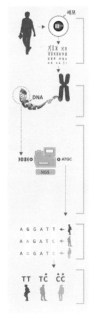

코로나19 바이러스 Coronavirus (COVID-19)가 심각한 전염병임에도 우리나라가 잘 대처한 것은 코로나19의 유전자 게놈이 조기에 공개되었기 때문이다. 우리나라에서 RNA 전사체(하위 게놈)를 2020년 4월 세계 최초로 분석해 공개해서 바로 게놈해독을 통해 유전자와 전염병증과의 관계도 밝혀서 진단시약, 치료약, 백신도 개발하여 대처하고 있다.

코로나19 바이러스는 DNA(디옥시리보 핵산)가 아닌 RNA(리보핵산)를 유전자로 갖는 RNA 바이러스로 구조가 불안정해 사람과 동물의 호흡기와 소화기계 감염을 유발하기 쉽다. 다만 RNA가 DNA의 일부이므로 유전자 게놈 해독은 DNA를 가지고 해석하기도 한다.

DNA는 세포핵에 있는 A,T,G,C 4개 염기로 구성된 유전자 핵산이고 생명체의 설계도 역할이며, RNA는 세포질에 있는 핵산으로 DNA의 일부가 전사되어 만들어지므로 DNA의 명령을 받아 실제로 단백질을 합성하는 역할을 한다. 다만 DNA의 T(티민) 염기는 RNA의 U(유라실)로 대체되어 탈메틸화된 형태로 존재하여 산화하기 쉽다.

### 1. 바이러스와 인간도 4개 코드로 만들어졌다

DNA는 유전정보를 담고 있는 물질로 A, T, G, C라는 4개의 염기로 구성되어 있다. 즉 인공지능이 0,1 2개의 요소로 구성되어 있다면 바이러스를 포함한 유기체 DNA 유전자는 A, T, G, C라는 단백질 염기 4개의 요소로 구성되어, 해석할 수 있다. ASCII코드로 컴퓨터의 이진 코드 (Digital Data)를 인간이 해석할 수 있듯이, DNA 문자열 단백질 시퀀스를 이진 코드 (Digital Data)로 변환하여 컴퓨터에 저장하고 분석 및 검색할 수 있다. 지구상의 생명체인 인간을 포함한 모든 생명체의 DNA를 해독하는 것도 가능하다.

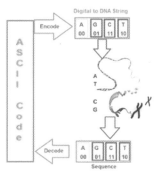

### 2. 코로나19 게놈 염기서열은 디지털 데이터처럼 분석이 가능하다

DNA 유전자 게놈 생체정보는 RNA 시퀀싱 염기서열의 유전자로 표현되고, 개체의 완전한 염기서열 정보는 질병과 관련된 정보를 얻을 수 있다. 염기서열 정보를 해독하는 게놈 시퀀싱(genome sequencing)은 바이러스 특성을 파악하거나 유전자 이상과 염색체 이상 등 변이와 유전자 결함을 찾기 위한 것이다. 시퀀싱 데이터는 유전자 발현, 유전자 다양성 및 상호작용 등의 정보들을 분자진단과 치료 영역에서 폭넓게 활용할 수 있다. 게놈(genome) 또는 유전체(遺傳體)는 한 개체의 모든 유전자를 포함한 총 염기서열이며 한 생물종의 완전한 유전정보의 총합이다.

```
ATTAAAGGTTTATACCTTCCCAGGTAACAAACCAACCAACTTTCGATCTCTTGTAGATCTGTTCTCTAAA
CGAACTTTAAAATCTGTGTGGCTGTCACTCGGCTGCATGCTTAGTGCACTCACGCAGTATAATTAATAAC
TAATTACTGTCGTTGACAGGACACGAGTAACTCGTCTATCTTCTGCAGGCTGCTTACGGTTTCGTCCGTG
TTGCAGCCGATCATCAGCACATCTAGGTTTCGTCCGGGTGTGACCGAAAGGTAAGATGGAGAGCCTTGTC
CCTGGTTTCAACGAGAAAACACACGTCCAACTCAGTTTGCCTGTTTTACAGGTTCGCGACGTGCTCGTAC
GTGGCTTTGGAGACTCCGTGGAGAGGGTCTTATCAGAGGCACGTCAACATCTTAAAGATGGCACTTGTGG
CTTAGTAGAAGTTGAAAAAGGCGTTTTGCCTCAACTTGAACAGCCCTATGTGTTCATCAAACGTTCGGAT
GCTCGAACTGCACCTCATGGTCATGTTATGGTTGAGCTGGTAGCAGAACTCGAAGGCATTCAGTACGGTC
GTAGTGGTGAGACACTTGGTGTCCTTGTCCCTCATGTGGGCGAAATACCAGTGGCTTACCGCAAGGTTCT
TCTTCGTAAGAACGGTAATAAAGGAGCTGGTGGCCATAGTTACGGCGCCGATCTAAAGTCATTTGACTTA
GGCGACGAGCTTGGCACTGATCCTTATGAAGATTTTCAAGAAAACTGGAACACTAAACATAGCAGTGGTG
TTACCCGTGAACTCATGCGTGAGCTTAACGGAGGGGCATCACATGCCTATCTGTCTATGAACAACTTCTGTGG
CCCTGATGGCTACCCTCTTGAGTGCATTAAAGACCTTCTAGCACGTGCTGGTAAAGCTTCATGCACTTTG
TCCGAACAACTGGACTTTATTGACACTAAGGGGGTGTATACTGCTGCCGTGAACATGAGCATGAAATTG
CTTGGTACACGGAAGGTTCTGAAAAGAGCTATGAATTGCAGACACCTTTTGAAATTAAATTGGCAAAGAA
ATTTGACACCTTCAATGGGGAATGTCCAAATTTTGTATTTCCCTTAAATTCCATAATCAAGACTATTCAA
CCAAGGGTTGAAAAGAAAAAGCTTGATGGCTTTATGGGTAGAATTCGATCTGTCTATCCAGTTGCGTCAC
```

## 3. 코로나19 바이러스가 전염력이 강한 이유

데이터프레임을 통계분석해 보면 유전물질 A, T, G, C라는 4개의 염기로 구성되고, 전체 30,331개 중에서 T 염기가 9,594개로 가장 많이 구성되어 있다. 티민은 다른 것보다 결합력이 약해서 가장 먼저 파괴되는 경향이 있다. 죽은 것에서는 티민이 잘 발견되지 않는 이유이다. 살아 있는 동안에도 티민은 계속적인 손상을 입어 우라실로 대체되어 잠시만 존재하는 경우도 있다. 이렇게 티민(T) 염기의 특성이 결합력이 약하고 변이가 쉽게 일어나는 특성으로 티민이 특히 많은 코로나19 바이러스가 해체되어 인간 세포 등 다른 유전체에 달라붙는 감염력이 높음을 알 수 있다.

### 코드를 실습하자

코로나19 게놈 데이터는 환자의 기관지 폐세포를 분석해 신종 코로나바이러스(2019-nCoV 또는 SARS-CoV-2)를 발견하고, 전자현미경 사진과 이를 해독한 2019-nCoV의 유전체 서열 전체를 네이처 2020년 2월 3일 Fa-Hui Dai, Yi Liu 등이 게재한 '중국의 인간 호흡기 질환과 관련된 새로운 코로나 바이러스' 논문 데이터에서 코비드19 게놈 데이터를 request로 읽어온다. DNA는 유전정보를 리스트에서 데이터프레임에 담는다. pd.series.value_counts()함수는 데이터프레임의 시리즈에서 유일한 값 별로 개수를 세는 것이다. df[0]은 df 데이터프레임의 숫자 0 이름의 컬럼의 각 열들을 시리즈 데이터로 가져온다. 데이터프레임을 통계분석해 보면, 유전물질 A, T, G, C라는 4개의 염기로 구성되고, 전체 30,331개 중에서 T 염기가 9,594개로 가장 많이 구성되어 있어 티민(T) 염기의 특성인 결합력이 약하고 변이가 쉽게 일어나는 특성으로 바이러스가 다른 유전체보다 감염력이 높음을 알 수 있다. \n은 염기 시퀀스 구분자이다.

---

**Program coding flownote 한글 명령어를 영어로 번역한 코드 작성 순서노트**

생활영어처럼 [1][2][3]단계별로 실행되는 한글 명령어 순서도 작성한다.

| [1단계] 파이썬하고 대화하듯이 명령 순서도 작성 |
| --- |
| [1] urllib 패키지로 부터 request 모듈 가져오다 |
| [2] 변수link에 담다, "https://raw.githubusercontent.com/Or-i0n/corona_virus/master/corona_genome.txt" |
| [3] 변수raw에 담다, request의 urlopen 모듈로(변수 link) |
| [4] 변수genome에 담다, 변수raw를 읽고 해석하다 |
| [5] 변수dna_list에 담다, 변수genome을 리스트로 변화 |
| [6] pandas 모듈을 가져오다, 별칭 pd로<br>데이터프레임 df에 담다, pd의 데이터프레임(dna_list)를<br>데이터프레임 df를 묘사해 |

한글 프로그램 순서도를 구글 번역으로 영어로 번역한다.

| [2단계] 구글 번역한 영어 문장을 한 행씩 압축해 코딩화한다 |
| --- |
| [1] Import request module from urllib package<br>[2] Add to variable link,<br>    "https://raw.githubusercontent.com/Or-i0n/corona_virus/master/corona_genome.txt"<br>[3] Put in variable raw, with urlopen module of request (variable link)<br>[4] Add to variable genome, read and interpret variable raw<br>[5] Add to variable dna_list, change variable genome to list<br>[6] import pandas module, alias pd<br>    Put it in the data frame df, and put the data frame (dna_list) of pd<br>    Describe the data frame df |

컴퓨터가 이해하는 파이썬 명령어로 축약해 코딩화한다.

[3단계] 코딩화한 각 셀을 ▶ 또는 Shift+Enter 눌러 한 행씩 실행한다

```
import requests

link = "https://raw.githubusercontent.com/Or-iOn/corona_virus/master/corona_genome.txt"

genome = requests.get(link).text

print(genome)
GGGTACGCTGCTTGTCGATTCAGATCTTAATGACTTTGTCTCTGATGCAGATTCAACTTTGATTGGTGAT
TGTGCAACTGTACATACAGCTAATAAATGGGATCTCATTATTAGTGATATGTACGACCCTAAGACTAAAA
ATGTTACAAAAGAAAATGACTCTAAAGAGGGTTTTTTCACTTACATTTGTGGGTTTATACAACAAAAGCT
AGCTCTTGGAGGTTCCGTGGCTATAAAGATAACGAACATTCTTGGAATGCTGATCTTTATAAGCTCATG
GGACACTTCGCATGGTGGACAGCCTTTGTTACTAATGTGAATGCGTCATCATCTGAAGCATTTTTAATTG
GATGTAATTATCTTGGCAAACCACGCGAACAAATAGATGGTTATGTCATGCATGCAAATTACATATTTTG
GAGGAATACAAATCCAATTCAGTTGTCTTCCTATTCTTTATTTGACATGAGTAAATTTCCCCTTAAATTA
```

```
dna_list = list(genome)
```

```
import pandas as pd
df = pd.DataFrame(dna_list)
df.tail(3)
```

|       | 0  |
|-------|----|
| 30328 | A  |
| 30329 | A  |
| 30330 | ₩n |

```
df[0].value_counts()
```

```
T    9594
A    8954
G    5863
C    5492
₩n    428
Name: 0, dtype: int64
```

```
df.describe()
```

|        | dna   |
|--------|-------|
| count  | 30331 |
| unique | 5     |
| top    | T     |
| freq   | 9594  |

(구글 코랩 노트북으로 실습하려면)
크롬 브라우저 검색창에서 코랩사이트 링크(https://colab.research.google.com/ ) 입력해 새 코랩 노트북 만들기 위해 시작페이지에 접속한다. 또는 이미 코드가 작성되어 있는 노트북으로 실습하려면 옆의 QR코드를 스마트폰으로 인식하여 실행해 기 작성된 코드를 수정하면서 실습해 본다.

## 10.5 코로나19 변이 확인하는 방법은?
## 코로나19 게놈 데이터에서 특정 변이 유전체 문자열 패턴 분석하기

**DNA정보는 4비트 핵산코드조합 코드 캐리어이다**

인간이 가진 세포 속 DNA는 30억 쌍의 염기서열로 구성되어 있다. DNA는 컴퓨터로 치면 약 3기가 바이트 용량에 달하고, 염기 문자열로 만들어 한 줄로 풀어놓으면 지구와 달을 6000번 연결할 수 있을 만큼 길다.

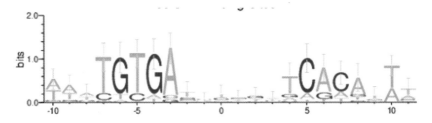

코로나 바이러스 DNA는 30331개 염기 문자열로 구성되어 있다. 코로나 바이러스 염기에는 A, T, G, C라는 4개의 염기코드로 조합되어 있다. 코로나 바이러스 DNA 한 개를 구성하는 각각의 염기 코드별 숫자를 살펴보면 DNA의 일반적인 돌연변이를 유발하는 티민T가 가장 많아서 바이러스 특성인 복제와 변이에 능한 놈이란 것을 앞장에서 데이터 분석으로 알아 보았다.

**1. 코로나19 게놈 데이터에서 특정 유전체 문자열 패턴분석**

코로나 바이러스 게놈 데이터에서 특정 데이터 문자열만 선택하는 기능을 활용해서 게놈 데이터를 살표본다. 예를 들어서 티민이 6개 이상 많이 중복되어 심하게 결합되어 쉽게 전염되는 부분을 살펴보고 요소를 추출한다. 문자열 분석하는 정규 표현식 사용하기 위해 re 모듈 읽어들인다. search()함수는 genome 문자열에서 TTTTTT 티민이 6개 중복되어 연결된 패턴을 찾는다. findall()함수로 정규표현식을 생성해 적용해 매칭되는 모든 문자열을 다운로드 한다.

\* 정규 표현식 (Regular Expression)은 텍스트에서 특정 문자열을 검색하거나 치환할 때 사용되며, 데이터에서 전화번호나 이메일 주소를 발췌한다거나 로그파일에서 특정 에러 메시지가 들어간 라인들을 찾을 때 정규 표현식을 사용하면 쉽게 구현한다.

**2. 핵산 코드 4비트 조합인 DNA 데이터에서 코로나19 변이 확인하기**

DNA는 디지털 코드 같은 4진수 핵산 코드로 구성된 데이터 정보 집합 즉 코드 캐리어라고 할 수 있다. 실제로 컴퓨터 메모리 대신 DNA를 활용해 데이터 저장하는 연구가 진행 중이다. 디지털 기계가 0,1의 2개 bit로 되어 있듯이 DNA 정보는 아데닌 (A), 구아닌 (G), 시토신 (C) 및 티민 (T) 의 네 가지 화학 염기로 구성된 코드로 즉 4개 bits로 정보를 저장한다. 코로나 바이러스 Coronavirus (COVID-19) 역시 게놈 시퀀싱(genome sequencing)은 유전정보를 담고 있는 물질로 A, T, G, C라는 4개의 염기로 구성되어 있다. 코로나 바이러스 유전정보를 알면 복제 즉 전파를 막을 수 있는 방법을 구할 수 있다. 백신개발이다. DNA의 가장 중요한 속성은 복제, 또는 자신의 메이크업 사본 세포의 진화 코드를 후손에게 물려주는 것이다. 마치 인간이 자손을 낳는 것과 같은 속성이 있다.

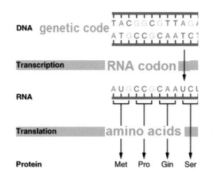

위의 유전자 이미지를 살펴보면, 대부분의 서열이 공통된 서열이고 몇 번째 위치의 T 염기처럼 특별하게 크게 또는 많이 중복되어 변이가 있는 서열이 존재하는 바이러스 유전자 특성을 알 수 있다. 또한 유전자 속에 숨겨진 바이러스의 유래, 계통, 출처 등 정보를 읽어낼 수 있다.

Dna Features Viewer라이브러리는 긴 레이블 시퀀스를 간단하게 시각화하고 DNA기능을 살펴볼 수 있다. 게놈코드 분석으로 입수한 RNA 코든을 통해 아미노산(amino acid) 서열을 시각화할 수 있다. 아미노산(Amino acid)은 생물의 몸을 구성하는 단백질의 기본 구성단위이다.

## 3. WebLogo 인터넷 사이트 활용해 유전자 계통수 시각화하기

유전자 게놈 분석한 후에 시각화하는 WebLogo 그려보자. 다음 인터넷 사이트 URL에 접속해서 게놈 문자열 정보를 입력해 Create WebLogo 버튼을 눌러 그려볼 수 있다. 핵산의 상대 빈도를 그래프로 시각화하여 핵산 글자 크기로 상대적 빈도와 중첩 상태를 살펴볼 수 있다. http://weblogo.threeplusone.com/create.cgi 웹로그 사이트에서 코로나 바이러스 계통수 그려볼 수도 있다. 바이러스 계통수라고 함은 서열 간의 유사한 정도를 가지고 거리를 표현하여 나타내는 나무 형식의 표현방법이다. 거리가 가까울수록 서열이 유사하고 멀수록 서열이 덜 유사하여, 바이러스의 유래를 알 수 있다.

## Program coding flownote 한글 명령어를 영어로 번역한 코드 작성 순서노트
생활영어처럼 [1][2][3]단계별로 실행되는 한글 명령어 순서도 작성한다.

| [1단계] 파이썬하고 대화하듯이 명령 순서도 작성 |
| --- |
| [1]urllib 패키지로 부터 request 모듈 가져오다<br>　변수link에 담다, "https://raw.githubusercontent.com/Or-i0n/corona_virus/master/corona_genome.txt"<br>　변수raw에 담다, request의 urlopen 모듈로(변수 link)<br>　변수genome에 담다, 변수raw를 읽고 해석하다 |
| [2] re 모듈 가져오다<br>　변수match에 담다, re 모듈의 검색 (패턴은 ' --', 문자열은 변수genome을)<br>　변수genome의 리스트 [9764: 9770]구간<br>　변수A에 담다, re 모듈의 모두발견(패턴은 'A', 문자열은 변수genome을)<br>　갯수(변수A) |
| [3] 변수seq에 담다, 변수genome의 50번째까지만 |
| [4] dna_features_viewer을 설치하다<br>　dna_features_viewer 패키지로부터 * 모든 모듈을 가져오다 |
| [5] 변수dna_view에 담다,GraphicRecord모듈(sequence는 변수seq, features는[<br>　GraphicFeature모듈(start=5, end=10, strand=+1, color='green',label="Small feature"),<br>　GraphicFeature모듈(start=8, end=20, strand=-1, color='red',label="Gene 1")]) |
| [6] 변수ax, fig에 담다,변수dna_viewer를 플롯해 그림크기는10 |
| [7] 변수dna_view를 사건순서대로 플롯해(ax) |
| [8] 변수dna_view를 해석해서 플롯해(ax, location=(0,30))<br>　한글 프로그램 순서도를 구글 번역으로 영어로 번역한다. |

한글 프로그램 순서도를 구글 번역으로 영어로 번역한다.

## [2단계] 구글 번역한 영어 문장을 한 행씩 압축해 코딩화한다

[1] Import request module from urllib package
　　Add to variable link, "https://raw.githubusercontent.com/Or-i0n/corona_virus/master/corona_genome.txt" Put in variable raw, with urlopen module of request (variable link)
　　Add to variable genome, read and interpret variable raw
[2] re module import
　　Add to variable match, search for re module (pattern is '--', string is variable genome)
　　List of variable genomes [9764: 9770]
　　Add to variable A, find all of re module (pattern is 'A', string is variable genome)
　　Number (variable A)
[3] Add to variable seq, only up to the 50th of the variable genome
[4] install dna_features_viewer
　　Import all modules from dna_features_viewer package
[5] Add to variable dna_view, GraphicRecord module (sequence is variable seq, features are [
　　GraphicFeature module (start=5, end=10, strand=+1, color='green',label="Small feature"),
　　GraphicFeature module (start=8, end=20, strand=-1, color='red',label="Gene 1")])
[6] Plot variables ax, fig, and plot the variable dna_viewer to make the picture size 10
[7] Plot the variable dna_view in the order of events (ax)
[8] Interpret and plot the variable dna_view (ax, location=(0,30))

컴퓨터가 이해하는 파이썬 명령어로 축약해 코딩화한다.

## [3단계] 코딩화한 각 셀을 ▶ 또는 Shift+Enter 눌러 한 행씩 실행한다

```
import requests
link = "https://raw.githubusercontent.com/Or-i0n/corona_virus/master/corona_genome.txt"
genome = requests.get(link).text


import re
match = re.search(pattern='TTTTTT', string=genome)


genome[9764: 9770]


'TTTTTT'


A = re.findall(pattern='A', string=genome)
len(A)

8954


seq = genome[0:50]


!pip install dna_features_viewer
from dna_features_viewer import *


dna_view = GraphicRecord(sequence=seq, features=[
    GraphicFeature(start=5, end=10, strand=+1, color='green',label="Small feature"),
    GraphicFeature(start=8, end=20, strand=-1, color='red',label="Gene 1")])
ax, fig = dna_viewer.plot(figure_width=10)
dna_view.plot_sequence(ax)
dna_view.plot_translation(ax, location=(0,30))
```

Small feature

Gene 1

A T T A A A G G T T T A T A C C T T C C C A G G T A A C A A A C C A A C C A A C T T T C G A T C T C
Ile Lys Gly Leu Tyr Leu Pro Arg　*　Gln

(구글 코랩 노트북으로 실습하려면)
크롬 브라우저 검색창에서 코랩사이트 링크(https://colab.research.google.com/ ) 입력해 새 코랩 노트북 만들기 위해 시작페이지에 접속한다. 또는 이미 코드가 작성되어 있는 노트북으로 실습하려면 옆의 QR코드를 스마트폰으로 인식하여 실행해 기 작성된 코드를 수정하면서 실습해 본다.

## 10.6 영화《컨택트》속 언어학자가 외계인의 언어를 해석하는 것처럼, 코딩으로 손쉽게 외국어나 유전자 코드를 해독할 수 있으면 좋겠죠?

영화《컨택트》는 지금의 코로나19 팬데믹에 어울리는 영화이다.

영화 속 언어학자가 외계인의 언어를 해독하여 그들의 메시지를 해석하는 것이 영화의 주제이다. 영화 컨택트의 외계인의 모습은 바이러스와 형태가 비슷하고 그들이 사용하는 외계인의 언어도 바이러스 DNA 게놈의 A, T, G, C라는 4개의 염기를 시각화한 것과 비슷하다. 인간과 외계인 바이러스와 소통을 위한 열쇠인 디지털 코드를 사용하여 외계인의 메시지도 결국 해석할 수 있게 된 것이다. 앞장에서 A, T, G, C라는 4개의 염기코드표를 사용해 코로나19 바이러스 유전체의 DNA 정보를 해독할 수 있게 되어 백신, 치료제 등을 만들 수 있게 된 것과 같다. 결국 영화에서 인간들은 바이러스 모양의 외계인의 언어를 해독하여 텍스트화된 디지털 코드를 만들어 컴퓨터로 자동 해석할 수 있게 되었다.

우리에게는 아랍어나 고대 이집트인들의 글과 말도 외계어와 비슷하게 생겼다. 고대인들의 언어나 외계인의 유전자 DNA 언어 모두 0,1 2진수 디지털 코드 또는 A, T, G, C라는 4개의 염기 코드로 텍스트화하여 기계가 인식하고 코드표로 번역할 수 있게 된 것이다. 아랍어를 한글로 번역하는 것은 중간에 0,1 디지털 코드표가 있기 때문에 번역이 가능하다. 세계의 수많은 언어의 디지털 코드를 구현한 구글 번역 라이브러리 코드를 활용해 다양한 외국 언어를 번역해 보자.

Google 번역은 단어, 문구 및 전체 웹 페이지를 100 개 이상의 언어로 번역할 수 있다. 언젠가는 게놈데이터 등 유전체의 코드 문도 해석할 수 있는 시대가 올것이다.

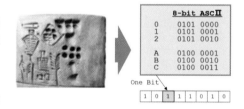

googletrans 라이브러리를 !pip로 인스톨해서 모든 모듈을(*)을 가져온다. Translator()사전함수모듈을 translator 변수에 넣고, translator.translate()함수로 번역을 실행한다. ()괄호 속에는 '문자열'이나 문자열이 든 변수와 dest로 번역할 언어를 선택한다. 변수 result의 orgin은 원래 문자를 text는 번역된 문자를 의미한다.
translator.translate()함수를 사용하면 번역된 텍스트를 얻고, 자동으로 언어를 감지하고 기본적으로 영어로 번역하며, 한글 아랍어와 같은 다른 언어로 번역이 쉽다. "ar" 아랍어의 언어 코드이며 한글는 "ko"이다. 텍스트 목록을 전달하여 각 문장을 개별적으로 번역할 수도 있다.

## Program coding flownote 한글 명령어를 영어로 번역한 코드 작성 순서노트

생활영어처럼 [1][2][3]단계별로 실행되는 한글 명령어 순서도 작성한다.

| [1단계] 파이썬하고 대화하듯이 명령 순서도 작성 |
|---|
| [1] googletrans을 설치하다<br>　　googletrans 패키지로부터 모든모듈 가져오다 |
| [2] 변수translator에 담다,Translator모듈 |
| [3] 변수result에 담다,변수translator.translate모듈로('안녕하세요.', dest="ar")<br>　　프린트해(변수result.origin, ' -> ', result.text ) |
| [4] 리스트 sentences에 담다,["안녕 파이썬","디지털 세계는 어때?","나랑 소통할래 ?"]<br>　　변수translations에 담다, 변수translator.translate모듈로(리스트sentences, dest="ar") |
| [5] 변수translations속에서 요소result를 반복해 꺼내<br>　　프린트해(요소result.origin, ' -> ', result.text ) |

한글 프로그램 순서도를 구글 번역으로 영어로 번역한다.

| [2단계] 구글 번역한 영어 문장을 한 행씩 압축해 코딩화한다 |
|---|
| [1] install googletrans<br>　　Import all modules from googletrans package<br>[2] Add to variable translator,Translator module<br>[3] Add to variable, with variable translator.translate module ('Hi', dest="ar")<br>　　Print it out (variableresult.origin, ' -> ', result.text)<br>[4] Add to the list sentences,["Hello Python","How is the digital world?","Would you like to communicate with me?"]<br>　　Add to variable translations, with variable translator.translate module (listsentences, dest="ar")<br>[5] Iteratively pull out elementresults in variable translations<br>　　Print (elementresult.origin, ' -> ', result.text) |

컴퓨터가 이해하는 파이썬 명령어로 축약해 코딩화한다.

| [3단계] 코딩화한 각 셀을 ▶ 또는 Shift+Enter 눌러 한 행씩 실행한다 |
|---|

```
!pip install googletrans

from googletrans import *

translator = Translator()

result = translator.translate('안녕하세요.', dest="ar")
print(result.origin, ' -> ', result.text )

안녕하세요.  ->  .مرحبا

sentences = ["안녕 파이썬","디지털 세계는 어때?","나랑 소통할래 ?"]
translations = translator.translate(sentences, dest="ar")
for result in translations:
  print(result.origin, ' -> ', result.text )

안녕 파이썬  ->  مرحبا بيثون
디지털 세계는 어때? ->  كيف العالم الرقمي؟
나랑 소통할래 ?  ->  هل ستتواصل معي؟
```

 (구글 코랩 노트북으로 실습하려면)
크롬 브라우저 검색창에서 코랩사이트 링크(https://colab.research.google.com/ ) 입력해 새 코랩 노트북 만들기 위해 시작페이지에 접속한다. 또는 이미 코드가 작성되어 있는 노트북으로 실습하려면 옆의 QR코드를 스마트폰으로 인식하여 실행해 기 작성된 코드를 수정하면서 실습해 본다.

## 10.7 기업 홈페이지 게시판 글의 제목과 내용을 추출해 어휘 빈도를 분석하고 워드 클라우드 만들기

데이터 어휘 빈도 분석으로 홈페이지 공고 게시판의 주된 게시 단어를 살펴볼 수 있다. 홈페이지의 url주소를 담고 웹사이트에 http requests 요청으로 사이트에 접속한다. 그후 .text 명령으로 해당 html문서의 내용을 문자열로 받아 온다. BeautifulSoup 라이브러리로 웹페이지 HTML문서를 파싱(parser, 파쇄)해 수프처럼 페이지 자료를 가져오기 좋게 분해한다.

HTML 웹사이트를 파싱한 내용에서 홈페이지의 Html 속을 살펴보면, 필요한 데이터들은 각각 순위별 〈tr〉안에 〈td〉에 들어 있음을 알 수 있다. 여기서 게시판의 각 게시물의 제목 라인들인 〈tr〉들을 List로 만들어서 for 루프 반복문을 활용해 필요한 데이터(〈td〉)를 꺼내어 단어 토큰으로 만든다. select()방법으로 간결하게 찾는 데이터를 직접 선택하기도 하지만, .find_all('tr')로 각각 찾아서 List()에 담을 수도 있다. 이렇게 만든 리스트에서 for 루프문으로 각 tr에 접근한다.

| 제목 | ▼ | 검색어 입력 | | 검색 |
|---|---|---|---|---|

총 6315 건 [1/632페이지]

| 번호 | 제목 | 담당부서 | 등록일 | 조회수 |
|---|---|---|---|---|
| 6315 | Ⓝ 제3차 서울리츠3호 장기전세주택 예비4차 당첨자 발표(2020.5.22.공고) | 개발금융운영부 | 2020-12-23 | 727 |
| 6314 | Ⓝ 마곡 및 위례지구 잔여상가 입찰(분양) 공고 | 분양수납부 | 2020-12-23 | 1265 |
| 6313 | 위례 포레샤인 13단지(A1-3BL) 사용검사 확인증 | 건축사업부 | 2020-12-22 | 14384 |
| 6312 | 신길파크자이 입주안내문 | 양천영등포센터 | 2020-12-22 | 6 |
| 6311 | 2020년 상반기 사회적주택 신규 4차 모집 공고 (운영기관 : 한지봉 협동조합) | 맞춤주택부 | 2020-12-22 | 21474 |
| 6310 | 2020년 제3차 국민임대주택 입주자 모집공고(2020.12.22.공고) | 공공주택부 | 2020-12-22 | 52990 |
| 6309 | 양천영등포센터 코로나19 감염증 확진자 발생에 따른 안내 | 양천영등포센터 | 2020-12-21 | 33 |
| 6308 | 신정양천 임대상가 재임대 모집공고 일정변경 안내 | 양천영등포센터 | 2020-12-21 | 6 |
| 6307 | 2020년 희망하우징(공공기숙사) 입주자모집(2020.12.10.) 서류심사대상자 발표 | 맞춤주택부 | 2020-12-21 | 7268 |
| 6306 | 2020년 제3차 보증금지원형 장기안심주택 신규 입주대상자 발표(2020.9.28공고) | 맞춤주택부 | 2020-12-21 | 10079 |

« ‹ 1 2 3 4 5 › »

홈페이지 공고 게시판 데이터에서 자주 사용되는 단어에 대해 빈도 분석을 위해서, 문자열에서 단순히 단어를 나누어서 각 단어의 빈도를 계산해 볼 수 있고, 형태소 단위로 토크나이징한 데이터를 사용해서 자주 사용하는 단어를 빈도 분석해 볼 수도 있다.

이번 장에서는 문자열을 사용해서 어휘 빈도 분석을 진행하고 워드 클라우드 함수를 사용해서 데이터의 어휘 빈도를 분석한다. 한글 데이터를 워드 클라우드로 그리기 위해서는 추가로 한글 폰트를 설정해야 한다.

워드 클라우드로 그린 그림을 살펴보면 데이터에서 가장 많이 사용된 단어는 크게 표시되며, 입주자 모집공고임을 알 수 있다. String 문자열을 원소로 갖는 리스트list는 split()함수로 단어별로 분리할 수 있고, ""join() 함수를 사용하면 문자열 리스트list를 구분자를 갖는 하나의 문자열 string으로 합칠 수 있다.

replace()함수를 사용하면 문자열에서 특정 문자열을 다른 문자열로 치환할 수 있다. replace('특정문자열', '') 특정문자열을 빈칸으로 치환하라는 것이다

## Program coding flownote 한글 명령어를 영어로 번역한 코드 작성 순서노트

생활영어처럼 [1][2][3]단계별로 실행되는 한글 명령어 순서도 작성한다.

---

[1단계] 파이썬하고 대화하듯이 명령 순서도 작성

---

[1] urllib.request 패키지로부터 urlopen 모듈 가져오다
　　bs4 패키지로부터 BeautifulSoup 모듈 가져오다

---

[2] 변수html에 담다, urlopen모듈로' http://---'열다

---

[3] 변수rows에 담다,BeautifulSoup 모듈로 변수htm읽기l, 'html.parser'방식, tbody.find_all모듈('tr')

---

[4] 리스트 token_sent에 담다, 빈 리스트 []

---

[5] for 동안 변수rows속에서 요소 row 반복해
　　변수 name에 담다, 변수row 발견모듈('td', {'class':'txtL'})
　　리스트　token_sent에 붙이다(name.a.text.strip())

---

[6] 변수word에 담다," "에 조인하다(리스트token_sent)

---

[7] wordcloud 패키지로부터　WordCloud 모듈 가져오다
　　! apt-get install fonts-nanum*
　　! cp /usr/share/fonts/truetype/nanum/Nanum* /usr/ttf/local/lib/python3.6/dist-packages/matplotlib/mpl-data/fonts/ttf/
　　font_file = "/usr/local/lib/python3.6/dist-packages/matplotlib/mpl-data/fonts/ttf/NanumGothicCoding.ttf"

---

[8] 변수 wcloud에 담다, WordCloud 모듈(font_file)생성하다(word)

---

[9] matplotlib.pyplot 그래프 모듈을 가져오다, 별칭 plt 로
　　plt모듈로 보여줘(변수wcloud)

---

한글 프로그램 순서도를 구글 번역으로 영어로 번역한다.

---

[2단계] 구글 번역한 영어 문장을 한 행씩 압축해 코딩화한다

---

[1] Get the urlopen module from the urllib.request package
　　Importing the BeautifulSoup module from the bs4 package
[2] Add to variable html, open'http://---' with urlopen module
[3] Add to variable rows, read variable htm with BeautifulSoup module,'html.parser' method, tbody.find_all
　　module ('tr')
[4] Add to list token_sent, empty list []
[5] Repeat for element row in variable rows during for
　　Add to variable name, variable row discovery module ('td', {'class':'txtL'})
　　Attach to list token_sent (name.a.text.strip())
[6] Add to variable word, join to "" (list token_sent)
[7] Import WordCloud module from wordcloud package
　　! apt-get install fonts-nanum*
　　! cp /usr/share/fonts/truetype/nanum/Nanum* /usr/ttf/local/lib/python3.6/dist-packages/matplotlib/mpl-data/
　　fonts/ttf/
　　font_file = "/usr/local/lib/python3.6/dist-packages/matplotlib/mpl-data/fonts/ttf/NanumGothicCoding.ttf"
[8] Add to variable wcloud, create WordCloud module (font_file) (word)
[9] import matplotlib.pyplot graph module, alias plt
　　Show me in plt module (variable wcloud)

컴퓨터가 이해하는 파이썬 명령어로 축약해 코딩화한다.

[3단계] 코딩화한 각 셀을 ▶ 또는 Shift+Enter 눌러 한 행씩 실행한다

```
import requests
from bs4 import BeautifulSoup
html = requests.get('https://www.i-sh.co.kr/main/lay2/program/S1T294C295/www/brd/m_241/list.do?multi_itm_seqs=
                     1,2,4,8,16,32,64,128,256').text
rows = BeautifulSoup(html, 'html.parser').tbody.find_all('tr')
token_sent = []
for row in rows:
    name = row.find('td', {'class':'txtL'})
    token_sent.append(name.a.text.strip())
word = "".join(token_sent)


word = word.replace('NEW\r\n\t\t\t\t\t\t\t\t\t\r\n\t\t\t\t\t\t\t', '')


from wordcloud import WordCloud
! apt-get install fonts-nanum*
! cp /usr/share/fonts/truetype/nanum/Nanum* /usr/ttf/local/lib/python3.6/dist-packages/matplotlib/mpl-data/fonts/ttf/
font_file = "/usr/local/lib/python3.6/dist-packages/matplotlib/mpl-data/fonts/ttf/NanumGothicCoding.ttf"


wcloud = WordCloud(font_file).generate(word)
import matplotlib.pyplot as plt
plt.imshow(wcloud)

<matplotlib.image.AxesImage at 0x7fab59a1a5d8>
```

(구글 코랩 노트북으로 실습하려면)

크롬 브라우저 검색창에서 코랩사이트 링크(https://colab.research.google.com/ ) 입력해 새 코랩 노트북 만들기 위해 시작페이지에 접속한다. 또는 이미 코드가 작성되어 있는 노트북으로 실습하려면 옆의 QR코드를 스마트폰으로 인식하여 실행해 기 작성된 코드를 수정하면서 실습해 본다.

## 10.8 컴퓨터가 생각한다는 의미는 무엇일까? 생각은 벡터다.
## 사람의 말과 글은 숫자로 변환되어 머릿속 벡터 공간에 배치할 수 있다.
## 문장에서 문자열 찾고 이를 숫자로 분석해 단어 맥락 찾기

**인간이 '생각한다는 의미는 무엇일까?'**

인간은 생각을 가지고 태어나지 않지만, 생각을 어떻게 형성하는지를 배워서 결론을 얻으려는 그리고 방법을 찾으려는 정신 활동을 한다. 생각을 과학적으로 설명하면 큰 범위에서 의식이라고 할 수 있다. 의식은 19세기 유럽에서 발견된 정신 활동을 말하는 개념이다. '외부조건에 대해서 어떻게 자기 자신을 관계맺어나갈 것인가를 아는 것이 의식'이라고

한다. 신경과학자 제라드 에딜먼은 동물이 가지는 의식수준은 언어가 생성되기 전에 형성되는 것으로 동물의 기억과 학습이 뇌 뉴런의 시냅스 상태의 통계적 변화로 나타나는 수준이고, 이런 수준의 의식이라면 컴퓨터도 상당한 의식이 있는 셈이라고 한다. 반면에 인간의 의식은 언어를 매개로 하여 고차 의식이 생성되면서, 인간은 생각을 할 수 있게 되었고 자아를 인식할 수 있는 동물과 다른 존재가 되었다고 한다.

인공지능 과학자 toby walsh는 책 '생각하는 기계'에서 기계인 컴퓨터가 생각하기 시작했고, 우리가 잘 계획한다면 생각하는 기계인 인공지능은 인류에 큰 유산이 되고, 인류의 마지막 발명품이 될 것이라고 생각하는 기계인 인공지능이 인류의 미래에 큰 영향을 미칠 것으로 예상하였다.

인공지능 '4대 구루'인 제프리 힌튼은 "생각은 뉴런의 활동이며, 따라서 벡터[1]로 표현이 가능하다"고 주장한다. 인간의 언어 텍스트를 계산이 가능한 숫자인 벡터로 변환할 수 있다면 기계인 컴퓨터도 벡터연산을 함으로써 인간의 언어를 이해하고 인식하고 스스로의 힘으로 결론을 얻는 지능적으로 작동할 수 있다는 것이다.

**기계인 컴퓨터가 '생각한다는 의미는 무엇일까?'**

기계가 인간의 말과 글을 알아듣고 인간처럼 언어를 매개로 생각하는 방법을 익힌다면, 인간의 자연스런 언어인 자연어(Natural Language)를 분석하고 벡터로 표현하고 언어벡터 공간에서(wordvector space) 벡터연산으로 텍스트를 분류하고 문장간 유사성(관계)을 파악하여 인간처럼 문맥을 통해서 자연스럽게 의미를 파악할 수 있다는 것이다. 물론 기계가 인간처럼 인간의 언어로 생각하는 것은 아니다. 디지털코드인 숫자 0,1만 이해하는 기계이므로 인간의 자연어를 디지털숫자로 코드변환하고 벡터로 만들어서 처리하는 방식이며 이런 과정이 마치 생각하는 모습과 같다는 것이다.

기계 컴퓨터가 인간의 말과 글을 알아듣게 하려면 인간의 자연스런 언어인 자연어 (Natural Language)를 기계가 이해하도록 계산 가능한 형태인 숫자로 변환하고 이를 인공 신경망으로 학습하여 기계가 자연어를 이해하도록 자연어처리 (Natural Language Processing NLP) 과정을 거쳐야 한다.

**자연어처리 (Natural Language Processing NLP) 분석 과정**은 첫번째 단계는 문장, 단어를 벡터화하는 단계이다. 자연어 문장, **단어를 벡터로 표현**(word representation)하는 방법을 워드 임베딩(word embedding)이라고 하며, 문장을 토큰이라는 의미있는 문법단위로 분리하는 토크나이징(Tokenizing) 과정을 거쳐 토큰화한 단어를 벡터라이징(vectorizing, 수치화)하는 단계이다.

---

1 벡터는 2, 3차원공간에서 물체의 위치, 속도, 가속도, 힘 등이다. 힘의 작용을 설명하는 데는 힘의 크기와 방향을 함께 말한다. 물체의 위치는 그것이 기준점에서 얼마나 떨어져 있는가와 함께 어느 방향에 있는가도 중요하다. 벡터 데이터로 변환된 텍스트는 크기와 방향을 가진 단어벡터 공간(Word Vector Space)의 원소로 벡터연산을 할 수 있다. 즉 생각을 구성하는 단어는 벡터인 것이고, 생각 단어는 벡터의 크기와 방향을 갖는 벡터 공간의 원소인 것이다.

두번째 단계로는 벡터화된 텍스트를 형태소로 분리(text classification)하는 과정과 문법을 준수했는지 점검하는 문법 구조화된 구문트리를 분석하는 구문(syntax) 분석과정, 텍스트 분류, 단어 빈도분석을 거쳐 문장간 유사성(관계)(text similarity) 측정하는 과정을 거친다. 세번째 단계로는 자연어처리를 위한 언어모델에 적용하여 인간의 언어로 인간과 소통하기 위해 텍스트를 생성하는 단계이다.

인간의 관점으로 인식하는 모든 것은 언어로 표현되고 언어는 글이라는 텍스트로 쓸 수 있다. 텍스트로 된 자연언어의 구성은 알파벳(a,b,c), 한글(ㄱ,ㄴ,ㅏ,ㅑ)의 자음 모음처럼 처음 배우는 요소가 문자(character)이고, 이것들이 모여서 뜻을 가지는 작은 단위 단어(word)가 되고 단어들이 모여서 맥락과 의미를 가지는 문장(sentence)과 텍스트(text)가 된다. 반면에 컴퓨터기계는 모든 것을 숫자로 보며, 디지털이라고 하는 0과1로 이루어진 2진법 숫자를 기반으로 하며, 숫자는 계산 가능한 2, 3차원 벡터 공간에 표현하여 행렬 연산하기 때문에 단어를 벡터로 바꾸는 벡터화는 중요하다고 할 수 있다.

## 자연어를 벡터로 만드는 방법과 연산

단어들이 모여서 맥락과 의미를 가지는 문장(sentence)과 텍스트(text)는 순차형 데이터 구조인 시퀀스(sequence) 데이터이며, 각각의 텍스트는 계산 가능한 숫자형태로 변환될 수 있고 숫자 실수로 이뤄진 벡터나 매트릭스 등의 형태로 변화되어 다차원의 순서가 있는 벡터 데이터가 된다.

다차원의 실수 데이터를 텐서(Tensor)라고 하며, 이미지 데이터는 픽셀 값을 2차원 또는 3차원의 텐서로 만들어 인공 신경망에 행렬형태로 입력하여 행렬연산을 통해 해독할 수 있는 것이다.

디지털 형태의 텍스트 단어나 문장 시퀀스는 배열 형태로 2진숫자로 수학적으로 표현할 수 있고, 이는 벡터 공간에서 단어간의 거리감, 유사성, 빈도 등 통계와 확률 등을 사용하여 연산할 수 있다. 행렬 연산을 통해 단어의 위치를 정확하게 찾을 수도 있다. 간단한 예로 단어(혹은 문장)와 문자 하나를 입력 받아 단어에서 입력 받은 문자와 같은 문자를 찾는 코드를 작성해 보자. 문장에서 특정 문자 찾아서 그 위치(인덱스)를 숫자로 반환하는 함수 search_text()를 작성한다, 두 개의 파라미터(단어와 문자)를 인풋으로 받아들인다, 문자가 단어 내에 있을 경우 그 인덱스를, 없을 경우 False를 반환한다.

## 한국어 형태소 단위 토크나이징

'코드에 빠지고 싶다'라는 문장의 문자들을 인덱싱한 뒤에 텍스트 문장을 음절(문자단위), 어절(단어단위 띄어쓰기 단위), 형태소(의미를 가진 최소단위) 등으로 토큰이라는 의미있는 문법 단위로 분리하는 것을 토크나이징(Tokenizing)이라고 한다. 한글 토크나이징 라이브러리는 KoNLPy(Korean natural language processing in Python)가 형태소(Morphemes) 분석으로 언어에서 가장 작은 단위인 형태소 단위의 토크나이징이 가능하다.
konlpy.tag 패키지로부터 Okt모듈을 가져온다. 그리고 변수 t에 Okt() 함수를 담는다. konlpy에 있는 okt 라이브러리는 오픈소스 한국어 형태소 분석기이다. 문장을 나누는 방법으로 tokenize로 morphs() 함수는 텍스트에서 형태소를 분리한다. pos()함수는 텍스트에서 품사 정보를 부착해 분리한다. phrases()함수는 텍스트에서 어절을 분리해낸다.

**Program coding flownote 한글 명령어를 영어로 번역한 코드 작성 순서노트**

생활영어처럼 [1][2][3]단계별로 실행되는 한글 명령어 순서도 작성한다.

| [1단계] 파이썬하고 대화하듯이 명령 순서도 작성 |
| --- |
| [1] 변수word에 담다, '인공지능 프로그래밍 언어 파이썬이 작성하다 내가 명령하다' |
| [2] 함수 정의는 키워드 def 다음에 함수 이름 'search_text()'와 매개 변수는 word, char<br>　　만약 변수 word에서 변수 char 있다면<br>　　변수word의 index(char)를 반환해 |
| [3] 프린트해 함수search_text에 매개변수 word, '밍'실행결과, 문자열 '번째 위치에 있음' |
| [4] 인스톨하다 --upgrade konlpy<br>　　konlpy.tag 패키지로부터 Okt모듈을 가져오다, t에 담다, Okt() |
| [5] 변수 tags_ko에 담다, t의 pos모듈에 변수 word를 |
| [6] t의 morphs모듈에 변수 word를 담다 |

한글 프로그램 순서도를 구글 번역으로 영어로 번역한다.

| [2단계] 구글 번역한 영어 문장을 한 행씩 압축해 코딩화한다 |
| --- |
| [1] Put it in the variable word, 'I'm writing an artificial intelligence programming language Python.'<br>[2] Function definition is keyword def followed by function name 'search_text()' and parameters are word and<br>　　char<br>　　If variable word is variable char<br>　　Return index(char) of variable word<br>[3] Print the function search_text, parameter word, 'Ming' execution result, string 'In the first position'<br>[4] install --upgrade konlpy<br>　　Get the Okt module from the konlpy.tag package, add it to t, Okt()<br>[5] Put in variable tags_ko, put variable word in pos module of t<br>[6] put variable word in t morphs module |

컴퓨터가 이해하는 파이썬 명령어로 축약해 코딩화한다.

| [3단계] 코딩화한 각 셀을 ▶ 또는 Shift+Enter 눌러 한 행씩 실행한다 |
| --- |
| ```<br>word='인공지능 프로그래밍 언어 파이썬이 작성하다 내가 명령하다'<br><br>def search_text(word, char):<br>    if char in word:<br>        return word.index(char)<br>    return False<br><br>print(search_text(word, '밍'),'번째 위치에 있음')<br><br>9 번째 위치에 있음<br><br>!pip install konlpy<br><br>from konlpy.tag import Okt; t = Okt()<br><br>tags_ko = t.pos(word)<br>tags_ko<br>``` |

컴퓨터가 이해하는 파이썬 명령어로 축약해 코딩화한다.

[3단계] 코딩화한 각 셀을  또는 Shift+Enter 눌러 한 행씩 실행한다

```
[('인공', 'Noun'),
 ('지능', 'Noun'),
 ('프로그래밍', 'Noun'),
 ('언어', 'Noun'),
 ('파이썬', 'Noun'),
 ('이', 'Josa'),
 ('작성', 'Noun'),
 ('하다', 'Verb'),
 ('내', 'Noun'),
 ('가', 'Josa'),
 ('명령', 'Noun'),
 ('하다', 'Verb')]

t.morphs(word)

['인공', '지능', '프로그래밍', '언어', '파이썬', '이', '작성', '하다', '내', '가', '명령', '하다']

t.phrases(word)

['인공지능',
 '인공지능 프로그래밍',
 '인공지능 프로그래밍 언어',
 '인공지능 프로그래밍 언어 파이썬',
```

(구글 코랩 노트북으로 실습하려면)
크롬 브라우저 검색창에서 코랩사이트 링크(https://colab.research.google.com/ ) 입력해 새 코랩 노트북 만들기 위해 시작페이지에 접속한다. 또는 이미 코드가 작성되어 있는 노트북으로 실습하려면 옆의 QR코드를 스마트폰으로 인식하여 실행해 기 작성된 코드를 수정하면서 실습해 본다.

## 10.9 한글 자연어를 텍스트 시퀀스 처리하여 의미 분석하고, 문장을 쪼개서 형태소 분석하고 단어 토큰 만들기

| 형태소 분석 ▶ | 구문 분석 ▶ | 의미 분석 ▶ | 담화 분석 |
|---|---|---|---|
| 입력된 문장을 형태소 단위로 분할하고 품사를 부착 | 주어, 목적어, 서술어와 같은 구분단위를 찾음 | 문장이 의미적으로 올바른 문장인지를 판단 | 대화 흐름상 어떤 의미를 가지는지를 찾음<br>문맥 구조 분석 (문장간 인과관계)<br>의도 분석 (전후관계를 통한 실제의도) |
| 1) 나는<br>- 나 + 는<br>- 날[다] + 는<br>- 나[다] + 는<br><br>2) 과학자들에게<br>-과학자 + 들 + 에게 | S<br>NP    VP<br>ㅣ   V    N<br>사람  먹다  사과<br>비행기     비행기 | 1) 사람이 사과를 먹는다. (O)<br>2) 사람이 비행기를 먹는다. (X)<br>3) 비행기가 사과를 먹는다. (X) | 1) 철수는 어항을 떨어뜨렸다.<br>그는 울고 말았다.<br><br>2) 철수는 우승을 했다.<br>그는 울고 말았다. |

그림은 한글 자연어 처리과정[1]을 분석방법으로 단계화한 것이다. 앞장에서 한글 자연어 처리를 돕는 파이썬 형태소 분석기[2] KoNLPy라이브러리를 사용해서 문장, 단어를 벡터로 표현(word representation)하는 워드 임베딩(word embedding) 과정을 학습하였다. 이 장에서는 벡터화된 텍스트를 형태소로 분리(text classification)하여 분석하고, 구문트리를 분석하는 구문(syntax) 분석과정과 단어 빈도분석을 실시한다. 다음 장에서는 단어 빈도분석을 거쳐 문장 간 유사성(관계)(text similarity) 측정하여 긍정, 부정 의미 분석으로 단어간의 관계를 살펴본다.

텍스트를 나누는 토크나이징은 음절(문자단위), 어절(단어단위 띄어쓰기 단위), 형태소(의미를 가진 최소단위) 중에서 영어는 띄어쓰기로만으로도 텍스트 데이터분석이 가능한데, 한글은 띄어쓰기도 잘 하지 않지만 맞춤법, 은어, 외래어 등이 많기 때문에 형태소 토크나이징을 주로 한다.

언어의 가장 작은 의미 단위인 단어(word)를 디지털숫자로 표현하여 사전처럼 만들어 놓은 게 **자연어 말뭉치코드표 corpus**[3] 이다. 영어 알파벳 문자를 0,1 이진숫자로 매칭한 ASCII코드표 처럼 영어 사전에 수록된 수백만 단어들에 디지털 숫자를 매칭시켜놓아 0,1 2진수로 구성된 디지털 전자사전이다.

**코드를 실습하자**

자연어 처리를 돕는 **형태소 분석기** nltp 를 사용해 한글을 토크나이징하고, 외래어 등을 미리 **사전처럼 한글을 분석해 놓은 한글 자연어 말뭉치**를 사용해 문장을 단어 등 기본 단위(token)로 쪼개고 빈도분석을 하는 등 자연어 분석을 실시한다.

---

1   자연어인 한글을 디지털 처리하려면 우선 입력된 문장을 일정한 의미가 있는 가장 작은 말의 단위인 '형태소(形態素, morpheme)' 단위로 분할하고 품사를 분류하는 형태소 분석(Morphological Analysis)을 해야 한다. 그후에 주어, 목적어, 서술어와 같은 구문단위를 찾아 구조화하는 구문분석을 하며, 문장이 의미적으로 올바른 문장인지를 판단하는 의미 분석과 대화 흐름상 어떤 맥락과 의미를 가지는지를 찾는 문장구조분석 등 문장의 속성과 구조를 파악하면 문맥을 고려할 수 있고, 컴퓨터가 인간 자연어를 이해할 수 있게 된다.

2   영어 토크나이징 라이브러리는 NLTK(Natural Language Toolkit) 등의 라이브러리가 있고, 한글 토크나이징에는 KoNLPy(Korean natural language processing in Python)에 포함된 Open Korean Text (이하 OKT)를 많이 사용한다. 한글 문장을 일반적인 어절 단위에 대한 토크나이징은 NLTK 만으로도 충분히 해결할 수 있으므로 KoNLPy는 형태소 단위에 대한 토크나이징에 대해서 사용한다.

3   코퍼스(corpus)는 '말뭉치' 혹은 '말모둠'으로, 글 또는 말 텍스트를 모아 놓은 것이다. 컴퓨터에서 처리할 수 있는 형태의 전자화된 텍스트, 0,1 2진수 디지털로 구성된 전자 말뭉치로서, 자연어 말뭉치 코드표인 코퍼스를 바탕으로 컴퓨터가 자연언어를 해독할 수 있다.

## 1. 뉴스의 원하는 키워드의 뉴스들을 모은 url 주소를 수집한다

우선 자연어 문장들을 얻기 위해서 네이버 사이트에서 특정단어인 '임대주택'으로 뉴스검색 결과를 웹크롤링하여 가져와서 text로 저장한다. 웹크롤링할 사이트 주소는 그림처럼 검색창에 있는 주소리스트를 그대로 복사하여 url 주소변수에 붙여놓기를 하는 방식이 가장 쉽다.

또는 사이트의 html 소스를 분석하여 키워드와 검색시작일자와 검색종료일자, 페이지를 넣는 조건을 만족하는 주소리스트를 작성한다. &query=임대주택 , &ds=2020.10.11 , &de=2020.12.15 , &start=1 넣는다. https://search.naver.com/search.naver?&where=news&query= [검색키워드] &pd=3&ds= [검색시작날짜] &de= [검색종료날짜] &start= [게시물번호] 방식이다.

## 2. 웹페이지의 html 언어 속에서 뉴스기사 제목과 본문을 추출한다

웹페이지의 html문서를 파쇄한 html 언어소스에서 'div.api_txt_lines.dsc_txt' 아래에 있는 것이 본문이니, 이를 추출하여 join()함수로 이어서 word변수에 담는다.

## 3. 단어, 문장의 수치화와 분류 및 빈도분석

nltk.tokenize 패키지로부터 word_tokenize모듈을 가져온다. nltk 모듈을 가져와서, nltk의 'punkt'를 설치한다 문장을 나누는 방법 tokenize로 텍스트 word에서 word_tokenize모듈로 토큰화해서 nltk.Text()함수로 형태소를 분리해서 vocab()모듈로 단어사전 만든다. 텍스트에서 형태소를 분리하고, pd의 데이터프레임으로 행이름은 'id','e' 으로 데이터프레임 만들어 빈도계산을 할 수 있다. wordcloud을 한글로 표현하려면 파이썬 라이브러리 matplotlib 에 내장된 wordcloud() 명령어를 사용할 수 있으나, 한글 사용에 제약이 많으므로 대화형 한글을 사용하는 경우에는 pyecharts([1]) 를 사용한다.

---

**Program coding flownote 한글 명령어를 영어로 번역한 코드 작성 순서노트**

생활영어처럼 [1][2][3]단계별로 실행되는 한글 명령어 순서도 작성한다.

> [1단계] 파이썬하고 대화하듯이 명령 순서도 작성

> [1] request 모듈 가져오다
> bs4 패키지로부터 BeautifulSoup 모듈 가져오다
> 변수html에 담다, requests모듈로 ' http://---'열고 텍스트를 가져오다
> 변수soup에 담다,BeautifulSoup 모듈로 변수htm읽기, 'html.parser'방식
> 리스트doc에 담다, for 동안 soup.select('div.api_txt_lines.dsc_txt')속에서 찾은 요소 name 반복해 변수 name.text에 담다
> 변수word에 담다," "에 조인하다(리스트doc)

---

1   *pyecharts()는 render_notebook방법으로 렌더링하기 위해 노트북 종류 선언해야 하는 등 코드가 복잡하다. 코드를 이해하려고 하지 말고 [5]번의 코드들은 영어숙어처럼 ctrl+c, ctrl+v로 그대로 복사하여 사용하자.*

[2] nltk.tokenize 패키지로부터 word_tokenize모듈을 가져오다
　　nltk 모듈을 가져오다
　　nltk에서 'punkt'를 다운로드하다
　　변수 word_tokens에 담다, 변수 word값을 word_tokenize모듈로 토큰화해서
　　변수 ko에 담다, nltk.Text 모듈의 변수 word_token를
　　변수 ko의 vocab()모듈로 단어사전 만들기

[3] pandas 모듈 가져오다 별칭 pd로
　　변수 series_vocab에 담다, pd의 시리즈로 dict(ko.vocab())을
　　데이터프레임df에 담다, pd의데이터프레임으로 series_vocab,행이름은 'e'
　　데이터프레임df의 인덱스이름은 'id'
　　데이터프레임df에 담다, df의 인덱스를 재설정해서
　　데이터프레임df를 to_csv모듈로'news0819.csv'파일에 encoding='utf-8-sig', sep=','하여 저장하다
　　튜플 tuples에 담다, 투플(x)변화 df2의 값 속에서 요소x 꺼내 반복해서

[4] pyecharts 패키지모듈을 인스톨한다

[5] pyecharts.charts 패키지로부터 WordCloud 모듈 가져오다
　　pyecharts 패키지로부터 options 모듈 가져오다
　　변수fig에 WordCloud ()함수 담는다. 더해서 series_name="", data_pair=tuples, word_size_range=[30, 100]형태로
　　pyecharts.globals 패키지로부터 모든(*) 모듈 임포트
　　변수fig를 노트북에 렌더링해
　　CurrentConfig.NOTEBOOK_TYPE = NotebookType.NTERACT

한글 프로그램 순서도를 구글 번역으로 영어로 번역한다.

[2단계] 구글 번역한 영어 문장을 한 행씩 압축해 코딩화한다

[1] Get the request module
　　Import BeautifulSoup module from bs4 package
　　Put in variable html, open'http://---' with requests module and get text
　　Put in variable soup, Read variable htm with BeautifulSoup module,'html.parser' method
　　Put in list doc, repeat the element name found in soup.select('div.api_txt_lines.dsc_txt') during for and put it in variable name.text
　　Add to variable word, join to ""(list doc)
[2] Import the word_tokenize module from the nltk.tokenize package
　　import nltk module
　　download'punkt' from nltk
　　Put the variable word_tokens, the variable word value is tokenized with the word_tokenize module
　　Put in the variable ko, the variable word_token in the nltk.Text module
　　Creating a word dictionary with the vocab() module of the variable ko
[3] pandas module import alias pd
　　Put in the variable series_vocab, dict(ko.vocab() as the series in pd
　　Put in data frame df, series_vocab as data frame of pd, row name is'e'
　　The index name of data frame df is'id'
　　Put in data frame df, reset the index of df
　　Save data frame df as to_csv module in'news0819.csv' file by encoding='utf-8-sig', sep=','
　　Put in tuples, change tuple(x), take element x out of the value of df2 and repeat
[4] Install pyecharts package module
[5] Import WordCloud module from pyecharts.charts package
　　Import the options module from the pyecharts package
　　Put WordCloud () function in variable fig. In addition, series_name="", data_pair=tuples, word_size_range=[30, 100]
　　Import all (*) modules from the pyecharts.globals package
　　Render the variable fig to the laptop
　　CurrentConfig.NOTEBOOK_TYPE = NotebookType.NTERACT

컴퓨터가 이해하는 파이썬 명령어로 축약해  코딩화한다.

**[3단계] 코딩화한 각 셀을 ▶ 또는 Shift+Enter 눌러 한 행씩 실행한다**

```python
import requests
from bs4 import BeautifulSoup
html = requests.get("https://s.search.naver.com/search.naver?where=m_news&sm=mtb_jum&query='임대주택'&pd=3&ds=2020.10.11&de=2020.12.15&start=1").text
soup=BeautifulSoup(html, 'html.parser')
doc=[name.text for name in soup.select('div.api_txt_lines.dsc_txt')]
word= "".join(doc)
```

```
'초반(2021년 상반기)에는 단기적으로 당장 비어 있는 공공임대주택을 최대한 전세로 푼다. 그사이 주택 매입물량을 늘려 2022년까지 전세로 추가 공급하겠다.'
안 서울에서...통합 공공임대 입주자는 앞으로 자녀 출생 등으로 식구가 붙어나면 더 넓은 임대주택으로 옮길 수 있게 됩니다. 국토교통부 관계자는 '통합 공공임
적으로 허용할 예정'이라고...문재인 대통령이 지난 주말에 임대주택 방문해서 이게 여러 가지로 화두가 됐습니다. 더군다나 두 분은 접은 의원님들이 때문에 (
대한 지원 대책은 강화하고 투기수요에 대한.. 납부한 임대보증금은 주택도시보증공사에서 보증서를 발행함으로 전액 반환이 보장된다. 또한 10년 임대기간 경과
은 경상북도 포함시 북구 죽도동 일원에 위치했다. 보다 자세한...외면받는 임대주택 실태 정부, 임대주택 늘린다는데...2030 당첨되고도 포기하는 까닭 '당장 좋
# 이달 초 3.1인데의 경쟁률을 뚫고 # 고척 아이파크' 공공지원 민간임대 64㎡에 당첨된...次대통령 발언 논란 일파만이 없게 '민심 제대로 읽어 뭐해 정부정책 1
러본 뒤 개선 방안을 두고 논란이 좀처럼 진정되지 않고 있다. 문재인 대통령은 지난 11일 김현미 국토교통부 장관...박 의원 "정책을 본인 공약에도 담아 놓고
```

```python
from nltk.tokenize import word_tokenize
import nltk
nltk.download('punkt')
word_tokens = word_tokenize(word)

ko = nltk.Text(word_tokens, name='word')

ko.vocab()
```

```python
import pandas as pd
series_vocab = pd.Series(dict(ko.vocab()))

df = pd.DataFrame(series_vocab, columns=['e'])
df.index.name = 'Id'
df2 = df.reset_index()
tuples = [tuple(x) for x in df2.values]

!pip install pyecharts

from pyecharts import options
from pyecharts.charts import WordCloud
fig = (WordCloud().add(series_name="", data_pair=tuples, word_size_range=[30, 100]))
from pyecharts.globals import *
CurrentConfig.NOTEBOOK_TYPE = NotebookType.NTERACT
fig.render_notebook()
```

**구글 코랩 노트북으로 실습하려면)**

크롬 브라우저 검색창에서 코랩사이트 링크(https://colab.research.google.com/ ) 입력해 새 코랩
노트북 만들기 위해 시작페이지에 접속한다. 또는 이미 코드가 작성되어 있는 노트북으로 실습하려면
옆의 QR코드를 스마트폰으로 인식하여  실행해 기 작성된 코드를 수정하면서 실습해 본다.

## 10.10  한글 문장 속 단어를 딥러닝 훈련시켜 벡터 모델 만들고, 긍정, 부정 의미 해석과 벡터 공간에 표현하기

챗봇(대화로봇)을 만드는 방법으로 인간이 만든 규칙(시나리오) 기반으로 인간이 질문하고 챗봇이 대답하는 전통적인 형태로 만드는 방법과, 머신러닝을 활용한 유사도 기반, 순환신경망을 기반으로 한 딥러닝 트렌스포머(transformer) 모델 등 다양한 방법이 있다. 인간이 만든 규칙에 따른 챗봇은 질문이 만들어진 규칙을 벗어난 경우에는 답을 할 수 없어서 요즘은 사용하지 않는다. 가령 '저 의자 위에 방석은 누가 만들었나?'와 ' 어머니가 앉아 있는 의자 쿠션을 만든 사람이 누구야?'를 인간이 질문으로 준다면, 규칙기반 챗봇은 질문을 이해 못한다. 형태소와 구문구조를  비교하는 유사도 방식도 문법적으로 맞더라도 의미적으로 비교하는 데 성능이 부족할 수 있다. 그러나 텍스트 모두를 벡터화한 후 문장간 유사도를 측정하는 신경망 기반 딥러닝 챗봇은 두 문장 사이 맥락을 이해하여 같은 질문이라고 인식하고 답을 할 수 있을 것이다.

이처럼 두 문장이 비슷한 질문인지 추론할 수 있도록 문장을 구조화하여 **구문구조**를 문법적으로 의미 분석하고 의미적으로도 같은 문장인지 여부를 알기 위해서 단어 들간의 유사한 관계를 파악하는 방법이 텍스트 유사도(text similarity) 측정방법이다.

### 단어의 벡터화, 두 문장간 유사도 측정

단어의 벡터화 방식 즉 디지털 형태의 텍스트 단어(문장)를 수치적으로 표현[1] 할 수 있다면 단어간의 거리, 유사성, 빈도 등 산술연산, 확률통계 등으로 자연어를 처리할 수 있다. 자연어 문장 속에서 비슷한 의미를 가진 단어들을 벡터로 수치화하고 벡터 공간에 배치하면, 벡터 공간에 위치한 벡터 단어들끼리는 비슷한 의미의 단어를 군집화하고, 가까운 거리에 존재하고, 특성별로 단어들을 분류하고 단어들간의 유사한 관계를 파악하여 추론할 수 있어서, 문장의 맥락과 의미를 분석할 수 있는 것이다.

단어 벡터간의 유사의미를 분석하려면 단어들 사이에 의미가 비슷한 단어를 가깝게 배치하는 자연어 처리 모델링 기술이 필요하다. 이를 인간의 자연어 **텍스트 문장**을 단어 토큰들로 쪼개고, 이 토큰들을 컴퓨터가 계산할 수 있도록 0,1 디지털로 변경(**디지털화**)하고, 이를 숫자 벡터(**벡터화**)로 바꿔서, 벡터 공간에 올바르게 **배치하는 것을 워드 임베딩** (embedding)이라고 한다.

"유사 의미의 벡터는 가까운공간에 존재 "                    "단어를 벡터화 하여 산술 연산"

---

1  의미를 가진 단어를 디지털 숫자로 매칭하면 이 숫자를 *vector*로 표현하여 웹페이지 등 디지털 *matrix* 속에 단어를 위치시킬 수 있다. 웹사이트가 우리 눈에 보여지는 글자, 그림, 사진, 소리, 동영상 등 모든 데이터도 디지털 0과 1인 2진숫자이기 때문에 웹사이트 등 디지털 공간에 숫자와 좌표로 위치한 문장 속에서 특정한 단어의 앞뒤 등 단어간의 행렬 연산 등으로 단어들간의 관계 즉 문장의 맥락을 이해할 수 있게 된 것이다.

워드 임베딩으로 단어를 벡터 평면에 배치하여 기계인 컴퓨터가 벡터 단어들 간의 관계를 인식할 수 있도록 문맥적 의미를 보존하고, 그 문맥 속에서 단어의 유사도를 확인하고 이해하는 워드 임베딩과 자연어처리 모델링 기법이 word2vec[1]이다.

## 코드를 실습한다

인터넷 기사나 홈페이지 게시판 글을 크롤링해온 데이터 말뭉치에서 단어 임베딩모델을 만들면 최근 트렌드, 의견 분석등에 활용할 수 있다.
Word2vec을 파이썬으로 구현한 라이브러리로 gensim이 있다.
Gensim은 자연언어 처리를 할 수 있는 기능을 제공하고, 자연어 말뭉치(Corpus) 즉 단어사전을 데이터로 준비한다.

with문 사용하여 외부파일을 만든다. with open(파일이름, '동작', '인코딩' ) as 파일객체 : 파일객체.write( ) 형태로 open함수로 쓰기 모드(w)로 열면 sentence.joung 이름의 파일에 공백을 추가하여 단어를 토큰화한 리스트 word_tokens의 내용을 입력하여 파일로 만든다.

LineSentence()함수로 텍스트를 읽어들이고, 읽어들인 텍스트를 word2vec() 함수로 벡터 모델을 만들어 저장한다. 저장된 모델을 읽어들여서 most_similar() 함수로 유사한 단어를 찾을 수 있다.
특정 단어와 가까운 단어들을 찾아 유사도 정도를 수치로 나타낼 수 있다. Positive와 negative라는 매개변수로 특정 단어의 유의어, 반의어를 추출하거나, 문장 속에서 단어간의 관계 찾을 수 있다. positive=["머리",'남자'], negative=["형사"]은 단어 벡터계산값인 +'머리'과 +'남자' -'형사' 유사한 항목들을 출력한다.

---

### Program coding flownote 한글 명령어를 영어로 번역한 코드 작성 순서노트
생활영어처럼 [1][2][3]단계별로 실행되는 한글 명령어 순서도 작성한다.

| [1단계] 파이썬하고 대화하듯이 명령 순서도 작성 |
| --- |
| [1] request 모듈 가져오다<br>　　bs4 패키지로부터 BeautifulSoup 모듈 가져오다<br>　　변수html에 담다, requests모듈로 ' http://---'열고 텍스트를 가져오다<br>　　변수soup에 담다,BeautifulSoup 모듈로 변수htm읽기l, 'html.parser'방식<br>　　리스트doc에 담다, for 동안 soup.select('div.api_txt_lines.dsc_txt')속에서 찾은 요소 name 반복해 변수 name.text에 담다<br>　　변수word에 담다," "에 조인하다(리스트doc) |
| [2] nltk.tokenize 패키지로부터 word_tokenize모듈을 가져오다<br>　　nltk 모듈을 가져오다<br>　　nltk에서 'punkt'를 다운로드하다<br>　　변수 word_tokens에 담다, 변수 word값을 word_tokenize모듈로 토큰화해서 |
| [3] 변수texts_file에 담다,열고'/content/sentence.tagged' 태깅한 문장파일로<br>　　함께 변수texts_file을 열고 'w'모두,encoding은 'utf-8-sig', 별칭 file로<br>　　file에 쓰다 변수 word_tokens 을 이어서 |

---

1　Word2Vec 학습 과정을 시각화한 사이트 webi을 활용해 https://ronxin.github.io/wevi/ 링크로 자연어처리 학습해보자.
　　워드 임베딩과 자연어처리 모델링 방법론중에 word2vec 은 문장 내부의 단어를 벡터로 변환하는 도구이다. word2vec의 단어 벡터화 기술은빈도수 기반의 기존 방법론과 본질적으로 다르지 않으나, 중심단어에서 윈도우크기(한번에 학습할 단어의 개수)만큼의 연관된 단어를 추출하거나 주변에 있는 단어들로 중심에 있는 단어를 예측하는 모델로서 Skip-Gram(중심단어로 주변단어 예측)모델이 많이 사용된다.

[4] gensim을 설치하다
    gensim.models 패키지로부터 word2vec 모듈을 설치하다
    변수data에 담다, word2vec.LineSentence()모듈로 변수texts_file을
    모델에 담다, word2vec.Word2Vec()모듈로 변수data를 200크기window=2,hs=1,min_count=2,sg=1 파라미터를
    리스트 vocab에 담다,모델 model.wv.vocab를 리스트로
    배열 vocab_X에 담다,모델함수로 model.wv.vocab 리스트로 넣고 실행하다

[5] sklearn.manifold패키지로부터 TSNE모듈 가져오다
    변수 tsne에 담다,TSNE모듈 매개변수는 n_components=2
    변수 X_tsne에 담다, tsne.fit_transform()모듈로 배열 vocab_X 넣다

[6] pandas 모듈 가져오다 별칭 pd로
    데이터프레임df에 담다, pd의데이터프레임으로 X_tsne, 컬럼명은 '부정', '긍정'
    데이터프레임df['vocab']행에 담다, pd의데이터프레임으로 vocab, 컬럼명은 'vocab'

[7] plotly.express 모듈을 가져오다, 별칭 px로
    변수fig에 담다, px.scatter모듈로 데이터프레임'df', x 는"부정", y는"긍정" text="vocab"
    fig를 update_traces표현하고, textposition='top center'중앙에

**한글 프로그램 순서도를 구글 번역으로 영어로 번역한다.**

**[2단계] 구글 번역한 영어 문장을 한 행씩 압축해 코딩화한다**

[1] Get the request module
    Import BeautifulSoup module from bs4 package
    Put in variable html, open'http://---' with requests module and get text
    Put in variable soup, Read variable htm with BeautifulSoup module,'html.parser' method
    Put in list doc, repeat the element name found in soup.select('div.api_txt_lines.dsc_txt') during for and put it in variable name.text
    Add to variable word, join to ""(list doc)
[2]Import the word_tokenize module from the nltk.tokenize package
    import nltk module
    download'punkt' from nltk
    Put the variable word_tokens, the variable word value is tokenized with the word_tokenize module
[3] Put in the variable texts_file, open it, and into the tagged sentence file'/content/sentence.tagged'
    Open the variable texts_file together, all of'w', encoding is'utf-8-sig', alias file
    Write variable word_tokens to file followed by
[4] install gensim
    install word2vec module from gensim.models package
    Put in the variable data, the variable texts_file with the word2vec.LineSentence() module
    Put in the model, word2vec.Word2Vec() modulo variable data 200 size window=2,hs=1,min_count=2,sg=1 parameter
    Put in list vocab, model model.wv.vocab as list
    Put in the array vocab_X, put the model.wv.vocab list as a model function and execute
[5] Import the TSNE module from the sklearn.manifold package
    Put in variable tsne, TSNE module parameter n_components=2
    Put in variable X_tsne, put in array vocab_X with tsne.fit_transform() module
[6] pandas module import alias pd
    Put in data frame df, X_tsne as data frame of pd, column name is'negative','positive'
    Put in data frame df['vocab'] row, vocab as data frame of pd, column name'vocab'
[7] Import plotly.express module, alias px
    Put in variablefig, px.scatter module, data frame'df', x is "negative", y is "positive" text="vocab"
    Express the fig update_traces, textposition='top center'

컴퓨터가 이해하는 파이썬 명령어로 축약해 코딩화한다.

[3단계] 코딩화한 각 셀을 ▶ 또는 Shift+Enter 눌러 한 행씩 실행한다

```python
import requests
from bs4 import BeautifulSoup
html = requests.get('https://m.search.naver.com/search.naver?where=m_news&sm=mtb_jum&query="임대주택"&pd=3&ds=2020.10.11&de=2020.12.15&start=1')
soup=BeautifulSoup(html, 'html.parser')
doc=[name.text for name in soup.select('div.api_txt_lines.dsc_txt')]
word= "".join(doc)
```

```python
from nltk.tokenize import word_tokenize
import nltk
nltk.download('punkt')
word_tokens = word_tokenize(word)
```

```python
texts_file = '/content/sentence.joung'
with open(texts_file, 'w', encoding='utf-8') as file:
    file.write("\n".join(word_tokens))
```

```python
! pip install gensim
```

```python
from gensim.models import word2vec
data = word2vec.LineSentence(texts_file)
model=word2vec.Word2Vec(data,size=200,window=2,hs=1,min_count=2,sg=1)
```

```python
model.most_similar(positive=['LH','전세로'],negative=['경기'])
```

```python
vocab = list(model.wv.vocab)
vocab_X = model[model.wv.vocab]
```

```python
from sklearn.manifold import TSNE
tsne = TSNE(n_components=2)
X_tsne = tsne.fit_transform(vocab_X)
```

```python
import pandas as pd
df = pd.DataFrame(X_tsne, columns=['부정', '긍정'])
df['vocab'] = pd.DataFrame(vocab,columns=['vocab'])
```

```python
import plotly.express as px
fig = px.scatter(df, x="부정", y="긍정", text="vocab")
fig.update_traces(textposition='top center')
fig.show()
```

(구글 코랩 노트북으로 실습하려면)

크롬 브라우저 검색창에서 코랩사이트 링크(https://colab.research.google.com/ ) 입력해 새 코랩
노트북 만들기 위해 시작페이지에 접속한다. 또는 이미 코드가 작성되어 있는 노트북으로 실습하려면
옆의 QR코드를 스마트폰으로 인식하여 실행해 기 작성된 코드를 수정하면서 실습해 본다.

## 10.11 소설 쓰는 인공지능이 이야기 / 문장 / 텍스트를 생성하기, 인간의 글을 인공지능이 인식하고 분석하기

자연어처리 (Natural Language Processing NLP) 분석 과정중 마지막 단계인 자연어처리를 위한 언어모델에 적용하여 인간의 언어로 인간과 소통하기 위해 텍스트를 생성하는 단계이다.

텍스트를 생성한다는 의미는 사람이 언어를 생성하는 과정과 비슷하며, 질문에 올바른 단어와 답을 사용해 특정한 목적에 맞는 텍스트 문장을 생성하는 것이다. 이렇게 컴퓨터가 인간의 대화를 이해하고 글로써 사람과 소통할 수 있게 되었다. 이처럼 인공지능 자연어처리(NLP)분야[1]의 발전 속도는 놀라운 정도이다. 딥러닝 기반의 언어모델들은 사람과 생활언어로 대화하는 수준을 넘어서 사람이 문장을 주고 뒤를 이어보라고 인공지능에게 명령하면 컴퓨터 기계가 새로운 말들을 생성해내는 수준이 소설가 수준인 정도까지 발전했기 때문이다.

트랜스포머(Transformer)는 RNN 인코더-디코더를 사용하는 순환 신경망 계열을 기반으로 한 시퀀스 투 시퀀스 계열 모델sequence-to-sequence (seq2seq) learning 중에서 어텐션 기법을 중요하게 강조한 것으로, 인코더와 디코더에 적용된 어텐션 layer를 통해 query와 가장 밀접한 연관성을 가지는 값만을 강조할 수 있고 병렬화가 가능해졌다. 어텐션 layer 구조만으로 전체 모델을 만들어 내어 순환 신경망인데 recurrence를 이용하지 않고도 빠르고 정확하게 sequential data를 처리할 수 있다.

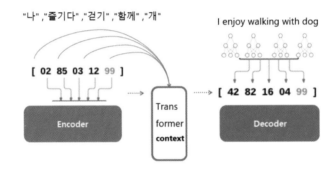

GPT-2(Generative Pre-training-2)[2]와 BERT(Bidirectional Encoder Representations form Transformer)는 기계신경망 번역(Transformer) 구조를 사용한다는 점에서 공통점을 갖지만, 트랜스포머 디코더, 트랜스포머 인코더 구조를 조금씩 다르게 하면서 성능을 향상시키는 데 차이점이 있다.

---

1 *Neural Machine Translation*의 개척자로 인정받는 2014년 뉴욕대 조경현교수(Kyunghyun Cho)가 발표한 논문에서 처음 소개된 *GRU(gated Recurrent Unit)는 RNN 순환신경망, CNN 합성곱 신경망을 기반으로 한 이전의 모델들과 다르게 모델구조를 획기적으로 단순화하고 성능을 개선한 것으로 RNN 인코더-디코더를 사용하는 순환신경망 계열이 자연어처리에서 주요 모델이 되는 데 기여했다.*

2 인공지능(AI) 자연어 처리(NLP)의 플랫폼인 구글의 양방향 언어모델 버트(Bert,*Bidirectional Encoder Representations form Transformer*)와 OpenAI의 단방향 언어모델 GPT-2(*Generative Pre-training-2*)는 인공지언어생성 모델이자 기계신경망 번역(*Transformer*) 기반 알고리즘으로 2019년 공개할 때처럼 소설 쓰는 능력이 우수하다고 글쓰기 성능 경쟁을 하고 있다.

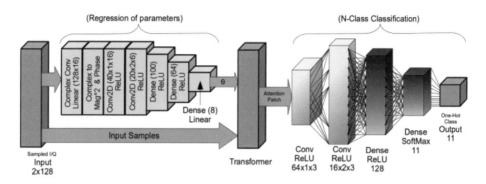

OpenAI 에서 개발한 NLP 분야 Transformer 기반의 비지도학습 언어모델인 GPT-2는 40GB 정도의 인터넷 문장을 이용해서 15억 개의 파라미터와 800만 개의 웹페이지에서 크롤링한 데이터로 학습시킨 것이다. GPT2 모델은 800만 개의 웹 페이지의 대규모 데이터의 단어들간의 관계에서 학습한 능력인 탐욕검색으로 각단계에서 확률이 가장 높은 단어를 탐욕스럽게 선택하는 방식이다. 트랜스포머 기반 언어 모델의 등장으로 인해 개방형 언어모델이 발전하고 있다. GPT-2의 이론과 구조를 이해하는 것은 구글 등을 검색하면 자세한 자료가 나오니 스스로 찾아보며 학습하면 좋다. 이 장에서는 GPT-2의 기학습된 모델을 활용하여 미리 학습한 모델가중치를 활용하면 어떻게 간단하게 사용할 수 있는지 활용법을 학습한다.

### 1.pre-trained된 GPT-2모델로 토크나이저와 모델을 구성한다

GPT-2 기학습모델(pre-trained된 모델)을 돌려보기 위해 인스톨하고, 토큰화하는 토크나이저를 만들고, 수치모델을 구축한다

### 2. 토크나이저의 벡터화

tokenizer의 encode()함수로 텍스트를 벡터수치로 변화하거나, 이를 다시 decode() 함수로 다시 텍스트로 변환할 수 있다. 이번 장에 나오는 tensorflow 는 구글에서 만들어 무료 오픈소스로 공개한 머신러닝, 딥러닝 라이브러리로서, 알파고 등 인공지능 프로그램의 가장 중요한 라이브러리이기도 하다. tensorflow에 사용법은 다음 11장부터 자세히 설명한다.

### 3. 모델 사용해 문장 예측 생성하기

generate()함수로 모델을 사용해 예측문장을 생성하고, 이를 decode()함수로 문장으로 생성한다. 입력값에 주제문장을 주면 출력값으로 후속으로 문단을 작성하거나, 긴 텍스트 끝에 요약하거나, 질문 답변 등의 챗봇 기능을 구현할 수 있다.

---

### Program coding flownote 한글 명령어를 영어로 번역한 코드 작성 순서노트

생활영어처럼 [1][2][3]단계별로 실행되는 한글 명령어 순서도 작성한다.

| [1단계] 파이썬하고 대화하듯이 명령 순서도 작성 |
| --- |
| [1] -q git+https://github.com/huggingface/transformers.git 인스톨하다 |
| [2] transformers 패키지로부터 TFGPT2LMHeadModel, GPT2Tokenizer모듈을 가져오다<br>tensorflow 모듈을 가져오다, 별칭 tf로<br>변수 tokenizer에 담다, GPT2Tokenizer.from_pretrained("gpt2")모듈을<br>변수 model에 저장하다 TFGPT2LMHeadModel.from_pretrained("gpt2")모듈을 ,pad_token_id=tokenizer.eos_token_id로 |

한글 프로그램 순서도를 구글 번역으로 영어로 번역한다.

## [2단계] 구글 번역한 영어 문장을 한 행씩 압축해 코딩화한다

[1] -q install git+https://github.com/huggingface/transformers.git
[2] Import TFGPT2LMHeadModel, GPT2Tokenizer module from transformers package
Import the tensorflow module, alias tf
Put the variable tokenizer, GPT2Tokenizer.from_pretrained("gpt2") module
Save in variable model TFGPT2LMHeadModel.from_pretrained("gpt2") module to ,pad_token_id=tokenizer.
eos_token_id
[3] Put in variable text, ''
Put in variable inputs, text to tokenizer.encode module as return_tensors='tf'
Put a value of 0 in the tf.random.set_seed() module
Put in variable outputs, model.generate() module inputs to do_sample=True, max_length=100, top_p=1, top_
k=100 parameters
Print, tokenizer.decode(outputs[0], skip_special_tokens=True

## [3단계] 코딩화한 각 셀을 ▶ 또는 Shift+Enter 눌러 한 행씩 실행한다

```
!pip install -q git+https://github.com/huggingface/transformers.git


import tensorflow as tf
from transformers import TFGPT2LMHeadModel, GPT2Tokenizer
tokenizer = GPT2Tokenizer.from_pretrained("gpt2")
model=TFGPT2LMHeadModel.from_pretrained("gpt2",pad_token_id=tokenizer.eos_token_id)


text = 'I am scared of outcast because it hurts'
inputs = tokenizer.encode(text, return_tensors='tf')
tf.random.set_seed(0)
outputs = model.generate(inputs, do_sample=True, max_length=100, top_p=1, top_k=100)
print(tokenizer.decode(outputs[0], skip_special_tokens=True))

I am scared of outcast because it hurts me in my home. I am being sent home because I

I do not feel good about it because that's what makes me who I am now - that's why I

For more information on support providers who do help with the Homeless and Housing,
```

 (구글 코랩 노트북으로 실습하려면)
크롬 브라우저 검색창에서 코랩사이트 링크(https://colab.research.google.com/ ) 입력해 새 코
랩 노트북 만들기 위해 시작페이지에 접속한다. 또는 이미 코드가 작성되어 있는 노트북으로 실습하
려면 옆의 QR코드를 스마트폰으로 인식하여 실행해 기 작성된 코드를 수정하면서 실습해 본다.

# 11

STEP

# 기계가 학습하는 방법,
# 다중 선형회귀 및 예측,
# 머신러닝적인 접근

기계 컴퓨터가 잘하는 능력은 예측하기, 기계가 스스로 학습해 만드는 예측모델은 정확할까 ?

여러 변수 데이터에 맞추어 추세와 인과관계의 변화 예측함수 만들다. 데이터에 적절한 추세선을 맞추다

국가 GDP 데이터 지수 함수에 맞추어 추세선을 만들고, 예측해보자

한국 코로나19 확진자 및 확산 예측 시뮬레이션

다양한 상품 판매 예측모델 다중 선형회귀 3차원 surface 그리기

범죄현장에 남긴 키, 몸무게, 신발 크기로 성별 예측하자

손님이 제품을 살 의사가 있는지 예측하는 2진 분류 예측모델 만들기

공장 집적지 내 봉제공장 이전 의사 예측하기

신발공장 가치사슬 구조와 클러스터  k평균 군집화 벡터 공간에 표현하기

## 11.1 기계 컴퓨터가 잘하는 능력은 예측하기, 기계가 스스로 학습해 만드는 예측모델은 정확할까?

**인공지능 컴퓨터는 미래의 날씨, 주가 등을 예측할 수 있을까?**

인공지능이라고 해도 실제로는 미래의 주가 등 미래에 일어날 사건을 예측하는 것은 어렵다. 점쟁이도 어려운 일이다. 다만 데이터들의 관계로부터 추정된 평균적인 예측, 즉 비가 올지 안 올지 예측 분류하거나, 특정한 시점의 데이터의 평균치를 예측하거나 미래의 추세를 판단하는 것은 가능하다. 왜냐하면 통계적으로 데이터들은 평균을 향하여 움직이거나 회귀(regression)하는 경향이 있기 때문에 평균적인 값으로 예측하는 것은 확률적으로 가능성이 높기 때문이다.

**예측[1] 한다는 의미는 무엇일까?**

예측의 개념을 크게 두가지로 분류해보면 prediction과 forecasting으로 나눌수 있다. 예측 forecasting은 시계열에서(in time series)의 예측으로 날씨, 지진 예측 등 시계열의 과거자료를 바탕으로 미래 값을 추정하는 것이며, 예측 prediction은 회귀에서(in regression)의 예측으로 비즈니스, 경제예측 등 판단적이며 미래에 발생하는 변화를 고려하여, 주어진 데이터에 대해 미래, 현재 또는 과거에 빈곳의 값을 추정하는 것을 의미한다. 즉 "예측forecast"은 시계열과 미래를 의미하지만 "예측prediction"은 회귀를 사용하여 두 변수 간의 관계를 설명하는 것이다. 앞에서 시계열로 예측을 한다(making a forecast)는 방법을 학습하고, 이번 장에서는 회귀모델로 예측을 한다(making a forecast)는 방법을 학습한다.

회귀분석 예측모델은 이전 자기 데이터관찰에 의존하기 때문에 자기회귀모델이라고도 한다. 회귀모델은 데이터들 (x1,y1), (x2,y2), ... (xn,yn)이 흩어져 있는 분포상태를 보고, 데이터의 인과관계 묘사를 가장 잘 설명하는 연속된 선형함수인 선형 회귀모델을 사용하거나, 데이터의 관계가 비선형으로 분포된 경우에는 데이터간의 경계를 구하는 방법 등이 있다. 회귀분석모델의 유형분류는 선형관계분석이냐 비선형관계분석이냐 여부에 따라 전통적인 방식과 최근 딥러닝방식으로 구분되고, 종속변수의 변수 숫자와 독립변수의 숫자에 따라 구분한다.

분석하려는 데이터들의 분포가 선형적인 관계로 예측되는 경우 데이터들의 인과관계 규명하거나 또는 추정해 설정한 가설함수를 검정하고, 정답을 추론하거나 미래를 예측하는 목적으로 선형회귀분석(linear regression anlysis)을 사용한다.

데이터들의 분포가 비선형적인 관계인 경우에는 DNN, CNN,RNN 등 딥러닝 모델들을 사용해 회귀분석을 한다. 딥러닝은 통계기반이 아니라 확률의 조건이 깊어지면서 보편적인 확률값으로 수렴하는 기능을 활용해 인간이 수천 번 반복해 확률모델을 수정하는 것을 컴퓨터가 한번에 해내어 예측모델을 구성하는 것이다.

$$y = h(x\,;\,\theta) + e$$

---

1 예측prediction은 라틴어에서 유래하고, 예측forecasting은 영어의 게르만어 뿌리에서 유래하였다. 예측을 한다(making a forecast)는 것은 일반적으로 불확실한 조건에서 계획을 수립한다는 의미로, 선견지명(foresight)으로 인식된다. 시계열에서 예측forecasting은 샘플 관찰외(out of sample observations)인 반면 예측prediction 은 샘플 관찰에(in sample observations) 관련된다.

인공 신경망 모델에서 은닉층 삭제하고 가중합의 전이함수로의 적용이 없다면 회귀모델과 같은 알고리즘이다. 여러 층을 쌓아서 신경망을 구축하게 되면, 깊게 쌓을수록 선형의 한계를 벗어나 비선형, 특이한 모형들에 대해 분류를 잘 할 수 있어서 이미지 분류, 텍스트 마이닝 등을 할 수 있다. 회귀분석은 상관관계 분석처럼 변수들간의 상관성에 초점을 주기도 하지만, 종속변수와 독립변수의 관계를 모델링하여 독립변수가 종속변수에 영향을 주는 영향력이나 그 결과의 요인이 무엇인지 분석하는 데 초점을 둔다. 즉 '회귀분석'은 데이터들이 평균으로 '회귀'하도록 함수모델을 만드는 것이다. 가설함수 h( )는 컴퓨터공학에서는 어떤 조건인(x1,x2,x3...)이 각 조건의 영향력(b1,b2,b3...)에 따라 결과값 y = h(x1,x2,x3,...:b1,b2,b3...) + e를 구하는 것이다. 이때 뒤의 e는 오차항으로 실제값과 추정값 사이의 오차 등 불확실성이다.

### 관측 및 예측 데이터들간의 관계, 평균으로 '회귀'하는 방법 2가지

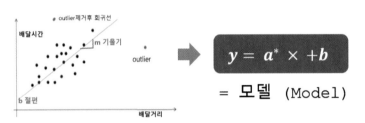

데이터들의 관계를 가장 잘 설명하는 평균으로 '회귀'하는 방법은 2가지가 있는데, 첫째는 데이터들이 산포된 관계의 중앙을 관통하는 가상의 선인 '추세선'을 그려서 그 선을 구하는 것이다. 가상의 추세선을 찾는 것은 두 변수의 관계를 나타내는 함수 y = f(x) = mx + b 의 기울기m과 절편b를 찾는 것이다. 찾은 가상의 추세선 즉 추정한 적합(fitted) 회귀선모델을 이용해 주어진 데이터에는 없는 새로운 데이터를 추정하는 것으로 미래를 예측하는 것이다.

둘째는 미래의 사건을 예견하는 것보다는 데이터분석으로 한 회귀분석의 목적은 실제 데이터를 표현하는 실제 f()함수에 가깝게 회귀모델을 만드는 것이다. 데이터를 가로지르는 '추세선'으로부터 관측값과의 수직선 거리오차의 합이 0으로 '회귀'하도록 회귀선'을 산포된 데이터에 맞게 이리저리 가장 적합한 선형 형태로 fitting 하는 것이다. 내가 관측한 측정선과 회귀선을 근사시켜서 오차의 합을 최소한으로 줄이는 fitting된 선형을 찾는다면 내 데이터를 가장 잘 설명하고 오차를 줄여서 예측을 가장 실제와 가깝게 하는 예측추세선을 찾는 것(model fitting)이다. 이를 기계의 학습(learning)이라고 한다. 다만 이방법은 회귀선이나 수식을 구하는 것보다는 예측하는 결과가 실제와 얼마나 오차가 있는지를 확인하고 실제 정답과 예측치와의 예측오차를 줄여나가는 최적화에 주요 목적이 있고, 이렇게 기계의 학습으로 만든 최적화 예측모델을 이용해 종속변수가 다변량인 회귀문제나 비선형관계의 문제를 해결한다. 따라서 예측의 정확도는 회귀분석에 의한 단순회귀분석, 다중회귀분석보다는 기계학습알고리즘을 이용한 미래예측모형 머신러닝, 딥러닝이 실제값에 근사해 우수한 성능을 가진다.

### 회귀분석이나 기계학습 알고리즘 이용해 미래예측 모형 개발하자

회귀분석에 의한 회귀함수 라이브러리로 유명한 것이 넘파이의 polyfit()함수가 있고, 기계학습알고리즘을 이용한 머신러닝 라이브러리로는 sklearn의 Regression 등이 유명하다. sklearn의 Regression 라이브러리는 선형관계의 많은 회귀함수가 내장되어 있다.

---

1 회귀선은 예측 선과 점들의 거리의 합을 최소화 하는 것이기 때문에 +, -가 있는 오차의 합보다는 오차 제곱의 합을 구하는 것이다. 오차 제곱의 합을 최소한으로 줄이는 선을 찾는다면 예측을 가장 실제와 가깝게 하는 모델이라고도 할 수 있다. 분석하려는 데이터들의 분포가 선형적인 관계로 예측되는 경우 데이터의 인과관계 묘사함수인 선형 회귀모델을 사용하면 잘 표현된다.

선형회귀분석은 원자료나 산포도를 보면서 회귀선이 얼마나 잘 설명하는지가 중요하다. 회귀분석에 의한 결과를 믿을 수 있는지 여부는 미래의 다른 실험으로 밝혀질 것이다.

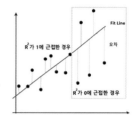

선형회귀선이 얼마나 데이터를 잘 설명할 수 있는가에 대한 점수가 바로 R-squared(결정계수,R2-score계수)이다. R-squared는 회귀선이 원데이터 분포를 설명하는 데 얼마나 적합한지 판단하는 것이다. 0에 가까울수록 회귀분석선을 왜곡하는 데이터가 많아서 선으로는 원데이터 전체를 설명하기 어렵고, 1에 가까울수록 높아서 회귀분석선으로 거의 모든 데이터를 설명할 수 있다는 의미이다. 1에 가까울 수록 회귀선을 왜곡시키는 자료가 없는 잘 만들어진 예측모형이라고 해석할 수 있다.

## Program coding flownote 한글 명령어를 영어로 번역한 코드 작성 순서노트

생활영어처럼 [1][2][3]단계별로 실행되는 한글 명령어 순서도 작성한다.

| [1단계] 파이썬하고 대화하듯이 명령 순서도 작성 |
| --- |
| [1] numpy 모듈을 가져오다, 별칭 np로<br>배열 'data'에 담다, np의 배열() 2차원 값 [[ --- ]] |
| [2] 배열'x_train'에 담다, 배열 data의 0번 열값을<br>배열'y_time'에 담다, 배열 data의 1번 열값을 |
| [3] 변수'm'과 'b'에 담다, np의 polyfit 모듈로 x_train,y_train 값을 1차원으로 |
| [4] 리스트x에 담다, np.linspace()함수 start는 x_train.min(),end는 x_train.max()사이의 값을<br>f(x) 함수를 정의하다. x*m + b 값을 반환하다 |
| [5] 리스트y_axis에 담다, regression의 x_axis_matrix 예측값을 |
| [6] plotly.graph_objects를 가져오다, 별칭 go로<br>변수f ig에 담다. go.Figure() 이미지를<br>변수fig에 add_trace더한다,go의 Scatter모듈로 x는 변수x_train,y는 y_train, 모드는'markers'<br>변수fig에 add_trace더한다,go의 Scatter모듈로 x는 리스트x, y는 f(x) 모드는'lines' |

한글 프로그램 순서도를 구글 번역으로 영어로 번역한다.

| [2단계] 구글 번역한 영어 문장을 한 행씩 압축해 코딩화한다 |
| --- |
| [1] Import numpy module, alias np<br>Put in the array'data', an array of np() 2D values [[ --- ]]<br>[2] Put in the array'x_train', the value of column 0 of the array data<br>Put in the array'y_time', the value of column 1 of the array data<br>[3] Put in the variables'm' and'b', the values of x_train and y_train in one dimension with the polyfit module of np<br>[4] Put in list x, np.linspace() function start is the value between x_train.min(), end is x_train.max()<br>Define the f(x) function return the value of x*m + b<br>[5] Put in the list y_axis, the predicted value of x_axis_matrix of regression<br>[6] Import plotly.graph_objects, alias go<br>Put in variable f ig. go.Figure() image<br>Add_trace to the variable fig, with the Scatter module of go, x is the variable x_train, y is y_train, the mode is'markers'<br>Add_trace to the variable fig, scatter module of go where x is list x, y is f(x) mode is'lines' |

컴퓨터가 이해하는 파이썬 명령어로 축약해 코딩화한다.

[3단계] 코딩화한 각 셀을 ▶ 또는 Shift+Enter 눌러 한 행씩 실행한다

```
import numpy as np
data = np.array([[100, 20],[150, 24],[300, 36],[400, 47],
    [130, 22],[240, 32],[350, 47],[200, 42],[100, 21],
    [110, 21],[190, 30],[120, 25],[130, 18],[270, 38],[255, 28]])
x_train = data[:,0]
y_train = data[:,1]


m,b = np.polyfit(x_train,y_train,1)
m,b

(0.0922975386287755, 11.330266325025237)


x =np.linspace(np.min(x_train), np.max(x_train))
def f(x) : return m*x**1 + b


import plotly.graph_objects as go
fig = go.Figure()
fig.add_trace(go.Scatter(x=x_train,y=y_train,mode='markers'))
fig.add_trace(go.Scatter(x=x, y=f(x), mode='lines'))
```

(구글 코랩 노트북으로 실습하려면)
크롬 브라우저 검색창에서 코랩사이트 링크(https://colab.research.google.com/ ) 입력해 새 코랩 노트북 만들기 위해 시작페이지에 접속한다. 또는 이미 코드가 작성되어 있는 노트북으로 실습하려면 옆의 QR코드를 스마트폰으로 인식하여 실행해 기 작성된 코드를 수정하면서 실습해 본다.

## 11.2 여러 변수 데이터에 맞추어 추세와 인과관계의 변화 예측함수 만들다.
## 데이터에 적절한 추세선을 맞추다

선형대수의 목적은 벡터 공간에서 점의 관계를 계산하는 것이다. 선형회귀(線型回歸, linear regression)는 일차다항식 선형성으로 주어진 데이터 집합을 가장 잘 설명하는 즉 종속변수 y와 독립변수 x와의 선형 상관관계를 설명하는 가장 적합한 선을 찾는 것이다. 주어진 데이터세트에 대한 회귀 또는 가장 적합한 선을 계산하기 위해 종전에는 수학적인 모델을 사람이 수립하였으나, 이제는 기계가 회귀모델을 만드는 시대가 되었다.

비선형 회귀 모델링인 딥러닝을 포함한 머신러닝의 예측은 기존 데이터(정보)를 가지고 어떤 관계인지를 예측한 뒤, 아직 답이 나오지 않은 그 무언가를 그 선에 대입해 보는 것이다. 따라서 선형 회귀의 개념을 이해하는 것은 비선형 회귀인 딥러닝을 이해하는 중요한 첫걸음이다.

앞 장의 회귀분석 분류표에서 선형회귀를 분류한 것을 보면, 종속변수y는 하나이지만 둘 이상의 독립변수x에 기반한 다중 선형회귀 (multiple linear Regression Model)와 model의 차수가 높아져서 곡선형의 model로 데이터 관계를 설명하는 고차항의 모형 다항회귀 (Polynomial Model)모델이 있는 것이다.

분석하려는 데이터들의 분포가 직선의 관계가 아니라 곡선 형태로 예측되는 경우나 선형모형의 무대를 1차원에서 휘어진 다차원 공간으로 확장하는 경우는 단순선형 회귀모델(Simple linear regression)을 사용하면 큰 오차가 나므로, 2차원 이상 곡선 모델형태로 접근한다. 일반적인 곡선에 대한 회귀모델을 가정하면 옆의 그래프와 다중선형 회귀모형식과 같이 표현된다. $y = b0 + b1 x1 + b2 x2 + ... + bd xd$ 이 식에서 독립변수들의 계수(coefficient)인 $b1$ , $b2$ , $bd$ 을 편회귀계수(partial regression coeffcient)라고 하며 어떤 독립변수가 좀더 종속변수에 영향을 미치는지, 종속변수를 정확히 예측할 수 있게 해준다.

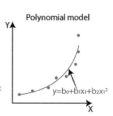

np의 polyfit 모듈로 다중선형 회귀모형식을 구하려면, degree 즉  d=2로 두고 회귀 모델을 구하면 2차원 2차항식을, d=5로 두고 회귀 모델을 구하면 5차원 5차항식 다차원 다항식을 두고 다항회귀분석을 수행할 수 있다.

다항회귀도 결국 다중회귀식의 일종이다. 즉 예측값 변수를 여러 개 구하려는 '다중선형회귀'(multiple regression) $y = a1x1 + a2x2 + b$는 복수의 입력변수를 가지는 다변수함수(multivariate function) 와 같은 것이다.  polyfit()함수에 2개의 입력변수 x1, x2를 받아서 변수 y를 출력하는 2차원 함수로 변환도 가능하다. 차수를 가진 모든 다항식 조합으로 구성된 새 피쳐 행렬을 생성한다. 다항식 피쳐에 선형 회귀를 사용하여 비선형 함수를 근사화한다.
복잡한 그래프의 각 차수별 계수가 데이터 분석을 올바르게 하도록 산출되었는지 확인하려면 데이터 분포도와 함수식을 그려보면 알 수 있다.

### numpy 배열 인덱싱하기

배열을 인덱싱하는 방법은 배열에 [ ]대괄호를 사용해 범위를 설정하고 추출하는 방법이다. array[:]은 대괄호[ ] 속에 콜론(:)이 있어서 배열의 모든 성분을 추출하고, array[data1:data3]은 data1에서 data3 이전까지의 인덱스값을 추출하고, array[행 : 열]은 다차원에선 콜론(:)을 기준으로 행과 열 분리하는데, array[:,0]은 열의 인덱스가 0인 값을 추출 즉 배열은 인덱스가 0번째부터 시작하므로 0이면 첫번째 열의 값을 추출하고 array[:,1]은 1이면 0번째와 1번째이므로 두번째 열의 값을 추출한다.

## 크롬 검색창에서 함수식으로 그래프 그리기

구글 크롬 검색창에는 '구글신'이라고 하는 모든 것을 검색할 수 있는 검색 기능 이외에 수학식, 단위 변환과 같은 계산 기능과 그래프를 그려주는 기능이 있다.

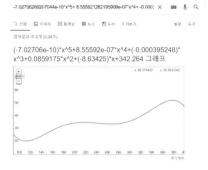

구글 크롬의 검색창에 함수식 (-7.02706e-10)*x^5 + 8.55592e-07*x^4 + (-0.000395248)*x^3 + 0.0859175*x^2 + (-8.63425)*x + 342.264 을 넣고 엔터치면 그래프가 그려진다. 다만 차수제곱근은 코드에서는 ** 사용하고 크롬에서는 ^를 사용한다. 화면의 축소확대 표시로 그래프를 조정해가면서 코드로 그린 그래프와 비교해 본다.

---

### Program coding flownote 한글 명령어를 영어로 번역한 코드 작성 순서노트

생활영어처럼 [1][2][3]단계별로 실행되는 한글 명령어 순서도 작성한다.

| [1단계] 파이썬하고 대화하듯이 명령 순서도 작성 |
| --- |
| [1] numpy 모듈을 가져오다, 별칭 np로<br>　　배열 'data'에 담다, np의 배열() 2차원 값 [[ --- ]] |
| [2] 배열'x_train'에 담다, 배열 data의 0번 열값을<br>　　배열'y_time'에 담다, 배열 data의 1번 열값을 |
| [3] 변수 a,b,c,d,e,g에 담다, np의 polyfit 모듈로 x_train,y_train 값을 5차원으로 |
| [4] 리스트x에 담다, np.linspace()함수 start는 x_train.min(),end는 x_train.max()사이의 값을<br>　　f(x) 함수를 정의하다, a*x**5 + b*x**4 + c*x**3 + d*x**2 + e*x**1 + g 값을 반환하다 |
| [5] 리스트y_axis에 담다, regression의 x_axis_matrix 예측값을 |
| [6] plotly.graph_objects를 가져오다, 별칭 go로<br>　　변수f ig에 담다, go.Figure() 이미지를<br>　　변수fig에 add_trace더한다,go의 Scatter모듈로 x는 변수x_train,y는 y_train, 모드는'markers'<br>　　변수fig에 add_trace더한다, go의 Scatter모듈로 x는 리스트x, y는 f(x) 모드는'lines' |

한글 프로그램 순서도를 구글 번역으로 영어로 번역한다.

| [2단계] 구글 번역한 영어 문장을 한 행씩 압축해 코딩화한다 |
| --- |
| [1] Import numpy module, alias np<br>　　Put in the array'data', an array of np() 2D values [[ --- ]]<br>[2] Put in the array'x_train', the value of column 0 of the array data<br>　　Put in the array'y_time', the value of column 1 of the array data<br>[3] Put in variables a,b,c,d,e,g, x_train,y_train values in 5 dimensions with polyfit module of np<br>[4] Put in list x, np.linspace() function start is the value between x_train.min(), end is x_train.max()<br>　　Define the f(x) function a*x**5 + b*x**4 + c*x**3 + d*x**2 + e*x**1 + g<br>[5] Put in the list y_axis, the predicted value of x_axis_matrix of regression<br>[6] Import plotly.graph_objects, alias go<br>　　Put in variable f ig. go.Figure() image<br>　　Add_trace to the variable fig, with the Scatter module of go, x is the variable x_train, y is y_train, the mode is'markers'<br>　　Add_trace to the variable fig, scatter module of go where x is list x, y is f(x) mode is'lines' |

컴퓨터가 이해하는 파이썬 명령어로 축약해 코딩화한다.

[3단계] 코딩화한 각 셀을 ▶ 또는 Shift+Enter 눌러 한 행씩 실행한다

```
import numpy as np
data = np.array([[100, 20],[150, 24],[300, 36],[400, 47],
    [130, 22],[240, 32],[350, 47],[200, 42],[100, 21],
    [110, 21],[190, 30],[120, 25],[130, 18],[270, 38],[255, 28]])
x_train = data[:,0]
y_train = data[:,1]


a,b,c,d,e,g = np.polyfit(x_train,y_train,5)
a,b,c,d,e,g

(-7.02706269207044e-10,
 8.555921262195909e-07,
 -0.0003952480661062475,
 0.08591752936604949,
 -8.634254826319205,
 342.26409743300314)

x =np.linspace(np.min(x_train), np.max(x_train))

def f(x) : return a*x**5 + b*x**4 + c*x**3 + d*x**2 + e*x**1 + g


import plotly.graph_objects as go
fig = go.Figure()
fig.add_trace(go.Scatter(x=x_train,y=y_train,mode='markers'))
fig.add_trace(go.Scatter(x=x, y=f(x), mode='lines'))
```

(구글 코랩 노트북으로 실습하려면)
크롬 브라우저 검색창에서 코랩사이트 링크(https://colab.research.google.com/ ) 입력해 새 코랩 노트북 만들기 위해 시작페이지에 접속한다. 또는 이미 코드가 작성되어 있는 노트북으로 실습하려면 옆의 QR코드를 스마트폰으로 인식하여 실행해 기 작성된 코드를 수정하면서 실습해 본다.

## 11.3 국가 GDP 데이터 지수 함수에 맞추어 추세선을 만들고, 예측해보자

세계은행의 공식 데이터에서 엑셀 파일을 가져온다. 데이터를 살펴보면 중국의 국내 총생산 (GDP)은 2018 년 1,400억 달러에 달하고, 중국의 GDP나 서울 강남의 주택 가격 등은 지수 함수 곡선 형태로 성장하였음을 알 수 있다. 중국의 1960년부터 2014년까지 GDP 데이터를 사용해 2018년의 GDP를 예측해 보면 실제 결과치와 거의 같다.

$$a \cdot e^{-bx} + c$$

지수 함수 곡선처럼 데이터들의 비선형 분포에서 예측되는 회귀 모델을 구해 본다. 지수 함수 exponential function 도 Polynomial Features 입력값 x를 다항식으로 변환하여 구할 수 있다.

### scikit-learn [1] 은 예측 데이터 분석을 위한 머신러닝 패키지이다

scikit-learn 패키지를 사용하여 선형 관계 회귀분석을 하는 경우에는 linear_model 서브 패키지의 LinearRegression 명령어를 사용한다. scikit-learn은 독립변수가 여러 개일 때 다중회귀분석을 실시하는데 편리하다. X_train.shape : (55,1)은 전체 속성이 1개이며 훈련셋의 크기는 55개를 의미한다. X_train은 2차원 array 형태로 입력된다. 이런 식으로 [[x1], [x2], [x3], ... , [xn]] 입력되는 이유는 수많은 속성들로 다중회귀분석을 하기 위해서는 행렬 계산을 해야 하기 때문이다.

따라서 독립변수로 입력값 X데이터를 넣을 때 .values.reshape(-1,1)를 해주어 2차원 array 형태로 변경하거나, x가 1차 배열 또는 리스트 인경우에는 행렬 계산을 위해서 1차 배열인 것중에 하나의 차원을 더해야 한다. 이때 배열에 대해 차원만 1차원 증가시키는 경우에는 newaxis 명령을 사용한다. [:, np.newaxis] 에서 : 은 그 차원 전체 축(행)을 선택한다는 의미이고, np.newaxis는 차원을 새로 생성해 늘려준다는 의미이다. np.reshape()는 차원을 변환하는 것으로 ( ) 안의 숫자차원이 변환전 차원의 합과 변환후 차원의 합이 같아야 한다. 즉 (4,1)로 4개의 원소를 (2,2)로 사각형 모양의 2x2 배열로 reshape하는 것이다.

다중 회귀분석을 위해 sklearn_linear_model 내의 LinearRegression 사용하여 다중 속성이 주어진 데이터 집합에 대해서 종속변수 y와 독립변수 x와의 선형 관계를 모델링한다.

**Methods**

| | |
|---|---|
| fit (X, y[, sample_weight]) | Fit linear model. |
| get_params ([deep]) | Get parameters for this estimator. |
| predict (X) | Predict using the linear model |
| score (X, y[, sample_weight]) | Returns the coefficient of determination R^2 of the prediction. |
| set_params (**params) | Set the parameters of this estimator. |

sklearn은 기본적으로 fit 함수를 사용하여 훈련 데이터 셋에서 모델을 생성하고, score 함수로 생성된 모델의 성능을 확인하고 predict 함수로 테스트 셋의 예측값을 생성한다.

---

1 scikit-learn 패키지의 PolynomialFeatures 입력값 x를 다항식으로 변환한다. 2개의 입력변수 x1, x2를 받아서 변수 y를 출력하는 2차원 함수로 변환도 가능하다. 함수에 입력 인수로는 degree : 차수, interaction_only: True면 2차항에서 상호작용항만 출력, include_bias : 상수항 생성 여부이다. FunctionTransformer 입력값 x를 다항식이 아닌 사용자가 원하는 함수를 사용하여 변환한다. 차수를 가진 모든 다항식 조합으로 구성된 새 피처 행렬을 생성한다. 다항식 피처에 선형 회귀를 사용하여 비선형 함수를 근사화한다.

## 1. 다항식 형태의 다항회귀 함수를 만든다

분석하려는 데이터들의 분포가 선형적인 관계가 아니라 곡선 형태로 예측되는 경우, 선형 회귀 모델을 사용하면 큰 오차가 나므로 2차원 이상 곡선 형태로 접근한다. PolynomialFeatures함수를 통해 현재 데이터를 다항식 형태로 변경한다. $y = w0 + w1\ x1 + w2\ x2 + ... + wd\ xd$ 따라서, degree = 10로 두고 회귀 모델을 구하면 10차원 다항식을 두고 다항회귀 분석을 수행할 수 있다. 만들어진 다항식 모델에 입력할 x값은 fit transform하여 새롭게 배열을 만든다. 당초 입력 데이터 x_train 은 (55,1) 2차원 배열이지만, 행별로 각 데이터를 10차항을 추가해 2차원 배열 (55,11) 다항 형태로 변형해 준다.

## 2. 훈련시킬 선형회귀 모델을 만들고, 다항화한 데이터를 입력한다

scikit-learn 패키지를 사용하여 선형회귀 분석을 하는 경우에는 linear_model 서브 패키지의 LinearRegression 명령어를 사용한다. LinearRegression ().fit(X, y) 으로 회귀 함수 객체를 만들어 다항화한 X의 데이터와 기존의 y값을 모델에 fit시켜준다. fit 명령어로 회귀분석을 하고 나면 모형 객체는 coef_ 추정된 가중치 벡터와 intercept_ 추정된 상수항을 가진다. 또한 predict 명령어로 새로운 입력 데이터에 대한 출력 데이터 예측할 수 있다.

---

**Program coding flownote 한글 명령어를 영어로 번역한 코드 작성 순서노트**

생활영어처럼 [1][2][3]단계별로 실행되는 한글 명령어 순서도 작성한다.

| [1단계] 파이썬하고 대화하듯이 명령 순서도 작성 |
|---|
| [1] pandas 모듈을 가져오다, 별칭 pd로<br>　　배열 'data'에 담다, pd의 csv읽기모듈() 'https://--' |
| [2] numpy 모듈을 가져오다, 별칭 np로<br>　　배열'x_train'에 담다, 배열 data의 ['Year'] 열값을 1차원 증가해서<br>　　배열'y_train'에 담다, 배열 data의 ['Value'] 열값을 |
| [3] sklearn.preprocessing 패키지로부터 PolynomialFeatures모듈 가져오다<br>　　변수quadratic에 담다, PolynomialFeatures 모듈로 입력값을 degree=10차<br>　　다항식으로 변환한다<br>　　변수X_quad에 담다, quadratic에 적합하게 맞추다 배열 x_train를 |
| [4] sklearn.linear_model 패키지로부터 LinearRegression 모듈 가져오다<br>　　변수regression_model에 담다, LinearRegression()모듈<br>　　변수regression_model에 적합하게 맞추다 배열 X_quad,y_train를 |
| [5]리스트X_axis에 담다, np.linspace()함수 start는x_train.min(),end는 x_train.max() |
| [6] 리스트X_fit에 담다, np.linspace()함수 start는 x_train.min(),end는 x_train.max()사이의 값을 1차원 증가해서<br>　　리스트y_quad_fit에 담다, regression_model의 quadratic에 적합하게 맞추다 배열X_fit 예측값을 |
| [7] 변수 predict_X에 담다, [2018]<br>　　변수 predict_y에 담다,regression_model의 예측모듈로 predict_X |
| [8] plotly.graph_objects를 가져오다, 별칭 go로<br>　　변수f ig에 담다, go.Figure() 이미지를<br>　　변수fig에 add_trace더한다, go의 Scatter모듈로 x는 변수data['Year'],y는 data['Value']<br>　　, 모드는'markers'<br>　　변수fig에 add_trace더한다, go의 Scatter모듈로 x는 리스트X_axis,y는 리스트y_quad_fit,<br>　　모드는'lines'<br>　　변수fig에 add_trace더한다, go의 Scatter모듈로 x는 변수predict_X,y는 predict_y<br>　　, 모드는'markers' |

한글 프로그램 순서도를 구글 번역으로 영어로 번역한다.

[1] Import the pandas module, alias pd
　　Put in array'data', pd's csv reading module ()'https://--'
[2] Import numpy module, alias np
　　Put in the array'x_train', increase the ['Year'] column value of the array data by one dimension
　　Put in the array'y_train', the ['Value'] column value of the array data
[3] Import the PolynomialFeatures module from the sklearn.preprocessing package
　　Put in variable quadratic, input value to PolynomialFeatures module degree=10th
　　Convert to polynomial
　　Put in variable X_quad, fit to fit quadratic Array x_train
[4] Import LinearRegression module from sklearn.linear_model package
　　Put in variable regression_model, LinearRegression() module
　　Fit array X_quad,y_train appropriately to variable regression_model
[5] Put in list X_axis, np.linspace() function start is x_train.min(), end is x_train.max()
[6] Put in the list X_fit, np.linspace() function start is x_train.min(), end is the value between x_train.max() is
　　increased by one dimension
　　Put in list y_quad_fit, fit to fit quadratic of regression_model Array X_fit predicted value
[7] Included in variable predict_X,[2018]
　　Put in variable predict_y, predict_X as prediction module of regression_model
[8] Import plotly.graph_objects, alias go
　　Put in variable f ig. go.Figure() image
　　Add add_trace to the variable fig, x is the variable data['Year'], y is data['Value']
　　, The mode is'markers'
　　Add add_trace to the variable fig, scatter module of go, where x is a list, X_axis, y is a list, y_quad_fit,
　　The mode is'lines'
　　Add_trace to the variable fig, x is the variable predict_X, y is predict_y with the Scatter module of go
　　, The mode is'markers'

컴퓨터가 이해하는 파이썬 명령어로 축약해 코딩화한다.

```
[ ]  import pandas as pd
     data = pd.read_csv("https://s3-api.us-geo.objectstorage.softlayer.net/cf-courses-data/CognitiveClass/ML0101ENv3/labs/china_gdp.csv")
     data.head(3)

          Year       Value

      0   1960   5.918412e+10

      1   1961   4.955705e+10

      2   1962   4.668518e+10


[ ]  import numpy as np
     x_train = data['Year'][:,np.newaxis]
     y_train = data['Value']

     /usr/local/lib/python3.6/dist-packages/ipykernel_launcher.py:2: FutureWarning: Support for multi-dimensional indexing (e.g. `obj[:, None]`
     ◄ ▓▓▓▓▓▓▓▓▓▓▓▓▓▓▓▓▓▓▓▓▓▓▓▓▓▓▓▓▓▓▓▓▓▓▓▓▓             ►


[ ]  from sklearn.preprocessing import PolynomialFeatures
     quadratic=PolynomialFeatures(degree=10)
     X_quad=quadratic.fit_transform(x_train)


[ ]  from sklearn.linear_model import LinearRegression
     regression_model = LinearRegression()
     regression_model.fit(X_quad, y_train)

     LinearRegression(copy_X=True, fit_intercept=True, n_jobs=None, normalize=False)


[ ]  X_axis =np.linspace(x_train.min(), x_train.max())


[ ]  X_fit=np.linspace(x_train.min(), x_train.max())[:,np.newaxis]
     y_quad_fit=regression_model.predict(quadratic.fit_transform(X_fit))


[ ]  predict_X = [2018]
     predict_y = regression_model.predict(quadratic.fit_transform([predict_X]))
```

```
[ ]  import plotly.graph_objects as go
     fig = go.Figure()
     fig = go.Figure(data=go.Scatter(x=data['Year'],y=data['Value'],mode='markers'))
     fig.add_trace(go.Scatter(x=X_axis,y=y_quad_fit, mode='lines'))
     fig.add_trace(go.Scatter(x=predict_X,y=predict_y, mode='markers'))
```

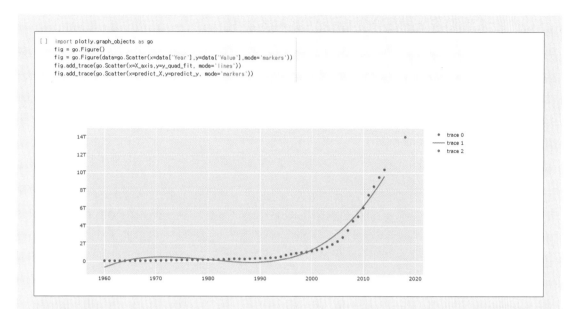

(구글 코랩 노트북으로 실습하려면)

크롬 브라우저 검색창에서 코랩사이트 링크(https://colab.research.google.com/ ) 입력해 새 코랩 노트북 만들기 위해 시작페이지에 접속한다. 또는 이미 코드가 작성되어 있는 노트북으로 실습하려면 옆의 QR코드를 스마트폰으로 인식하여 실행해 기 작성된 코드를 수정하면서 실습해 본다.

## 11.4 한국 코로나19 확진자 및 확산 예측 시뮬레이션

코로나19 바이러스 일일 확진자 숫자의 확산 경향에 대한 미래 시뮬레이션 알고리즘에서 가장 간단하게 해볼 수 있는 것이 선형회귀(Linear Regression)[1] 모델이다. 선형회귀모델은 부모와 자녀의 키의 관계를 연구한 결과 자녀의 키는 그 세대의 평균으로 돌아가려는 경향이 있다는 것을 발견해서 회귀모델이라고 하고, 키 데이터의 분포가 한쪽으로 치우치지 않은 자연스런 정규분포에서 가장 성능이 좋다.

따라서 선형회귀분석 모델은 데이터의 분포가 하나의 선으로 표현될 수 있을 때 최적의 모델을 찾는다. 이때 분포된 데이터를 잘 표현하는 선의 형태와 무관하게 기본 원리는 같지만, 데이터에 더 적합한 선이 직선이면(Linear Fit) 1차 회귀분석(Linear Regression), 분포된 데이터를 곡선이 잘 표현하면 곡선 적합(Curve Fitting) 즉 다항식 회귀분석 (Polynomial Regression)이라고 하며, 지수형태 곡선이면 지수형태 회귀분석(Exponential Model Regression)이 라고 한다.

### 선형회귀 모델의 더 나은 예측 결과 만들기 위한 로그 변환

코로나19의 일일 확진자 발생추이를 그래프로 표현하면 한쪽으로 치우친 데이터 분포를 나타낸다. 데이터 분포가 한쪽으로 너무 치우친 분포를 정규분포를 이루도록 변환을 해주면 모델의 적합도를 향상시킨다. 회귀모델함수 y와 x 변수 사이의 단위변경을 통해 모델의 적합도 기능을 향상시킬 수 있고, 그 방법중에 하나로 변수 데이터의 단위를 로그로 변환하는 것이 있다.

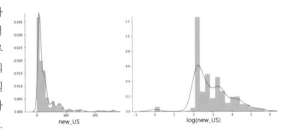

로그는 대항해시대 대서양 항해를 위해 백만,천만 단위의 먼 거리를 줄여서 지도에 표시하거나, 천문학 등을 위해 아주 큰 수의 계산을 위해 고안된 도구이다. 즉 실제 측정값이 1000부터 1000000까지 증가하는 거리와 1부터 1000까지 증가하는 단위를 같은 척도로 표시하여 로그로 범위를 줄여주는 효과를 이용한 것이다.

배열 new_US에 담긴 np.array의 US['new_cases']값은 한쪽으로 치우친 분포로 비선형회귀선이 되므로, 선형그래프 그리기 위해 변수new_US에 로그사용하면 데이터 단위가 더 구별되거나 조정된 선형회귀선이 생겨 데이터분포의 정규성을 높이고 더 정확한 값을 얻는 회귀예측모델이 생성된다.

배열 new_US 데이터 분포를 np.log()함수로 로그변환으로 데이터간 편차를 줄여 정규성을 높인 값을 LinearRegression()함수에 배열 dates[60:], 로그변환 log_cases[60:]으로 적용하여, 기간 60일 이상에서 선형 회귀 수행하면 회귀직선 또는 곡선이 만들어진다. 미래의 코로나19 확산 방향을 보려면 미래의 날짜구간을 선정하고 dates_into_future = np.linspace (1, 90, 90) 모델로 예측한다. model.predict (dates_into_future [60 :, np.newaxis]). 데이터 산포도에다 자연 로그와 해당 데이터에 맞는 선형 모델을 통합해 그린다.

np.newaxis는 차원을 1개 늘려준다. 같은 기능인 reshape는 변환전 차원의 합과 변환후 차원의 합이 같아야 한다. (4,1)을 변환한다는 기준으로 (2,2)는 reshape 가능한데 (4,1)을 (3,3)으로 바꿀 수는 없다. np.newaxis는 없는 걸 만드는 것이라, 없다는 None 을 그 행에 써주면 None 차원이 생겨서 1개 차원 늘려주는 효과와 같다.

---

[1] 선형 분석은 영국의 유전학자 Francis Galton이 유전의 법칙을 연구하다 나온 것에 기인하게 된다. 연구의 내용은 부모와 자녀의 키 사이의 관계였는데, 연구 결과로 아버지와 어머니의 키의 평균을 조사하여 표로 나타낸 결과 자녀의 키는 엄청 크거나 작은 것이 아닌 그 세대의 평균으로 돌아가려는 경향이 있다는 것을 발견하였다.

# Program coding flownote 한글 명령어를 영어로 번역한 코드 작성 순서노트

생활영어처럼  [1][2][3]단계별로 실행되는 한글 명령어 순서도 작성한다.

| [1단계] 파이썬하고 대화하듯이 명령 순서도 작성 |
| --- |
| [1] pandas 모듈을 가져오다, 별칭 pd로<br>    numpy 모듈을 가져오다, 별칭 np로 |
| [2] 데이터프레임'covid_df'에 담기,pd의 csv 읽기()에 링크'https://co-'를 |
| [3] 데이터프레임'US'에 담다, covid_df의 loc()로 covid_df.location행이 'United States'인 경우<br>    데이터프레임'World'에 담다, covid_df의 loc()로 covid_df.location행이 'World'인 경우<br>    배열 new_US에 담다, np.array로 US['new_cases']값을<br>    배열 new_World에 담다, np.array로 World['new_cases']값을 |
| [4] plotly.graph_objects를 가져오다, 별칭 go로<br>    변수f ig에 담다. go.Figure() 이미지를<br>    변수fig에 add_trace더한다, go의 Scatter모듈로 y는 new_US, mode='lines',line=dict(color='firebrick',width=1)<br>    변수fig에 add_trace더한다, go의 Scatter모듈로 y는 new_World, mode='lines+markers',line=dict(color='royalblue',width=1) |
| [5] sklearn.linear_model 패키지로부터 LinearRegression 모듈 가져오다<br>    리스트dates에 담다, np.linspace()함수 start는 1, end는 len(new_US),단계는len(new_US)<br>    벡터dates에 담다, 리스트dates에 None 차원 추가한다<br>    배열US_log에 담다, np.log()함수로 배열 new_US를 선형곡선을 만들기 위해 np.float64타입으로 자연 로그를 생성한다 |
| [6] 변수model에 담다,  LinearRegression()모듈에 적합하게 맞추다 배열 dates[60:],log_cases[60:]를 |
| [7] 리스트future에 담다, np.linspace()함수 start는 1, end는 len(new_US)+7,단계는len(new_US)+7<br>    벡터fut_pred에 담다, model.predict() future[60:, None] |
| [8] plotly.graph_objects를 가져오다, 별칭 go로<br>    변수f ig에 담다. go.Figure() 이미지를<br>    변수fig에 add_trace더한다, go의 Scatter모듈로 y는 new_US, mode='lines',line=dict(color='firebrick',width=1)<br>    변수fig에 add_trace더한다, go의 Scatter모듈로 x는 future[60:], y=np.exp(fut_pred)<br>    , mode='lines+markers',line=dict(color='royalblue',width=1) |

한글 프로그램 순서도를 구글 번역으로 영어로 번역한다.

| [2단계] 구글 번역한 영어 문장을 한 행씩 압축해 코딩화한다 |
| --- |
| [1] Import the pandas module, alias pd<br>    Import the numpy module, alias np<br>[2] Add to data frame'covid_df', link'https://co-' to read csv of pd()<br>[3] Put in data frame'US', when covid_df.location line is'United States' with loc() of covid_df<br>    Put in data frame'World', if covid_df.location line is'World' with loc() of covid_df<br>    Put in array new_US, US['new_cases'] value as np.array<br>    Put in array new_World, World['new_cases'] value as np.array<br>[4] Import plotly.graph_objects, alias go<br>    Put in variable f ig. go.Figure() image<br>    Add_trace to the variable fig, y is new_US, mode='lines',line=dict(color='firebrick',width=1) with scatter module of go<br>    Add_trace to the variable fig, scatter module of go, y is new_World, mode='lines+markers',line=dict(color='royalblue',width=1)<br>[5] Import LinearRegression module from sklearn.linear_model package<br>    Put in list dates, np.linspace() function start is 1, end is len(new_US), step is len(new_US)<br>    Put in vector dates, add dimension None to list dates<br>    Put in the array US_log, create a natural logarithm of type np.float64 to make the array new_US a linear curve with the np.log() function.<br>[6] Put in the variable model, fit the LinearRegression() module into the array dates[60:],log_cases[60:]<br>[7] Put in list future, np.linspace() function start is 1, end is len(new_US)+7, step is len(new_US)+7<br>    Put in vector fut_pred, model.predict() future[60:, None]<br>[8] Import plotly.graph_objects, alias go<br>    Put in variable f ig. go.Figure() image<br>    Add_trace to the variable fig, y is new_US, mode='lines',line=dict(color='firebrick',width=1) with scatter module of go<br>    Add add_trace to the variable fig, scatter module of go, where x is future[60:], y=np.exp(fut_pred)<br>    , mode='lines+markers',line=dict(color='royalblue',width=1) |

컴퓨터가 이해하는 파이썬 명령어로 축약해 코딩화한다.

[3단계] 코딩화한 각 셀을 ▶ 또는 Shift+Enter 눌러 한 행씩 실행한다

```
import pandas as pd
import numpy as np


covid_df = pd.read_csv('https://covid.ourworldindata.org/data/ecdc/full_data.csv')


US = covid_df.loc[covid_df.location == 'United States']
World = covid_df.loc[covid_df.location == 'World']
new_US = np.array(US['new_cases'])
new_World = np.array(World['new_cases'])


import plotly.graph_objects as go
fig = go.Figure()
fig.add_trace(go.Scatter(y=new_US, mode='lines',line=dict(color='firebrick',width=1)))
fig.add_trace(go.Scatter(y=new_World,mode='lines+markers',line=dict(color='royalblue',width=1)))


from sklearn.linear_model import LinearRegression
dates = np.linspace(1, len(new_US), len(new_US))
dates = dates[:,None]
US_log = np.log(np.array(new_US, dtype=np.float64))


model = LinearRegression().fit(dates[60:],US_log[60:])


future = np.linspace(1, len(new_US)+7, len(new_US)+7)
fut_pred = model.predict(future[60:, None])


import plotly.graph_objects as go
fig = go.Figure()
fig.add_trace(go.Scatter(y=new_US, mode='lines',line=dict(color='firebrick',width=1)))
fig.add_trace(go.Scatter(x=future[60:],y=np.exp(fut_pred),
                         mode='lines+markers',line=dict(color='royalblue',width=1)))
```

 (구글 코랩 노트북으로 실습하려면)
크롬 브라우저 검색창에서 코랩사이트 링크(https://colab.research.google.com/ ) 입력해 새 코랩 노트북 만들기 위해 시작페이지에 접속한다. 또는 이미 코드가 작성되어 있는 노트북으로 실습하려면 옆의 QR코드를 스마트폰으로 인식하여 실행해 기 작성된 코드를 수정하면서 실습해 본다.

## 11.5 다양한 상품 판매 예측모델 다중 선형회귀 3차원 surface 그리기

**독립변수 x의 특성요소가 여러 개인 다변량 선형회귀**

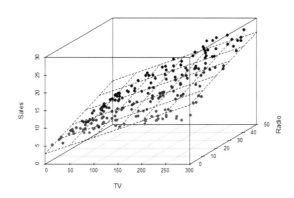

라디오, TV 등 다양한 상품의 판매를 예측하는 등 독립변수x의 특성요소를 x1,x2 등으로 여러 개 사용할 때 다중선형 회귀를 사용한다.

scikit-learn은 독립변수가 여러 개일때 다중회귀분석을 실시하는 데 편리하다. X의 데이터셋은 전체 크기는 8개 이 고, 속성은 2개인 2차원 array 형태이다. 2차원 배열은 행렬 형태로 입력된다. 그 이유는 수많은 속성들로 다중회귀분 석을 하기 위해서는 행렬계산을 해야 하기 때문이다.

x 변수가 tv, radio 두 개의 특성요소를 가진 다변량 회귀모델이 학습한 2차원 초평면의 아래윗면에 위치한 z은 sales 데이터의 분포모습이다. 파이썬으로 3차원 그림 그리기 위해서 3차원 산점도는 이해하기 어렵고, 2차원 초평면을 기준 으로 3차원 변수를 표현하는 방식이 편리하다.

**선형회귀 모델을 다항회귀로 변환 코드를 작성해 보자**

3차원 surface 새로운 예측값 변수를 여러 개 구하려는 '다중선형회귀'(multiple regression) y = a1x1 + a2x2 + b 는 복수의 입력변수를 가지는 다변수함수(multivariate function) 이다. 2개의 입력변수 x1, x2를 받아서 변수 y를 출력하는 2차원함수이다.

**1. 다항식 형태의 다항회귀 함수를 만든다.**

분석하려는 데이터들의 분포가 3차원이므로 3차 다항식의 형태로 접근한다. PolynomialFeatures함수를 통해 현재 데이터를 다항식 형태로 변경한다. y = w0 + w1 x1 + w2 x2 + ... + wd xd  따라서, degree = 1로 두고 회귀 모델을 구하면 1차원 다항식을 두고 다항회귀 분석을 수행할 수 있다. scikit-learn 패키지를 사용하여 선형회귀 분석을 하는 경우에는 linear_model 서브 패키지의 LinearRegression 명령어를 사용한다. 사이킷런의 PolynominalFeatures 변환기함수를 사용하여 특성이 한 개인 간단한 회귀 문제에 다항식(quadratic) 이차 항을 추가한다.

```
from sklearn.preprocessing import PolynomialFeatures
quadratic = PolynomialFeatures(degree=1)
X_quad = quadratic.fit_transform(X)
```

## 2. 훈련시킬 선형회귀 모델을 만들고, 다항화한 데이터를 입력한다

다항 회귀(quadratic fit)를 위해 변환된 특성에서 다변량 회귀(regression_model) 모델을 훈련한다.

```
regression_model = LinearRegression()
regression_model.fit(X_quad, y)
z = regression_model.intercept_ + regression_model.coef_[1]*x1 + regression_model.coef_[2]*x2
resid = y - regression_model.predict(quadratic.fit_transform(x))
```

## 3. 3차원에 다중회귀선을 표현해 보자

평면 지형과 같은 2차원 함수는 3차원 서피스 플롯(surface plot) 또는 컨투어 플롯(contour plot)에서 xy초평면으로 나타낼 수 있다. Matplotlib은 mpl_tookits라는 모듈로 3차원 그래프를 그릴 수 있다.

Matplotlib은 mpl_tookits라는 모듈로 3차원 그리며, Axes3D 객체를 생성 후 보는 방향을 설정하기 위해 x,y 평면의 방위각(azimuth angle in the x,y plane)과 Z평면의 고도각(elevation angle in the z plane)으로 4X4 행렬을 반환해 보기 위치를 설정한다. Axes3D 객체를 생성한 후 3차원 그래프를 그린다. 그래프 중에 line/scatter plot 은 x,y,z는 1차원 배열이고, surface, wireframe plot은 X,Y,Z는 2차원 배열이다.

우선 x,y,z 데이터 중에서 2D 배열이어야 하는 x와 y 위치의 배열을 가져 오기 위해서 np.linspace(min, max, 100)로 x,y를 최소~최대 사이를 100 등분하는 np.meshgrid(x, y)함수로 meshgrid형태로 제작한다. z의 크기는 z 방정식으로 생성한다. plot_surface()함수를 통해 x,y,z의 3차원 그래프를 xy평면 밑 z값도 보이게 하기 위해 alpha투명도를 변경하는 옵션을 사용하여 그린다.

```
regression_model.predict(quadratic.fit_transform(x))
```

다항 회귀를 위해 변환된 특성에서 다변량 회귀 모델을 훈련한다.

## Program coding flownote 한글 명령어를 영어로 번역한 코드 작성 순서노트

생활영어처럼 [1][2][3]단계별로 실행되는 한글 명령어 순서도 작성한다.

| [1단계] 파이썬하고 대화하듯이 명령 순서도 작성 |
| --- |
| [1] pandas 모듈 가져오다, 별칭 pd로<br>　　데이터프레임 df에 담다, pd의 데이터프레임()의 {'TV':[],'Radio':[],'Sales':[]} |
| [2] 데이터시리즈 X에 담다, df의 2차원 리스트 [['TV','Radio']]<br>　　데이터시리즈Y에 담다, df의 리스트 ['Sales'] |
| [3] sklearn.preprocessing 패키지로부터 PolynomialFeatures모듈 가져오다<br>　　변수quadratic에 담다, PolynomialFeatures 모듈로 입력값을 degree=1차<br>　　다항식으로 변환한다<br>　　변수X_quad에 담다, quadratic에 적합하게 맞추다 배열 x_train를 |
| [4] sklearn.linear_model 패키지로부터 LinearRegression 모듈 가져오다<br>　　변수regression_model에 담다, LinearRegression()모듈<br>　　변수regression_model에 적합하게 맞추다 배열 X_quad, Y를 |
| [5] 프린트하다 변수regression_model.intercept_ , regression_model.coef_ |
| [6] numpy 모듈 가져오다, 별칭 np로<br>　　x1과 x2라는 두 개의 독립 변수 리스트에 담다, np.meshgrid모듈로 np.linspace(X.TV.min()부터 X.TV.max()까지, 100개),np.linspace(X.Radio.min()부터 X.Radio.max()까지 100개)<br>　　배열Z에 담다, 변수regression_model.intercept_ + regression_model.coef_[1]*x1 + regression_model.coef_[2]*x2를 |
| [7] mpl_toolkits.mplot3d패키지로부터 Axes3D모듈 가져오다<br>　　matplotlib.pyplot 모듈 가져오다, 별칭 plt로<br>　　변수 fig에 담다, plt.figure()<br>　　변수 ax 액자에 담다, Axes3D()모듈로 fig, 각도 azim=115,높이 elev=15<br>　　변수 surf에 담다, ax액자를 plot_surface()모듈로 x1, x2, Z 값을 표면출력해 농도는 alpha=0.3 흐리게<br>　　변수 resid에 담다, 데이터시리즈 Y -regression_model.predict(quadratic.fit_transform(X))값을<br>　　변수ax액자에 scatter()모듈로 X[resid >= 0].TV, X[resid >= 0].Radio, Y[resid >= 0] 값을 점찍어, 색은 붉은색<br>　　변수ax액자에 scatter()모듈로 X[resid < 0].TV, X[resid < 0].Radio, Y[resid < 0] 값을 점찍어, 색은 검은색 |

한글 프로그램 순서도를 구글 번역으로 영어로 번역한다.

| [2단계] 구글 번역한 영어 문장을 한 행씩 압축해 코딩화한다 |
| --- |
| [1] import pandas module, alias pd<br>　　Put in data frame df, {'TV':[],'Radio':[],'Sales':[]} in data frame() of pd<br>[2] Put in data series X, two-dimensional list of df [['TV','Radio']]<br>　　Put in data series Y, list of df ['Sales']<br>[3] Import the PolynomialFeatures module from the sklearn.preprocessing package<br>　　Put in variable quadratic, degree = 1st input value with PolynomialFeatures module<br>　　Convert to polynomial<br>　　Put in variable X_quad, fit to fit quadratic Array x_train<br>[4] Import LinearRegression module from sklearn.linear_model package<br>　　Put in variable regression_model, LinearRegression() module<br>　　Fit the variable regression_model into the array X_quad, Y<br>[5] Print variablesregression_model.intercept_, regression_model.coef_<br>[6] Import numpy module, alias np<br>　　Put in two independent variable lists, x1 and x2, np.linspace(from X.TV.min() to X.TV.max(), 100), np.linspace(X.Radio. 100 from min() to X.Radio.max()<br>　　Put in array Z, variable regression_model.intercept_ + regression_model.coef_[1]*x1 + regression_model.coef_[2]*x2<br>[7] Import Axes3D module from mpl_toolkits.mplot3d package<br>　　Import the matplotlib.pyplot module, alias plt<br>　　Put in variable fig, plt.figure()<br>　　Variable ax frame, Axes3D() modulo fig, angle azim=115, height elev=15<br>　　Put the ax frame in the variable surf, and output the x1, x2, and Z values to the surface with the plot_surface() module, and the density is blurred with alpha=0.3.<br>　　Put in variable resid, data series Y -regression_model.predict(quadratic.fit_transform(X))<br>　　Point the value of X[resid >= 0].TV, X[resid >= 0].Radio, Y[resid >= 0] in the variable ax frame, and the color is red.<br>　　Point the value of X[resid <0].TV, X[resid <0].Radio, Y[resid <0] to the variable ax frame with the scatter() module, and the color is black. |

컴퓨터가 이해하는 파이썬 명령어로 축약해 코딩화한다.

[3단계] 코딩화한 각 셀을 ▶ 또는 Shift+Enter 눌러 한 행씩 실행한다

```
import pandas as pd
df = pd.DataFrame({ 'TV' : [230.1, 44.5, 17.2, 151.5, 180.8 , 100, 130, 120],
'Radio': [37.8, 39.3, 45.9, 41.3, 10.8 , 13, 22, 20.9],
'Sales':[22.1, 10.4, 9.3, 18.5, 20.9 , 15, 14, 15.6]})


X= df[['TV','Radio']]
Y = df['Sales']


from sklearn.preprocessing import PolynomialFeatures
quadratic=PolynomialFeatures(degree=1)
X_quad=quadratic.fit_transform(X)


from sklearn.linear_model import LinearRegression
regression_model = LinearRegression()
regression_model.fit(X_quad, Y)


regression_model.intercept_ , regression_model.coef_

(8.260527131898321, array([ 0.       ,  0.06384204, -0.01070453]))


import numpy as np
x1, x2 = np.meshgrid(np.linspace(X.TV.min(), X.TV.max(), 100),
                     np.linspace(X.Radio.min(), X.Radio.max(), 100))
Z = regression_model.intercept_ + regression_model.coef_[1]*x1 + regression_model.coef_[2]*x2


from mpl_toolkits.mplot3d import Axes3D
import matplotlib.pyplot as plt

fig = plt.figure( )
ax = Axes3D(fig, azim=115, elev=15)
surf = ax.plot_surface(x1, x2, Z, alpha=0.3)
resid = Y - regression_model.predict(quadratic.fit_transform(X))
ax.scatter(X[resid >= 0].TV, X[resid >= 0].Radio, Y[resid >= 0], color='red' )
ax.scatter(X[resid < 0].TV, X[resid < 0].Radio, Y[resid < 0], color='black')
```

(구글 코랩 노트북으로 실습하려면)
크롬 브라우저 검색창에서 코랩사이트 링크(https://colab.research.google.com/ ) 입력해 새 코랩 노트북 만들기 위해 시작페이지에 접속한다. 또는 이미 코드가 작성되어 있는 노트북으로 실습하려면 옆의 QR코드를 스마트폰으로 인식하여 실행해 기 작성된 코드를 수정하면서 실습해 본다.

## 11.6 범죄현장에 남긴 키, 몸무게, 신발 크기로 성별 예측하자

사전 지식이나 주어진 정보로 가설의 확률을 결정하는 조건부 확률이론이 베이즈 정리이다. 확률의 함정에 빠지는 사례를 들어보자. "폐암으로 사망한 사람의 30%가 담배를 핀 사람이다. 그렇다면 70%의 담배를 피지 않고 간접흡연을 한 사람들이 폐암으로 죽었다는 의미로 본다면, 담배를 피지 않은 게 더 위험하다는 의미일까 ? " 이렇게 결론 내면 통계를 잘못 이해한 것이다. 사전에 주어진 정보로는 대다수의 95%의 사람들이 담배를 피지 않고, 전체중 1천명당 1명 꼴로 폐암으로 사망한다는 통계데이터를 사용하자. 이로부터 비흡연자가 폐암으로 사망할 확률은 0.7*0.001/0.95 = 0.000737으로 1357명당 1명 꼴이다. 흡연자가 폐암으로 사망할 확률은 0.3*0.001/0.05 = 0.006으로 167명당 1명 꼴이다.

나이브베이즈(Naive Bayes)는 조건부 확률과 베이즈 정리를 기반한 확률분류기이다. 즉 통계수학의 확률을 기반으로 그 중 가장 높은 확률을 선택하여 분류하는 알고리즘이다. 나이브 베이즈 분류는 조건부 확률 (Conditional probability)사건 B가 발생했을 때 사건 A가 발생할 확률은 사건 B의 영향을 받아 변하는데, 이를 조건부 확률이라 한다.결합 확률 (Joint Probability)은 두 사건이 동시에 일어날 확률이다.

$$\underset{\text{posterior 확률}}{P(\text{class}\,|\,\text{data})} = \frac{P(\text{data}\,|\,\text{class})\,\overset{\text{prior belief}}{P(\text{class})}}{P(\text{data})}$$

나이브베이즈는 다양한 종류가 존재하는데, 첫번째는 스팸메일을 분류하는 분류기와 같이 특정 단어가 있다/없다 처럼 0/1 과 같은 2진 분류(binary classification) 특성을 가질 때에는 **BernoulliNB** 를 주로 적용하고, 두번째 유형으로는 2진 속성이 아닌 일반적인 연속된 숫자형태값 속성을 가지는 문서분류 등에는 다중 분류(multi-class classification)에 성능이 좋다고 알려진 **GaussianNB** 를 적용한다.

가우스 나이브베이즈 분류기 코드 작성하자. 범죄현장 진흙 위에 남겨진 범인의 족적으로 신발 크기와 무게를 측정해 보니 남성의 것 같은데, 목격자가 밝힌 범인의 키크기는 여성으로 보일 정도로 작은 키이다. 이 데이터로 범인의 남여 성별을 예측해 보도록 하자. 훈련데이터 셋으로 범죄인들의 키크기, 몸무게, 신발 크기와 남성 여성 분류를 준비하고, 이를 나이브베이즈 분류기로 훈련하여 비선형 분류모델 해석 새로운 데이터를 예측하도록 한다. 베이즈룰 기반으로 coef-는 선형모델의 기울기가 아니라 선형모델과 다른 분류하는 확률이다.

1) 라이브러리 가져오고 데이터 준비하기
Gaussian Naive Bayes (GaussianNB)는 모델 매개 변수를 표본평균과 표본분산을 가진 정규분포에서 베이즈 정리를 사용한 것이다. 따라서 정규분포를 가정하므로 Gaussian Naive Bayes는 모든 특성이 연속적인 값을 가진 경우에 잘 적용된다.
2) Gaussian Naive Bayes 분류기 훈련시키기
GaussianNB(priors=[0.25, 0.25, 0.5])또는 GaussianNB(priors=None)으로 각 클래스의 사전 확률(prior probabilities)로 Gaussian Naive Bayes 객체 생성한다. 가우시안 나이브 베이즈 모델을 생성해서 classifier로 지정한다. classifier.fit(X,Y)로 모델을 훈련한다.
3) 새로운 데이터 배열 관찰해 클래스 분류 예측하기
predict( X )는 테스트 벡터 X의 배열에 대해 분류를 수행한다. classifier.predict()함수에 [[166, 65, 43]]특정변수의 값을 예측해 범주 'male'을 출력한다. 확률의 결과가 아니라 예측한 범주를 클래스중에서 직접 선택해 출력하는 것이다. score( X , y)는 주어진 테스트 데이터 및 레이블에 대한 평균 정확도를 측정한다.

## Program coding flownote 한글 명령어를 영어로 번역한 코드 작성 순서노트

생활영어처럼 [1][2][3]단계별로 실행되는 한글 명령어 순서도 작성한다.

| [1단계] 파이썬하고 대화하듯이 명령 순서도 작성 |
| --- |
| [1] sklearn.naive_bayes 패키지로부터 GaussianNB모듈 가져오다<br>　　변수classifier에 담다, GaussianNB()모듈 |
| [2] 리스트X에 담다, 2차원 리스트 [[ ]]값을<br>　　리스트 Y에 담다, 리스트 [ ]값을 |
| [3] 변수classifier에 적합하게 맞추다 리스트 X,Y를 |
| [4] 변수 classifier에 [[166, 65, 43]]값을 예측하다 |

한글 프로그램 순서도를 구글 번역으로 영어로 번역한다.

| [2단계] 구글 번역한 영어 문장을 한 행씩 압축해 코딩화한다 |
| --- |
| [1] Import the GaussianNB module from the sklearn.naive_bayes package<br>　　Put in variable classifier, GaussianNB() module<br>[2] Put in list X, the value of the two-dimensional list [[ ]]<br>　　Put in list Y, put the value of list []<br>[3] Fit list X,Y appropriately for variable classifier<br>[4] Predict the value of [[166, 65, 43]] in the variable classifier |

컴퓨터가 이해하는 파이썬 명령어로 축약해 코딩화한다.

| [3단계] 코딩화한 각 셀을 ▶ 또는 Shift+Enter 눌러 한 행씩 실행한다 |
| --- |

```
from sklearn.naive_bayes import GaussianNB
classifier = GaussianNB()


X = [[121, 80, 44], [180, 70, 43], [166, 60, 38],
     [153, 54, 37], [166, 65, 40], [190, 90, 47], [175, 64, 39],
     [174, 71, 40], [159, 52, 37], [171, 76, 42], [183, 85, 43]]
Y = ['male', 'male', 'female', 'female', 'male', 'male',
     'female', 'female', 'female', 'male', 'male']


classifier.fit(X, Y)

GaussianNB(priors=None, var_smoothing=1e-09)


classifier.predict([[166, 65, 43]])

array(['male'], dtype='<U6')
```

 (구글 코랩 노트북으로 실습하려면)

크롬 브라우저 검색창에서 코랩사이트 링크(https://colab.research.google.com/ ) 입력해 새 코랩 노트북 만들기 위해 시작페이지에 접속한다. 또는 이미 코드가 작성되어 있는 노트북으로 실습하려면 옆의 QR코드를 스마트폰으로 인식하여 실행해 기 작성된 코드를 수정하면서 실습해 본다.

# 11.7 손님이 제품을 살 의사가 있는지 예측하는 2진 분류 예측모델 만들기

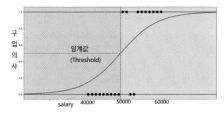

머신러닝에서 2진분류 binary classification 모델로 사용되는 Logistic Regression 알고리즘은 회귀를 사용하여 데이터가 어떤 범주에 속할 확률을 0에서 1 사이의 값으로 예측하고 그 확률에 따라 가능성이 더 높은 범주에 속하는 것으로 분류하는 것이다. 예를 들어 직장인의 연봉과 나이에 따라 구입의사 확률이 달라진다고 보고, 선형회귀를 사용해 임계값을 넘으면 구입하고 못 넘으면 구입

하지 않는 식으로, 즉 데이터를 1과 0의 두 가지 그룹으로 나누기 위해 사용하는 분류모델이다. 단순 분류보다는 기계학습으로 분류문제 해결하기 위해 2개의 범주로 데이터를 나누는 결정경계(decision boundary)를 찾는 것이다. 결정경계는 학습데이터를 2개의 범주 영역으로 나누는 직선이나 표면으로  테스트 데이터가 결정경계의 어느 범주에 속하는지 확인하는 것이다. 신문기사가 악의적인지 우호적인지, 메일이 스팸인지 분류 필터링하거나 사용자가 제품을 구입할지 여부를 가부 분류 예측하는 데 사용할 수 있다. 어떤 제품을 살 의사가 있으면 1, 없으면 0의 가부 여부를 2진 분류하려면 연령과 예상 급여 간의 관계를 찾아야 한다. 관계로부터 찾는 결과는 구입할지 아닐지 0, 1로 구분하는 확률값이다. Logistic Regression 알고리즘의 결과값은 '분류확률'이고 그 값이 임계값(0.5가 기본) 이상이냐 아니냐 여부에 따라 두 가지 그룹으로 나누기 위해 사용하는 모델이다. 구입의사는 확률이 0과 1 사이의 값만으로 구분되므로, 분류확률을 0에서 1사이로 커브 모양으로 나타내야 하기 때문에 그림처럼 데이터값을 Sigmoid 함수에 넣어서 0, 1 범위의 확률을 구한다.

## 1. 학습 데이터와 테스트 데이터 셋으로 분리한다

학습 및 테스트를 위해 데이터 세트를 분할한다. 하나의 데이터세트를 한꺼번에 사용하지 않고, 데이터의 75 %는 모델 학습에 사용되고 25 %는 모델의 성능을 테스트하는 데 분할해서 사용한다. train_test_split( x,y )는 x,y 배열을 분할하는 라이브러리이고, test_size=0.25는 훈련용 이외 테스트용은 25%이다. random_state 는 정수int 이면 난수 생성하고, 기본값은 None이다. shuffle 은 기본값은 True이며 데이터를 분할하기 전에 섞어서 분할한다.

## 2. 데이터 스케일링을 표준화한다

모델이 데이터 공간의 데이터 포인트에서 가장 가까운 이웃을 찾을 때 쉽게 찾도록 데이터 값이 서로 비슷한 범위에 있도록 스케일링으로 정규화해야 한다. 이를 통해 각 기능은 의사결정에 똑같이 기여하게 된다. sklearn이 제공하는 standardscaler를 활용해서 평균 0, 표준편차 1로 변환하여 데이터를 정규화(스케일링)한다 .fit_transform 은 학습 세트train 각 속성(feature)마다 fit을 하여 일단 컬럼을 만들고, 이후 transform을 통해 데이터를 변형시킨다. 테스트 세트는 별도로 fit을 할 필요없이 바로 transform 한다. 정규화는 특성의 스케일과 범위가 다르면 훈련이 잘 되지 않으므로 비슷한 스케일로 데이터 분포를 맞춘다. 데이터의 분포, 특성의 범위 정도는 train_stats 통계를 살펴보고 각 특성의 범위가 얼마나 다른지 확인하자. 특성을 정규화하지 않아도 모델이 수렴할 수 있지만, 훈련시키기 어렵고 입력 단위에 의존적인 모델이 만들어진다.

정규화(Normalization)는 데이터들 간에 동일한 정도의 스케일(중요도)로 반영되도록 데이터 변환하는 방법으로, 표준화(Standardization)라고도 한다.이터를 변환하여 정규화/표준화하는 방법은 Min-Max scaling Normalization (최소-최대 스케일 정규화)와 Z-Score Batch Normalization (Z-점수 표준화) 방법을 많이 사용한다.

Z-Score Batch Normalization (Z-점수 표준화) 방법은 (X - 평균) / 표준편차 수식으로 계산하며, 평균 0과 표준편차 1인 정규분포로 변환하여 표준정규분포(standadized normal distribution)로 근사해 간다. 즉 이상치(outlier)를 잘 처리하고 표준편차가 큰(값이 넓게 퍼져 있는) 것 등을 변환한다.

Min-Max scaling Normalization (최소-최대 스케일 정규화) 방법은 (x-min(x) /(max(x)-min(x)) 의 수식으로 계산하며, 0-1 범위에 최대값과 최소값이 들도록 스케일을 조정하는 방법이다. Scale이 다른 두 변수를 0~1 범위의 값으로 변환하게 되면 상호간에 비교가 가능해진다. 이 방법은 사용하기에 간단하지만, 이상치를 처리하지 못하는 단점이 있다.


## 3. 모델을 생성한다

LogisticRegression()함수로 모델을 만들고 모델에 데이터만 넣어주고 모델이 데이터에 'fit'하다는 것을 측정하기 위해 학습을 진행한다. 모델을 학습한 후에는 score()함수를 사용해 모델의 성능 정확성을 테스트하고 데이터 테스트에 대한 예측을 수행해야 한다. 성능 측정을 분석하여 모델이 실제로 성능이 우수함을 확인하며 사용한다.
사용자가 어떤 제품을 구입할지 선택을 예측하려면 연령과 예상 급여 간의 관계를 찾아야 한다.

## 4. 모델이 데이터를 잘 구별해 주고 있는지 결정 경계(decision boundary) 찾는다

각 feature들의 계수를 확인하기 위해 coef_ (가중치)와 intercept_(편향)으로부터 값을 얻는다. 값으로 얻어낸 식은 '다중 선형 회귀'(multiple regression) $y = ax_1 + bx_2 + c$는 이지만, 그래프는 분류선이므로 x축이 $x_1$이고 y축이 $x_2$이므로 여기에 맞추어 식을 변경하면, $x_2 = -(a/b)*x_1 - (c/b)$ 이 결정경계선이다.
model.predict()함수에 새로운 데이터를 넣어서 예측한다.

# Program coding flownote 한글 명령어를 영어로 번역한 코드 작성 순서노트

생활영어처럼 [1][2][3]단계별로 실행되는 한글 명령어 순서도 작성한다.

| [1단계] 파이썬하고 대화하듯이 명령 순서도 작성 |
| --- |
| [1] pandas 모듈 가져오다, 별칭 pd로<br>　　데이터프레임 df에 담다, pd의 데이터프레임()의 {} 값을 |
| [2] 데이터시리즈 x에 담다, df의 2차원 리스트[['age','salary']]값을<br>　　데이터시리즈Y에 담다, df의 리스트 ['purchased']값을 |
| [3] sklearn.model_selection 패키지로부터 train_test_split모듈 가져오다<br>　　변수xtrain,xtest,ytrain,ytest에 담다, train_test_split()모듈로 데이터시리즈 x,y 값을<br>　　테스트사이즈 0.25로 랜덤상태로 |
| [4] sklearn.model_selection 패키지로부터 StandardScaler모듈 가져오다<br>　　변수sc_x에 담다, StandardScaler()모듈<br>　　변수xtrain에 담다, sc_x에 xtrain값을 변환해 맞추다<br>　　변수xtest에 담다, sc_x에 xtest값을 변환하다 |
| [5] sklearn.linear_model 패키지로부터 LogisticRegression모듈 가져오다<br>　　변수classifier에 담다, LogisticRegression()모듈을 랜덤상태로<br>　　변수classifier에 맞추다(xtrain, ytrain)값을 |
| [6] 변수 classifier에 xtest 값으로 예측하다<br>　　변수a,b,c에 담다, classifier.coef_[0,0],classifier.coef_[0,1],classifier.intercept_ |
| [7] numpy 모듈 가져오다, 별칭 np로<br>　　x1 리스트에 담다, np.linspace()모듈로 -2, 2, 100<br>　　x2 리스트에 담다, (-a/b) * x1 - (c/b) |
| [8] matplotlib.pyplot 모듈 가져오다, 별칭 plt로<br>　　plt.plot 선그리다 (x1,x2)<br>　　plt. scatter()모듈로 점찍다,  xtrain[:, 0][ytrain==0], xtrain[:, 1][ytrain==0]<br>　　값을 marker='o'<br>　　plt. scatter()모듈로 점찍다,  xtrain[:, 0][ytrain==1], xtrain[:, 1][ytrain==1]<br>　　값을 marker='+' |

한글 프로그램 순서도를 구글 번역으로 영어로 번역한다.

| [2단계] 구글 번역한 영어 문장을 한 행씩 압축해 코딩화한다 |
| --- |
| [1] import pandas module, alias pd<br>　　Put in the data frame df, the value of {} in the data frame () of pd |
| [2] Put in the data series x, the two-dimensional list [['age','salary']]<br>　　Put in data series Y, the list ['purchased'] value of df |
| [3] Import train_test_split module from sklearn.model_selection package<br>　　Put in variables xtrain, xtest, ytrain, ytest, and train_test_split() module to randomize data series x,y values to test size 0.25 |
| [4] Import the StandardScaler module from the sklearn.model_selection package<br>　　Put in variable sc_x, StandardScaler() module<br>　　Put in variable xtrain, convert xtrain value to sc_x and fit<br>　　Put in variable xtest, convert xtest value to sc_x |
| [5] Import the LogisticRegression module from the sklearn.linear_model package<br>　　Put in variable classifier, LogisticRegression() module in random state<br>　　Match the variable classifier (xtrain, ytrain) value |
| [6] Predicting with xtest value in variable classifier<br>　　Put in variables a,b,c, classifier.coef_[0,0],classifier.coef_[0,1],classifier.intercept_ |
| [7] Import numpy module, alias np<br>　　Put in list x1, np.linspace() modulo -2, 2, 100<br>　　x2 add to list, (-a/b) * x1-(c/b) |
| [8] Import matplotlib.pyplot module, alias plt<br>　　plt.plot line drawing (x1,x2)<br>　　plt. Point with the scatter() module, xtrain[:, 0][ytrain==0], xtrain[:, 1][ytrain==0]<br>　　 Value marker='o'<br>　　plt. Pointing with the scatter() module, xtrain[:, 0][ytrain==1], xtrain[:, 1][ytrain==1]<br>　　 Value marker='+' |

컴퓨터가 이해하는 파이썬 명령어로 축약해 코딩화한다.

[3단계] 코딩화한 각 셀을  ▶  또는 Shift+Enter 눌러 한 행씩 실행한다

```
import pandas as pd
df = pd.DataFrame({'age':[19,35,46,57,89,57,97,132,35,65,86,56,90,32,78,79,47,45,36,33,45],
    'salary':[19000,20000,43000,57000,76000,58000,84000,150000,33000,65000,80000,52000,860
    'purchased':[0,0,0,1,1,1,1,0,1,1,0,1,1,1,1,0,0,0,0,0]})


x = df[['age','salary']].values
y = df['purchased'].values


from sklearn.model_selection import train_test_split
xtrain,xtest,ytrain,ytest=train_test_split( x,y,test_size=0.25,random_state=0)


from sklearn.preprocessing import StandardScaler
sc_x = StandardScaler()
xtrain = sc_x.fit_transform(xtrain)
xtest = sc_x.transform(xtest)


from sklearn.linear_model import LogisticRegression
classifier = LogisticRegression(random_state = 0)
classifier.fit(xtrain, ytrain)


classifier.predict(xtest)

array([0, 0, 0, 0, 1, 1])


a,b,c =classifier.coef_[0,0],classifier.coef_[0,1],classifier.intercept_


import numpy as np
x1 = np.linspace(-2, 2, 100)
x2 = (-a/b) * x1 - (c/b)

import matplotlib.pyplot as plt
plt.plot(x1, x2)
plt.scatter( xtrain[:, 0][ytrain==0], xtrain[:, 1][ytrain==0], marker='o')
plt.scatter( xtrain[:, 0][ytrain==1], xtrain[:, 1][ytrain==1], marker='+')
```

 (구글 코랩 노트북으로 실습하려면)

크롬 브라우저 검색창에서 코랩사이트 링크(https://colab.research.google.com/ ) 입력해 새 코랩 노트북 만들기 위해 시작페이지에 접속한다. 또는 이미 코드가 작성되어 있는 노트북으로 실습하려면 옆의 QR코드를 스마트폰으로 인식하여 실행해 기 작성된 코드를 수정하면서 실습해 본다.

## 11.8 공장 집적지 내 봉제공장 이전 의사 예측하기

서울의 전통 제조산업인 봉제,의류,주얼리,가죽,기계가공 등 수가공 제조산업은 쇠퇴하고 있다. 도심 제조산업은 기업규모가 영세하고 중국의 저가공세와 종사자의 고령화로 생산성은 떨어지는 등 여건이 더 어려워지고 있고, 특히 산업혁신 변화에 능동적으로 적응 못하고 있기 때문에 뒤처지고 있는 것이다. 도시제조업의 특징은 산업별로 소규모 기업들의 지역적 집중을 통해 경쟁과 협력의 복잡한 네트워크를 형성하고 이로 인해 도시제조업 집적지가 형성되고 있는 것이다. 집적지 내에는 봉제,주얼리,인쇄 등 도심제조업의 종류에 따라 산업별 전반의 공정인 부품조달부터 제조-유통-고객판매까지 제조공정별로 가치사슬Value Chain이 형성되어 있고, 그 분야 산업생태계의 협력관계가 형성되어 있다.

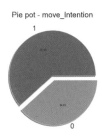

도심 봉제산업은 기업규모가 특히 영세하고 중국의 저가공세로 더 어려워서, 여건만 된다면 서울 공장을 지방이나 중국으로 이전하려고 한다.

도심 봉제공장 집적지내의 봉제산업 생태계 네트워크를 분석하고 집적지의 기업간 협력제조공정별 가치사슬 체계를 분석하여, 기업이 이전하고자 하는 이유가 무엇이고, 이전을 막으려면 어떤 지원을 해주어야 하는지 조사해보자.

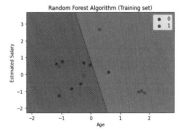

본 장에서 사용한 데이터는 실제 봉제공장 설문조사 데이터에서 기업정보 등을 제거하고 변조한 가상의 데이터세트로서, 학습셋과 테스트셋으로 나누고 학습셋에서 설문조사 항목중에서 공장을 서울 외부로 이전하고 싶어 하는 이유를 잘 설명하는 항목을 선정하고 이전 의사가 있는 기업은 1, 이전 의사가 없는 기업은 0으로 분류하여 제작되었다.
학습셋으로 머신러닝 학습모델을 훈련시킨다. 그렇게 학습된 모델을 가지고 테스트셋을 공장 이전 의사 항목을 지운 후에 이전 의사의 예측치를 생성한다. 이후 예측된 결과와 기존 테스트셋에서 지운 이전 의사 항목을 비교하여 얼마나 정확하게 이전 의사를 예측했는지 확인한다. 정확도가 거의 97%가 나올 정도로 1,2개 기업의 이전 의사만 제외하고 정확하게 이전 의사를 머신러닝 학습모델이 맞출 수 있음을 알 수 있다.

서울 봉제산업 집적지 데이터 분석을 하는데, 많은 데이터 속에 숨겨진 사실을 찾아야 하며, 시각화가 도움이 된다. 엑셀처럼 피벗차트와 파이차트 등 통계분석을 사용한다. 파이썬과 호환되는 오픈소스 지리정보시스템인 QGIS로 지리정보 데이터를 상호교환해 분석한다.

### 다수결로 의사결정하는 랜덤포레스트

분류(classification) 알고리즘은 여러 개의 클래스 중 하나의 클래스를 선택하는 것이 목적이고 개체가 속한 범주를 식별하는 알고리즘이다. 분류 알고리즘 중에 유명한 것이 랜덤포레스트(Random Forest)이다. request(instance) 질문에 대한 대안중에 답변을 선택하는 의사결정트리 알고리즘을 여러 개 만들고, 합쳐서 랜덤하게 학습시켜 여러 개의 답변 중에서 최적의 정답을 다수결로(Majority Voting) 결과를 결정하여 분류 또는 회귀하는 것이다. 한 사람에게 질문하는 것보다 여러 사람에게 질문하면 더 좋은 정답이 나오는 것과 같은 것이다.

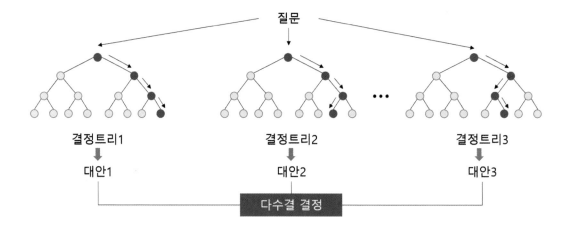

## 1. 데이터를 훈련 세트와 테스트 세트로 분할한다

훈련 데이터와 테스트 데이터를 분리하고, drop()함수로 train의 'move_Intention'행의 열값을 빼고 선택하고, loc[]의 대괄호 []속의 [:, 'move_Intention'] 으로 처음부터 move_Intention 전까지의 모든 데이터를 선택한다. 테스트 세트는 모델을 최종적으로 평가할 때 사용한다. 특성에서 타깃 값 또는 "레이블"을 분리한다.

## 2. 랜덤포레스트 분류기 모델 생성하기

Random Forest 예측 모듈을 생성하기 위해 RandomForestclassifier 모듈을 import하고, sklearn.ensemble 모듈에는 분류, 회귀 및 이상 탐지를 위한 앙상블 기반의 함수들이 있다. RandomForestClassifier함수에 n_estimators=20을 주어 의사결정트리의 숫자를 20개 만들기도 하고, 또는 숫자를 주지 않으면 의사결정트리의 개수를 기본 값은 10개를 만든다.

## 3. RandomForest 모델학습하고 분류성능 평가하기

fit()에 훈련 데이터를 입력해 Random Forest 모듈을 학습한다. predict()함수로 xTest data를 입력해 target pred data를 예측한다. 함수 accuracy_score()는 분류 결과의 Accuracy를 계산한다. 입력 데이터는 예측 결과 값인 pred 와 실제 테스트 데이터의 목표 값인 ytest이다.

**Program coding flownote 한글 명령어를 영어로 번역한 코드 작성 순서노트**

생활영어처럼 [1][2][3]단계별로 실행되는 한글 명령어 순서도 작성한다.

---

**[1단계] 파이썬하고 대화하듯이 명령 순서도 작성**

[1] pandas 모듈 가져오다, 별칭 pd로
    데이터프레임test에 담다, pd의 read_csv()모듈로 'https://-- ' 값을
    데이터프레임train에 담다, pd의 read_csv()모듈로 'https://-- ' 값을

[2] 데이터프레임 xtrain에 담다, train의 'move_Intention'행의 열값을 빼고
    데이터시리즈 ytrain에 담다, train의 인덱스에서 'move_Intention'행의 열값을 가져오다
    데이터프레임 xtest에 담다, test의 'move_Intention'행의 열값을 빼고
    데이터시리즈 ytest에 담다, test의 인덱스에서 'move_Intention'행의 열값을 가져오다

[3] sklearn.ensemble 패키지로부터 RandomForestClassifier모듈 가져오다
    변수model에 담다, RandomForestClassifier()모듈을
    변수model에 맞추다(xtrain, ytrain)값을
    변수pred에 담다, 변수model에 xtest 값으로 예측하다

[4] sklearn.metrics패키지로부터 accuracy_score 모듈 가져오다
    프린트하다({:.2f}% 정확도로 이전의지를 맞춘다' .format(100*accuracy_score(pred,ytest)))

[5] plotly.express 모듈을 가져오다, 별칭 px로
    변수 heat에 담다, 데이터프레임train에서 [[ ]] 값을
    px의 heat.corr()함수 그래프를 보여줘

---

한글 프로그램 순서도를 구글 번역으로 영어로 번역한다.

---

**[2단계] 구글 번역한 영어 문장을 한 행씩 압축해 코딩화한다**

[1] pandas module import, alias pd
    Put in the data frame test, pd's read_csv() module with the value'https://--'
    Put in the data frame train, pd's read_csv() module with'https://--'
[2] Put the data frame in xtrain, subtract the column value of the'move_Intention' row of train
    Put in the data series ytrain, get the column value of the row'move_Intention' from the index of the train
    Put in data frame xtest, subtract the column value of the'move_Intention' row of test
    Put in the data series ytest, get the column value of the'move_Intention' row from the index of test
[3] Import the RandomForestClassifier module from the sklearn.ensemble package
    Put in variable model, RandomForestClassifier() module
    Fit the variable model (xtrain, ytrain)
    Put in variable pred, predict as xtest value in variable model
[4] Import the accuracy_score module from the sklearn.metrics package
    Print({:.2f}% accuracy to match previous will' .format(100*accuracy_score(pred,ytest)))
[5] Import plotly.express module, alias px
    Put in the variable heat, the value of [[ ]] in the data frame train
    Show the graph of the heat.corr() function of px

---

컴퓨터가 이해하는 파이썬 명령어로 축약해 코딩화한다.

---

**[3단계] 코딩화한 각 셀을 ▶ 또는 Shift+Enter 눌러 한 행씩 실행한다**

```
[ ] import pandas as pd
    test=pd.read_csv('https://raw.githubusercontent.com/joungna/factory_ML_test-checkpoint/master/data/raw/test.csv')
    train=pd.read_csv('https://raw.githubusercontent.com/joungna/factory_ML_test-checkpoint/master/data/raw/train.csv')

[ ] test

[ ] xtrain = train.drop('move_Intention', axis=1)
    ytrain = train.loc[:, 'move_Intention']
    xtest = test.drop('move_Intention', axis=1)
    ytest = test.loc[:, 'move_Intention']

[ ] from sklearn.ensemble import RandomForestClassifier
    model = RandomForestClassifier()
    model.fit(xtrain, ytrain)
    pred = model.predict(xtest)

[ ] from sklearn.metrics import accuracy_score
    print ('{:.2f}% 정확도로 이전의지를 맞춘다'.format(100*accuracy_score(pred,ytest)))
```

97.67% 정확도로 이전의지를 맞춘다

```
[ ]  import plotly.express as px
     heat = train[['Organization type', 'Owning', 'monthly', 'area', 'stay', 'industry', 'manpower', 'association', 'Government support', 'move_intenti
     px.imshow(heat.corr())
```

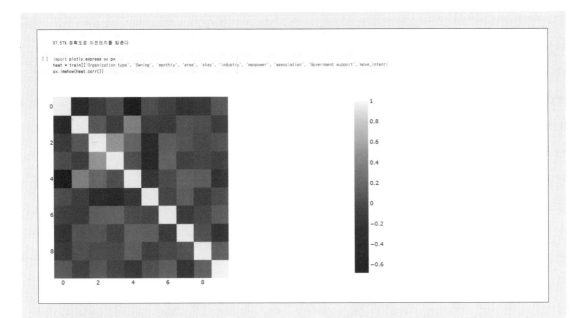

 (구글 코랩 노트북으로 실습하려면)

크롬 브라우저 검색창에서 코랩사이트 링크(https://colab.research.google.com/ ) 입력해 새 코랩 노트북 만들기 위해 시작페이지에 접속한다. 또는 이미 코드가 작성되어 있는 노트북으로 실습하려면 옆의 QR코드를 스마트폰으로 인식하여 실행해 기 작성된 코드를 수정하면서 실습해 본다.

# 11.9 신발공장 가치사슬 구조와 클러스터 k평균 군집화 벡터 공간에 표현하기

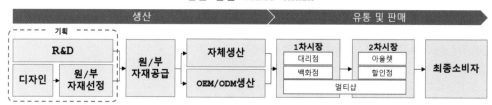

서울의 도심 전통제조업인 봉제,주얼리,인쇄 등 영세제조업은 부품조달부터 판매까지 그 분야 산업생태계의 협력관계를 맺고 있는 기업들이 한 지역에 집중해 모여 있는 집적지가 있다. 성동구 성수동 일원에는 가죽가방, 가죽신발 등 가죽제조업 집적지가 형성되어 있다. 가죽신발 집적지내에는 신발 종류별 전반의 공정인 기획-원/부자재조달부터 제조-유통-고객판매까지 제조공정별로 가치사슬Value Chain이 형성되어 있고, 신발산업 산업생태계의 협력관계가 아래 구조처럼 형성되어 있다.

성수동 수제화거리는 가죽수제화 등 가죽산업 집적지로서 지역 집중을 이룬 작은 회사들(a group of small firm)이 공존하는 작은 군집(cluster)들의 집합체라고 볼 수 있다. 집적지라는 공간에서 협력관계 맺고 있는 기업 관계를 분석하고 특성을 밝혀 집적지내에 새로이 기능과 부족한 기능을 도출해 내고, 기업들의 관계를 활성화하는 방안으로 생태계와 네트워크에 삽입했을 때 영향과 문제점을 알 수 있다.

도시제조업 집적지는 소규모 기업들의 지역적 집중을 통해 경쟁과 협력의 복잡한 네트워크를 형성하고 있다. 가죽수제화공장 집적지에서 공장들의 분포를 각 데이터간 관계분석을 k평균 군집모델로 클러스터로 분류해 보자. clustering(=군집,클러스터링)은 유사한 개체들을 집합으로 자동 그룹화하여 공간에 집중하여 분포시키는 것이다. 고객을 우량,악성 등 그룹으로 세분화하거나 실험결과 그룹핑 등에 사용되고, 대표 알고리즘으로는 k-Means, 스펙트럼 클러스터링 등이 있다. K - 평균 (K - means) 군집화는 가장 단순한 클러스터링 기법으로 레이블이 없는 데이터 세트를 다른 군집으로 그룹화하는 비지도 학습 알고리즘이다.

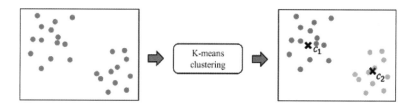

K - 평균 (K - means)의 K = 3 파라미터값은 마치 3개의 클러스터가 있는 것처럼 사전 정의된 클러스터 수로 나누는 반복 알고리즘이다. 데이터 셋(set)이 있고 k개의 클러스터로 분류하겠다고 가정하면, 그 데이터 셋에는 K개의 중심 (centroid)이 존재한다. 여기서 K값 결정은 몇개의 군집을 설정할 것인지 정해야 한다는 다소 주관적인 사람의 판단이 개입되므로, 판단이 정확할수록 데이터 군집화에서 효율이 높다. 각 데이터 세트가 유사한 특성을 가진 하나의 그룹에만 속하고 유사한 특성을 가지면 각 데이터들은 유클리디안 거리를 기반으로 가까운 중심에 할당되고, 같은 중심에 모인 데이터그룹이 하나의 클러스터가 된다.

# 1. 데이터에 대해 클러스터를 몇개 만들지 결정하고, KMeans 모델을 만든다

KMeans() 함수는 클러스터 개수, 초기 중심좌표 설정방법, 초기설정시 가장 작은 SSE값 찾는 횟수, 데이터 추가 후 센트로이드 이동 횟수, SSE 허용 오차값, 랜덤 설정값 등 매개변수를 사용하는 클러스터링 알고리즘이다. kmeans=KMeans(n_clusters=4).fit(points) 코드는 클러스터 개수는 대략 4개로 결정한다. points는 df[['x','y']]값이다. 초기 센트로이드 위치를 랜덤하게 설정하기 때문에 클러스터 개수 결정이 중요하다.

# 2. 클러스터의 centroid(평균중심) 중심좌표를 얻는다

클러스터의 중심을 설정하는 방법은 kmeans.cluster_centers_ 로 중심점을 얻는다.
**pd.DataFrame(centroids, columns = ['x' , 'y'])로 클러스터의 중심점 4개를 생성한다.**

# 3. 데이터 군집화를 시각화

위의 데이터를 folium 지도에 지리적으로 위치시켜서 시각화처리한다.

---

**Program coding flownote 한글 명령어를 영어로 번역한 코드 작성 순서노트**

생활영어처럼 [1][2][3]단계별로 실행되는 한글 명령어 순서도 작성한다.

---

**[1단계] 파이썬하고 대화하듯이 명령 순서도 작성**

[1] pandas 모듈 가져오다, 별칭 pd로
　　데이터프레임factory에 담다, pd의 read_csv()모듈로 'https://-- ' 값을
　　데이터프레임xy에 담다, pd의 read_csv()모듈로 'https://-- ' 값을
　　데이터프레임xy에 담다, xy의 47번째 열까지 값을

[2] 데이터프레임df에 담다, pd의 xy,factoryfmf 합치다 행 방향으로

[3] sklearn.cluster 패키지로부터 KMeans모듈 가져오다
　　변수kmeans에 담다, KMeansr()모듈을 클러스터 4개로 맞추다 df[['x','y']]값을
　　변수centroids에 담다, 변수kmeans에 클러스터 센터를
　　데이터프레임 centdf에 담다, pd의 데이터프레임모듈로 변수centroids의 컬럼명은 ['x','y']로

[4] folium 모듈을 가져오다
　　변수map에 담다, folium의 지도모듈로 위치는 [df['y'].mean(),df['x'].mean()], 줌은 14
　　for 동안 범위 centdf의 index 행속에서 요소 n을 반복
　　모듈 folium의 마커로 위치 [centdf['y'][n],centdf['x'][n]]를 더한다 map에
　　for 동안 범위 df의index 행속에서 요소 n을 반복
　　모듈 folium의 CircleMarker모듈로 위치는 [df['y'][n],df['x'][n]], 반지름5, 색 red로 더한다 map에

---

한글 프로그램 순서도를 구글 번역으로 영어로 번역한다.

---

**[2단계] 구글 번역한 영어 문장을 한 행씩 압축해 코딩화한다**

[1] pandas module import, alias pd
　　Put in the data frame factory, pd's read_csv() module with'https://--'
　　Put in data frame xy, pd's read_csv() module with'https://--'
　　Put the data frame xy, the value up to the 47th column of xy
[2] Put in data frame df, add xy,factoryfmf of pd in row direction
[3] Import KMeans module from sklearn.cluster package
　　Put in variable kmeans, set the KMeansr() module to 4 clusters and set the value of df[['x','y']]
　　Put in variable centroids, put cluster center in variable kmeans
　　Put in data frame centdf, data frame module of pd, column name of variable centroids is ['x','y']
[4] import folium module
　　Put in variable map, folium's map module, location is [df['y'].mean(), df['x'].mean()], zoom is 14
　　Repeat element n in the index row of the range centdf during for
　　Add the location [centdf['y'][n],centdf['x'][n]] with the marker of the module folium.
　　 Iterate over element n in index row of range df during for
　　Module Folium's CircleMarker module. The location is [df['y'][n], df['x'][n]], radius 5, and color red.

컴퓨터가 이해하는 파이썬 명령어로 축약해  코딩화한다.

[3단계] 코딩화한 각 셀을 ▶ 또는 Shift+Enter 눌러 한 행씩 실행한다

```python
import pandas as pd
factory  = pd.read_csv('https://raw.githubusercontent.com/joungna/factory_ML_te
xy = pd.read_csv('https://raw.githubusercontent.com/joungna/colab_geopandas/mast
xy = xy[:47]


df = pd.concat([xy,factory],axis=1)
df.head(3)
```

|   | name | x | y | no | Organization type | Owning | deposit |
|---|---|---|---|---|---|---|---|
| 0 | 0 | 127.087412 | 37.544441 | 71 | 1 | 3 | 2000 |
| 1 | 1 | 127.088200 | 37.542204 | 72 | 2 | 3 | 2500 |
| 2 | 2 | 127.089181 | 37.547327 | 73 | 1 | 3 | 500 |

```python
from sklearn.cluster import KMeans
kmeans = KMeans(n_clusters=4).fit(df[['x','y']])
centroids = kmeans.cluster_centers_
centdf = pd.DataFrame(centroids, columns=['x','y'])
```

|   | x | y |
|---|---|---|
| 0 | 127.083591 | 37.566006 |
| 1 | 127.082090 | 37.554239 |
| 2 | 127.084260 | 37.542338 |
| 3 | 127.093972 | 37.559747 |

```python
import folium
map=folium.Map(location=[df['y'].mean(),df['x'].mean()],zoom_start=14)
for n in centdf.index:
  folium.Marker(location=[centdf['y'][n],centdf['x'][n]]).add_to(map)
for n in df.index:
  folium.CircleMarker(location=[df['y'][n],df['x'][n]],
                      radius=5,color='red').add_to(map)
```

 (구글 코랩 노트북으로 실습하려면)
크롬 브라우저 검색창에서 코랩사이트 링크(https://colab.research.google.com/ ) 입력해 새 코랩 노트북 만들기 위해 시작페이지에 접속한다. 또는 이미 코드가 작성되어 있는 노트북으로 실습하려면 옆의 QR코드를 스마트폰으로 인식하여  실행해 기 작성된 코드를 수정하면서 실습해 본다.

# 12

딥러닝 던전의 AI 사이언티스트

STEP

# 인간의 뇌 신경망처럼
# 인공 신경망이 스스로 학습하는
# 알고리즘, 딥러닝

인공적인 지능은 창조성까지 가질 수 있을까 ? 인공지능은 인간 뇌의 생물학적 신경망 구조에
착안하여 인공 신경망을 기계적으로 구현한 것이다

뇌 뉴런의 동작은 놀랄 정도로 단순하다. 인공 뉴런에는 수학적으로는 텐서가 흐른다.
입력과 출력으로 구성된 인공지능 기초요소 단층 퍼셉트론은 하나의 신경세포를
인공 신경뉴런으로 기계화한 것이다. 선형 인공지능 모델로 회귀선 그리기

인공 뉴런을 2개층 쌓아서 인공 신경망을 구성하다. 다층 신경망으로 비선형 함수방정식 해와 계수 구하기

텐서는 신경세포 속을 흐르는 에너지이다. 텐서 에너지는 사물이 아닌
사건으로 벡터 공간을 구성한다. 벡터 공간에서 비선형 함수방정식 해 구하기

기계가 스스로 학습한다는 의미는 무엇일까? 컴퓨터가 잘하는  참 거짓인지 알아 맞추기.
참 거짓 2진수 분류 판단은? 분류함수 활용한다

도심 봉제공장 기업인들이 말하고자 하는 숨은 의도를 신경망으로 16개 독립변수 고려하여
종속변수 카테고리를 분류하다. 분류함수 활용한다

신경망으로 3개 유형 이상에서 카테고리를 분류하다. 벡터 공간에서 패턴 분류하다

웨어러블 컴퓨팅 인공지능 모델을 만든다. 역동운동시 몸에 붙인 센서로
근육활동 데이터 수집하고 컴퓨터가 스스로 인간 활동을 구별하게 하자

한국어를 음소 단위 문자들로 분해한 뒤 입력하여 LSTM 언어모델 이용한 한글 문장 생성하기

## 12.1 인공적인 지능은 창조성까지 가질 수 있을까? 인공지능은 인간 뇌의 생물학적 신경망 구조에 착안하여 인공 신경망을 기계적으로 구현한 것이다

### 기계가 창조성을 가질 수 있을까?

창조적으로 글을 쓰는 딥러닝 알고리즘 GPT-3[1] 출현 이후 인공지능이 연산, 기억, 의사결정 등의 인간의 기초적인 지적 능력 수준을 넘어서 창의적으로 글쓰기, 그림그리기 등 인간이 가진 창의성을 넘보는 수준이 되었다고 인정하게 되었다. 가까운 미래에 어쩌면 자유의지 즉 주체적으로 '나' 라는 존재에 대한 고민을 하는 철학적인 인공지능까지 만날 수도 있을지 모르겠다? 그러나 아직 인간의 뇌 작은 조각조차 작동 원리와 숨은 미스테리를 풀지 못하고 있는데, 인간보다 뛰어난 문학적인 수준까지 도달하기는 어렵다고 본다. 더구나 점점 더 진화하는 인간의 지성과 자유의지로 충만한 현대 인류의 문명을 보면, '토끼와 거북이의 경주'처럼 인공지능 발전속도보다 인간의 뇌 활용속도가 항상 앞서 있으므로 경주 도중에 낮잠만 자지 않는다면 인공지능이 인간을 앞서기는 어려울 것이다.

인간이 가진 창조성 human creativity이란 새롭거나 독특한 생각이나 개념을 찾아내거나 기존에 있던 생각이나 개념들을 새로운 관점에서 바라보는 인간의 능력이다. 창조성을 규정하는 영어 단어 creativity는 20세기에 와서야 만들어진 개념이다. 동양에서 한자어 창의(創意)가 고대부터 있었던 것을 생각한다면, 인류의 물질적인 성취와 인간의 사상과 철학적 발전이 항상 함께 하는 것은 아니다. 하여튼 서양에서는 창조create 는 신만이 가능한 행위로서 인간이 창조한 것은 모두 신의 것을 흉내낸 것이라고 보아서 인간이 창조했다고 하면 신성모독으로 처벌받았기 때문에, 19세기까지는 창조성은 신의 영역이었기에 인간의 창조성이라는 개념이 없었다. 현재는 뇌 학습기전의 일부분을 수학적으로 모델링한 기계학습 기반 인공 신경망이 인간의 지능과 창조성을 흉내내려고 하는 시대가 되었고, 이를 기계가 인간의 고유 영역인 창조성에 도전하고 있다고 여길 수도 있다. 어쩌면 인간의 창조성이 신의 창조성에 도전하고 있듯이, 당연하게도 기계의 창조성과 인공지능이 곧 인간의 창조성과 지능에 도전하는 수준으로 발전하는 건 당연할 수도 있다. 결국 기계가 인간을 대체할 수 있을까? 그렇지 않을 것이라고 희망한다. 왜냐하면 인공지능은 아무리 잘나 봐야 전기로 움직이는 것이고, 그 전기를 꺼버리면 멈추고 0,1만 구분하는 디지털 컴퓨터 기계이기 때문이다. 딥러닝이라는 인간의 뇌 신경망의 일부인 뉴런과 시냅스의 작동 원리를 수학적으로 모델링하고 기계적으로 만든 인공 신경망은 스스로 일정 수준의 창조성을 구현하고 있다. 어떻게 인공지능이 창조성을 구현하는지 알고리즘을 소개한다.

### 프로그래밍의 패러다임 혁신

전통적인 프로그래밍은 컴퓨터기계가 인간이 만든 명령(프로그램)에 의해서 일을 수행하게 하였다. 이렇게 만든 명령어 프로그램을 알고리즘이라고 하며, 알고리즘 프로그래밍은 규칙과 데이터를 입력받아 정답을 출력하는 기능(function)을 구현하는 것이었다. 이를 수학적으로는 x 변수와 y 변수 간의 관계를 나타내는 함수 $y=f(x)$를 이용하는 것이다.

---

1  GPT-3는 딥러닝을 활용해 인간과 유사한 텍스트를 자동으로 만들어내는 자연어 생성 모델 GPT-n 시리즈의 3 세대 언어 예측모델이다. 이 책에서 실습하는 회귀분석 등을 위한 간단한 딥러닝모델의 매개변수가 수십개이지만, GPT-3는 1,750억개의 매개변수를 가지고 있어 모델의 크기가 거대함을 알 수 있다. 이전 버전 GPT-2보다 2배 이상이다.

새로운 프로그래밍 패러다임으로 등장한 <u>머신러닝(Machine learning)</u>은 컴퓨터기계가 인간이 만든 명령(프로그램)에 의해서가 아니라 기계가 스스로 데이터로부터 배우는 학습방식이다. 데이터에서 통계적 구조를 찾아 그 작업을 자동화하기 위한 규칙인 모델(model)을 찾는 훈련(training)을 하는 것이다. 이렇게 만든 모델인 가설함수 (Hypothesis)가 새로운 데이터 x를 입력받아 나온 추정된 결과값y가 실제값과 대비해서 발생한 오차를 줄여나가는 것이 학습과정이다.

<u>기계인 컴퓨터가 학습하는 알고리즘</u>은 주어진 데이터를 가장 잘 설명하는 방법을 찾는 <u>과정 즉 데이터에 잘 맞는 모델(함수)을 찾고 모델 네트워크의 최적 경로를 찾고 기억하는 과정으로 medel fitting 이라고도 한다.</u> 그러나 머신러닝은 입력된 이미지를 인식하고 가설함수 등 알고리즘을 통해 '학습'하는 방식으로 작동하는 일련의 과정인 인공 지능을 구현하는 과정 전반에, 일정량의 인간의 코딩 작업이 수반된다는 한계점이 있다.

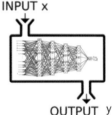

<u>딥러닝(Deep learning)</u>의 기본 요소인 <u>인공 신경망</u>은 인간의 뇌의 뉴런과 시냅스의 작동 원리의 일부 원리를 수학적으로 모델링하여 기계로 학습하는 알고리즘이다. 인공 신경망을 여러 개의 층으로 중첩한 모델인 <u>딥러닝</u>은 인공 신경망의 각 층마다 가중치가 조금씩 올바른 방향으로 조정되고 손실 점수가 감소하도록 충분한 횟수만큼 훈련 반복training loop하면 손실 함수를 최소화하는 가중치 값을 산출한다. 학습은 주어진 입력을 정확한 타깃에 매핑하기 위해 신경망의 모든 층에 있는 가중치 값을 찾는 것을 의미한다. 이같은 네트워크형태의 신경망모델이 수학적 모델링과 구조화된 패턴에 기반하여 학습하는 과정을 반복해 정답과 규칙을 도출하는 것이다.

## 인공지능 기술 발전과 미래

인공 신경망 딥러닝이 발전한 것은 2010년 이후 병렬 연산에 최적화된 GPU, 뉴로모픽 반도체 칩 등 하드웨어의 등장으로 신경망의 행렬 연산 속도가 획기적으로 개선되면서, 강력한 병렬 처리 발전에 따라 진정한 딥러닝 기반 인공지능 기술이 폭발적으로 성장한 것이다.

2012년, 구글과 스탠퍼드대 앤드류 응(Andrew NG) 교수는 1만 6,000개의 컴퓨터로 약 10억 개 이상의 신경망으로 이뤄진 '심층 신경망(Deep Neural Network)'을 구현했는데, 지금은 GPU, 뉴로모픽 반도체 칩[1] 몇개로 구성된 컴퓨터와 딥러닝 모델로 DNN보다 더 좋은 이미지 인식 성능을 내고 있다. 뇌신경 구조를 물리적으로 모방한 뉴로모픽 (neuromorphic) 반도체는 인간의 사고과정과 비슷한 방식으로 정보를 처리한다. 정보를 사건(이벤트) 단위로 받아들이기 때문에 시각과 청각, 후각 등 다양한 패턴의 수많은 데이터를 학습한 후 동시다발적으로 신속하게 처리한다. 수십년만에 에니악이 스마트폰 소형컴퓨터로 발전하였듯이, 향후에는 알파고도 손톱만한 칩에 담길 것이다.

---

1  뉴로모픽 반도체는 손톱만한 칩 수준으로 구현되거나 인공시냅스 분자 수준의 트랜지스터 소자 수준까지 구현되고 있다. 알파고는 기업용 서버 300대 결합한 네트워크(분산형)컴퓨터로서, 작은 데이터 센터 규모로서 CPU 1202개, GPU 176개, D램 103만 여 개 등 총106만 개 반도체 칩으로 약 2Mw의 전력을 사용하고 시설비도 약 100억원이 소요되었다. 그 반면에 알파고와 비슷한 성능을 내는 손톱 크기 뉴로모픽 반도체칩은 0.3w의 전력 소모와 100만 뉴런 규모로 결합해도 사용전력은 521w 수준으로 소형화되었다.

2019년에 기존 심층 신경망이 수학적 모델링 및 인위적인 구조화된 패턴을 기반으로 학습하는 고정된 인공 신경망이어서 스스로 학습하고 진화하거나 우연하게 학습하지 못하는 한계가 있어, 진짜 인간 뇌의 뉴런과 시냅스가 진화 및 학습과정을 추상적이고 랜덤한 패턴에 기반한 학습과정을 구현한 뉴런들이 무작위로 연결된 신경망을 모방한 것 같은 랜덤 신경망이 발표되었다.  뇌 구조와 비슷한 Randomly Wired Neural Networks가 기존 체인형 모델의 다중 배치 경로 구조물에서 발전해서 무작위로 연결된 신경망의 연결 그래프 모델을 통해 이미지 패턴 인식에 효과적이다. 이제는 인공지능 네트워크망을 얼마나 효율적으로 만드는가보다는 네트워크를 랜덤하게 생성하는 generator를 잘 만드는 것이 더 학습효과가 높고, 인간이 인위적으로 복잡한 인공지능 딥러닝 네트워크 구성을 만들지 않아도 되는 수준까지 인공지능 딥러닝이 발전하였다.

## 인공적인 지능은 인간 생물학적 신경망의 구조와 기능에 착안하다

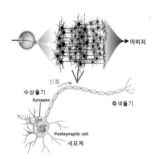

그림은 인간이 고양이를 시각으로 보고 뇌의 시각 피질에서 고양이임을 알아 보는 시각 정보처리 과정이다. 시각 정보처리 과정 중에 중간의 복잡한 시각 피질 뉴런 네트워크 부분은 여러 개 층으로 구성된 시각 신경계이다.

그림처럼 뉴런은 연속적인 층으로 구성되며, 시각 신경계는 수십억 개의 뉴런으로 구성된 방대한 네트워크를 구성한다. 네트워크를 구성하는 핵심 세포는 뉴런이라는 기본 신경세포이고, 신경망은 각 뉴런이 네트워크로 연결된 것이다.

뉴런의 동작은 놀랄 만큼 단순하다. 각각의 뉴런은 다른 뉴런과 전기로 신호를 전달한다. 다른 뉴런에서 온 출력은 입력 입구인 수상돌기에 연결되어 세포체에서 덧셈 계산을 한다. 여러 개의 입력은 합산되어 하나뿐인 출력 통로 축색돌기로 출력되는데, 이는 0(off)과 1(on)만 가능하다. 합친 값이 어느 설정치 이상이면 출력되고 그 이하이면 출력하지 않는다. 이것을 스레쉬홀드(역치)값이라고 한다. 마치 컴퓨터 코드의 0과 1 2진수를 입력받아서 프로세스를 작동하는 함수와 같은 것이다.

## 하나의 신경세포를 인공신경 뉴런으로 기계화하며, 가장 단순하게 작동시킨다

인간 뇌의 구조를 연구하여 뇌의 생물학적 신경망의 작동 원리와 구조를 대강은 알게 되었다. 뉴런의 동작은 놀랄 만큼 단순해서 모방하기 쉽다. 인간 뇌의 신경망 구조에 착안하여 인공 신경망 ANN(Artifical Neural Network)을 구현한 것이다. 이처럼 여러 개의 층으로 구성되어 있다고 해서 딥러닝(Deep Learning)이라고도 한다. 그림은 인공 신경망 즉 신경세포 네트워크를 기계화한 것의 모식도이다. 인공지능기술은 딥러닝을 이용한 정밀한 curve fitting, 확률적인 기술로 인공 신경망(ANN,DNN 등)을 의미하고, 거북이를 분류해내듯이 이미지 분류 등 패턴인식에 사용된다.

그림은 인공 신경망을 구성하고 있는 논리 유닛을 Threshold Logic Unit(TLU)[1] 인공 뉴런이라고 한다. TLU는 컴퓨터는 입력과 출력이 각각 숫자이고 입력에 0,1 디지털이 배열로 들어가면 각각 가중치 w를 곱해서 합한 가중치합 값을 계단함수에 적용하여, 활성화 값인 문턱을 넘으면 0과 1 디지털 중에서 하나의 값을 출력하는 모델이다.

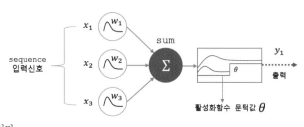

TLU 처럼 두 가지의 디지털 값 즉 0과 1을 입력해 하나의 값을 출력하는 회로를 '게이트(gate)'라고 부르며, AND 게이트, OR 게이트 그리고 NAND 게이트 등이 있다. 컴퓨터의 두뇌인 CPU는 1개 칩 속에 수백만 개의 이런 논리 게이트가 집적된 반도체로서 결국 아무리 복잡한 컴퓨터회로라고 해도 기본적인 게이트로 구성된 것이다. 인간의 두뇌 신경망도 뉴런으로부터 시작한다고 할 수 있듯이 컴퓨터는 퍼셉트론으로 구현되는 게이트중에 하나인 NAND게이트 논리소자만으로도 만들 수 있다.

### 퍼셉트론 신경망의 가중치를 조절하며 다양한 논리회로를 구현해 본다

퍼셉트론은 뉴런을 본떠 만든 알고리즘 하나의 단위로, 1943년 뇌세포를 처음으로 모델링한 것이다. 퍼셉트론은 다수의 신호(흐름이 있는)를 입력으로 받아 '전기신호가 흐른다/안 흐른다'(1 또는 0)이라는 정보를 앞으로 전달하여 최종 결과로 하나의 신호를 출력한다. 인공지능의 주요 개념인 Logistic Regression을 부르는 다른 이름은 binary classification이다. 데이터를 1과 0의 두 가지 그룹으로 나누기 위해 사용하는 모델이다. 컴퓨터는 두 가지의 디지털 값 즉 0과 1을 입력해 하나의 값을 출력하는 회로가 모여 만들어지는데, 이 회로를 '게이트(gate)'라고 부르며 로지스틱 회귀가 곧 퍼셉트론의 개념인 것이다.

AND 게이트는 입력신호 x1와 x2 둘 다 1일 때만 결과값으로 출력 신호 y로 1이 출력된다. AND의 가중치 w1,w2, 임계값 b는 0.5,0.5,0.7 등을 예로 든다. NAND 게이트는 즉 AND에 NOT 연산을 한 것이다.AND의 반대로 NAND의 가중치 w1,w2, 임계값 b는 -0.5,-0.5,-0.7 등을 예로 든다. OR 게이트는 입력 신호 x1, x2 중 하나 이상이 1이면 출력이 1이 되는 논리회로이다. OR 게이트의 가중치 w1,w2, 임계값 b는 3,3,2 등을 예로 든다. 퍼셉트론의 코드 알고리즘 구조는 AND나 OR, NAND 등 모든 게이트에서 같다. 다른 점은 각 게이트의 매개변수인 가중치와 임계값이 다르게 주어질 뿐이다.

가중치 w1,w2, 임계값 b는 각각에 고유한 가중치가 있어서 입력값과 가중치의 곱의 총합계가 한계를 넘어설 때만 값 1을 출력하는 것이다. 이를 뉴런이 활성화한다고 한다. 전구에 불이 들어오는 것과 같다. 전구에 불이 들어오게 하는 1의 한계치를 전기량이 넘을지 말지는 입력신호를 조절할 수 없기 때문에 가중치를 조절하여 각 입력신호에 따라 결과에 주는 영향력을 조절하는 요소로 작용한다.

AND

| x1 | x2 | y |
|---|---|---|
| 0 | 0 | 0 |
| 0 | 1 | 0 |
| 1 | 0 | 0 |
| 1 | 1 | 1 |

NAND

| x1 | x2 | y |
|---|---|---|
| 0 | 0 | 1 |
| 0 | 1 | 1 |
| 1 | 0 | 1 |
| 1 | 1 | 0 |

OR

| x1 | x2 | y |
|---|---|---|
| 0 | 0 | 0 |
| 0 | 1 | 1 |
| 1 | 0 | 1 |
| 1 | 1 | 1 |

```
[ ] import numpy as np

[ ] def Perceptron(x, w, b):
        y = np.sum(x * w)
        if y <= b:
            return 0
        else:
            return 1

[ ] x=[0,1]
    w = np. array ( [ 3,3])
    b = 2

  Perceptron(x, w, b)

    1
```

(구글 코랩 노트북으로 실습하려면)
크롬 브라우저 검색창에서 코랩사이트 링크(https://colab.research.google.com/ ) 입력해 새 코랩 노트북 만들기 위해 시작페이지에 접속한다. 또는 이미 코드가 작성되어 있는 노트북으로 실습하려면 옆의 QR코드를 스마트폰으로 인식하여 실행해 기 작성된 코드를 수정하면서 실습해 본다.

---

1 퍼셉트론에서는 로지스틱 회귀 함수 y = wx + b (w는 가중치, b는 바이어스)로 기울기는 가중치를 의미하는 w(weight)로 b는 편향, 선입견이라는 뜻인 바이어스(bias)로 표기한다. x,b는 입력벡터, w는 가중치 행렬이다, 가중치 행렬과 입력 벡터를 곱한 후 편향 b를 더해주고 그 값에 f라는 활성화 함수를 적용해 결과y를 출력한다.

## 12.2 뇌 뉴런의 동작은 놀랄 정도로 단순하다. 인공 뉴런에는 수학적으로는 텐서가 흐른다. 입력과 출력으로 구성된 인공지능 기초요소 단층 퍼셉트론은 하나의 신경세포를 인공신경 뉴런으로 기계화한 것이다. 선형 인공지능 모델로 회귀선 그리기

**뇌 뉴런의 동작과 구조는 놀랄 만큼 단순하고, 아주 작은 진공관같이 0,1로 출력된다**

뇌에 있는 뇌신경세포 모습이다. 뉴런들의 축색종말 부분에 불이 들어오는 모습이 마치 아주 작은 진공관에 불이 들어오는 것과 같다. 불이 들어오면 1, 안 들어오면 0인 2진수 전기신호로 출력된다. 각각의 뉴런은 다른 뉴런과 전기로 신호를 전달한다. 다른 뉴런에서 온 출력은 입력입구인 수상돌기에 연결되어 세포체에서 덧셈 계산을 한다. 여러 개의 입력은 합산되어 하나뿐인 출력 통로 축색돌기로 출력된다. 뉴런으로 입력은 수많은 복

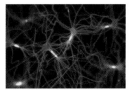

잡한 연결로 데이터를 받을 수는 있지만, 뉴런 속에 들어오면 가중치와 합산 등 통제될 수 있는 수치로 계산되어 그 합친 값이 어느 설정치 이상이면 출력되고 그 이하이면 출력하지 않도록 통제할 수 있다. 통제된 결과는 축색돌기를 통해 0(off)과 1(on)의 전기적 신호로 출력된다. 이와 같은 뉴런과 시냅스의 작동 방식을 그대로 모방한 수학적 계산이 가능한 모델이 인공 신경망 모델인 것이다.

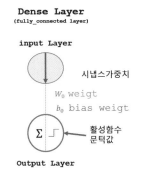

**Dense Layer**
**(fully_connected layer)**

**input Layer**

시냅스가중치

$W_0$ weigt
$b_0$ bias weigt

$\Sigma$ ⌐ 활성함수 문턱값

**Output Layer**

TLU(Threshold Logic Unit)형태의 뉴런

단층 퍼셉트론 신경망 모델인 Dense layer신경망모듈은 뉴런과 시냅스의 원리를 수학적으로 모방한 퍼셉트론 신경망[1]구조모델의 가장 기본적인 형태이다, Input Layer와 TLU뉴런이 한 개 있는 Layer를 가진 것이 마치 뇌신경세포 뉴런 한 개로 구성된 것 같은 기본적인 신경망 형태이다. 옆 그림의 원은 TLU뉴런을 표시한 것이고, TLU뉴런 안에는 입력값의 합과 계단모양의 활성함수가 들어있다. TLU(인공 뉴런 논리 유닛)는 입력된 w0(시냅스weight)와 b0(bias weight) 값의 합을 y =f(wx + b) 식으로 계산하고, 계산된 입력신호 합값이 계단 모양의 활성함수의 문턱값을 넘느냐 여부에 따라 **0과 1 디지털 중에서 하나의 값**으로 결과를 출력하는 기능을 가지고 있다.

즉 Dense 신경망의 핵심 구성요소는 데이터를 입력받는 Input Layer와 데이터 처리 필터기능이 있는 TLU 뉴런으로 된 층(layer)이 완전하게 연결된(fully connected) 신경망 구조이다. TLU 뉴런 layer에는 입력 데이터가 layer에 들어가면 활성함수문턱값이라는 필터가 있어서, 여러 개의 값이 입력되어도 결국 활성화함수의 기능에 따른 데이터 여과기와 같은 기능을 가지게 된다. Input Layer는 입력신호 표시화살표가 들어있는 원모양으로 표현하고, Ouput Layer는 결국 마지막 layer의 출력값이므로 원 표현없이 표기한다. 신경망이 훈련 준비를 하기 위해, 컴파일단계에서 손실 함수와 옵티마이저, 측정지표를 연결하여 훈련 준비를 한다. optimizer함수 사용하여 손실함수로 손실을 최소화하여 올바른 직선에 더 가깝게 하고 최적화 기능을 에포크 수만큼 반복해 적절한 손실과 최적화 기능을 사용한다.

선형회귀분석이나 로지스틱 회귀분석은 두 개의 변수(종속변수, 독립변수) 배열들의 유사한 정도를 계산하는 것이라면, 인공 신경망도 두 벡터[2]의 내적 자체만으로도 벡터간의 유사한 정도를 계산할 수 있다. 인공 신경망 벡터의 내적이란 인공 신경망의 각 뉴런 노드의 입력 벡터들의 배열(input vector)과 가중치 벡터(weight vector)의 2개의 벡터의 상호관계 즉 같은 방향으로 서로 협력하여 얼마나 효과를 내는지 그 크기를 추상화하는 곱한 값dot product이다. 이처럼 벡터 간의 간단한 dot product 자체만으로도 벡터 간의 유사한 정도를 계산할 수 있다.

---

1 Dense는 완전연결계층(Densely/fully connected layer)도 하며 입력층layer의 모든 뉴런이 출력층layer의 모든 뉴런과 연결되어 있고 그 연결값은 m*x+b와 같은 계산을 수행하는 레이어의 연산결과이다.

2 벡터는 방향과 크기가 있다. 앞장에서 비행기를 사람들이 끌기 위한 힘(force)은 방향과 크기가 있는 벡터이고 서로 다른 2개 방향의 힘인 벡터의 합은 서로 상호협력하여 효과를 배가하는 것을 벡터의 내적dot product이라고 한다.

## Single_Layer Perceptron 한 개의 신경망으로 구성된 선형 인공지능 모델을 만들자

선형함수는 y = m*x + b 이므로, 신경망으로는 output = activation (dot (input, kernel) + bias)이다. 여기서 activation은 활성화함수이고, input과 output은 행렬이고, 커널은 가중치행렬, 바이어스는 생성된 바이어스 벡터이다. Dense는 y=m*x+b와 같은 계산을 수행하는 레이어의 결과이다.

## keras 인공 신경망모델 사용하기

Keras[1] 라이브러리로 딥러닝 인공 신경망모델을 손쉽게 설계할 수 있다. keras인공 신경망의 구조는 첫째 인공 신경망(또는 모델)을 구성하는 층(layer), 둘째 학습을 통해 cost,lost를 최소화시키려는 목적함수(Objective Function), 셋째 인공 신경망을 최적화하는 옵티마이저(Optimizer) 등 세 부분으로 구성되며, 세 부분을 하나로 결합해 작동하게 설정해주는 것이 compile()이다. compile이 되면 이후 인공 신경망모델을 fit()함수로 학습할 수 있다. 목적함수(Objective Function)는 손실함수,비용함수(Cost Function, Loss function) 등으로 사용하기도 하며, 학습에 사용할 손실함수(Loss function)의 종류로는 첫째 mse( mean_squared_error )는 앞으로의 기온 등 수치를 예측할 때 주로 사용하고, 둘째 binary_crossentropy 는 사과와 배 등 2진 분류할 때 사용하고, 셋째 categorical_crossentropy함수는 여러 클래스중 여러 가지로 분류하는 다중분류할 때 등으로 여건에 따라 사용한다. 손실함수를 기반으로 인공 신경망을 최적화하는 학습진행방식을 결정하는 마치 인공 신경망 학습에 도움을 주는 코칭 기능같은 옵티마이저(Optimizer)에는 경사 하강법(SGD), Adam 등이 있다. keras인공 신경망의 구조 중에서 Keras 순차 모델 Sequential( )은 주로 선형적이거나 회귀문제에 사용한다 그런데 이미 만든 케라스 모델을 재사용하거나 GAN 등 복잡한 모델들을 만들 때, keras의 model class를 사용하여 다중복합모델을 만들어 사용하기도 한다. keras의 sequential model은 인공 신경망 층(layer)들이 일렬로 쭉 나열된(겹쳐진) 형태를 model에 순차적으로 저장하는 것이다. Sequential모델은 맨 앞에 model class와 다르게 input layer 기능이 없고, input_shape 즉 input의 데이터 형태만 입력된다.

**Keras로 딥러닝 인공 신경망모델을 설계하고 사용하는 코드작성은,** 먼저 데이터셋을 테스트셋과 트레인셋으로 분리해 준비하고, 모델을 필요한 layer로 구성하고, 모델 학습과정을 설정compile하고 fit()함수로 모델을 학습시키고, train 데이터셋의 손실 및 정확도 관찰과 evaluate( ) 함수와 test 데이터셋으로 모델의 성능을 평가하고(이 과정은 생략하는 경우도 많다), predict( ) 함수로 새로운 입력값을 넣어 모델을 사용하는 순서로 코드 실습을 진행한다.

### 1. 훈련 데이터 준비하기
Keras 모델은 Numpy 배열로 이루어진 입력 데이터 및 레이블을 기반으로 훈련한다. 1차원 배열을 줄지어서 입력층에 넣는다.

### 2. 케라스에서 모델 구조를 설계하기
케라스 모델 설계에 Keras 순차 모델 Sequential( )을 사용한다. 뉴런 TLU의 이전 layer의 output이 다음 layer의 input으로 들어가는 선형적인 모델인 경우에 사용한다. 이렇게 만드는 모델 기초구조에 추가로 레이어를 쌓아 마치 뉴런이 층을 이루는 것 같다. 모델 구조를 보려면, model.summary() 명령 사용한다.

```
Model: "sequential"

Layer (type)              Output Shape          Param #

dense (Dense)             (None, 1)                 2

Total params: 2
Trainable params: 2
Non-trainable params: 0
```

model.add(Dense( 1,activation='relu', input_dim=1))에서 units 1은 출력공간의 차원수이고, 활성화함수는 relu이고, 활성화함수가 지정되지 않으면 선형그대로 이다. input_dim은 입력데이터의 n차원 텐서의미이다. Sequential의 첫번째 레이어에서 input의 데이터 형태를 함께 설정한다. input_shape( 1, ) 또는 input_dim(1) 사용한다.

---

1  딥러닝 라이브러리 케라스를 사용한다. keras 라이브러리를 통해서 누구나 손쉽게 인공지능 프로그램을 해석하고 이용할 수 있다. 인공지능 프로그램으로 컴퓨터가 스스로 이미지 인식하고, 글자를 알아볼 수 있도록 하는 프로그램을 만들어 볼 수 있다. 딥러닝의 신경망 모델 구성 라이브러리인 keras는 모델을 층층이 레이어를 쌓고 위에서부터 아래로 실행하므로 딥러닝 신경망 모델을 간단하게 만든다.

## 3. 모델 학습과정을 구성한다

model.compile(loss='mse', optimizer='sgd')은 손실함수와 최적화함수로 모델을 해석하라는 것이다. model.fit(x,y,epochs=100, batch_size=1)은 모델에 배열 x,y를 batch_size는 훈련할 숫자 모음을 1개씩 epochs는 100번 반복해서 훈련한다는 의미이다.

## 4. 신경망 모델을 훈련시킨다.

모델과 훈련시킬 데이터가 준비가 되면, 케라스에서는 fit()함수로 훈련 데이터에 모델을 학습시킨다. 훈련 후에는 훈련 데이터에 대한 신경망의 손실과 정확도 정보가 출력된다.

---

**Program coding flownote 한글 명령어를 영어로 번역한 코드 작성 순서노트**

생활영어처럼 [1][2][3]단계별로 실행되는 한글 명령어 순서도 작성한다.

| [1단계] 파이썬하고 대화하듯이 명령 순서도 작성 |
|---|
| [1] numpy 모듈 가져오다, 별칭 np로<br>　　배열x에 담다, np.array()모듈을 [ ] 리스트값을 데이터타입은 float로<br>　　배열y에 담다, np.array()모듈을 [ ] 리스트값을 데이터타입은 float로 |
| [2] keras.models 패키지로부터 모든 모듈을 가져오다<br>　　keras.layers 패키지로부터 모든 모듈을 가져오다<br>　　변수 model에 담다, Sequential 모델을<br>　　변수 model에 Dense 모듈을 출력 1차원이고 입력도 1차원형태로 합치다 |
| [3] 변수 model에 최적화는 'sgd', 손실은 'mse'함수로 해석하다 |
| [4] 변수model에 배열x.y를 훈련 묶음은 1개씩 에포크 100번 반복해서 훈련하다 |
| [5] 배열x_test에 담다, np.array()모듈을 [ ] 리스트값 5를<br>　　배열y_test에 담다, np.array()모듈을 [ ] 리스트값 배열 x_test를 |
| [6] 변수 mb에 담다, 변수model의 매개변수들 가져오다<br>　　리스트 m,b에 담다, 변수 mb속에서 요소 i 반복해 꺼내서 부동소수로 변환해 리스트에 담다 |
| [7] matplotlib.pyplot모듈을 가져오다, 별칭 plt로<br>　　plt를 플롯해 변수 x,y 값을 '0'모양으로<br>　　plt를 플롯해 변수 x와 np의 배열값(m*x + b)<br>　　plt를 플롯해 변수 x_test, y_test 값을 '*'모양으로 |

한글 프로그램 순서도를 구글 번역으로 영어로 번역한다

| [2단계] 구글 번역한 영어 문장을 한 행씩 압축해 코딩화한다 |
|---|
| [1] Import numpy module, alias np<br>　　Put in array x, np.array() module [] list value as data type float<br>　　Put in array y, np.array() module [] list value as data type float<br>[2] Import all modules from the keras.models package<br>　　Import all modules from the keras.layers package<br>　　Put in the variable model, the Sequential model<br>　　Combine the Dense module in the variable model into a 1-dimensional output and 1-dimensional input<br>[3] In the variable model, optimization is interpreted as'sgd' and loss is interpreted as'mse'.<br>[4] Train the array x.y in the variable model repeatedly for 100 epochs per training bundle.<br>[5] Put in array x_test, np.array() module [] list value 5 ˙<br>　　Put in the array y_test, put the np.array() module in the [] list value array x_test<br>[6] Put in variable mb, get parameters of variable model<br>　　Put in list m,b, repeat element i from variable mb, convert it to floating point, put it in list<br>[7] Import the matplotlib.pyplot module, alias plt<br>　　Plot the plt to make the x,y values of the variables '0'<br>　　Plot plt to array values of variables x and np (m*x + b)<br>　　Plot the values of the variables x_test and y_test in the shape of'*' |

컴퓨터가 이해하는 파이썬 명령어로 축약해 코딩화한다.

[3단계] 코딩화한 각 셀을 ▶ 또는 Shift+Enter 눌러 한 행씩 실행한다

```python
import numpy as np
x = np.array([-1.0,0.0,1.0,2.0,3.0,4.0])
y = np.array([-1.0,-2.0,1.0,3.0,6.0,7.0])


from keras.models import *
from keras.layers import *
```

```python
model = Sequential()
model.add(Dense(units=1,input_dim=1))


model.compile(optimizer='sgd',loss='mse')


model.summary()


model.fit(x,y,epochs=200, batch_size=1)


x_test = np.linspace(np.min(x), np.max(x))
y_test = model.predict(x_test)


import plotly.express as px
import plotly.graph_objects as go
fig = px.line(x=x_test, y=y_test, labels={'x':'x', 'y':'y'})
fig.add_trace(go.Scatter( x=x,y=y, mode='markers'))
```

 (구글 코랩 노트북으로 실습하려면)

크롬 브라우저 검색창에서 코랩사이트 링크(https://colab.research.google.com/ ) 입력해 새 코랩 노트북 만들기 위해 시작페이지에 접속한다. 또는 이미 코드가 작성되어 있는 노트북으로 실습하려면 옆의 QR코드를 스마트폰으로 인식하여 실행해 기 작성된 코드를 수정하면서 실습해 본다.

## 12.3 인공 뉴런을 2개층 쌓아서 다층 인공 신경망을 구성하다.
## 다층 신경망으로 비선형 함수방정식 해와 계수 구하기

인간은 아직 인간의 뇌에 대해 거의 모른다. 인간 뇌의 뉴런 구조와 작동방식, 사람의 사고 방식을 과학적으로 연구하기 시작한지 오래되지 않았기 때문이기도 하지만, 생물의 뇌, 특히 인간의 뇌는 1,000억 개 이상의 세포로 구성되어 있어서, 현재의 기술로는 인간의 뇌 전체 또는 뉴런을 시뮬레이션해서 기능을 알 수는 없다. 인간 뇌의 인공 신경망 구성에 착 안하여 기계적으로 모델을 만든다고 해도 인간 뇌의 성능의 발끝에도 미치지 못한다. 그럼 에도 잘 알지도 못하는 인간의 뇌와 뉴런을 일단 본떠서 따라해 보자는 단순한 도전의 일 환으로 만든 게 인간의 시각 피질 등 극히 일부 알려진 뉴런의 작동방식을 본떠 만든 알고 리즘인 '딥러닝(Deep Learning)모델'이다. 다만 인간의 신경망을 본떠서 정답이 출력으 로 나오게끔만 만들다보니 수학적인 증명이 완료되지 않아서, 정확한 딥러닝의 메커니즘은 블랙박스 형태로 남아있다.

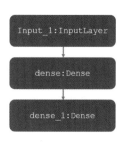

딥러닝(Deep Learning) 인공 신경망 모델 중 가장 단순한 신경망 구조인 심층신경망 **DNN (Deep Neual Network)** 으로 데이터들의 회귀선을 찾아보자. 여러 층의 인공신경층(input layer, hidden layer, output layer)으로 구성된 인 공 신경망인 DNN은 dense (densely connected) layer를 은닉층으로 1~2개 층을 쌓는 것만으로도 기존의 polyfit 등 머신러닝 선형함수의 결과에 비해 훌륭한 회귀분석, 패턴분석 성능을 낸다. DNN에서는 입력되는 데이터를 전처리 하거나 정렬되어 있는 순서 등 맥락을 고려하지 않고, 순서 없이 막 집어넣는다. DNN을 응용하여 CNN, RNN, LSTM, GRU 모델[1]로 발전하였고, 다만 Keras 기반의 딥러닝 모델의 트리 구조화된 Long Short-Term Memory(LSTM) 모 델 등 순환신경망 모델에서 주식 일별 종가, 문장 속 단어와 같은 데이터 맥락 분석 등 순환구조에서는 각 데이터의 앞 뒤로 어떤 데이터들이 있는지의 문맥정보가 중요하다.

### keras model layer 여러 층 구축 방법

딥러닝 라이브러리에는 알파고를 만든 tensorflow, keras 등이 가장 많이 사용되며, 이를 사용하여 딥러닝 인공 신경 망 모델 tensorflow[2]. 케라스의 순차형sequential() 모델이 성능이 우수하다. tf.keras.Sequential() 모델[3]은 한개의 신경망층(layer)을 레고블록 조각과 비슷하다고 보고, 레고블록을 겹쳐서 쌓듯이 layer를 차례로 합쳐 나가는 방식으 로 구축한다. 레고블록 같은 layer를 합치는 방법으로 기차처럼 일렬로 연결하는 방식과 건물처럼 층을 쌓는 방식 등 2 가지 종류의 연결구조가 가능하다.

첫번째 기차처럼 일렬로 연결하는 방식의 tf.keras.Sequential() model은 인공 신경망 Dense층(layer)들이 레고블록 을 일렬로 쭉 나열된(겹쳐진) 형태를 model의 괄호()속에 순차적으로 저장하는 방식이다.

model = tf.keras.Sequential([Dense(units=100, input_shape=(1,0), activation='tanh'), (Dense(units=1))])

---

1  RNN (Recurrent Neual Network) 순환신경망은 sequence(time series, text,audio) data 등 데이터의 순환정보를 반영해 분석하는 모 델, CNN(Convolution Neural Network) 콘볼루션신경망, 합성곱신경망은 주로 image data의 패턴특징을 추출해 분류하는 분석모델

2  tensorflow 는 구글에서 만든 오픈소스 라이브러리이고, 2세대 머신러닝 시스템, 딥 러닝 라이브러리로서 node와 그 node를 연결하는 edge 로 구성된 graph에 data flow graph를 이용하여 큰 규모의 수치계산에 적합하다. 이를 이용해, 이미지, 음성, 비디오 등 다양하고 많 은 데이터를 처리할 수 있다. tensorflow에는 Neural network modues이 많이 내재되어있어서 다층 퍼셉트론 신경망 모델, 컨볼루션 신 경망 모델, 순환 신경망 모델, 조합 모델 등을 구성할 수 있다. Tensorflow 2.0부터는 사실상 전부 Keras를 통해서만 fit 함수로 동작한다. tensorflow는 줄여서 약칭으로 tf로 사용하고, tf.keras처럼 keras와 결합하여 지원하는 기능을 한다.

3  tensorflow와 결합된 딥러닝 라이브러리 keras를 사용한다. keras 라이브러리를 통해서 누구나 손쉽게 인공지능 프로그램을 해석하고 이 용할 수 있다. 인공지능프로그램으로 컴퓨터가 스스로 이미지 인식하고, 글자를 알아볼수 있도록 하는 프로그램을 만들어 볼 수 있다.

두번째 건물처럼 층을 쌓는 방식은 Sequential()함수에 model을 만들고, layer를 model에 순차적으로 더하며 레고 블록을 차곡차곡 쌓아서 모델구조물을 만들듯이 저장하는 방식이다.  알파고 모델처럼 레고블록 덧붙이듯 차곡차곡 쌓은 층의 높이가 수백층에 달하는 경우에는 기차보다는 건물형태의 구조가 간단하다.

```
model = Sequential()
model.add(Dense(units=100, input_shape=(1,0), activation='tanh' ))
model.add(Dense(units=1 ))
```

### 딥러닝 인공 신경망 층이 2개인 모델을 설계하고 사용하자

이번 인공 신경망 모델은 그림처럼 Dense TLU 100개인 layer와 Dense TLU 1개인 layer로 2개의 층을 구조로하여 레고블록처럼 쌓는 방법인데, 모델구조가 간단하니 기차처럼 일렬로 쭉 나열된 형태로 코드를 작성하는 방법이 편리하다. 여기서 각 layer에 있는 원은 TLU뉴런을 표시한 것이다. TLU뉴런 안에는 입력값의 합과 계단모양의 활성함수가 들어있고, TLU가 100개 있는

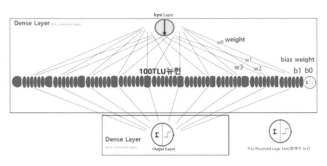

Layer에서 표시는 파란색 원으로 숫자 100여개에 근접하게 표시하였다. Input Layer는 입력신호 표시화살표가 들어 있는 원모양으로 표현하고, Ouput Layer는 결국 마지막 layer의 출력값이므로 원 표현없이 표기한다.

이번 장에서 학습한 Dense층 2개로만 구성된 간단한 인공 신경망은 코드로도 2줄로 구성된 아주 간단하게 구현되는 것이지만, 성능은 모델의 학습으로 만들어진 회귀곡선이 흩어진 데이터를 아주 잘 찾아가는 것에서도 알수 있듯이 거의 99%에 근접한다. Dense 퍼셉트론만으로도 층을 거듭 쌓으면 비선형적인 회귀도 가능하고, 그동안 컴퓨터가 수행했던 모든 알고리즘, 프로그램기능을 처리할 수 있다.

### 1. 모델 구조 정의하기
모델은 sequential()이고, 2개의 dense(Densely/fully line connected layer)층으로 설계한다. SGD, stochastic gradient descent 확률적 경사하강법으로 기계가 학습하는 최적화 과정을 세운다. 이는 텐서플로우가 자동으로 미분 즉 gradient를 계산하여 최소값을 찾는다. 이에 따라 W, b 계속 업데이트한다. 주어진 스텝에 맞춰 기계가 학습을 시작하고 W,b 업데이트를 위해 사전에 정의된 최적화 과정을 실행한다.

### 2. 모델 구축하기
각 사례의 오차를 계산하는 함수를 오차 함수(Error Function, Loss Function) 비용함수(Cost Function)라고 하고, 선형회귀에서는 비용함수로 MSE(Mean Square Error)를 사용한다

### 3. 데이터 훈련하기
2 차 함수의 U 자형 그래프 $y = x^2$ 에서 미분 즉, 값의 기울기를 이용해 미분이 0이 되는 최소점 m으로 경사 하강법 (gradient decent)은 반복적으로 기울기 a를 변화시켜서 m의 값을 찾아내는 방법이다.
기울기 a를 무한대로 키우면 오차도 무한대로 커지고 a를 무한대로 작게 해도 역시 반대편 오차로 커진다. 학습률 (learning rate)은 a 값이 한 점 m으로 모이게 하려면  어느 만큼 조금씩 이동시킬지 a의 이동 거리를 정해주는 것이다. 딥러닝에서 학습률의 값을 적절히 바꾸면서 최적의 학습률을 찾는 것은 중요한 최적화 과정이다. 경사 하강법은 오차의 변화에 따라 이차 함수 그래프를 만들고 적절한 학습률을 설정해 미분 값이 0인 지점 m을 구하는 것이다.

**Program coding flownote 한글 명령어를 영어로 번역한 코드 작성 순서노트**

생활영어처럼 [1][2][3]단계별로 실행되는 한글 명령어 순서도 작성한다.

---

**[1단계] 파이썬하고 대화하듯이 명령 순서도 작성**

---

[1] numpy 모듈 가져오다, 별칭 np로
　　배열x에 담다,np.array()모듈을 [ ] 리스트값을 데이터타입은 float로
　　배열y에 담다,np.array()모듈을 [ ] 리스트값을 데이터타입은 float로

[2] tensorflow 모듈을 가져오다, 별칭 tf로
　　변수 model을 만들다, tf의 keras.Sequential()함수에 [tf.keras.layers.Dense(units=100, activation='tanh',input_shape=(1,)),
　　　　　　　　tf.keras.layers.Dense(units=1)]값을 넣는다

[3] 변수model의 compile()함수로 tf.keras의 최적화는 'sgd'사용해 학습율은 0.01, 손실함수는 mse

[4] 변수model에 배열x.y를 훈련 묶음은 1개씩 에포크 2000번 반복해서 훈련하다

[5] 배열x_test에 담다, np.linspace()모듈을 np.min(x)-0.5, np.max(x)+0.5
　　를 배열y_test에 담다, model의 예측하다, 배열 x_test를

[6] plotly.graph_objects를 가져오다, 별칭 go로
　　plotly.express를 가져오다, 별칭 px로
　　변수f ig에 담다, px.line()함수에 x=x_test, y=y_test, labels={'x':'x', 'y':'y'}
　　변수fig에 add_trace더한다, go의 Scatter모듈로 x는 x, y는y, 모드는'markers'

---

한글 프로그램 순서도를 구글 번역으로 영어로 번역한다.

---

**[2단계] 구글 번역한 영어 문장을 한 행씩 압축해 코딩화한다**

---

[1] Import numpy module, alias np
　　Put in array x, np.array() module [] list value as data type float
　　Put in array y, np.array() module [] list value as data type float
[2] Import the tensorflow module, alias tf
　　Make a variable model, [tf.keras.layers.Dense(units=100, activation='tanh',input_shape=(1,))) in tf's keras.
　　Sequential() function,
　　　　　　　　tf.keras.layers.Dense(units=1)]
[3] Using'sgd' to optimize tf.keras with the compile() function of the variable model, the learning rate is 0.01,
　　and the loss function is mse.
[4] Train the array x.y in the variable model repeatedly for 2000 epochs per training bundle.
[5] Put in array x_test, np.linspace() module np.min(x)-0.5, np.max(x)+0.5
　　To
　　Put in array y_test, predict of model, array x_test
[6] Import plotly.graph_objects, alias go
　　Take plotly.express, alias px
　　Put in variable f ig. px.line() function x=x_test, y=y_test, labels={'x':'x','y':'y'}
　　Add_trace to the variable fig, with the Scatter module of go, x is x, y is y, mode is'markers'

---

컴퓨터가 이해하는 파이썬 명령어로 축약해 코딩화한다.

---

**[3단계] 코딩화한 각 셀을 ▶ 또는 Shift+Enter 눌러 한 행씩 실행한다**

---

```
[ ]  import numpy as np
     x = np.array([-1.0,0.0,1.0,2.0,3.0,4.0])
     y = np.array([-1.0,-2.0,1.0,3.0,6.0,7.0])


[ ]  import tensorflow as tf
     model = tf.keras.Sequential([[tf.keras.layers.Dense(units=100, activation='tanh',input_shape=(1,)),
                            tf.keras.layers.Dense(units=1)])
     model.compile(optimizer=tf.keras.optimizers.SGD(lr=0.01),loss='mse')


[ ]  model.fit(x,y,epochs=2000, batch_size=1)
```

```
[ ]  model.summary()

     Model: "sequential"
     _____
     Layer (type)                 Output Shape              Param #
     =================================================================
     dense (Dense)                (None, 100)               200
     _____
     dense_1 (Dense)              (None, 1)                 101
     =================================================================
     Total params: 301
     Trainable params: 301
     Non-trainable params: 0
     _____
```

```
[ ]  x_test = np.linspace(np.min(x)-0.5, np.max(x)+0.5)
     y_test = model.predict(x_test)
```

```
[ ]  import plotly.express as px
     import plotly.graph_objects as go
     fig = px.line(x=x_test, y=y_test, labels={'x':'x', 'y':'y'})
     fig.add_trace(go.Scatter( x=x,y=y, mode='markers'))
     fig.show()
```

(구글 코랩 노트북으로 실습하려면)

크롬 브라우저 검색창에서 코랩사이트 링크(https://colab.research.google.com/ ) 입력해 새 코랩 노트북 만들기 위해 시작페이지에 접속한다. 또는 이미 코드가 작성되어 있는 노트북으로 실습하려면 옆의 QR코드를 스마트폰으로 인식하여 실행해 기 작성된 코드를 수정하면서 실습해 본다.

## 12.4 텐서는 신경세포 속을 흐르는 에너지이다.
## 텐서 에너지는 사물이 아닌 사건으로 벡터 공간을 구성한다.
## 벡터 공간에서 비선형 함수방정식 해 구하기

앞장에서 Dense층 2개로만 구성된 간단한 인공 신경망을 학습시켜서 이리저리 흩어진 데이터를 잘 찾아가는 회귀곡선이 만들어졌다. 4차항 이상의 다항식으로 추정되는 회귀곡선이 학습결과로 만들어진 것이다. 하지만 딥러닝으로 회귀곡선의 그래프는 그리기 쉽지만, 구해진 회귀곡선식의 각 차수와 계수값을 구하는 것은 어렵다. 왜냐하면 딥러닝은 블랙박스와 같기 때문에 결과값만이 산출되고 도중의 값들은 알기가 쉽지 않다.

이 회귀곡선을 나타내는 차수와 계수를 구하려면, 기존 머신러닝의 polyfit이나 sklearn 등 회귀라이브러리를 사용하면 쉽게 차수와 계수의 값을 구해서 4차항 이상의 다항 함수식을 만들어 그래프를 그릴 수 있다. 다만 기존 머신러닝은 2차원의 데이터 행렬을 입력데이터로 받는 정도이고, 3차원 수준 이상의 복잡한 입력데이터로 회귀연산을 손쉽게 하기 위해서는 딥러닝 라이브러리를 사용한다. 알파고를 만든 tensorflow, keras 딥러닝 라이브러리를 사용하여 딥러닝 인공 신경망 모델에서 학습된 회귀함수의 차수와 계수를 구해서 함수식과 그래프를 그려보자.

### 신경망모델 속을 흐르는 텐서에너지 행렬을 구하자

텐서(tensor)는[1] 벡터를 요소로 가진 N차원 매트릭스를 의미하며, 다차원의 다이나믹 데이터 배열(multi dimensional and dynamically sized data array)이다. 즉 응용, 동역학 등에서는 관성모멘트 텐서(moment of interia tensor)와 응력텐서(stress tensor) 등으로 쓰인다.

텐서는 선형 관계를 나타내는 미분기하학의 대상으로, 텐서를 다르게 표현하면 옆의 표처럼 스칼라는 0계 텐서 표현은 [1]이고, 벡터는 1계 텐서이며 [1,1]로 표기하고, 1계2계 텐서는 그 성분들의 모임을 행렬matrix를 써서 나타낼 수 있어 [[1,1],[1,1]] 로 표현할 수 있어서 벡터와 행렬의 확장으로 볼 수 있다.

네모난 박스처럼 사물이 존재하는 2차원과 3차원 데카르트 좌표계에 벡터와 행렬로 박스를 표현할 수 있다. 만약 이 박스를 잡아당기면 점차 박스는 변형되며, 그 변형은 사면으로 굉장히 복잡하게 일어나는 사건이 되게 된다. 그러나 어떻게 바라보아도 그 박스라는 본질이 변하지 않는 조건에서 시간까지도 고려하여 물리량과 일어나는 사건들을 기술하는 좌표와 수학적 언어가 텐서가 된다.

| RANK | TYPE | EXAMPLE |
|------|------|---------|
| 0 | scalar | [1] |
| 1 | vector | [1,1] |
| 2 | matrix | [[1,1],[1,1]] |
| 3 | 3-tensor | [[[1,1],[1,1]],[[1,1],[1,1]],[[1,2],[2,1]]] |
| n | n-tensor | |

---

1  벡터와 행렬은 그림의 일반 대뇌피질처럼 뉴런이 네트워크로 쭉 나열되듯 배열형태로 연결되는 것이다. 대규모 숫자 계산이나 미래변수 예측 등의 연산에 사용되는 다차원 데이터 배열 텐서는 텐서플로우 신경망 그래프의 노드(node) 사이를 이동하는 에지(edge)에너지를 나타낸다. 3계 이상의 텐서는 리만 기하학, 일반상대론에서 시간과 공간이 어떻게 굽어있는가 표현하는데 등에서 사용한다. 3차원 이상의 다차원 배열로 나타낼 수 있다.

옆 그림은 카잘(y Cajal)이 그린 대뇌피질(cortex)의 신경망 구조로 왼쪽은 성인 뇌의 운동피질이고 오른쪽은 영아의 대뇌피질이다. 텐서는 운동피질의 뉴런들 처럼 다이나믹하게 움직임을 보이고, 끊임없이 변형하며 이를 표현하기 위해 그림처럼 능동적으로 움직이는 배열, 행렬을 사용한다.

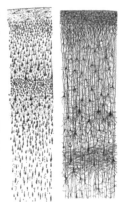

딥러닝모델은 인간의 대뇌피질의 움직임처럼 뉴런이 네트워크로 복잡하게 연결되고 그 신경망모델 속에는 텐서라는 에너지가 흐르는 것으로 추정한다. 신경망모델을 구성하는 layer층들이나 입력되는 텐서들, 출력되는 텐서들이 저장되는 데이터 형태가 numpy배열로 저장된 1차원 리스트이다.

## 1. 사용자 정의 지정 모델구조 Model Class 만들기

keras인공 신경망의 구조 중에서 Keras 순차 모델 Sequential( )과 다르게 사용자가 지정한 함수형 모델형태로 만드는 keras의 model class 구조가 있다. keras의 model class 구조는 model 훈련 및 추론 기능을 사용하여 각 층 레이어를 객체로 그룹화하여 class로 묶는다. 이미 만든 케라스 모델을 재사용하거나, GAN 등 복잡한 모델들을 만들 때 keras의 model class를 사용하여 다중복합모델을 만들어 사용하기도 한다. keras의 model class 모델은 맨 앞 layer에 input layer 기능이 있다.

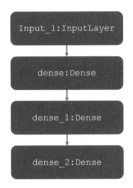

### 사용자 정의 함수집합 클래스

파이썬에서 def 키워드로 함수 만들듯이 class 키워드를 사용하여 **클래스**라고 하는 새로운 사용자 정의 타입의 함수를 만들 수 있다. 클래스 함수는 def 대신 class로 정의하는 객체생성 함수이다. 매개변수로 (tf.keras.Model)사용해 모델을 변수로 입력받는다.

class 함수 속에는 타입이 다른 변수의 집합과 함수들까지도 포함될 수 있고, 출석부 같이 학급의 맨처음에 선언되는 함수 __init__(self)에는 학급부원들의 이름들이 정리되어 있듯이 함수와 변수들이 정의되어 있고, 그 다음단락의 함수 call(self, input_tensor)에는 포워드 패스를 구현한다. call 사용하여 학습 및 추론에서 다른 동작을 지정할 수 있고, 동작 결과는 out_tensor로 반환된다.

class 모델함수는 dense층을 순서대로 쌓는 방식의 다층퍼셉트론 모델이지만, 기존 모델함수 sequential()을 사용하지 않고, 모델 내부를 뜯어보아 계수를 각각 출력하기 위해서 사용자 함수로 모델 들을 구성한다. 사용자 함수는 파이썬의 class로 사용자 지정 dense층을 만들고 내부 계산 방식을 임의로 만들어주어, array가 2개씩 쌍으로 가중치, 편향이 산출되고, 3차수항까지 고려해서 총 4개의 dense층을 통해서 output_tensor로 계수 a,b,c,d 가 출력된다.

신경망의 복잡한 망속 많은 데이터는 tensorflow에서 다차원의 matrix 데이터로 구성되어 이를 빠르게 행렬 연산하여야 한다. tf.matmul()함수는 matrix 곱하기이고, tf.pow(x,3)는 3제곱 승수로서 ()속의 3은 3제곱을 의미한다. __init__아버지로부터 자식 call()에서 물려주려면 아버지 함수 속에 super().__init__()를 정의해 call을 잘 불러야 한다. 마치 '아버지는 수퍼맨이다'라는 뜻 같다. 파이썬 최신버전에 추가된 문법으로 super(YourClass,self).__init__()은 super(PolynomialLayer, self).__init__()와 같이 ()속에 클래스이름, self 등을 지정하고 이 라인부터 시작한다.

## 2. 모델 구축(컴파일)하기

케라스 모델은 학습하기 전에 컴파일되어야 하며, 이 과정에서 손실 함수(loss function)와 최적화 방법(optimizer)가 설정되어야 한다. 각 사례의 오차를 계산하는 함수를 오차 함수(Error Function, Loss Function) 비용함수(Cost Function)라고 하고, 선형회귀에서는 비용함수로 MSE(Mean Square Error)를 사용한다.

## 3. 모델을 학습시키기

fit() 함수를 통해 학습 데이터와 batch_size(한 번에 몇 개의 데이터를 학습할 것인지)와 epochs(모델 학습 횟수) 등 기타 파라미터를 명시하고 모델 학습을 진행한다. 딥러닝 모델이 데이터를 잘 학습하고 있는지 체크는 accuracy로 확인할 수 있다. 매 학습단계(epoch)에서의 손실함수값을 통해서 학습률이 적절히 잘 설정되었는지, 학습이 잘 되었는지 등을 확인할 수 있다.

## 4. 모델에서 계수 뽑아 그래프 그리기

모델.summary()함수 사용하면 네트워크 구조가 그래프로 출력된다. 3차 함수의 곡선 그래프를 그리기 위해서 각 차수의 계수를 구해 함수 f()를 구하고 그래프를 그린다. 변화시켜서 m의 값을 찾아내는 방법이다. get_weight에서 나온 순서대로 3차항부터 상수항까지 계수를 입력하면 f() 함수가 정의되고 그래프 그려진다.

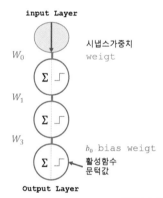

TLU(Threshold Logic Unit)형태의 뉴런

---

[3] 클래스 만든다. PolynomialLayer()에 tf.keras.Model을 담다
함수 정의한다. __int__(self) 이름으로
super(PolynomialLayer, self).__init__() self를 선언하다
self.dense_1 에 담다, 자기사용함수 tf.keras.layers.Dense(1, use_bias=False)를
함수 정의한다. 함수명 call()self, input_tensor
x_1에 담다, self.dense_1(tf.pow(input_tensor,3))3차 제곱으로
output_tensor에 담다, x_1 + x_2 + x_3 값을
반환하다. output_tensor 값을

[4] 변수model에 담다, PolynomialLayer() 클래스를
변수model의 compile()함수로 tf.keras의 최적화는 'adam'사용해 학습율은 0.01, 손실함수는 mse
변수model에 배열x.y를 훈련 묶음은 1개씩 에포크 2000번 반복해서 훈련하다

[5] 변수mb에 담다, model.get_weights()
a,b,c,d에 담다, [float(i) for i in mb]
함수 정의하다 def f(x) : return   b*x**3 + c*x**2 + d*x + e

[6] 배열x_test에 담다,np.linspace()모듈을 -5,5,100

[7] plotly.graph_objects를 가져오다, 별칭 go로
plotly.express를 가져오다, 별칭 px로
변수f ig에 담다. px.line()함수에 x=x_test, y=f(y_test), labels={'x':'x', 'y':'y'}
변수fig에 add_trace더한다,go의 Scatter모듈로 x는 x, y는y, 모드는'markers'

## 한글 프로그램 순서도를 구글 번역으로 영어로 번역한다.

### [2단계] 구글 번역한 영어 문장을 한 행씩 압축해 코딩화한다

[1] Import numpy module, alias np
Put in array x, np.array() module [] list value as data type float
Put in array y, np.array() module [] list value as data type float
[2] Import the tensorflow module, alias tf
Import all modules from the keras.models package
Import all modules from the keras.layers package
[3] Make a class. Put tf.keras.Model in PolynomialLayer()
Define the function. __int__(self) by name
super(PolynomialLayer, self).__init__() declares self
Put in self.dense_1, the self-use function tf.keras.layers.Dense(1, use_bias=False)

Define the function. Function name call()self, input_tensor
put in x_1, self.dense_1(tf.pow(input_tensor,3))
Put in output_tensor, x_1 + x_2 + x_3 values
Return output_tensor value
[4] Put in variable model, PolynomialLayer() class
The compile() function of the variable model is used to optimize tf.keras using'adam', the learning rate is 0.01,
and the loss function is mse
Train the array x.y in the variable model repeatedly for 2000 epochs, each training bundle.
[5] Put in variable mb, model.get_weights()
put in a,b,c,d, [float(i) for i in mb]
Define function def f(x): return b*x**3 + c*x**2 + d*x + e
[6] Put in array x_test, np.linspace() module -5,5,100
[7] Import plotly.graph_objects, alias go
Take plotly.express, alias px
Put in variable f ig. px.line() function x=x_test, y=f(y_test), labels={'x':'x','y':'y'}
Add_trace to the variable fig, scatter module of go where x is x, y is y, mode is'markers'

컴퓨터가 이해하는 파이썬 명령어로 축약해 코딩화한다.

[3단계] 코딩화한 각 셀을 ▶ 또는 Shift+Enter 눌러 한 행씩 실행한다

```python
import numpy as np
x = np.array([-1.0,0.0,1.0,2.0,3.0,4.0])
y = np.array([-1.0,-2.0,1.0,3.0,6.0,7.0])


from keras.models import *
from keras.layers import *
import tensorflow as tf


class PolynomialLayer(tf.keras.Model):
    def __init__(self):
        super(PolynomialLayer, self).__init__()
        self.dense_1 = tf.keras.layers.Dense(1, use_bias=False)
        self.dense_2 = tf.keras.layers.Dense(1, use_bias=False)
        self.dense_3 = tf.keras.layers.Dense(1, use_bias=True)

    def call(self, input_tensor):
        x_1 = self.dense_1(tf.pow(input_tensor,3))
        x_2 = self.dense_2(tf.pow(input_tensor,2))
        x_3 = self.dense_3(input_tensor)

        output_tensor = x_1 + x_2 + x_3
        return output_tensor


model = PolynomialLayer()
model.compile(optimizer='adam', loss='mse')
model.fit(x, y, epochs=2000, batch_size=1)


mb = model.get_weights()
b,c,d,e = [float(i) for i in mb]


def f(x) : return   b*x**3 + c*x**2 + d*x + e


import plotly.express as px
import plotly.graph_objects as go

x_test = np.linspace(np.min(x)-0.5, np.max(x)+0.5)
fig = px.line(x=x_test, y=f(x_test), labels={'x':'x', 'y':'y'})
fig.add_trace(go.Scatter( x=x,y=y, mode='markers'))
```

 (구글 코랩 노트북으로 실습하려면)
크롬 브라우저 검색창에서 코랩사이트 링크(https://colab.research.google.com/ ) 입력해 새 코랩 노트북 만들기 위해 시작페이지에 접속한다. 또는 이미 코드가 작성되어 있는 노트북으로 실습하려면 옆의 QR코드를 스마트폰으로 인식하여 실행해 기 작성된 코드를 수정하면서 실습해 본다.

## 12.5 기계가 스스로 학습한다는 의미는 무엇일까?
## 컴퓨터가 잘하는 참 거짓인지 알아 맞추기.
## 참 거짓 2진수 분류 판단은? 분류함수 활용한다

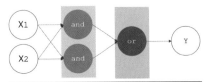

2층 Perceptron을 이용한 XOR판별식

| X1 | X2 | and (x1,x2) | and (x1,x2) | (predicted) Y |
|----|----|----|----|----|
| 0 | 0 | 0 | 0 | 0 |
| 0 | 1 | 1 | 0 | 1 |
| 1 | 0 | 0 | 1 | 1 |
| 1 | 1 | 0 | 0 | 0 |

단층신경망 퍼셉트론의 한계인 배타적논리합 연산 XOR(exclusive OR) 문제는 AND와 OR 게이트는 직선을 그어 1인 값을 구별할 수 있으나 XOR의 경우 직선을 그어 구분할 수 없는 것이다. 물론 논리연산에서는 XOR게이트는 AND, OR, NAND 게이트를 조합해서 만들 수 있다. NAND 게이트와 OR 게이트, 이 두 가지를 내재한 각각의 퍼셉트론들이 다중 레이어 안에서 각각 작동하고, 이 두 가지의 값들에 대해 AND 게이트를 수행한 총합값이 XOR 게이트값인 것이다. 그러나 표와 같이 4개의 논리연산결과 데이터만 있는 논리연산으로 학습하고, 다시 그 데이터로 결과를 예측하는 xor 신경망은 단일 퍼셉트론만으로는 해결이 안된다. 두 개의 퍼셉트론을 단일 퍼셉트론으로도 즉 한번에 xor을 해결한 개념이 바로 다층 퍼셉트론(multilayer perceptron, MLP) 2층 퍼셉트론이다.

MLP 다층퍼셉트론 신경망구성의 아이디어는 옆 그림처럼 2차원 평면에서만 해결하려는 고정관념을 깨고 한장의 종이를 휘어주는 것처럼 좌표 평면 자체에 층을 새롭게 만들어 입체적으로 해석한 것이다. 따라서 MLP로 XOR 문제를 해결하기 위해 두 개의 퍼셉트론을 한 번에 계산하려면 종이가 위어진 부분의 층같은 숨어있는 층, 즉 은닉층(hidden layer)을 만들어야 한다. 은닉층을 여러 개 쌓아올려 즉 여러 번 종이를 겹쳐서 접어서 복잡한 문제를 해결하는 과정이 뉴런이 복잡한 과정을 거쳐 사고를 낳는 사람의 뇌가 쭈글쭈글 겹친 주름같은 모양의 신경망을 닮아서 이런 방법을 인공 신경망이라 한다.

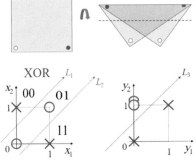

Neuron을 훈련 학습시킨다(training한다)는 것은 인간의 뇌와 같은 정보 처리 및 시냅스 학습 행동을 모방하여 인공 신경망에서 사용되는 가중치를 수정하고 기억하는 방식을 말한다. 주어진 training dataset에 의도된 대로 neuron이 동작하도록 $\theta=\{w,b\}$를 결정하는 것이다. 비유해서 설명하면, 앞장의 뇌 뉴런 피질 그림처럼 생긴 것이 고속도로 톨게이트를 포함한 전국 도로망과 비슷하다.

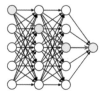

전국 도로망 같은 텐서 네트워크 속에서 설 명절에 귀향하는 노선을 반복된 행동으로 인간의 뇌는 학습의 결과로 각 노선과 노드의 수많은 경로에서 최단시간 노선을 기억한다. 인간의 학습도 신경망 속의 뇌세포의 연결강도를 의미하는 것이다. 학습된 것을 기억하고 있는 상태에서 비슷한 경우에 처해지면, 연결강도가 강한 노선 따라 즉 학습된 경로 따라 고속도로를 노선을 선택하는 것이다.

인공 신경망 모델에서 은닉층 삭제하고 가중 합의 전이 함수로의 적용이 없다면 회귀 모델과 같은 단층 퍼셉트론 신경망 알고리즘이고, 은닉층이 여러 층이 있는 게 다층 퍼셉트론이다. 다층 퍼셉트론 신경망 알고리즘처럼 여러 층을 쌓아서 신경망을 구축하게 되면, 깊게 쌓을수록 선형의 한계를 벗어나 비선형, 특이한 모형들에 대해 분류를 잘 할 수 있어서 이미지 분류, 텍스트 마이닝 등등을 할 수 있다. ANN(Artificial neural network)[1]을 구성하는 가장 작은 요소는 artificial neuron은 TLU(Threshold Logic Unit)이라는 형태의 뉴런이다. 입력과 출력이 어떤 숫자고 각각의 입력에 각각 고유한 가중치(, weight)가 곱해진다.

## 1. 사용자 지정 모델구조 만들기

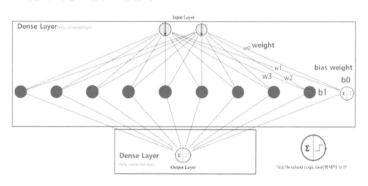

그림은 다층 신경망이다. 입력층, 은닉층, 출력층 등 여러 신경망 코드를 가진 함수를 만든다. 입력값에 따라 1차 신경망을 통과한 결과는 회귀값이나 분류값이 된다. 은닉층에는 TLU가 10개 있는 구조로 퍼셉트론에 편향(b0)을 추가한 것이다. 이 퍼셉트론은 샘플 한 개의 클래스(레이블)로 분류할 수 있는 Classifier이자, 회귀분석 모델

이다. 아래는 층을 여러 개 겹친 다층 퍼셉트론이다. 입력은 2개의 뉴런으로 구성되고 첫번째 dense층은 10개의 뉴런으로 작동하고, 두번째 층은 1개의 뉴런으로 구성된 dense층으로 출력은 활성화 함수를 거치며 0,1로 출력된다.

## 2. 모델 구축(컴파일)하기

각 층에서 입력신호의 총합이 출력에 활성화를 일으키는지 정하는, 즉 출력의 참(1) 거짓(0)을 판단하는 함수가 활성화 함수(activation function)이다. 대표적인 활성 함수로 tanh계단함수, sigmoid, Relu가 있다. 활성화 함수(Activation function) ReLu( Rectified Linear Unit)[2]는 입력신호의 합을 출력 신호로 정류해 변환하는 함수로서, 일정 값 이하일 경우 활성화를 일으킬 여부를 정하는 역할을 한다.

**Sigmoid**
$\sigma(x) = \frac{1}{1+e^{-x}}$

**tanh**
$\tanh(x)$

**ReLU**
$\max(0, x)$

## 3. 모델 훈련해서 데이터 분류하기

딥러닝에서 최적의 회귀분석 모델을 위한 학습률을 찾는 것은 중요한 최적화 과정이다. 같은 모델로 데이터를 분류하고 분류를 예측하는 것도 가능하다. 함수로 ReLu를 사용하면, 입력값이 0보다 작으면 출력값[outcome]이 0이고 0보다 크면 입력값 그대로를 내보내서 0과 그렇지 않은 값으로 분류된다.

---

1   ANN(Artificial neural network)은 neuron으로 이루어진 layer를 포함하는 네트워크이다. ANN은 딥 러닝의 가장 핵심적인 기술로서, 신경 세포인 neuron을 추상화한 artificial neuron으로 구성된 네트워크이다. artificial neuron은 생물체의 신경계를 이루는 신경 세포 Neuron에서 영감을 얻은 학습 알고리즘이다. 시냅스의 결합으로 네트워크를 형성한 인공 뉴런이 학습을 통해 시냅스의 결합 세기를 변화시켜 문제해결능력을 가지는 비선형 모델이다. artificial neuron은 데이터 x를 전달하는 input layer와 실제 neuron으로 이루어진 layer인 output layer 등으로 구성되어 있다.

2   ReLu는 현재 딥러닝 Neural Network에서 주된 activation function으로 사용된다. Neural Network를 처음 배울 때 activation function으로 sigmoid function을 사용한다. sigmoid function이 연속이어서 미분가능한 점과 0과 1사이의 값을 가진다는 점 그리고 0에서 1로 변하는 점이 가파르기 때문에 사용해왔다. 그러나 기존에 사용하던 Simgoid fucntion을 ReLu가 대체하게 된 이유 중 가장 큰 것이 Gradient Vanishing 문제이다. Simgoid function은 0에서 1 사이의 값을 가지는데 gradient descent를 사용해 Backpropagation 수행시 layer를 지나면서 gradient를 계속 곱하므로 gradient는 0으로 수렴하게 된다. 따라서 layer가 많아지면 잘 작동하지 않게 된다. 따라서 이러한 문제를 해결하기 위해 ReLu를 새로운 activation function을 사용한다.

## Program coding flownote 한글 명령어를 영어로 번역한 코드 작성 순서노트

생활영어처럼 [1][2][3]단계별로 실행되는 한글 명령어 순서도 작성한다.

| [1단계] 파이썬하고 대화하듯이 명령 순서도 작성 |
| --- |
| [1] numpy 모듈 가져오다, 별칭 np로<br>　　배열x에 담다, np.array()모듈을 [[1,1],[1,0],[0,1],[0,0]]2차원 리스트값을<br>　　배열y에 담다, np.array()모듈을[0],[1],[1],[0]리스트값을 |
| [2] keras.models 패키지로부터 모든 모듈을 가져오다<br>　　keras.layers 패키지로부터 모든 모듈을 가져오다<br>　　변수 model에 담다, Sequential 모델을<br>　　변수 model에 Dense 모듈을 출력 10차원이고 입력 2차원형태로 활성화함수는 'relu'로 합치다<br>　　변수 model에 Dense 모듈을 출력 1차원으로 합치다 |
| [3] 변수 model에 최적화는 'sgd', 손실은 'mse'함수, 정확도 함수로 해석하다 |
| [4] 변수model에 배열x,y를 훈련 묶음은 1개씩 에포크 100번 반복해서 훈련하다 |
| [5] 배열x_test에 담다, np.array()모듈을 [ ] 리스트값 [0,1]를<br>　　배열y_test에 담다, np.array()모듈을 [ ] 리스트값 배열 x_test를 |

한글 프로그램 순서도를 구글 번역으로 영어로 번역한다.

| [2단계] 구글 번역한 영어 문장을 한 행씩 압축해 코딩화한다 |
| --- |
| [1] Import numpy module, alias np<br>　　Put in array x, put np.array() module into [[1,1],[1,0],[0,1],[0,0]] two-dimensional list values<br>　　Put in array y, np.array() module [0],[1],[1],[0] list values<br>[2] Import all modules from the keras.models package<br>　　Import all modules from the keras.layers package<br>　　Put in the variable model, the Sequential model<br>　　The Dense module is output 10 dimensions in the variable model, and the activation function is merged into'relu' in the input 2D form.<br>　　Combine the Dense module in the variable model into an output one-dimensional<br>[3] In the variable model, optimization is interpreted as'sgd', loss is interpreted as'mse' function, and accuracy function.<br>[4] Train the array x.y in the variable model repeatedly for 100 epochs per training bundle.<br>[5] Put in array x_test, np.array() module [] list value [0,1]<br>　　Put in the array y_test, put the np.array() module in the [] list value array x_test |

컴퓨터가 이해하는 파이썬 명령어로 축약해 코딩화한다.

[3단계] 코딩화한 각 셀을 ▶ 또는 Shift+Enter 눌러 한 행씩 실행한다

```
import numpy as np
x = np.array([[1,1],[1,0],[0,1],[0,0]])
y = np.array([[0],[1],[1],[0]])


from keras.models import *
from keras.layers import *


model = Sequential()
model.add(Dense(10,input_dim=2,activation='relu'))
model.add(Dense( 1))


model.compile(optimizer='sgd',loss='mse',metrics=['accuracy'])
```

```
model.summary()

Model: "sequential"

_____
Layer (type)                 Output Shape              Param #
=================================================================
dense (Dense)                (None, 10)                30
_____
dense_1 (Dense)              (None, 1)                 11
=================================================================
Total params: 41
Trainable params: 41
Non-trainable params: 0
_____


model.fit(x,y,epochs=100, batch_size=1)

x_test = np.array([[0,1]])
y_test = model.predict(x_test)
```

 (구글 코랩 노트북으로 실습하려면)

크롬 브라우저 검색창에서 코랩사이트 링크(https://colab.research.google.com/ ) 입력해 새 코랩 노트북 만들기 위해 시작페이지에 접속한다. 또는 이미 코드가 작성되어 있는 노트북으로 실습하려면 옆의 QR코드를 스마트폰으로 인식하여 실행해 기 작성된 코드를 수정하면서 실습해 본다.

## 12.6 도심 봉제공장 기업인들이 말하고자 하는 숨은 의도를 신경망으로 16개 독립변수 고려하여 종속변수 카테고리를 분류하다. 분류함수 활용한다

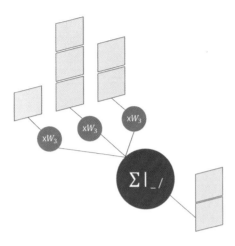

인공 신경망이 잘하는 것 중에 여러 종류 중에서 정답을 분류하는 기능이 있다. 신경망으로 풀어보려 하는 문제는 입력으로 들어오는 여러 종류의 데이터의 **분류(classification)**이다. 분류 문제는 기존에 관찰한 데이터를 바탕으로 새롭게 관찰한 데이터들이 어떤 분류 카테고리에 속하는지를 예측하는 문제다. 이 장에서 사용하는 데이터세트는 도심 봉제공장 설문조사데이터로 판다스의 데이터프레임같은 테이블형식 데이터로 되어 있다.

이번 장에서 학습하는 것은 인공 신경망을 설계하고 훈련시켜서 16개의 독립변수 등을 고려하는 수십 개의 입력변수의 영향 정도에 따라 공장주인이 도심 봉제공장 집적지 밖으로 자신의 공장을 이전할지 속마음을 잘 파악하고 예측할 수 있는지를 파악하는 것이고, 이는 마치 종속변수값이 0~1 사이의 범위에서 0 또는 1 두 개의 값으로 구별하는 2진분류 문제와 같다.

로지스틱 회귀(Logistic Regression)는 선형 회귀와 마찬가지로 적절한 선을 그려가는 과정이지만, 회귀선을 그리는 게 모든 목적이 아니라, 참(1)과 거짓(0) 사이를 구분하는 결정경계선을 그어 주고 데이터들의 위치가 경계선의 어디에 위치하는지 결정해 주는 작업도 중요한 목적이다. 즉 1과 0의 2진분류를 위해 예측선 그리는 회귀 분석하는 것과 같이 회귀 예측선을 활용해 추세선으로 미래 예측하는 데 사용하며, 예측선의 위에(1) 위치하냐 아래(0)에 위치하냐를 가지고 2진분류하는 기능으로도 활용할 수 있는 것이다.

봉제공장 기업인들이 말하고자 하는 숨은 의도를 인공지능이 미리 예측하는 딥러닝 학습모델로 많은 변수가 있는 기업 이전 의사를 맞출 수 있음을 알게된 것은 어떤 상황 속에 처한 기업의 이전 의사를 예측할 수 있다는 정도의 의미가 아니다. 이전 의사에 영향을 미치는 어떤 변수를 제거하거나 기능을 강화하는 등의 변수 제어로도 기업의 이전 의사를 변경시킬 수 있고, 이를 통해 산업집적지를 활성화시킬 수도 해결책을 합리적으로 찾을 수도 있다는 정책분석모델로서 큰 성과이다. 도심 봉제공장 이전 의사 설문조사 데이터에서 no연번항목을 제외하고 훈련 데이터를 만든다. 훈련 데이터세트를 입력할 때 16개의 입력변수(x)와 이전 의사를 정수 0,1로 표시한 1개 출력변수(y)로 열을 분할한다.

| no | Organization type | Owning | deposit | monthly | location | area | stay | industry | manpower | sub_term | association | Government support | move_intention |
|----|-------------------|--------|---------|---------|----------|------|------|----------|----------|----------|-------------|--------------------|----------------|
| 1 | 1 | 3 | 1000 | 100 | 4 | 45 | 2006 | 8 | 1 | 1 | 2 | 1 | 1 |
| 2 | 1 | 3 | 1000 | 90 | 4 | 35 | 2016 | 4 | 7 | 2 | 2 | 1 | 1 |
| 3 | 1 | 3 | 1000 | 70 | 4 | 40 | 2015 | 4 | 2 | 1 | 2 | 4 | 1 |

## 1. 사용자 지정 신경망모델의 뉴런수와 레이어 조정

아래 신경망그림은 16개의 다른 변수(x)값이 뉴런에 각각 입력되어 32개의 인공 뉴런 유닉이 있는 1개의 은닉층을 거쳐 출력은 1개(y)의 값으로 나오는 모델이다. 신경망에서 조정해야 할 것들로 신경망의 뉴런수와 레이어의 구조 조정, 가중치 초기화, 최적화 절차, 활성화 함수 등 많다.

만약 신경망의 뉴런수와 레이어의 크기를 조정하면 성능이 어떻게 될까? 첫째로 매 층에 있는 인공 뉴런유닛의 숫자를 조정해 보자. 예제의 1개의 은닉층에 32개의 뉴런이 아니라 64개 또는 16개로 뉴런 수를 줄이거나 늘려서 훈련해 보면 결과는 성능이 상승하기도 하고 나빠지기도 한다. 이 예제에서는 32개의 뉴런일 때 최고의 성능이 나왔다. 두번째는 은닉층인 layer 층의 갯수 자체를 늘리는 것이다. 예제의 32개 뉴런이 있는 은닉층 뒤에 16개의 뉴런이 있는 또 다른 하나의 새 레이어 은닉층(한줄 추가)을 도입하는 신경망을 구성한다. 모델 성능이 향상되는지 여부는 알고리즘의 최적화와 훈련숫자에도 영향을 받는다. 성능을 좌우하는 여러 요소 때문에 실행결과의 원인을 알 수는 없다. 다만 뉴런숫자나 레이어의 숫자를 줄이거나 늘이면서 신경망의 학습성능이 최고로 좋은 숫자를 실험 결과로 얻을 수 있다.

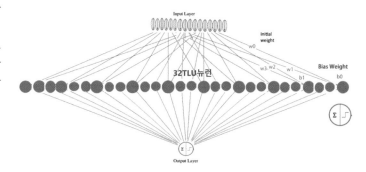

## 2. 모델 구축(컴파일)하기

Sigmoid[1]는 로지스틱 회귀분석 또는 neural network의 binary classification 마지막 레이어의 활성함수로 사용한다. 데이터를 두 개의 그룹으로 분류할 때 함수로 시그모이드를 활용하면 종속변수가 0 또는 1로 명확하게 분류할 수 있다. 따라서 학습 과정에서 각 layer의 weight라는 모수를 학습을 통해 추정하는 것이다. Sequential 모델의 첫번째 레이어는 입력 형태에서 input_shape=(784,))이나 input_dim=784 같은 의미이다. **손실 함수(Loss Function)**는 학습을 통해 얻은 데이터의 추정치가 실제 데이터와 얼마나 차이 나는지 평가하는 지표로 쓰인다. 이 값이 크면 클수록 많이 틀렸다는 의미로서 현재의 모델이 이상적인 모델과 얼마나 차이가 나는지 손실 또는 비용값으로 나타내며, 비용 함수cost function라고도 한다.

## 3. 모델 훈련해서 해답 찾기

신경망은 데이터를 통해 학습을 한다는 것이 핵심인데, 그 데이터를 가지고 어떻게 학습을 하냐에 대한 해답이 바로 손실 함수이다. **신경망 학습에서는 최적의 매개변수(가중치와 편향)를 구할 때 평균제곱오차(MSE)같은 손실 함수의 값을 가능한 최소로 하는 매개변수를 찾아 선을 구하는 것이다.** Logistic Regression을 부르는 다른 이름은 binary classification이다. 데이터를 1과 0의 두 가지 그룹으로 나누기 위해 사용하는 모델이다.

---

1  logistic (sigmoid)함수는 y값이 0,1 사이의 S자 형태로 그래프가 그려지는 연속적인 수학적 함수이다. 선형 회귀에서 기울기 a와 y의 절편 b를 구하였듯이 sigmoid함수의 기울기 a와 y절편 b를 구하는 것이다.

## Program coding flownote 한글 명령어를 영어로 번역한 코드 작성 순서노트

생활영어처럼 [1][2][3]단계별로 실행되는 한글 명령어 순서도 작성한다.

---

[1단계] 파이썬하고 대화하듯이 명령 순서도 작성

---

[1] pandas 모듈 가져오다, 별칭 pd로
　　데이터프레임test에 담다, pd의 read_csv()모듈로 'https://-- ' 값을
　　데이터프레임train에 담다, pd의 read_csv()모듈로 'https://-- ' 값을
　　데이터프레임 x에 담다, train의 'move_Intention'행의 열값을 빼고
　　데이터시리즈 y에 담다, train의 인덱스에서 'move_Intention'행의 열값을 가져오다

---

[2] keras.models 패키지로부터 모든 모듈을 가져오다
　　keras.layers 패키지로부터 모든 모듈을 가져오다
　　변수 model에 담다, Sequential 모델을
　　변수 model에 Dense 모듈을 출력 32차원이고 입력 16차원형태로 활성화함수는 'relu'로 합치다
　　변수 model에 Dense 모듈을 출력 1차원으로 활성화함수는 'sigmoid'로 합치다

---

[3] 변수 model에 최적화는 rmsprop, 손실은 'binary_crossentropy'함수, 정확도 함수로 해석하다

---

[4] 변수model에 배열x.y를 훈련 묶음은 1개씩 에포크 100번 반복해서 훈련하다

---

[5] 데이터프레임 xtest에 담다, test의 'move_Intention'행의 열값을 빼고
　　데이터시리즈 ytest에 담다, test의 인덱스에서 'move_Intention'행의 열값을 가져오다

---

[6]변수pred에 담다, model predict_classes()로 에 xtest값 넣어 클라스 예측하다
　　sklearn.metrics패키지로부터 accuracy_score 모듈 가져오다
　　프린트하다({:.2f}% 정확도로 이전의지를 맞춘다' .format(100*accuracy_score(pred,ytest)))

---

한글 프로그램 순서도를 구글 번역으로 영어로 번역한다.

---

[2단계] 구글 번역한 영어 문장을 한 행씩 압축해 코딩화한다

---

[1] Import numpy module, alias np
　　Put in array x, np.array() module [[---]] two-dimensional list value
　　Put in array y, np.array() module [1, 1, 0, 0, 1, 1, 0, 1, 0, 1, 1] list value
[2] Import all modules from the keras.models package
　　Import all modules from the keras.layers package
　　Put in the variable model, the Sequential model
　　In the variable model, the output is 32 dimensions and the activation function is merged into the input 3 dimensional form with'relu'.
　　Dense module is output to the variable model and the activation function is merged into'sigmoid' in one dimension.
[3] In the variable model, optimization is interpreted as rmsprop, loss is interpreted as'binary_crossentropy' function, and accuracy function.
[4] Train the array x.y in the variable model repeatedly for 100 epochs per training bundle.
[5] Put in array x_test, np.array() module [] list value
　　Put in the array y_test, put the np.array() module in the [] list value array x_test

---

컴퓨터가 이해하는 파이썬 명령어로 축약해 코딩화한다.

[3단계] 코딩화한 각 셀을 ▶ 또는 Shift+Enter 눌러 한 행씩 실행한다

```python
import pandas as pd
test=pd.read_csv('https://raw.githubusercontent.com/joungna/factory_ML_test-checkpoint/master/data/raw/test.csv')
train=pd.read_csv('https://raw.githubusercontent.com/joungna/factory_ML_test-checkpoint/master/data/raw/train.csv')

x = train.drop('move_Intention', axis=1)
y = train.loc[:, 'move_Intention']


from keras.models import *
from keras.layers import *


model = Sequential()
model.add(Dense(32, activation='relu', input_dim=16))
model.add(Dense(1, activation='sigmoid'))
model.compile(optimizer='rmsprop',loss='binary_crossentropy',metrics=['accuracy'])


model.summary()

Model: "sequential"
_____
Layer (type)                 Output Shape              Param #
=================================================================
dense (Dense)                (None, 32)                544
_____
dense_1 (Dense)              (None, 1)                 33
=================================================================
Total params: 577
Trainable params: 577
Non-trainable params: 0
_____


model.fit(x,y,epochs=100, batch_size=1)

import numpy as np
xtest = test.drop('move_Intention', axis=1)
ytest = test.loc[:, 'move_Intention']

pred = model.predict_classes(xtest)


from sklearn.metrics import accuracy_score
print ('{:.2f}% 정확도로 이전의지를 맞춘다'.format(100*accuracy_score(pred,ytest)))

93.62% 정확도로 이전의지를 맞춘다
```

(구글 코랩 노트북으로 실습하려면)

크롬 브라우저 검색창에서 코랩사이트 링크(https://colab.research.google.com/ ) 입력해 새 코랩 노트북 만들기 위해 시작페이지에 접속한다. 또는 이미 코드가 작성되어 있는 노트북으로 실습하려면 옆의 QR코드를 스마트폰으로 인식하여 실행해 기 작성된 코드를 수정하면서 실습해 본다.

## 12.7 신경망으로 3개 유형 이상에서 카테고리를 분류하다.
## 벡터 공간에서 패턴 분류하다

머신러닝 알고리즘 중에 Support Vector Machine (SVM)은 데이터 분류 등 공간에 결정경계를 긋고 데이터들을 분리하거나 구분하는 분석모델이다. 공간에 분포한 데이터들이 선형적으로 관계하는 경우라면 기존 머신러닝 알고리즘들은 잘 분류하나, XOR처럼 비선형적 관계로 존재하는 곡선형으로 결정 경계를 분리하고 데이터를 분포하는 데는 잘 동작하지 않는다. 그러나 SVM은 비선형적으로 분리된 데이터 분류의 (non-linearly separable) 경우에 있어서도 작동하고, 특히 데이터가 확실히 나누어 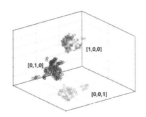 져 있으면 SVM이 잘 작동한다. 이것은 XOR 논리회로 문제를 해결한 것처럼 마치 평면 종이를 휘어주어서 좌표 평면 자체에 변화를 주어서 좌표평면을 왜곡시켜 선형으로는 분류할 수 없던 것을 입체평면에서 분류하는 것과 같다.

### 원핫(one-hot) 인코딩이란 무엇인가?

여러 개의 값이 나열된 범주형 데이터 (Categorical Data)를 수치로 변환하는 것이다. 여러 개의 값 중에서 해당 범주에 속하는 단 하나의 값만 1로 표시해 Hot(True)이고 나머지는 모두 0으로 표시해 Cold(False)인 것이다. 예를 들어 범주형 리스트숫자 0~2까지 중에서 1일 때의 원핫은 인덱스가 0부터 1번째이므로 [0,1,0]인 것이다. 여러 개로 클래스를 분류할 때 각 클래스값을 정수로 분류하거나 원핫으로 인코딩한 값을 사용할 수도 있다.

### 1. 비선형 패턴분류 문제를 해결할 원핫 인코딩 모델구조 만들기

비선형 관계의 패턴분류문제는 SVM의 Non Linear Mapping 방법으로 다층 신경망을 구성하여 1차원 공간에서 선형분류를 못하는 경우에도 2차원 공간으로 Lift하여 고차원공간으로 변환시키면 비선형분류를 할 수 있다.
그런데 이렇게 고차원의 수단을 사용하면 비용과 시간이 오래 걸리므로, 간단한 방법으로 비선형 패턴분류문제를 해결한다. 기계인 컴퓨터는 자연어 같은 문자나 그림보다는 숫자를 더 잘 처리한다. 문자를 숫자로 바꾸는 기법으로 원핫인코딩이 있다. texts_to_sequences() 함수는 주어진 문장 같은 단어 집합에서 각 단어에 정수 인덱스를 부여하고, 단어 문자 대신 정수 인덱스를 숫자로 반환한다. 이렇게 정수 인코딩된 정수 시퀀스로부터 to_categorical()함수를 사용해 원핫인코딩을 수행한다. 3개의 다른 변수값을 범주형 데이터로 변환하는 원핫인코딩을 거쳐서 인코딩된 숫자 3개가 뉴런에 각각 입력되어 100개의 인공 뉴런 은닉층을 거쳐 출력은 3개의 다른 값으로 나오는 모델이다.

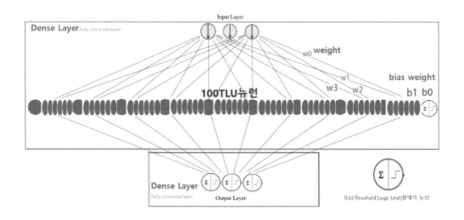

## 2. 모델 구축(컴파일)하기

Softmax[1]는 입력받은 값을 출력으로 0~1사이의 값으로 모두 정규화하며 출력값들이 확률값을 가지게 한다. logistic regression이 로지스틱 회귀분석 또는 neural network의 binary classification 이라고 하며 2가지 레이블만 분류하는 것과 달리, 여러 개의 클라스로도 분류가 가능하다.

## 3. 모델 훈련해서 해답 찾기

Neuron을 training한다는 것은 주어진 training dataset에 의도된 대로 neuron이 동작하도록 $\theta=\{w,b\}$를 결정하는 것이다.

### Program coding flownote 한글 명령어를 영어로 번역한 코드 작성 순서노트
생활영어처럼 [1][2][3]단계별로 실행되는 한글 명령어 순서도 작성한다.

| [1단계] 파이썬하고 대화하듯이 명령 순서도 작성 |
| --- |
| [1] numpy 모듈 가져오다, 별칭 np로<br>　　배열x에 담다, np.array()모듈을 [[---]]2차원 리스트값을<br>　　배열y에 담다, np.array()모듈을[1, 2, 0, 0, 1, 2, 0, 1, 0, 1, 2] 리스트값을 |
| [2] keras.models 패키지로부터 모든 모듈을 가져오다<br>　　keras.layers 패키지로부터 모든 모듈을 가져오다<br>　　keras 모듈을 가져오다<br>　　배열y_OneHotEncoder에 담다,keras.utils.to_categorical()함수로 y값을 클라스숫자는 3개 |
| [3] 변수 model에 담다, Sequential 모델을<br>　　변수 model에 Dense 모듈을 출력 100차원이고 입력 3차원형태로 활성화함수는 'relu'로 합치다<br>　　변수 model에 Dense 모듈을 출력 3차원으로 활성화함수는 'softmax'로 합치다 |
| [4] 변수 model에 최적화는 rmsprop, 손실은 'categorical_crossentropy'함수, 정확도 함수로 해석하다 |
| [5] 변수model에 배열x.y_OneHotEncoder를 훈련 묶음은 1개씩 에포크 500번 반복해서 훈련하다 |
| [6] 배열x_test에 담다,np.array()모듈을 [ ] 리스트값을<br>　　배열y_test에 담다,np.array()모듈을 [ ] 리스트값 배열 x_test를 |

한글 프로그램 순서도를 구글 번역으로 영어로 번역한다.

| [2단계] 구글 번역한 영어 문장을 한 행씩 압축해 코딩화한다 |
| --- |
| [1] Import numpy module, alias np<br>　　Put in array x, np.array() module [[---]] two-dimensional list value<br>　　Put in array y, np.array() module [1, 2, 0, 0, 1, 2, 0, 1, 0, 1, 2]<br>[2] Import all modules from the keras.models package<br>　　Import all modules from the keras.layers package<br>　　import keras module<br>　　Put in the array y_OneHotEncoder, the y value with the keras.utils.to_categorical() function, the class number is 3<br>[3] Put in the variable model, the Sequential model<br>　　In the variable model, the Dense module is output 100 dimensional and the activation function is merged into an input 3 dimensional form with 'relu'.<br>　　Dense module is output to the variable model. The activation function is combined with 'softmax' in 3D.<br>[4] In the variable model, optimization is interpreted as rmsprop, loss is interpreted as 'categorical_crossentropy' function, and accuracy function.<br>[5] Train the array x.y_OneHotEncoder in the variable model, and train each epoch 500 times for each batch.<br>[6] Put in array x_test, np.array() module [] list value<br>　　Put in the array y_test, put the np.array() module in the [] list value array x_test |

---

1　*Softmax function은 sigmoid(logistic)과 다르게 연속적인 수학적 함수가 아니라 신경망 Neural network의 마지막 계층의 출력 Classification을 위한 확률분포로 매핑하는 function이다. Softmax function을 사용하면 결과를 확률값으로 하여 확률 구간 여러 단계로 분류할 수 있거나 또는 이미지의 여러 클래스를 예측하려는 경우 사용한다. 시그모이드 함수는 로지스틱 함수의 한 유형이라 볼 수 있고, 입력값이 하나일 때 사용되는 시그모이드 함수를 입력값이 여러 개일 때도 사용할 수 있도록 일반화 한 것이 소프트맥스 함수인 것이다.*

컴퓨터가 이해하는 파이썬 명령어로 축약해 코딩화한다.

[3단계] 코딩화한 각 셀을 ▶ 또는 Shift+Enter 눌러 한 행씩 실행한다

```
x = np.array([[121, 80, 44], [180, 70, 43], [166, 60, 38],
    [153, 54, 37], [166, 65, 40], [190, 90, 47], [175, 64, 39],
    [174, 71, 40], [159, 52, 37], [171, 76, 42], [183, 85, 43]])
y = np.array([1, 2, 0, 0, 1, 2, 0, 1, 0, 1, 2])

from keras.models import *
from keras.layers import *

import keras
y_OneHotEncoder = keras.utils.to_categorical(y, num_classes=3)
y_OneHotEncoder

array([[0., 1., 0.],
       [0., 0., 1.],
       [1., 0., 0.],
       [1., 0., 0.],
       [0., 1., 0.],
       [0., 0., 1.],
       [1., 0., 0.],
       [0., 1., 0.],
       [1., 0., 0.],
       [0., 1., 0.],
       [0., 0., 1.]], dtype=float32)


model = Sequential()
model.add(Dense(100,input_shape = (3,),activation='relu'))
model.add(Dense(3,activation='softmax'))
model.compile(optimizer='rmsprop',loss='categorical_crossentropy', metrics=['accuracy'])
model.fit(x,y_OneHotEncoder,epochs=500, batch_size=1)


model.summary()

Model: "sequential_3"

_____
Layer (type)                 Output Shape              Param #
=================================================================
dense_6 (Dense)              (None, 100)               400
_____
dense_7 (Dense)              (None, 3)                 303
=================================================================
Total params: 703
Trainable params: 703
Non-trainable params: 0
```

 (구글 코랩 노트북으로 실습하려면)
크롬 브라우저 검색창에서 코랩사이트 링크(https://colab.research.google.com/ ) 입력해 새 코랩 노트북 만들기 위해 시작페이지에 접속한다. 또는 이미 코드가 작성되어 있는 노트북으로 실습하려면 옆의 QR코드를 스마트폰으로 인식하여 실행해 기 작성된 코드를 수정하면서 실습해 본다.

## 12.8 웨어러블 컴퓨팅 인공지능 모델을 만든다. 역도 운동시 몸에 붙인 센서로 근육 활동 데이터 수집하고 컴퓨터가 스스로 인간 활동을 구별하게 하자

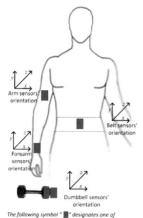

Arm sensors'
orientation

Belt sensors'
orientation

Forearm
sensors'
orientation

Dumbbell sensors'
orientation

*The following symbol " ■ " designates one of the set of sensors described in the text*

인간 활동 인식 (Human Activity Recognition)은 인공지능의 주요한 분야이다. 웨어러블 가속도계를 사용하여 각 센서들로부터 획득한 신체 자세 및 움직임 데이터로 인간의 평소 활동을 인공지능이 예측하도록 하는 것은 '헬스케어' 등 여러 분야에서 사용 중이다. 노인의 활동 모니터링, 다이어트나 헬스장에서 운동 시 에너지 소비에 따른 근육운동 모니터일, 체중 감량 프로그램의 개발 등에 사용할 수 있다.

헬스장에서 인간이 5가지 방식으로 덤벨로 근육운동하는 경우를 센서로 측정해 신체 자세 및 인간 움직임을 연구하여 인간의 활동을 예측하는 인공지능 모델을 발표한 논문 데이터를 활용한다[1]. 역도운동 데이터세트를 기계학습하고 기계 보고 인간의 근육 활동으로 역도운동의 형태와 유형을 인식하고 구분할 수 있는지 모델을 만든다. 이 경우 이 두 근육을 10회 반복하여 한번 수행하도록 하고 센서로 데이터를 받아서 이 데이터로 기계학습을 하였다.

| classe | roll_belt | pitch_belt | yaw_belt | total_accel_belt | gyros_belt_x | gyros_belt_y | gyros_belt_z | accel_belt_x | accel_belt_y |
|--------|-----------|------------|----------|------------------|--------------|--------------|--------------|--------------|--------------|
| A | 1.41 | 8.07 | -94.4 | 3 | 0.00 | 0.00 | -0.02 | -21 | 4 |
| A | 1.41 | 8.07 | -94.4 | 3 | 0.02 | 0.00 | -0.02 | -22 | 4 |
| A | 1.42 | 8.07 | -94.4 | 3 | 0.00 | 0.00 | -0.02 | -20 | 5 |
| A | 1.48 | 8.05 | -94.4 | 3 | 0.02 | 0.00 | -0.03 | -22 | 3 |
| A | 1.45 | 8.06 | -94.4 | 3 | 0.02 | 0.00 | -0.02 | -21 | 4 |
| ... | ... | ... | ... | ... | ... | ... | ... | ... | ... |
| E | 154.00 | -32.70 | 125.0 | 24 | 0.29 | 0.05 | -0.36 | 67 | 51 |
| E | 154.00 | -32.90 | 126.0 | 24 | 0.31 | 0.05 | -0.41 | 69 | 52 |

5개 클라스 구분은 정확한 방식으로 운동하는 경우에는 (A 등급)이고 그 외 4가지 클래스는 일반적인 실수를 각각 구분하여 사양을 만들었다. 가령 팔꿈치를 앞쪽으로 던지고 (B 등급) 아령을 반만 들어 올리는 경우 (클래스 C), 덤벨을 반만 내리고 (클래스 D) 엉덩이를 앞쪽으로 던지는 경우 (클래스 E) 등 모두 5가지 동작을 구분하였다.

neuron으로 이루어진 layer(input layer, hidden layer, output layer)를 2개 이상 포함하는 Multi-layer ANN(Artificial neural network)[2]은 기본적인 의사결정 및 판단 인공 신경망 알고리즘이다. neuron으로 이루어진 layer(input layer, hidden layer, output layer)를 2개 이상 포함하는 ANN으로 판단 알고리즘이 우수한 게임프로그램인 알파고가 도입한 딥 러닝의 가장 핵심적인 기술이다.

인공 신경망 모델에서 은닉층 삭제하고 가중 합의 전이 함수로의 적용이 없다면 회귀 모델과 같은 알고리즘이다. 여러 층을 쌓아서 신경망을 구축하게 되면, 깊게 쌓을수록 선형의 한계를 벗어나 비선형, 특이한 모형들에 대해 분류를 잘 할 수 있어서 이미지 분류, 텍스트 마이닝 등등을 할 수 있다.

---

1  *Wearable Computing: Accelerometers' Data Classification of Body Postures and Movements(Berlin / Heidelberg, 2012.) Read more: http://groupware.les.inf.puc-rio.br/work.jsf?p1=10335#ixzz6hdLxRu5N*

2  *Multi-layer ANN 신경 세포인 neuron을 추상화한 artificial neuron으로 구성된 네트워크이다. ANN은 일반적으로 어떠한 형태의 function이든 근사할 수 있는 universal function approximator로도 알려져 있다. ANN을 구성하는 가장 작은 요소는 artificial neuron 이다.*

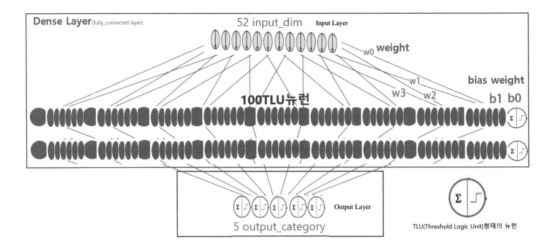

Neuron을 training한다는 것은 주어진 training dataset에 의도된 대로 neuron이 동작하도록 θ={w,b}를 결정하는 것이다. 우선 인공지능 모델로 훈련할 데이터를 전처리한다. 데이터 셋에 운동을 분류한 항목이 문자 A~E까지로 분류되어 있어, 숫자로 변환한다. har_train.replace({'A': 1, 'B':2, 'C':3, 'D':4, 'E':5}) DataFrame에 저장된 값 중에서 치환할 문자를 여러 개 지정하기 위해서는 딕셔너리 타입을 사용한다.
tf.keras.utils.to_categorical(y_train, 6)으로 6개 클라스로 분류하여 2차 메트릭스를 만든다.

### 1. 사용자 지정 모델 구조 만들기

이 장의 코드는 2차 신경망이다. 입력층, 은닉1층, 출력층 등 2차 신경망 코드를 보여준다. 2개의 입력 뉴런으로 입력되면, 가중치를 만드는 함수를 통해서 2개의 출력값이 나온다.

### 2. 모델 구축(컴파일)하기

신경망의 출력층에서 출력값을 정규화하는 활성화 함수로 보통 확률을 표현하여 분류 문제를 해결하려고 할 때, 출력층 함수들의 정답을 내려 할 때는 회귀분석 soft max 연산자로 분류하고, 확률로서 분류하려면 relu, sigmoid 연산자를 사용한다. 데이터를 두 개의 그룹으로 분류할 때 함수로 soft max를 사용하면, 출력값[outcome]이 나왔을 때 값을 0-1 사이의 확률로 만들어 준다. soft max 입력으로 들어가면, 확률이 작은 값은 더 작아져서 0으로 수렴되고, 확률이 큰 값은 더 커져서 1에 가까워진다.

### 3. 모델 훈련해서 해답 찾기

신경망 안에 들어가는 함수들 중에서 평균오차함수(회귀분석), 교차엔트로피 함수(분류 문제) 등 오차 함수들로 훈련 정확도를 검증한다.

## Program coding flownote 한글 명령어를 영어로 번역한 코드 작성 순서노트

생활영어처럼 [1][2][3]단계별로 실행되는 한글 명령어 순서도 작성한다.

---

**[1단계] 파이썬하고 대화하듯이 명령 순서도 작성**

[1] pandas 모듈 가져오다, 별칭 pd로
　　데이터프레임har_test에 담다, pd의 read_csv()모듈로 'https://-- ' 값을
　　데이터프레임har_train에 담다, pd의 read_csv()모듈로 'https://-- ' 값을
　　데이터프레임har_test에 담다, har_test의 {'A': 0, 'B':1, 'C':2, 'D':3, 'E':4}
　　값을 치환해서
　　데이터프레임har_train에 담다, har_test의 {'A': 0, 'B':1, 'C':2, 'D':3, 'E':4}
　　값을 치환해서

[2]데이터프레임 x_train에 담다, train의 'classe'행의 열값을 빼고
　　데이터시리즈 y_train에 담다, train의 인덱스에서 'classe'행의 열값을 가져오다
　　데이터프레임 x_test에 담다, test의 'classe'행의 열값을 빼고
　　데이터시리즈 y_test에 담다, test의 인덱스에서 'classe'행의 열값을 가져오다

[3] sklearn.model_selection 패키지로부터 train_test_split모듈 가져오다
　　변수xtrain,xtest,ytrain,ytest에 담다,train_test_split()모듈로
　　데이터시리즈 x,y 값을 테스트사이즈 0.25로 랜덤상태로

[4] keras.models 패키지로부터 모든 모듈을 가져오다
　　keras.layers 패키지로부터 모든 모듈을 가져오다
　　keras 모듈을 가져오다
　　배열y_OneHotEncoder에 담다,keras.utils.to_categorical()함수로 y_train값을 클래스숫자는 2개

[5] 변수 model에 담다, Sequential 모델을
　　변수 model에 Dense 모듈을 출력 100차원이고 입력 2차원형태로 활성화함수는 'relu'로 합치다
　　변수 model에 Dense 모듈을 출력 2차원으로 활성화함수는 'softmax'로 합치다
　　변수 model에 최적화는 rmsprop, 손실은 'binary_crossentropy'함수, 정확도 함수로 해석하다

[6] 변수model에 배열x_train.y_OneHotEncoder를 훈련 묶음은 1개씩 에포크200번 반복해서 훈련하다

[7] 변수 model에 x_test값 넣어 클래스 예측하다

---

한글 프로그램 순서도를 구글 번역으로 영어로 번역한다.

---

**[2단계] 구글 번역한 영어 문장을 한 행씩 압축해 코딩화한다**

[1] Put in dictionary data, {}
　　import pandas module, alias pd
　　Put in data frame df, data value of data frame () of pd
[2] Put in the data series x, the value of the two-dimensional list[['age','salary']] of df
　　Put in data series y, the list of df ['purchased'] value
[3] Import train_test_split module from sklearn.model_selection package
　　Put the variables xtrain, xtest, ytrain, ytest, and train_test_split() module to randomize the data series x,y
　　values to the test size 0.25
[4] Import all modules from the keras.models package
　　Import all modules from the keras.layers package
　　import keras module
　　Put in the array y_OneHotEncoder, the y_train value with the keras.utils.to_categorical() function, the class
　　number is 2
[5] Put in the variable model, the Sequential model
　　In the variable model, the Dense module is output 100 dimensions, and the activation function is merged
　　into'relu' as an input two-dimensional form.
　　Dense module is output to the variable model. The activation function is combined with'softmax' in two
　　dimensions.
　　In the variable model, optimization is interpreted as rmsprop, loss is interpreted as'binary_crossentropy'
　　function, and accuracy function.
[6] Train the array x_train.y_OneHotEncoder in the variable model, and train one epoch 200 times for each batch.
[7] Class prediction by putting x_test value in the variable model

---

컴퓨터가 이해하는 파이썬 명령어로 축약해 코딩화한다.

[3단계] 코딩화한 각 셀을 ▶ 또는 Shift+Enter 눌러 한 행씩 실행한다

```
import pandas as pd
har_train=pd.read_csv('https://raw.githubusercontent.com/selva86/datasets/master/har_train.csv')
har_test=pd.read_csv('https://raw.githubusercontent.com/selva86/datasets/master/har_validate.csv')

train = har_train.replace({'A': 0, 'B':1, 'C':2, 'D':3, 'E':4})
test = har_test.replace({'A': 0, 'B':1, 'C':2, 'D':3, 'E':4})

x_train = train.drop('classe', axis=1)
y_train = train.loc[:, 'classe']
x_test = test.drop('classe', axis=1)
y_test = test.loc[:, 'classe']

train_stats = x_train.describe()
train_stats = train_stats.transpose()

def normal(a):
  return (a - train_stats['mean']) / train_stats['std']
normed_train_data = normal(x_train)
normed_test_data = normal(x_test)
normed_train_data

import tensorflow as tf

y_train = tf.keras.utils.to_categorical(y_train)
y_test = tf.keras.utils.to_categorical(y_test)

y_train.shape

(13737, 5)

from keras.models import *
from keras.layers import *

model = Sequential()
model.add(Dense(100, activation='relu', input_shape=[len(x_train.keys())]))
model.add(Dense(100, activation='relu'))
model.add(Dense(5, activation='softmax'))
model.compile(optimizer='adam',loss='categorical_crossentropy',metrics=['accuracy'])
model.fit(normed_train_data,y_train, epochs=20, batch_size=1)

import numpy as np
pred = np.argmax (model.predict (normed_test_data), axis = -1)
pred

array([0, 0, 0, ..., 4, 4, 4])

from sklearn.metrics import accuracy_score
print ('{:.2f}% 정확도'.format(100*accuracy_score(pred,np.argmax (y_test,axis=1))))

97.72% 정확도

model.evaluate(normed_test_data, y_test, verbose=0)

[1.021878719329834, 0.9772302508354187]
```

 (구글 코랩 노트북으로 실습하려면)

크롬 브라우저 검색창에서 코랩사이트 링크(https://colab.research.google.com/ ) 입력해 새 코랩 노트북 만들기 위해 시작페이지에 접속한다. 또는 이미 코드가 작성되어 있는 노트북으로 실습하려면 옆의 QR코드를 스마트폰으로 인식하여 실행해 기 작성된 코드를 수정하면서 실습해 본다.

## 12.9 한국어를 음소 단위 문자들로 분해한 뒤 입력하여 LSTM 언어 모델 이용한 한글 문장 생성하기

앞장에서는 Dense층을 3개 층까지 쌓은 딥러닝모델을 만들어 보았다. 이번 장에서는 순환신경망레이어 RNN 또는 LSTM 레이어를 사용하여 딥러닝모델을 만들어보고, 이를 활용해 한글 문장을 생성해 본다. LSTM (Long Short Term Memory) 은 RNN(Recurrent Neural Network)의 일종이나 좀더 긴 시퀀스를 기억할 수 있는 능력이 있다. LSTM 레이어는 Dense 레이어와 사용방법은 비슷하지만 시퀀스 출력여부와 상태유지 환경세팅으로 일직선 흐름으로 완전연결형태인 Dense층과 다르게 복잡하고 다양한 형태의 신경망을 구축할 수 있다.

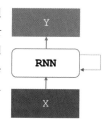

Dense는 파이썬 함수처럼 입력을 바로 처리해 결과를 발생하고 그 과정을 기억하지는 않는다. 하지만 컴퓨터에는 기억장치 메모리가 있고, 이를 잘 활용한 게 RNN,LSTM이다. 이 모델들은 입력된 정보를 루프를 통해 순환해 다시 입력하는 기능이 있다. 즉 과거 정보를 순환하는 루프기능이 있어서, 중요한 정보를 저장하고 중요하지 않은 부분은 잊어버리거나 또는 실수를 기억할 수 있고 다음에 발생할 내용을 예측할 수 있고, 결정을 내릴 때 현재 입력과 이전에 받은 입력에서 배운 내용도 함께 고려할 수 있다는 것이다. 다만 RNN은 정보량이 많아질수록 **vanishing gradient problem**이라는 학습능력이 크게 저하되는 단점이 있어서 이를 극복하기 위한 것이 LSTM이고, LSTM은 과거 정보를 잊기 위한 게이트forget gate 가 있어서 정보량 누적을 막을수 있다. RNN의 손실함수만 바꾸면 비교적 쉽게 LSTM 구조로 변경할 수가 있다.

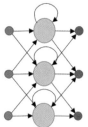

Keras 기반의 딥러닝 모델의 트리구조화된 LSTM모델은 순환신경망 모델 RNN과 같은 계열로 순차적으로 정보를 입력받아 기억하고 다음 정보를 예측하는 기능 때문에 주가예측 등 시계열 예측이나 문장에서 단어의 순서와 메커니즘 등 전체 시퀀스를 처리하는 언어모델로 많이 사용한다. 즉 순차적으로 입력된 언어자료를 바탕으로 다음에 나올 단어나 문자를 예측하는 모델로 자연어 언어처리에 사용될 수 있기 때문이다.

### 1. 순환모델구조 만들기

LSTM 신경망 중간에 있는 히든 레이어의 결과값들이 다시 입력값으로 들어가기 때문에 순환(return_sequences) 기능이 있는 9개의 LSTM units 모듈이 있는 LSTM 1개 층이 있다. return_sequences가 True일 때에는 각 시퀀스에서 각각 출력하도록 하여 9개 출력이 나오며 이는 LSTM 레이어 위에 다음 층을 여러 개 쌓아올리는 중간과정으로도 사용할 수 있고 Dense에 9개 입력을 넣을 수도 있다. 마지막으로 Dense층 1개로 결과값을 도출하는 딥러닝모델을 설계한다. 물론, LSTM 2~3개 층을 중복해 쌓는 모형이 LSTM 1개층을 사용한 모형에 비해 완성도가 높은 문장을 생성한다.

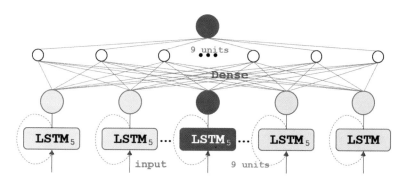

## 2. 모델 구축(컴파일)하기

Dense 모듈로 출력이 9차원이고, 활성화함수는 'softmax'로 입력받은 값을 출력으로 0~1사이의 9단계의 값으로 모두 정규화하며 확률값으로 표현하여 9개의 클래스값을 가진다.

## 3. 모델 훈련해서 해답찾기

훈련 데이터로 주어진 문장의 모든 단어에 대해서 원-핫 인코딩을 통해 원-핫 벡터를 만들고 x,y에 넣어 훈련시킨다. 불완전한 한국어 문장의 각 음소들을 뒤섞은 뒤에 입력데이터로 주어졌을 때 뒤이어 나올 단어들을 예측하여 완전한 문장을 생성할 수 있다. 이는 언어 모델이 훈련데이터를 암기한 것이 아니라 훈련 데이터에서 사용된 단어의 정렬패턴을 학습하고 기억하여 새로운 문장을 생성한 것이다.

## 4. 새로운 문장을 생성하다

text 문자리스트에서 학습된 값으로 새로운 문장을 만들어 보자. enumerate 는 열거하는 함수이고 반복for문과 같이 쓰며, 인덱스와 값이 같이 출력된다. np.argmax(arr, axis=1)은 pred 리스트 배열중에서 세로열로 큰 값을 반복 범위로 하고 반복제어변수 e로서 반복한번 수행시 처리할 내용인 text 리스트에서 e번째 문자열을 선택한다.

---

### Program coding flownote 한글 명령어를 영어로 번역한 코드 작성 순서노트

생활영어처럼 [1][2][3]단계별로 실행되는 한글 명령어 순서도 작성한다.

| [1단계] 파이썬하고 대화하듯이 명령 순서도 작성 |
|---|
| [1] numpy 모듈 가져오다, 별칭 np로<br>    리스트text에 담다, [ ] 값을<br>    리스트 x_input에 담다, [[---]]2차원 리스트값을<br>    리스트y_sequence에 담다, [[---]]2차원 리스트값을 |
| [2] keras.models 패키지로부터 모든 모듈을 가져오다<br>    keras.layers 패키지로부터 모든 모듈을 가져오다<br>    keras 모듈을 가져오다<br>    배열y_OneHotEncoder에 담다,keras.utils.to_categorical()함수로 y값을 클래스숫자는 3개 |
| [3] 변수 model에 담다, Sequential 모델을<br>    변수 model에  LSTM 모듈을 출력 9차원이고 return_sequences 있게 합치다<br>    변수 model에  Dense 모듈을 출력 9차원으로 활성화함수는 'softmax'로 합치다 |
| [4] 변수 model에 최적화는 adam, 손실은 'categorical_crossentropy'함수, 정확도 함수로 해석하다 |
| [5] 변수model에 배열x_1hot, y_1hot를 훈련 묶음은 1개씩 에포크 200번 반복해서 훈련하다 |
| [6] 배열pred에 담다, model의 x_1hot 예측값을<br>    for 동안 범위 배열pred 속에서 요소 i, arr 꺼내며 반복해<br>    변수 result에 담다,  [text[e] for e in np.argmax(arr, axis=1)]리스트값을<br>    프린트해 "문장: ", ''.join(result) |

한글 프로그램 순서도를 구글 번역으로 영어로 번역한다.

[2단계] 구글 번역한 영어 문장을 한 행씩 압축해 코딩화한다

[1] Import numpy module, alias np
Put in list text, [] value
Put in list x_input, [[---]] two-dimensional list value
Put in list y_sequence, [[---]] two-dimensional list value[2] Import all modules from the keras.models package
Import all modules from the keras.layers package
import keras module
Put in the array y_OneHotEncoder, the y value with the keras.utils.to_categorical() function, the class number is 3
[3] Put in the variable model, the Sequential model
Combine the LSTM module in the variable model with 9 dimensions and return_sequences
The Dense module is output to the variable model and the activation function is merged into 'softmax' in 9 dimensions.
[4] In the variable model, the optimization is adam, the loss is interpreted as a 'categorical_crossentropy' function and an accuracy function.
[5] Train arrays x_1hot, y_1hot in variable model, training batch is repeated 200 times for each epoch
[6] Put in the array pred, the predicted value of x_1hot of the model
 During for, the elements i and arr are removed from the range array pred and repeated.
Put in variable result, [text[e] for e in np.argmax(arr, axis=1)] list value
Print out "Sentence: ",''.join(result)

컴퓨터가 이해하는 파이썬 명령어로 축약해 코딩화한다.

[3단계] 코딩화한 각 셀을 ▶ 또는 Shift+Enter 눌러 한 행씩 실행한다

```python
import numpy as np
text = ['학', '다', '교', '갑', '시','부','공','하','자']
x_input = [[0, 4, 1, 2, 3, 6, 5, 7, 8]]
y_sequence = [[0, 2, 3, 4, 1, 6, 5, 7, 8]]


from keras.models import *
from keras.layers import *
import keras
x_1hot = keras.utils.to_categorical(x_input, num_classes=9)
y_1hot = keras.utils.to_categorical(y_sequence, num_classes=9)


model = Sequential()
model.add(LSTM(9,return_sequences=True))
model.add(Dense(units=9, activation='softmax'))


model.compile(loss='categorical_crossentropy', optimizer='adam',
              metrics=['accuracy'])


model.fit(x_1hot, y_1hot, epochs=200, batch_size=1)


pred = model.predict(x_1hot)


for i, arr in enumerate(pred):
    result = [text[e] for e in np.argmax(arr, axis=1)]
    print("문장: ", ''.join(result))

문장:  학교갑시다공부하자
```

(구글 코랩 노트북으로 실습하려면)
크롬 브라우저 검색창에서 코랩사이트 링크(https://colab.research.google.com/ ) 입력해 새 코랩 노트북 만들기 위해 시작페이지에 접속한다. 또는 이미 코드가 작성되어 있는 노트북으로 실습하려면 옆의 QR코드를 스마트폰으로 인식하여 실행해 기 작성된 코드를 수정하면서 실습해 본다.

# 13

STEP

# 인공지능은 지능적인 인간 행동과 창의성을 모방한다.
# 디지털 아트와 컴퓨터 비전

---

알파고의 알고리즘은 무엇일까 ? 알파고는 전문가의 감각으로 의사결정 알고리즘을 가졌을까?
인공 신경망 벡터 공간에서 바둑을 인식하는 방법은?

알파고는 어떻게 다음 수를 선택할까? 아파트내에서 특정 동호수에 거주하는 사람을
수 차례 소리쳐 불러 찾아내듯이, 수없이 랜덤성으로 반복한다면 정답 평균에 수렴한다

인공지능이 인간의 시각능력처럼 '볼' 수 있다는 의미는 무엇인가 ?
운동화,옷,장화 등 패션 이미지를 알아보는 방식은 인간의 시각 피질의 작동 원리와 같다

컴퓨터가 내 손글씨를 알아본다. 손글씨 숫자 이미지 인식

내가 그린 말 그림, 배 그림 등 이미지를 컴퓨터가 분류해 내는 방법

카메라 CCTV에 찍힌 물체를 탐지하는 기술. 사람, 개, 고양이를
컴퓨터가 표적 탐지하고 구별하고 이름표를 붙여보자

연속된 주가 데이터로 미래 주식 지수 예측하기

인공지능에게 상담받고 답변을 음성 합성. 문장을 음성으로 만들기

## 13.1 알파고의 알고리즘은 무엇일까? 알파고는 전문가의 감각으로 의사결정 알고리즘을 가졌을까? 인공 신경망 벡터 공간에서 바둑을 인식하는 방법은?

알파고(AlphaGo)[1]는 구글의 딥마인드(DeepMind)가 개발한 인공지능 바둑 프로그램이다. 알파고가 종전 바둑 프로그램과 다른 것은 종전 바둑프로그램이 그간의 수많은 바둑기보 데이터와 연산능력을 사용하여 최적의 경우의 수를 찾는 데 중점을 두었다면, 알파고는 인공지능의 학습에서 핵심으로 광범위한 바둑기보의 경우의 수에서 정답을 찾아도 보상을 받지만, 무한대에 가까운 입력된 적도 없는 바둑대국 상황에서도 가장 유리한 선택을 하도록 하고, 그 선택이 올바르면 보상을 받는 인공 신경망 알고리즘 강화학습으로 선택 능력을 지속적으로 향상시키도록 반복 훈련에 중점을 둔 것이다.

**알파고의 알고리즘은 무엇일까?**

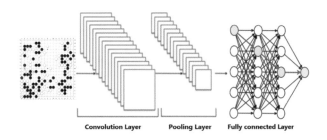

Convolution Layer     Pooling Layer     Fully connected Layer

알파고는 빛의 속도로 탐색을 위해 Tree 구조를 만들고 Tree 를 순환하여 경우의 수를 찾기 전에 정렬하는 과정을 반복하는 것이다. 알파고 설계방식은 "plays just like a human"으로 마치 사람의 감각을 모방하듯이 사람처럼 바닥판의 모양을 보고 패턴을 인식하고 판단하는 능력과 어디에 두면 좋은지에 대한 감각, 전문가의 감각으로 미지의 바둑문제를 해결하는 선택을 잘하는 것이다. 바둑의 문제를 푸는 선택으로는 첫째는 How AlphaGo chooses its next move 와 둘째는 How AlphaGo assesses new positions 이라는 두가지의 중요한 선택을 하게 된다. 첫번째는 몬테카를로 트리탐색(tree search) 방식이고 둘째는 딥러닝(deep neural networks) 과 강화학습 모델이다.

알파고에 적용된 인공지능 알고리즘을 구체적으로 살펴보면 심층학습(Deep Learning) CNN 과 강화학습, 결정트리탐색 알고리즘인 몬테카를로 트리탐색(MCTS, Monte Carlo Tree Search) 등이 주로 사용되었다. 첫째 CNN은 종전의 딥러닝 신경망이 TLU 뉴런 단위로 1차 배열의 이미지값을 입력받아 행렬 연산을 하였다면, 알파고 신경망은 CNN 기반의 신경망으로 바둑판 같이 2차원 형태의 픽셀 단위 행렬로 입력받아 행렬 연산하는 것으로 이미지 인식능력이 월등하다. 16만 개의 바둑 실전 기록인 기보를 심층학습 합성곱신경망(CNN, Convolutional Neural Networks)으로 학습하여 인식하고, 3천 만개 이르는 바둑알 착점 위치 정보와 패턴을 CNN으로 인식하고 기억하도록 한 것이다. 두번째는 기본 지식에 더해서 실전연습으로 무작위로 선정된 신경망 사이의 자가 대국을 통해 학습하며, 승리하면 보상을 받는 강화학습(Reinforcement learning)으로 학습 성능을 개선하였다. 세번째로 둘 곳을 선택할 때 훈련된 심층신경망(DNN, Deep Neural Network)이 몬테카를로 트리탐색(MCTS, Monte Carlo Tree Search) 통해 선택지 중 가장 유리한 선택을 하도록 조합된 것이다. 의사결정에서 가장 중요한 것은 경우의 수를 탐색해서 가장 최적의 수를 선택하는 것이다.

---

1   D. Siver et al. 'Mastering the game of Go with deep neural networks and tree search' Nature (2016)

## 13.2 알파고는 어떻게 다음 수를 선택할까? 아파트내에서 특정 동호수에 거주하는 사람을 수 차례 소리쳐 불러 찾아내듯이, 수없이 랜덤성으로 반복한다면 정답 평균에 수렴한다

톰크루즈 영화 '엣지오브투모로우'는 주인공이 계속 반복되는 타임루프 속에서 전쟁기술을 하나씩 익혀 외계인을 물리칠 수 있는 방법을 찾아낼 때까지 반복시도하는 일련의 과정을 그린다. 만약 우리에게도 이런 능력이 있어서, 수많은 시행착오를 미리 경험하는 경우의 수를 반복할 수 있다면 결국 정답에 수렴하는 결정을 내릴 수 있을 것이다. 하지만 인간은 불가능하다. 왜냐하면 똑같은 일을 서너 번만 반복해도 싫증을 내고 견디기힘들 것이기 때문이다. 기계인 인공지능은 수만 번 반복할 수 있고, 언젠가는 정답을 찾을 수 있을 것이기에 시간만 충분하다면 가능하다.

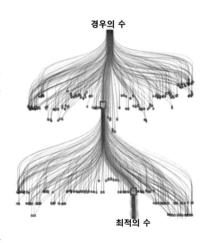

바둑의 대국 진행은 트리구조 같다. 내가 한수를 두면 상대편이 둘 수 있는 몇 가지의 수가 선택지로 이어지고 이런 패턴이 끊임없이 이어지기 때문이고, 결국 모든 트리구조의 경우의 수를 시뮬레이션하고 최적의 선택임을 확인하고 다시 돌아와 최초에 트리구조에서 선택을 다시 한다면 항상 승리할 수 있는 구조이다. 인공지능 바둑 프로그램 알파고가 바둑의 고수가 된 것은 바둑을 두는 행위에서 선택지 중에서 가장 훌륭한 선택을 하도록 설계된 수많은 시뮬레이션을 빠르게 해보고 최적의 선택을 위해서 최초의 트리구조로 돌아와서 선택하기 때문이다. 엄청 바쁘게 트리구조 내를 움직이는 노력으로 전문가가 된 것이다.

전통적인 방법은 경우의 수를 단순히 계산하여 확률이 높은 것을 선택하는 일회용인 것이다. 앞장에서 배운 퀵정렬은 경우의 수 하나씩 순서대로 정답인지를 비교하여 우수한 것을 선택하는 한번의 정렬과 같은 것이다. 알파고에 적용한 선택 알고리즘 **몬테카를로 트리 탐색(MCTS, Monte Carlo Tree Search)은** 전체 경우의 수에서 확률적으로 랜덤하게 Tree를 선택하여 그 값을 검증하는 방식을 반복해서 우연하게 최적의 수를 찾는다. 마치 아파트 단지에서 특정인을 찾기 위해 퀵정렬 등 종전 방식은 각 아파트의 동과 각 층의 호를 찾아다니면서 일일이 문을 열고 특정인인지 확인하는 거라면, 몬테카를로 탐색은 아파트 앞에서 랜덤하게 동호수를 일부만 선정해 탐색하여 시뮬레이션하여 승률을 추정하는 방법이다. 하지만 알파고는 몬테카를로 탐색 기능을 보강해서 무작위로 선택한 동호수 장소에서 큰소리로 특정인을 호명해 부르면 '누구요' 하고 우연하게 반응값을 돌려 받고, 그 동호수를 찾아가 특정인을 확인하는 것이다.

몬테카를로 탐색방법은 난수발생하여 반복실험하고 확률을 사용해 근사값으로 최적 수를 빠르게 탐색하는 모델을 생성하는 방식이다. monte-carlo simulation이 말해주는 것은, 랜덤성만 가지고 알고리즘을 설계해도 꽤 잘 맞출 수 있다는 것이다. 이렇게 생성된 모델에 난수를 투입하여 반복실험으로 해를 예측하는 것이다. 근사적으로 최적수를 찾으니 오차가 5~10% 발생하는 것을 감안해도 아주 많은 횟수의 시뮬레이션(게임)을 반복하면 평균으로 수렴하여 예측의 정확성이 높아진다. 몬테카를로 트리 서치가 효과적인 이유는 실질적으로는 확률변수의 정규분포 같은 무작위 반복실험을 하고 그 반복횟수가 많아지면 통계적으로 최적의 결과를 결국 내기 때문이다.

## Program coding flownote 한글 명령어를 영어로 번역한 코드 작성 순서노트

생활영어처럼 [1][2][3]단계별로 실행되는 한글 명령어 순서도 작성한다.

---

[1단계] 파이썬하고 대화하듯이 명령 순서도 작성

---

[1] pandas_datareader 패키지로 get_data_yahoo 모듈을 가져오다
데이터프레임 data에 담다, pd의 데이터프레임()의 get_data_yahoo모듈로^KS11, '1990-01-01'데이터 행값을
데이터프레임'data'의 'Close'행을 플롯

---

[2] pandas_montecarlo --upgrade --no-cache-dir 모듈을 설치하다

---

[3] pandas_montecarlo 모듈을 가져오다
데이터프레임 data의 'return'행에 담다, data의 'Close'행의 pct_change()모듈로 fillna(0)
데이터프레임 data의 'return'행에 montecarlo()모듈로 플롯

---

한글 프로그램 순서도를 구글 번역으로 영어로 번역한다.

---

[2단계] 구글 번역한 영어 문장을 한 행씩 압축해 코딩화한다

---

[1] Import the get_data_yahoo module into the pandas_datareader package
Put in data frame data, get_data_yahoo module of pd's data frame () ^KS11, the row value of
'1990-01-01' data
Plot the'Close' row of the data frame'data'
[2] pandas_montecarlo --upgrade --no-cache-dir install module
[3] Import the pandas_montecarlo module
Put in the'return' row of data frame data, fillna(0) with pct_change() module in the'Close' row of data
Plot with the montecarlo() module on the'return' row of data frame data

---

컴퓨터가 이해하는 파이썬 명령어로 축약해 코딩화한다.

---

[3단계] 코딩화한 각 셀을 ▶ 또는 Shift+Enter 눌러 한 행씩 실행한다

---

```
from pandas_datareader import data
data = data.get_data_yahoo('005930.ks', '2020-01-01', '2020-09-01')
data['Close'].plot()
```

<matplotlib.axes._subplots.AxesSubplot at 0x7fd839d87860>

```
!pip install pandas_montecarlo --upgrade --no-cache-dir


import pandas_montecarlo
data['return'] = data['Close'].pct_change().fillna(0)
data['return'].montecarlo().plot()
```

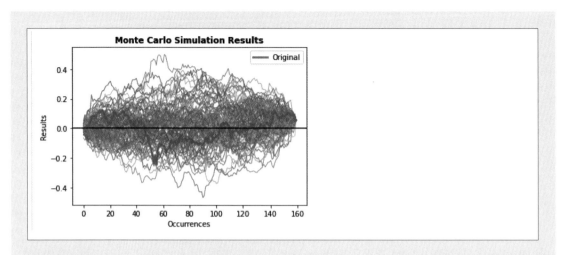

Monte Carlo Simulation Results

(구글 코랩 노트북으로 실습하려면)

크롬 브라우저 검색창에서 코랩사이트 링크(https://colab.research.google.com/ ) 입력해 새 코랩 노트북 만들기 위해 시작페이지에 접속한다. 또는 이미 코드가 작성되어 있는 노트북으로 실습하려면 옆의 QR코드를 스마트폰으로 인식하여  실행해  기 작성된 코드를 수정하면서 실습해 본다.

## 13.3 인공지능이 인간의 시각능력처럼 '볼' 수 있다는 의미는 무엇인가 ? 운동화, 옷, 장화 등 패션 이미지를 알아보는 방식은 인간의 시각 피질의 작동 원리와 같다

알파고 같은 인공지능은 마치 사람의 감각을 모방하듯이 사람처럼 바닥판과 바둑알의 모양과 위치를 보고 이미지의 패턴을 인식하고 바둑대국상황을 보고 판단하는 능력과 어디에 두면 좋은지에 대한 감각, 전문가의 감각으로 미지의 바둑문제를 해결하는 선택을 잘하는 것이다. 특히 알파고 딥러닝 모델은 16만 개의 바둑 기보를 이미지로 그대로 입력받아 학습한 것으로, 수많은 바둑 기보 데이터는 바둑의 대국 수순을 기록한 것인데, 바둑 기보를 이미지로 입력받거나 대국할 때에 바둑돌의 위치와 순서를 제대로 인식하려면 인간의 시각능력 뿐만 아니라 전문가적 감각까지 필요하다. 알파고는 바둑기보를 인식하는 등 인간의 시각기능과 같은 구조와 같은 작동방식을

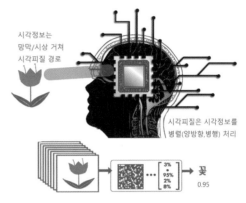

모방하는 알고리즘으로 심층학습(Deep Learning)인 합성곱 신경망(CNN, Convolutional Neural Networks) 모델을 활용한다. CNN 모델 구조는 바둑판의 바둑돌이나 꽃과 같은 이미지를 인식하는 우리 눈속 망막 그리고 시상을 거쳐 뇌의 시각 피질 까지의 경로를 모방하여 신경망에서 일어나는 시각처리 신경경로를 구조화한 것이다.

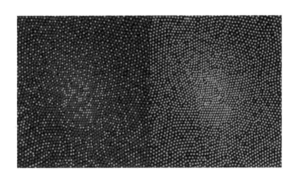

CNN 모델의 작동방식은 인간의 눈으로부터 꽃이라는 이미지의 시각정보를 얻고 망막의 시신경부터 시각 피질내 신경세포까지 뉴런이 가진 이미지 인식능력과 같은 방식으로 시각정보를 양방향, 동시성, 병행처리하는 방식으로 작동한다. 옆 그림은 눈속 망막에 분포되어 있는 시신경의 수백만개의 광수용체들을 표현한 것인데, 망막의 시신경 뉴런들이 시각정보를 획득하는 것은 빛에 감광 능력을 지닌 광수용체(photoreceptors)가 빛의 양과 빛의 밝기의 정보를 획득하여 픽셀같은 정보로 표현하기 때문이다. 마치 픽셀을 이용하여 이미지의 질감까지 표현하는 픽셀패턴처럼 픽셀이미지에서 패턴의 정보를 획득하는 것과 같다. 이를 모방하여 시각적 이미지 인식 모델인 CNN은 꽃 이미지를 바둑판 모양의 픽셀패턴 사각형 행렬로 분해하여 사각형 픽셀 이미지에서 직접 시각적 패턴을 필터링하여 그리드 토폴로지(grid topology, 격자 + 망구성방식) 특징을 추출하는 방식으로 디지털화 작업을 수행하는 것이다. 이는 DNN 등 완전연결 계층 딥러닝이 행렬 곱셈을 위해서 입력데이터를 1차원의 평평한 배열(flat array) 데이터로 펼쳐줘야 하는 방식인 대신 CNN은 특수한 수학적 선형 연산을 기반으로하는 convolution 합성곱 연산이 높이,넓이,채널의 3차원 축으로 구성된 이미지 픽셀데이터가 입력되면 필터(filter)[1]라는 적절한 가중치 행렬을 적용하여 필터와 유사한 특성맵(feature map)을 추출하는 방식이므로, 다양한 색 채널이 있는 3차원 이미지 분석에 유리하다.

---

1 필터(filter), 또는 커널(kernel), 마스크(mask)는 합성곱층의 가중치 파라미터(w)에 해당하는 작은 2차원 행렬이며, 이 필터를 적용하여 입력데이터를 필터와 유사한 이미지로 특성맵을 출력하여 다음 층으로 전달하는 것이다.

일반적인 회귀 또는 분류모델에 사용되는 데이터는 1차원 배열이 사용되지만, CNN모델에서 가장 간단한 이미지인 흑백사진이나 바둑판 같은 이미지조차 28×28 픽셀 단위의 사각형 행렬 형태이고, 행렬속의 각 픽셀의 숫자는 이미지 픽셀의 농도에 따라 0부터 255개의 해상도 값으로 또는 0부터 9까지 10개의 범주 등으로 분류하여 3차원 데이터로 입력되어 복잡한 다차원 벡터연산을 하게 된다.

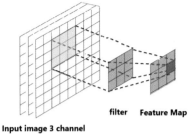

Input image 3 channel

## CNN모델에 훈련시킬 이미지 데이터세트 준비 및 전처리

**Fashion MNIST 데이터셋**은 운동화, 셔츠, 샌들 등 10개의 작은 패션잡화 이미지들 유형별로 28×28 픽셀의 이미지 70,000개로 이루어져 있다. 패션잡화 10개의 범주(category)와 70,000개의 흑백 이미지로 구성된 패션 MNIST 데이터셋에서 인공 신경망 CNN을 훈련하는데 60,000개의 이미지를 사용하고, 얼마나 정확하게 이미지를 분류하는지 10,000개의 이미지로 평가한다. 패션 MNIST 데이터셋은 텐서플로에서 바로 임포트하여 적재할 수 있다. 데이터셋의 이미지는 해상도(28x28 픽셀)가 낮지만 값은 0~255 사이의 큰 값을 갖고 있으므로, 벡터연산을 쉽게 하기 위해서 데이터를 0.0~1.0 사이의 값이 되도록 최고값인 255로 나눠서 부동소수로 변환하는 데이터 전처리를 한다.

## CNN으로 이미지 인식 알고리즘을 수행하는 과정은 3 단계로 운영한다

## 첫번째는 이미지에서 패턴 특징을 추출(extraction)하기 위한 단계이다

이미지가 한 번에 몇 픽셀 씩 "스캔"되는 컨벌루션 (convolution) 이며, 각 기능이 필요한 클래스에 속하는 확률로 기능 맵이 작성된다. CNN은 (이미지 높이, 이미지 너비, 컬러 채널) 크기의 텐서(tensor)를 입력으로 받는데, 입력되는 이미지 데이터는 (R,G,B) 컬러 이미지는 빨간색,녹색,파란색의 세 개의 컬러채널을 가지므로 깊이 축으로 3의 채널을 가진다. 다만 흑백 이미지일 때는 컬러 채널(channel)이 회색톤(1) 하나라서 (28,28,1)이 입력데이터 이미지 포맷이다. 이 값을 첫번째 층의 input_shape 매개변수로 전달한다.

## 두번째 단계는 이미지의 위상(topology) 변화에 영향을 받지 않도록 해주는 단계이다

지금까지 인공 신경망 모델은 Dense Layer를 주로 사용하였다. CNN 모델은 Dense 이외에도 Conv2D와 MaxPooling2D,Flatten 층을 add() 함수를 이용해서 인공 신경망의 각 층을 순서대로 쌓을 수 있다. 데이터는 일렬 배열데이터가 아닌 텐서데이터이고 1차,2차,3차텐서 구조를 혼합해서 사용하며 높이, 너비, 채널의 크기를 가진 3D 텐서가 출력 데이터이다. 첫번째 층인 Conv2D에서 출력 채널의 수는 첫번째 매개변수인 32, 64 등으로 설정되고, 높이와 너비가 줄어든다. 두번째 층인 MaxPooling2D 층은 다운 샘플링인 '풀링'을 기능으로 하며, 풀링은 데이터에서 중요한 정보는 유지하면서 잡음을 줄이기 위해 차원을 줄이는 것이다. Conv2D와 MaxPooling2D 층의 출력은 (높이, 너비, 채널) 크기의 3D 텐서인데, 높이와 너비 차원은 신경망이 깊어질수록 감소한다.

**세번째 단계는 CNN 모델이 이미지를 확률적으로 분류(classification)하는 것이다.**

이미지가 속하는 클래스를 결정하기 위해서 마지막 합성곱 층의 출력층은 분류를 담당하는 Dense 층 (Fully-connected layer) 2개를 추가한다. 마지막에 Dense 층에 노드의 갯수는 10개로 하여 출력값이 10개의 범주 중에 하나가 선택되도록 'softmax' 활성화함수를 사용한다.

---

**Program coding flownote 한글 명령어를 영어로 번역한 코드 작성 순서노트**

생활영어처럼 [1][2][3]단계별로 실행되는 한글 명령어 순서도 작성한다.

| [1단계] 파이썬하고 대화하듯이 명령 순서도 작성 |
| --- |
| [1] tensorflow 모듈 가져오다, 별칭 tf로<br>　　tensorflow.keras 패키지로부터 datasets, layers, models 모듈 가져오다 |
| [2] 학습에 사용될 부분은 train_images으로, 테스트에 사용될 부분은 test_images에 담다, mnist.load_data() 함수로<br>　　사용할 데이터를 불러온다<br>　　matplotlib.pyplot 모듈을 가져오다, 별칭 plt로<br>　　plt의 imshow() 함수를 이용해 train_images의 [0] 번째 이미지를 colorbar로 출력한다 |
| [3] 변수 train_images에 담다, 주어진 가로 28, 세로 28의 2차원 배열을 reshape() 함수사용해 60000개의 가로 28,<br>　　세로 28의 1차원 배열로 바꿔 준다.<br>　　변수 test_images에 담다, test_images의 reshape()함수 사용해 (1000,28,28,1)배열로 바꾸다.<br>　　변수train_images, test_images에 담다, train_images/255, test_images/255 나눠서 부동소수로 변환 |
| [4] 변수 model에 담다, Sequential 모델을<br>　　model.add(layers.Conv2D(32, (3, 3), activation='relu', input_shape=(28, 28, 1)))<br>　　model.add(layers.MaxPooling2D((2, 2)))<br>　　model.add(layers.Conv2D(64, (3, 3), activation='relu'))<br>　　model.add(layers.MaxPooling2D((2, 2)))<br>　　model.add(layers.Conv2D(64, (3, 3), activation='relu'))<br>　　model.add(layers.Flatten())<br>　　model.add(layers.Dense(64, activation='relu'))<br>　　model.add(layers.Dense(10, activation='softmax')) |

[5]변수 model에 최적화는 adam, 손실은 'sparse_categorical_crossentropy'함수, 정확도 함수로 해석하다

[6] 변수history에 담다, model에 배열train_images, train_labels를 에포크5번 반복해서 훈련하다

[7] numpy 모듈 가져오다, 별칭 np로
　　배열pred에 담다, model의 test_images의 [0]번째 이미지 예측값을
　　변수guess에 담다,np.argmax()모듈로 pred를 추측하다

[8] 리스트fashion_item에 담다, [ ]
　　리스트fashion_item의 9번째 값은

[9] matplotlib.pyplot 모듈을 가져오다, 별칭 plt로
　　plt의 imshow() 함수를 이용해 test_images의 [0] 번째 이미지를 (28, 28)로 변형해서, greys로 출력한다

[10] pandas 모듈 가져오다, 별칭 pd로
　　변수hist에 담다, pd.DataFrame으로 history.history값을
　　변수hist의 'epoch'열로 담다, history.epoch값을

[11] plt.plot로 플롯하다, hist['epoch'], hist['accuracy'], marker='.'

## 한글 프로그램 순서도를 구글 번역으로 영어로 번역한다.

### [2단계] 구글 번역한 영어 문장을 한 행씩 압축해 코딩화한다

[1] import tensorflow module, alias tf
Import datasets, layers, models module from tensorflow.keras package
[2] The part to be used for learning is train_images, the part to be used for testing is put in test_images, and the data to be used is loaded with the mnist.load_data() function.
Import the matplotlib.pyplot module, alias plt
Using plt's imshow() function, print the [0]th image of train_images as a colorbar.
[3] Put in the variable train_images, and use the reshape() function to convert the given 2D array of 28 width and 28 height into 1D array of 28 width and 28 height.
Put it in the variable test_images, convert it to an array of (1000,28,28,1) using the reshape() function of test_images.
Divide into variables train_images, test_images, train_images/255, test_images/255 and convert to floating point
[4] Put in the variable model, the Sequential model
model.add(layers.Conv2D(32, (3, 3), activation='relu', input_shape=(28, 28, 1)))
model.add(layers.MaxPooling2D((2, 2)))
model.add(layers.Conv2D(64, (3, 3), activation='relu'))
model.add(layers.MaxPooling2D((2, 2)))
model.add(layers.Conv2D(64, (3, 3), activation='relu'))
model.add(layers.Flatten())
model.add(layers.Dense(64, activation='relu'))
model.add(layers.Dense(10, activation='softmax'))
[5] For the variable model, the optimization is adam, the loss is interpreted as the 'sparse_categorical_crossentropy' function, the accuracy function.
[6] Put in variable history, train the array train_images and train_labels in the model repeatedly epoch 5 times
[7] Import numpy module, alias np
Put in the array pred, the predicted value of the [0]th image of the model's test_images
Put in variable guess, guess pred with np.argmax() module
[8] Add to list fashion_item, []
The 9th value of the list fashion_item is
[9] Import the matplotlib.pyplot module, alias plt
Use plt's imshow() function to transform the [0]th image of test_images into (28, 28) and print it as grays.
[10] Import pandas module, alias pd
Put in variable hist, history.history value with pd.DataFrame
Put the 'epoch' column of the variable hist, history.epoch value
[11] Plot with plt.plot, hist['epoch'], hist['accuracy'], marker='.'

컴퓨터가 이해하는 파이썬 명령어로 축약해 코딩화한다.

[3단계] 코딩화한 각 셀을 ▶ 또는 Shift+Enter 눌러 한 행씩 실행한다

```
import tensorflow as tf
from tensorflow.keras import datasets, layers, models


(train_images, train_labels), (test_images, test_labels) = tf.keras.datasets.fashion_mnist.load_data()


import matplotlib.pyplot as plt
plt.imshow(train_images[0])
plt.colorbar()
```

```
<matplotlib.colorbar.Colorbar at 0x7f56f68337f0>
```

```
train_images = train_images.reshape((60000, 28, 28,1))
test_images = test_images.reshape((10000, 28, 28,1))
train_images, test_images = train_images / 255, test_images / 255


model = models.Sequential()
model.add(layers.Conv2D(32, (3, 3), activation='relu', input_shape=(28, 28, 1)))
model.add(layers.MaxPooling2D((2, 2)))
model.add(layers.Conv2D(64, (3, 3), activation='relu'))
model.add(layers.MaxPooling2D((2, 2)))
model.add(layers.Conv2D(64, (3, 3), activation='relu'))
model.add(layers.Flatten())
model.add(layers.Dense(64, activation='relu'))
model.add(layers.Dense(10, activation='softmax'))
model.compile(optimizer='adam',loss='sparse_categorical_crossentropy',metrics=['accuracy'])
```

```
model.summary()
```

```
Model: "sequential_10"
```

| Layer (type) | Output Shape | Param # |
| --- | --- | --- |
| conv2d_25 (Conv2D) | (None, 26, 26, 32) | 320 |
| max_pooling2d_16 (MaxPooling | (None, 13, 13, 32) | 0 |
| conv2d_26 (Conv2D) | (None, 11, 11, 64) | 18496 |
| max_pooling2d_17 (MaxPooling | (None, 5, 5, 64) | 0 |
| conv2d_27 (Conv2D) | (None, 3, 3, 64) | 36928 |
| flatten_7 (Flatten) | (None, 576) | 0 |
| dense_16 (Dense) | (None, 64) | 36928 |
| dense_17 (Dense) | (None, 10) | 650 |

```
Total params: 93,322
Trainable params: 93,322
Non-trainable params: 0
```

```
history=model.fit(train_images, train_labels, epochs=5,batch_size=32)
```

```python
import numpy as np
pred = model.predict(test_images)[0]
guess = np.argmax(pred)
```

```
9
```

```python
fashion_item = ['T-shirt/top', 'Trouser', 'Pullover', 'Dress', 'Coat',
                'Sandal', 'Shirt', 'Sneaker', 'Bag', 'Ankle boot']
fashion_item[9]
```

```
'Ankle boot'
```

```python
plt.imshow(test_images[0].reshape(28, 28), cmap='Greys')
```

```
<matplotlib.image.AxesImage at 0x7f56f54ef780>
```

```python
import pandas as pd
hist = pd.DataFrame(history.history)
hist['epoch'] = history.epoch
```

```python
plt.plot(hist['epoch'], hist['accuracy'], marker='.')
```

```
[<matplotlib.lines.Line2D at 0x7f56f557ba58>]
```

 (구글 코랩 노트북으로 실습하려면)

크롬 브라우저 검색창에서 코랩사이트 링크(https://colab.research.google.com/ ) 입력해 새 코랩 노트북 만들기 위해 시작페이지에 접속한다. 또는 이미 코드가 작성되어 있는 노트북으로 실습하려면 옆의 QR코드를 스마트폰으로 인식하여  실행해 기 작성된 코드를 수정하면서 실습해 본다.

## 13.4 컴퓨터가 내 손글씨를 알아본다. 손글씨 숫자 이미지 인식

컴퓨터 자판과 터치 화면에 익숙해져서 손글씨를 잘 안 쓰다 보니 내가 쓴 글씨를 알아볼 수 있는 사람은 나밖에 없을 정도로 주변에 '악필러'들이 많은 것 같다. 그런데 요즘 컴퓨터는 아주 작은 성능이라도 기계인 컴퓨터가 사람마다 특징이 있는 손글씨를 사람보다 더 잘 알아볼 수 있다고 한다.

**기계가 사람처럼 '볼' 수 있는 것은 어떤 원리일까 ?**

컴퓨터가 사람이 쓴 손글씨나 숫자를 인식하여 마치 기계가 '볼' 수 있게 된 것 같은 그리고 그 글씨나 숫자가 어떤 의미인지를 알게 하는 원리는 인공지능 이미지인식 분야의 수많은 알고리즘 대부분이 채택하고 있는 모델인 아날로그 이미지를 디지털화, 픽셀화하고 그 픽셀패턴에서 행렬 연산을 실시하여 특정한 이미지를 필터링하여 이미지 특징을 추출하고 이미지를 분류하는 방식인 것이다.

옆의 숫자 8은 손으로 쓴 숫자이다. 손으로 쓴 숫자 8을 컴퓨터가 확률 99%로 8로 인식하게 하는 것처럼 손글씨 데이터를 활용해 인공지능 이미지인식을 연습해 보자. 컴퓨터가 손글씨로 쓴 숫자 8라는 이미지를 어떻게 인식할까? 이 이미지는 가로 28 × 세로 28 = 총 784개의 픽셀의 밝기 정도에 따라 1~255까지 숫자로 채워져 긴 행렬로 이루어진 하나의 집합이다. 결국 사람이 쓴 손 글씨나 숫자를 인식하여 그 글씨나 숫자가 어떤 의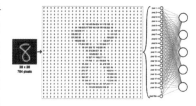

미인지를 알게 하는 것도 28 × 28 = 784개의 속성을 담은 데이터를 딥러닝에 집어넣고 속성을 이용해 0~9까지 10개 클래스 중 하나를 분류해 높은 확률로 맞히는 문제가 된다.

### 1. 훈련 및 테스트 데이터 셋을 준비한다

인공지능을 훈련시키는 손글씨 숫자 데이터인 MNIST 데이터 셋[1] 총 60,000개의 학습셋과 10,000개의 테스트 셋을 불러와 속성 값을 지닌 train_images, test_images, 클래스 값을 지닌 train_labels,test_labels로 데이터 셋이 준비되었다. 가로 28, 세로 28의 2차원 배열을 784개의 1차원 배열로 바꿔 주는 reshape() 함수는 reshape(총 샘플 수, 1차원 속성의 수) 형식으로 지정한다. 주어진 가로 28, 세로 28의 2차원 배열을 reshape() 함수 사용해 60000개의 가로 28, 세로 28의 1차원 배열로 바꿔 준다. 마치 예전의 천공 펀치 컴퓨터처럼 입력되는 데이터를 쭉 가는 종이 같은 1차원 배열로 처리해 넣는다.

### 2. 훈련 데이터를 정규화하여 0~1 사잇값으로 만든다

케라스는 데이터를 0에서 1 사이의 값으로 변환한 다음 구동할 때 최적의 성능을 보인다. 따라서 현재 0~255 사이의 값으로 이루어진 값을 0~1 사이의 값으로 바꾸기 위해서는 가장 큰 값인 255로 각 값을 나누는 것이다. 이렇게 데이터의 폭이 클 때 적절한 값으로 분산의 정도를 바꾸는 과정을 데이터 정규화(normalization)라고 한다.

---

1  인공지능을 훈련시키는 데이터인 MNIST 데이터 셋은 미국 국립표준기술원(NIST)이 고등학생과 인구조사국 직원 등이 쓴 손글씨를 이용해 만든 데이터로 구성되어 있다. 70,000개의 글자 이미지에 각각 0부터 9까지 이름표를 붙인 데이터 셋이다. MNIST 데이터는 케라스를 이용해 간단히 불러올 수 있다. mnist.load_data() 함수로 사용할 데이터를 불러온다. 학습에 사용될 부분은 train_images으로, 테스트에 사용될 부분은 test_images라는 이름의 변수에 저장한다.

## 3. CNN 구조를 구성하다

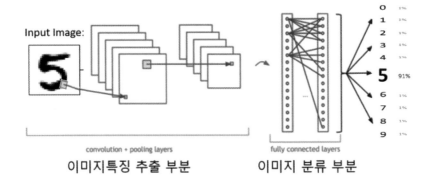

Keras tutorial에서 제시한 구조를 약간씩 변형해서 사용해 본다. 입출력 관계와 CNN 층 구조를 보면 10개의 층을 겹쳐놓은 게 보인다. 첫번째 층인 Conv2D에서 출력 채널의 수는 첫번째 매개변수인 32로 설정되고, 높이와 너비가 줄어든다. 두번째 층인 MaxPooling2D 층은 다운 샘플링인 '풀링'을 기능으로 하며, 풀링은 데이터에서 중요한 정보는 유지하면서 잡음을 줄이기 위해 차원을 줄이는 것이다. 출력은 (높이, 너비, 채널) 크기의 3D 텐서인데, 높이와 너비 차원은 신경망이 깊어질수록 감소한다. Conv2D와 MaxPooling2D 층을 2번 더 반복해 쌓고, 마지막은 MaxPolling2D 대신 Flatten 으로 교체한다. Flatten Layer는 CNN의 데이터 타입을 Fully Connected Neural Network의 데이터 타입으로 변경하는 입력데이터의 Shape 변경 기능이다. Flatten은 이미지의 특징을 추출하는 부분과 이미지를 분류하는 부분 사이에 위치하여 3차,2차원의 이미지 형태의 데이터를 1차원의 배열 형태로 만든다. 이미지 분류하는 부분은 Dense층 2개를 쌓았는데, 마지막 Softmax layer는 입력 데이터 Shape은 (64, 1)이지만, 최종 분류 클래스는 0~9까지 10개이기 때문에 최종 데이터의 Shape은 (10, 1)이다.

## 4. 모델을 컴파일하고 훈련시킨다

테스트 데이터에 대한 정확도가 99.34%로 높은 편이다. MNIST 데이터는 matplotlib 라이브러리의 imshow() 함수를 이용해 train_images의 [0] 번째 이미지를 greys로 출력해서 숫자 5임을 확인한다.

## 5. 나만의 손글씨를 인식하게 하자

나만의 손글씨 파일을 여러분 스스로 만들어 보자. 컴퓨터에서 제공하는 윈도우의 그림판으로 크기는 28 × 28 픽셀로 조정하고 검은 바탕에 흰색으로 숫자 3을 쓴다, 흰색 바탕보다는 이미지 인식이 잘된다, 마우스 등을 이용해 손으로 숫자 3을 쓰고, jpg, png 파일 형식으로 파일명 number_1.jpg, number_3.jpg 등으로 내 컴퓨터에 저장한다. 이렇게 저장한 손글씨 파일을 코랩에 다시 업로드 해야 한다. 저장된 파일을 코랩에 가져오기 위해서 왼쪽폴더메뉴에서 파일 업로드하고 업로드된 파일의 경로를 복사한다. cv2 '모듈을 가져와서, cv2.imread(r'/content/number_3.jpg')으로 읽는다.

다만 이 장의 코랩 예제 코드는 저자가 쓴 손글씨 파일을 깃허브에 업로드된 것을 구글 코랩에 자동으로 가져와 사용한다. 그러나 코랩 가상 서버에 파일을 가져오기 위해서는 코랩과 연동하는 방법인 깃허브 클론 또는 구글드라이브 마운트 등 복잡한 과정을 거쳐야 하므로, 이 책에서는 gluoncv에서 제공하는 파일 다운기능을 사용한다. 먼저, !pip install mxnet-mkl와 !pip install gluoncv 를 설치하고, utils.download() 함수 사용하여 깃허브에 있는 'number_3.jpg' 를 코랩 폴더에 자동으로 가져온다. number_1.jpg 등으로 변경해서 다양한 손글씨들을 실습해 본다.

---

1  OpenCV(Open Source Computer Vision)은 인텔에서 개발한 실시간 컴퓨터 비전을 목적으로 한 프로그래밍 라이브러리이다

## Program coding flownote 한글 명령어를 영어로 번역한 코드 작성 순서노트

생활영어처럼 [1][2][3]단계별로 실행되는 한글 명령어 순서도 작성한다.

| [1단계] 파이썬하고 대화하듯이 명령 순서도 작성 |
| --- |
| [1] mxnet-mkl을 설치한다.<br>　gluoncv를 설치한다.<br>　gluoncv 패키지로부터 utils를 가져온다.<br>　utils.download() 함수로 경로 'https://raw.githubusercontent.com/joungna/grim/master/number_3.jpg',파일명은<br>　'number_3.jpg' |
| [2] tensorflow 모듈 가져오다, 별칭 tf로<br>　tensorflow.keras 패키지로부터 datasets, layers, models 모듈 가져오다 |
| [3] 학습에 사용될 부분은 train_images으로, 테스트에 사용될 부분은 test_images에 담다, mnist.load_data() 함수로<br>　사용할 데이터를 불러온다<br>　프린트하다 문자열 '학습셋 이미지 수: {} 개'. format (train_images.shape[0]))<br>　배열 train_labels의 [0]열 값은<br>　matplotlib.pyplot 모듈을 가져오다, 별칭 plt로<br>　plt의 imshow() 함수를 이용해 train_images의 [0] 번째 이미지를 greys로 출력한다 |
| [4] 변수 train_images에 담다, 주어진 가로 28, 세로 28의 2차원 배열을 reshape() 함수사용해 60000개의 가로 28,<br>　세로 28의 1차원 배열로 바꿔 준다.<br>　변수number_image에 담다, number_image값을 정수에서 Max255로 나눠서 부동소수로 변환 |
| [5] 변수 model에 담다, Sequential 모델을<br>　변수 model에 Conv2D 모듈을 --<br>　변수 model에 최적화는 adam, 손실은 'sparse_categorical_crossentropy'함수, 정확도 함수로 해석하다 |
| [6] model에 배열train_images, train_labels를 에포크5번 반복해서 훈련하다 |
| [7] cv2 모듈을 가져오다<br>　변수 image에 담다, cv2로 r'/content/t3.jpg'파일을 읽어오다<br>　plt로 image를 cmap='gray'로 보이다<br>　변수 number_image에 담다, cv2.cvtColor()로 image를 cv2.COLOR_BGR2GRAY로 변환하다 |
| [8] 변수 number_image에 담다, 주어진 가로 28, 세로 28의 2차원 배열을 reshape() 함수사용해<br>　1개의 가로 28, 세로 28의 1차원 배열로 바꿔 준다.<br>　변수number_image에 담다, number_image값을 정수에서 Max255로 나눠서 부동소수로 변환 |
| [9] numpy 모듈 가져오다, 별칭 np로<br>　배열pred에 담다, model의 number_image예측값을<br>　변수guess에 담다,np.argmax()모듈로 pred를 추측하다 |

한글 프로그램 순서도를 구글 번역으로 영어로 번역한다.

| [2단계] 구글 번역한 영어 문장을 한 행씩 압축해 코딩화한다 |
| --- |
| [1] Install mxnet-mkl.<br>　Install gluoncv.<br>　Import utils from the gluoncv package.<br>　The path'https://raw.githubusercontent.com/joungna/grim/master/number_3.jpg' with the utils.download()<br>　function, and the file name is'number_3.jpg'<br>[2] import tensorflow module, alias tf<br>　Import datasets, layers, models module from tensorflow.keras package<br>[3] The part to be used for learning is train_images, the part to be used for testing is put in test_images, and the<br>　data to be used is loaded with the mnist.load_data() function.<br>　Print string'Number of training set images: {}. format (train_images.shape[0]))<br>　The value of column [0] of the array train_labels is<br>　Import the matplotlib.pyplot module, alias plt<br>　Use plt's imshow() function to output the [0]th image of train_images as grays.<br>[4] Put in the variable train_images, and use the reshape() function to convert the given 2D array of 28 width and<br>　28 height into 1D array of 28 width and 28 height.<br>　Put in the variable number_image, convert the number_image value into a floating point number by dividing<br>　the value from integer by Max255<br>[5] The function definition is the keyword def followed by the function name mymodel()<br>　Put in the variable model, the Sequential model<br>　Conv2D module in variable model -<br>　In the variable model, the optimization is adam, the loss is interpreted as'sparse_categorical_crossentropy'<br>　function, and the accuracy function.<br>　Return the variable model value |

[6] Train the array train_images, train_labels in function mymodel() repeatedly epoch 5 times
[7] Import the cv2 module
Put in variable image, read file r'/content/t3.jpg' with cv2
Display image as cmap='gray' with plt
Put in variable number_image, convert image to cv2.COLOR_BGR2GRAY with cv2.cvtColor()
[8] Put in the variable number_image, and convert the given two-dimensional array of 28 horizontal and 28 vertical into one one-dimensional array of 28 horizontal and 28 vertical using the reshape() function.
Put in the variable number_image, convert the number_image value into a floating point number by dividing the value from integer by Max255
[9] Import numpy module, alias np
Put in the array pred, the number_image predicted value of the mymodel() function
Put in variable guess, guess pred with np.argmax() module

컴퓨터가 이해하는 파이썬 명령어로 축약해 코딩화한다.

[3단계] 코딩화한 각 셀을 ▶ 또는 Shift+Enter 눌러 한 행씩 실행한다

```
import tensorflow as tf
from tensorflow.keras import datasets, layers, models


(train_images, train_labels), (test_images, test_labels) = tf.keras.datasets.mnist.load_data()


print('학습셋 이미지 수: {}개'.format(train_images.shape[0]))
print('테스트셋 이미지 수: %d 개' % (test_images.shape[0]))

학습셋 이미지 수: 60000개
테스트셋 이미지 수: 10000 개


train_labels[0]

5


import matplotlib.pyplot as plt
plt.imshow(train_images[0], cmap='Greys')

<matplotlib.image.AxesImage at 0x7fc87b86a2e8>
```

```
train_images = train_images.reshape((60000, 28, 28,1))
test_images = test_images.reshape((10000, 28, 28,1))


train_images, test_images = train_images / 255, test_images / 255
model = models.Sequential()
model.add(layers.Conv2D(32, (3, 3), activation='relu', input_shape=(28, 28, 1)))
model.add(layers.MaxPooling2D((2, 2)))
model.add(layers.Conv2D(64, (3, 3), activation='relu'))
model.add(layers.MaxPooling2D((2, 2)))
model.add(layers.Conv2D(64, (3, 3), activation='relu'))
model.add(layers.Flatten())
model.add(layers.Dense(64, activation='relu'))
model.add(layers.Dense(10, activation='softmax'))
model.compile(optimizer='adam',loss='sparse_categorical_crossentropy',metrics=['accuracy'])
```

```
model.fit(train_images, train_labels, epochs=5)

model = models.Sequential()
model.add(layers.Conv2D(32, (3, 3), activation='relu', input_shape=(28, 28, 1)))
model.add(layers.MaxPooling2D((2, 2)))
model.add(layers.Conv2D(64, (3, 3), activation='relu'))
model.add(layers.MaxPooling2D((2, 2)))
model.add(layers.Conv2D(64, (3, 3), activation='relu'))
model.add(layers.Flatten())
model.add(layers.Dense(64, activation='relu'))
model.add(layers.Dense(10, activation='softmax'))
model.compile(optimizer='adam',loss='sparse_categorical_crossentropy',metrics=['accuracy'])


model.fit(train_images, train_labels, epochs=5)

Epoch 1/5
1875/1875 [==============================] - 55s 29ms/step - loss: 0.1455 - accuracy: 0.9558
Epoch 2/5
1875/1875 [==============================] - 54s 29ms/step - loss: 0.0469 - accuracy: 0.9852
Epoch 3/5
1875/1875 [==============================] - 55s 29ms/step - loss: 0.0339 - accuracy: 0.9894
Epoch 4/5
1875/1875 [==============================] - 54s 29ms/step - loss: 0.0263 - accuracy: 0.9915
Epoch 5/5
1875/1875 [==============================] - 54s 29ms/step - loss: 0.0198 - accuracy: 0.9934
<tensorflow.python.keras.callbacks.History at 0x7fc874daacc0>


import cv2
image = cv2.imread(r'/content/number_3.jpg')
plt.imshow(image, cmap='gray')
number_image = cv2.cvtColor(image, cv2.COLOR_BGR2GRAY)


number_image = number_image.reshape((1,28, 28,1))
number_image = number_image/255


import numpy as np
pred = model.predict(number_image)
guess = np.argmax(pred)
guess

3
```

(28, 28)

(구글 코랩 노트북으로 실습하려면)

크롬 브라우저 검색창에서 코랩사이트 링크(https://colab.research.google.com/ ) 입력해 새 코랩 노트북 만들기 위해 시작페이지에 접속한다. 또는 이미 코드가 작성되어 있는 노트북으로 실습하려면 옆의 QR코드를 스마트폰으로 인식하여 실행해 기 작성된 코드를 수정하면서 실습해 본다.

## 13.5 내가 그린 말 그림, 배 그림 등 이미지를 컴퓨터가 분류해 내는 방법

컴퓨터가 사람얼굴을 인식하고, 물체를 식별하고 이미지를 분류 또는 결합하거나, Object Detection, Motion Detecton 등 작업이 가능하도록 프로그래밍하는 컴퓨터 비전은 인공지능이 가장 성공하고 있는 분야이다. 컴퓨터가 '본다'는 감각을 가진 것을 의미하는 컴퓨터 비전 인공지능모델은 인간의 뉴런 구조를 본떠 만든 인공 신경망, 특히 인간의 시각/청각 피질을 본떠 만든 알고리즘을 의미하기도 한다. **gluonCV**는 컴퓨터 비전 알고리즘으로 딥러닝 라이브러리에서 가장 잘 사용되고 있다. gluoncv에는 이미지 분류, 객체 감지, 이미지 분할 및 포즈 추정을 위한 사전 학습된 많은 모델이 속해 있는 라이브러리이다. 이미지 분류를 위해  Pytorch에서 제공하는 CIFAR-10[1]이미지 데이터 세트를 10개 카테고리로 분류된 테스트 데이터 셋을 준비하고, gluoncv에서 제공하는 사전 훈련된 모델을 사용하여 내가 그린 사진 또는 그림을 예측하는데, 예측 결과는 10개 카테고리 중에 어디에 속하는지 이미지를 분류할 수 있다.

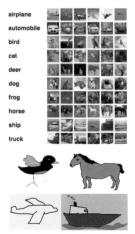

**사전 훈련된 딥러닝 모델로 이미지 인식**

딥러닝으로 복잡한 모델을 만들고 수많은 이미지로 사전 학습하여 이미지 인식을 하는 모델을 만드는 데는 시간과 돈이 많이 소요된다. 요즘에는 OpenCV[2] 처럼 파이썬 응용프로그램 가져다 사용하듯이 딥러닝으로 사전 훈련된 모델을 라이브러리처럼 제공하여 pip 설치명령어 통해 설치하고, 설치 후에 실제 모델을 불러와서 학습하여 이미지 인식을 할 수 있다. 요즘 가장 유명한  사전 훈련된 모델인 cifar_resnet110_v1 모델을 사용한다. 사전 훈련된 모델인 cifar_resnet110_v1는 CNN 모델로서 convolutional layers를 사용해서 모델을 만들어 이미지 인식이 우수하다.

**1. 새 이미지 만들기 및 업로드**

나만의 그림 파일을 여러분 스스로 만들어 보자. 컴퓨터에서 제공하는 윈도우의 그림판으로 크기는 32 × 32 픽셀로 조정하고 흰바탕에 다양한 색으로 새, 말, 비행기, 배 등을  그린다. 마우스 등을 이용해 손으로 투박하게 그려도 된다. 그린 그림은 jpg, png 파일 형식으로 파일명 grim1.jpg, grim2.jpg 등으로 내 컴퓨터에 저장한다. 이미지 인식이 잘 안될 때는 검은 바탕으로 배경을 반전시켜 저장해보면 이미지 인식이 더 잘될 수도 있다. 이렇게 저장한 손그림 파일을 코랩에 다시 업로드해야 한다. 저장된 파일을 코랩에 가져오기 위해서 앞 장에서 학습했듯이, 왼쪽폴더메뉴에서 파일을 업로드하고 업로드된 파일의 경로를 복사를 읽어와 사용한다. 다만 이 장의 코랩 예제코드는 저자가 그려서 깃허브에 업로드한 '말 그림파일grim2.jpg'를 utils.download() 함수 사용하여 코랩 폴더에 자동으로 가져온다. grim1, grim3 등으로 변경해서 다양한 그림들을 실습해 본다.

**2. 이미지 변환 및 이미지 전처리**

내가 그린 그림이나 내가 찍은 사진 등 입력하는 이미지는 예측할 수 없을 만큼 다양하다.  이미지를 예측하는 모델을

---

1  *pytorch는 Python 기반의 과학 연산 패키지로 pytorch의 CIFAR-10 데이터 세트에는 10 개의 다른 카테고리에 총 60,000 개의 32x32 컬러 이미지가 데이터로 포함되어 있으며 , 각 카테고리에는 6,000 개의 사진, 교육 세트에는 50,000 개의 사진, 테스트 세트에는 10,000 개의 사진이 저장되어 있다.*

2  *딥러닝 모델이 나오기 전에는 오픈소스 컴퓨터 비전 및 머신러닝 라이브러리인 파이썬 응용프로그램인 OpenCV (Open Source Computer Vision Library)가 유명하였다.  OpenCV 는 BGR 포맷으로 이미지를 읽어들이고, RGB 포맷으로 출력하여 원래의 이미지 색을 잘 표현하였다.*

사용하기 위해 이미지 형식을 모델이 잘 인식하도록 변환하는 사전처리는 예측 결과의 정확성을 보장하기 위해 중요하다. 이미지 모델 네트워크는 픽셀 32×32로 축소가 필요하고, 평균과 화상의 화소는 분산설정하여 평균값으로 한다.

## 3. 사전 훈련된 모델을 가져온다

인공지능모델을 훈련시킨 후에 모델을 save() 함수 하나로 모델 아키텍쳐와 모델 가중치를 h5 파일 형식으로 모두 저장할 수 있다. model.save('my_model.h5') 저장한 모델을 불러오는 것은 from tensorflow.python.keras.models import load_model, model = load_model('my_model.h5')로 저장하여 언제든지 사전 훈련된 모델을 가져와서 모델의 기능을 사용할 수 있다. 마치 프로그램을 다운받아 실행하는 것과 같다. gluon 라이브러리 안에는 이미 훌륭하게 사전 훈련된 모델이 있다. 사전 훈련된 모델인 cifar_resnet110_v1의 네트워크 모델을 미리 가져온다. classes=10 종류, pretrained = True를 지정하여 사전 훈련된 모델을 사용해 변수명 model에 저장한다.

## 4. 딥러닝으로 추론

사전 훈련된 모델로 내가 그린 사물의 이미지를 예측하고 그 결과를 가져와서 예측 결과를 표시한다. 예측 결과는 내가 그린 이미지가 10개 해당 클래스 ID 및 신뢰도 점수를 표시한다.

### Program coding flownote 한글 명령어를 영어로 번역한 코드 작성 순서노트

생활영어처럼 [1][2][3]단계별로 실행되는 한글 명령어 순서도 작성한다.

| [1단계] 파이썬하고 대화하듯이 명령 순서도 작성 |
|---|
| [1] mxnet-mkl을 설치한다.<br>　　gluoncv를 설치한다. |
| [2]matplotlib.pyplot 모듈을 가져오다, 약칭 plt로<br>　　mxnet 패키지로부터 nd, image 모듈을 가져오다<br>　　변수 img에 담다, image.imread('/content/grim1.JPG')파일을<br>　　plt의 imshow() 함수를 이용해 img.asnumpy() 출력한다 |
| [3] mxnet.gluon.data.vision 패키지로부터 transforms 모듈을 가져오다<br>　　변수 transformer에 담다, transforms.Compose()함수로 transforms.Resize(32),transforms.ToTensor(),transforms.Normalize([0.5,0.5,0.5], [0.2,0.2,0.2]) 변환하다<br>　　변수 img_t에 담다, transformer()의 img 이미지를<br>　　plt의 imshow() 함수를 이용해 nd.transpose(img_t,(1,2,0)).asnumpy()출력한다 |
| [4] gluoncv.model_zoo 팩토리로부터 get_model 모듈 가져오다<br>　　변수model에 담다, get_mode에서 'cifar_resnet110_v1'를 기학습된 모델을 가져오다<br>　　classes리스트에 담다,['airplane', 'automobile', 'bird', 'cat', 'deer', 'dog', 'frog', 'horse', 'ship', 'truck']<br>　　변수 prediction에 담다, model에 img_t.expand_dims(axis=0)이미지를 넣어서<br>　　변수ind에 담다, nd.argmax(prediction,axis=1).astype("int")<br>　　출력하다, 문자열 "이미지 분류:%s, 확률:%.2f"%를 classes[ind.asscalar()],nd.softmax(pred)[0][ind].asscalar()변수값으로 |

### 한글 프로그램 순서도를 구글 번역으로 영어로 번역한다.

| [2단계] 구글 번역한 영어 문장을 한 행씩 압축해 코딩화한다 |
|---|
| [1] Install mxnet-mkl.<br>　　Install gluoncv.<br>[2] Import the matplotlib.pyplot module, abbreviated as plt<br>　　Import the nd and image modules from the mxnet package<br>　　Put the variable img, image.imread('/content/grim1.JPG') file<br>　　Print img.asnumpy() using plt's imshow() function<br>[3] Import the transforms module from the mxnet.gluon.data.vision package<br>　　Put in variable transformer, transforms.Resize(32),transforms.ToTensor(),transforms.Normalize([0.5,0.5,0.5],[0.2,0.2,0.2]) with transforms.Compose() function<br>　　Put in the variable img_t, the img image of transformer()<br>　　Print nd.transpose(img_t,(1,2,0)).asnumpy() using plt's imshow() function |

[4] Get the get_model module from the gluoncv.model_zoo factory
Put in variable model, get'cifar_resnet110_v1' in get_mode
Add to classes list, ['airplane','automobile','bird','cat','deer','dog','frog','horse','ship','truck']
Put it in the variable prediction, put the img_t.expand_dims(axis=0) image in the model
Put in variable ind, nd.argmax(prediction,axis=1).astype("int")
Print, string "image classification:%s, probability:%.2f"% as classes[ind.asscalar()],nd.softmax(pred)[0][ind].asscalar() variable value

컴퓨터가 이해하는 파이썬 명령어로 축약해 코딩화한다.

[3단계] 코딩화한 각 셀을 ▶ 또는 Shift+Enter 눌러 한 행씩 실행한다

```
[1]  !pip install mxnet-mkl
     !pip install gluoncv
```

```
[2]  from gluoncv import utils
     utils.download('https://raw.githubusercontent.com/joungna/grim/master/grim2.JPG',path='grim2.jpg')
```

```
[3]  import matplotlib.pyplot as plt
     from mxnet import nd,image

     img = image.imread('/content/grim2.jpg')
     print('data type: ', img.dtype)
     print('shape: ', img.shape)
     print('type: ', type(img))
     plt.imshow(img.asnumpy())
     plt.show()

     data type:  <class 'numpy.uint8'>
     shape:  (736, 943, 3)
     type:  <class 'mxnet.ndarray.ndarray.NDArray'>
```

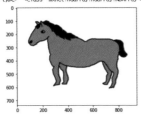

```
[4]  from mxnet.gluon.data.vision import transforms

     transformer = transforms.Compose([transforms.Resize(32),transforms.ToTensor(),transforms.Normalize([0.5,0.5,0.5],[0.2,0.2,0.2])])
     img_t = transformer(img)
     plt.imshow(nd.transpose(img_t,(1,2,0)).asnumpy())

     Clipping input data to the valid range for imshow with RGB data ([0..1] for floats or [0..255] for integers).
     <matplotlib.image.AxesImage at 0x7fb1aBaefe10>
```

```
[5]  from gluoncv.model_zoo import get_model

     model = get_model("cifar_resnet110_v1",classes=10,pretrained=True)
     classes = ['airplane', 'automobile', 'bird', 'cat', 'deer', 'dog', 'frog', 'horse', 'ship', 'truck']
     pred = model(img_t.expand_dims(axis=0))
```

```
[6]  ind = nd.argmax(pred,axis=1).astype("int")
     print("이미지 분류:%s, 확률:%.2f"% (classes[ind.asscalar()],nd.softmax(pred)[0][ind].asscalar()))

     이미지 분류:horse, 확률:0.96
```

(구글 코랩 노트북으로 실습하려면)
크롬 브라우저 검색창에서 코랩사이트 링크(https://colab.research.google.com/ ) 입력해 새 코랩 노트북 만들기 위해 시작페이지에 접속한다. 또는 이미 코드가 작성되어 있는 노트북으로 실습하려면 옆의 QR코드를 스마트폰으로 인식하여 실행해 기 작성된 코드를 수정하면서 실습해 본다.

## 13.6 카메라 CCTV에 찍힌 물체를 탐지하는 기술. 사람, 개, 고양이를 컴퓨터가 표적 탐지하고 구별하고 이름표를 붙여보자

앞장에서는 컴퓨터가 고양이 등의 단순하게 독립된 이미지를 패턴 특징을 추출하고 분류하여(Classification) 이미지를 구분하는 수준이었다. 이번 장에서는 복잡한 사진이나 움직이는 사진인 CCTV 속의 사람얼굴, 동물의 종류와 작은 움직임 행태를 인식(Classification+Localization)하고, 물체를 식별하고 이미지를 결합하거나(Object Detection, Motion Detecton) 하는 등 물체를 탐지하고 이름표 붙이는 등 실시간 작업이 가능하도록 하는 인공지능 물체 탐지 알고리즘을 알아본다.

**Object Detection**

### 실시간으로 물체 탐지를 위한 인공지능 기술 유형

기계인 컴퓨터가 물체를 탐지하는 기능 등 컴퓨터 비전을 구현하기 위해서, 인간의 신경망을 본떠서 인간의 신경계를 소프트웨어적으로 모사한 것이 '인공 신경망 알고리즘 CNN 등'이라면, 인공지능반도체칩(neuromorphic chip)은 하드웨어적으로 신경세포를 모사한 것이다. 즉 뉴로모픽 칩이란 뇌를 형상화한 것으로 사람의 뇌신경계 구조를 모방한 컴퓨터 칩으로 인공 뉴런을 병렬구성한 것이다. 현재의 컴퓨터칩이 CPU와 메모리 간 데이터를 처리하는 과정, 논리회로, 제어회로 등에 더 많고 복잡한 회로구성과 전기를 소모하였다면, 뉴로모픽 칩은 뇌의 작동 방식을 모방하여 오직 신경망 연산을 위해 필요한 회로만으로 구성된 컴퓨터 칩으로 칩 내부도 병렬 연산구조로만 되어 있어 빠른 병렬연산 처리와 전기소모는 거의 없는 수준이다. 그리고 뉴로모픽 반도체 칩과 카메라만 연결하면 인공지능 비전이 구현되고, 카메라 앞에서 인간이 계속 훈련시키면 칩이 훈련되어 별도의 인공지능 프로그램이 없이도 카메라가 인식을 하게 된다. 마치 뉴로모픽 반도체칩이 딥러닝으로 훈련된 이미지 인식모델이나 물체 탐색모델과 같은 기능을 하는 것이다.

과거에는 딥러닝 모델이 나오기 전에는 오픈소스 컴퓨터 비전 및 머신러닝 라이브러리인 파이썬 응용프로그램인 OpenCV (Open Source Computer Vision Library)가 유명하였다. OpenCV 는 BGR 포맷으로 이미지를 읽어들이고, RGB 포맷으로 출력하여 원래의 이미지 색을 잘 표현하였다. 요즘에는 딥러닝으로 복잡한 모델을 만들고 수많은 이미지로 사전 학습하여 이미지 인식을 하는 모델을 만드는 데는 시간과 돈이 많이 소요되기 때문에, OpenCV 처럼 파이썬 응용프로그램 가져다 사용하듯이 딥러닝으로 사전 훈련된 모델[1]을 라이브러리처럼 제공하여 pip 설치명령어 통해 설치하고, 설치 후에 실제 모델을 불러와서 학습하여 이미지 인식을 할 수 있다.

요즘 가장 유명한 사전 훈련된 모델인 YOLOv3YOLO(You Only Look Once) 모델을 사용하여 실시간으로 사진, CCTV 화면상의 물체를 탐지해 보자. 사전 훈련된 모델인 YOLO는 CNN 모델로서 convolutional layers를 사용해서 모델을 만들어 이미지 인식이 우수하다.

### 1. 사전 훈련된 딥러닝 이미지 탐색모델을 가져오자

gluon 라이브러리의 utils 안에 있는 plot_bbox, plot_image 등 함수들을 사용한다. 사전 훈련된 모델인 YOLOv3YOLO (You Only Look Once) 모델을 가져와서, pretrained = True를 지정하여 사전 훈련된 모델을 사용한다.

---

1 YOLO 처럼 사전학습된 딥러닝모델을 자기만의 딥러닝 사전학습 모델로 만들고 싶으면, 인공지능 학습시킨 *model*은 *save* 명령으로 저장할 수 있으며 파일명을 *.h5로 한다. 모델파일을 다시 재사용하려면 *load_model* 명령어로 *.h5파일을 불러 오면 된다.

## 2. 이미지 전처리

입력하는 이미지 전처리는 이미지의 짧은 가장자리 크기를 512 픽셀로 조정하도록 지정한다. YOLO 는 다양한 크기의 이미지를 입력받아서 처리할 수 있다. 입력 이미지 크기를 short= 320, 416,512, 608 처럼 32의 배수로 설정하고 숫자가 커질수록 세밀하게 이미지를 인식한다.

## 3. 딥러닝으로 추론

사물이 감지된 이미지 사진에 이미지 박스와 해당 예측 클래스 ID 및 신뢰도 점수를 표시한다.

## 4. 이미지 시각화

gluoncv.utils.viz.plot_bbox()결과를 시각화한다. 첫번째 이미지[0]에 대한 결과를 잘라서 plot_bbox에 입력한다. 이미지를 출력하기 위해서 2D 라이브러리 패키지인 Matplotlib를 사용한다. 딥러닝 모델에서 읽어들인 이미지를 Matplotlib 에서 보여주는 게 colab에서 유용하다. pyplot은 RGB 포맷을 사용하므로 원래의 이미지 색을 표현한다.

---

**Program coding flownote 한글 명령어를 영어로 번역한 코드 작성 순서노트**

생활영어처럼 [1][2][3]단계별로 실행되는 한글 명령어 순서도 작성한다.

| [1단계] 파이썬하고 대화하듯이 명령 순서도 작성 |
| --- |
| [1] upgrade mxnet gluoncv를 설치하다<br>　　gluoncv 팩토리로부터 model_zoo, data, utils 모듈 가져오다 |
| [2] 변수model에 담다, model_zoo에서 'yolo3_darknet53_voc'를 기학습된 모델을 가져오다 |
| [3] 변수 myphoto에 담다, utils로 https -- 링크에서 cat.jpg파일로 다운하다<br>　　변수 id,img에 담다,data.transforms.presets.yolo.load_test()함수로 myphoto를 가져오다 |
| [4] matplotlib.pyplot 모듈을 가져오다, 별칭 plt로<br>　　변수 IDs, scores, boxs에 담다, model에 id값 넣어서<br>　　ax에 담다,utils.viz.plot_bbox()함수로 이미지img를 boxs[0], scores[0],IDs[0], class_names은 net.classes<br>　　plt의 imshow() 함수를 이용해 출력한다 |

한글 프로그램 순서도를 구글 번역으로 영어로 번역한다.

| [2단계] 구글 번역한 영어 문장을 한 행씩 압축해 코딩화한다 |
| --- |
| [1] upgrade install mxnet gluoncv<br>　　Import the model_zoo, data, and utils modules from the gluoncv factory<br>[2] Put in variable model, bring'yolo3_darknet53_voc' from model_zoo to pre-trained model<br>[3] Put in the variable myphoto, https with utils-download cat.jpg file from link<br>　　Put in variable id,img, get myphoto with data.transforms.presets.yolo.load_test() function<br>[4] Import the matplotlib.pyplot module, alias plt<br>　　Put in variables IDs, scores, boxes, and put id values in the model<br>　　Put in ax, use utils.viz.plot_bbox() function to convert image img into boxs[0], scores[0],IDs[0], class_names net.classes<br>　　Print using plt's imshow() function |

컴퓨터가 이해하는 파이썬 명령어로 축약해 코딩화한다.

[3단계] 코딩화한 각 셀을 ▶ 또는 Shift+Enter 눌러 한 행씩 실행한다

```
[1] !pip install --upgrade mxnet gluoncv

[2] from gluoncv import model_zoo, data, utils

[3] model = model_zoo.get_model('yolo3_darknet53_voc', pretrained=True)

[4] myphoto = utils.download('https://cdn.pixabay.com/photo/2017/02/12/10/11/dog-2059668_1280.jpg',path='cat.jpg')
    id, img = data.transforms.presets.yolo.load_test(myphoto, short=512)

[5] from matplotlib import pyplot as plt
    IDs, scores, boxs = model(id)
    ax=utils.viz.plot_bbox(img,boxs[0],scores[0],IDs[0],class_names=model.classes)
    plt.show()
```

(구글 코랩 노트북으로 실습하려면)
크롬 브라우저 검색창에서 코랩사이트 링크(https://colab.research.google.com/ ) 입력해 새 코랩 노트북 만들기 위해 시작페이지에 접속한다. 또는 이미 코드가 작성되어 있는 노트북으로 실습하려면 옆의 QR코드를 스마트폰으로 인식하여 실행해 기 작성된 코드를 수정하면서 실습해 본다.

## 13.7 연속된 주가 데이터로 미래 주식 지수 예측하기

Keras 기반의 딥러닝 모델의 트리 구조화된 Long Short-Term Memory(LSTM) 모델은 뉴런 대신 시간경과에 따라 훈련되는 신경 네트워크의 트리 구조화된 네트워크는 레이어를 통해 연결된 메모리 블록(memory blocks)들을 가지고 훈련한다. LSTM (Long Short Term Memory) 은 RNN(Recurrent Neural Network)의 일종으로 RNN은 학습을 할 때 현재 입력값뿐만 아니라 이전에 들어온 입력값을 함께 고려하기 때문에 시계열 데이터를 학습하기에 적합하다. 신경망 중간에 있는 히든 레이어의 결과값들이 다시 입력값으로 들어가기 때문에 순환(Recurrent) 신경망(Neural Network)이라는 이름이 붙었다.

yahoo finance에서 코스피 지수를 가져온다. 판다스로 데이터프레임 df_prices 으로 만들고, 단순하게 바로 다음날 미래의 주가인 "종가"를 예측하기 위해 2020년 1월1일 이후 Close만 가져와 리스트 prices를 만든다.

| Date | High | Low | Open | Close | Volume | Adj Close |
|---|---|---|---|---|---|---|
| 2020-01-02 | 2202.320068 | 2171.840088 | 2201.209961 | 2175.169922 | 494700.0 | 2175.169922 |
| 2020-01-03 | 2203.379883 | 2165.389893 | 2192.580078 | 2176.459961 | 631600.0 | 2176.459961 |
| 2020-01-06 | 2164.419922 | 2149.949951 | 2154.969971 | 2155.070068 | 592700.0 | 2155.070068 |
| 2020-01-07 | 2181.620117 | 2164.270020 | 2166.600098 | 2175.540039 | 568200.0 | 2175.540039 |

### 1. 예측하고자 하는 다음날 하루씩 겹치는 윈도우 만들기

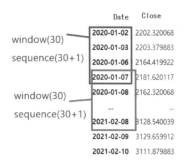

윈도우의 기본 개념은 얼마동안의 주가 데이터에 기반하여 다음날 종가를 예측할 것인가를 정하는 범주로서, 최근 30일 간의 데이터를 보고 내일 것을 예측을 하기로 하고, 이번 장에서의 윈도우 크기는 30일이라고 한다. 윈도우 사이즈는 주식 종목에 따라 바꿔야 하기에 실험하면서 바꿔도 된다. 그런데 30개를 보고 다음날 1개를 예측을 해야 하기 때문에 윈도우의 총 크기 sequence의 크기는 총 31개를 가져야 매번 1개씩의 날짜가 중첩이 된다. 이렇게 2020.1.2 ~ 이후의 데이터들이 30개 날짜의 값을 갖고 다음날의 가격을 예측해야 한다. 그 다음 윈도우는 자연스럽게 그 다음 윈도우 만큼 이동하며 다음날의 가격을 예측을 하게 된다. for 반복문으로 range(len(prices) - sequence_length)은 전체 데이터날짜에서 sequence_length인 31일을 뺀 기간동안에서 window_data 리스트박스에 31개 날짜의 값을 한 스텝씩 저장을 반복한다.

### 2. 데이터의 정규화

신경망이 잘 학습하려면 데이터들을 -1과 1 사이의 값으로 작게 만들어야 한다. 정규화는 주가 하루씩의 값을 정규화하는 것보다는, window 박스 하나씩 전체를 -1 ~ 1 사이 값으로 정해서 모델을 같은 범주의 숫자로 정규화해 예측성을 높인다. 각 window박스 속의 첫째날의 데이터 값을 0으로 설정을 하고 그 비율 만큼 나머지 값들을 -1 ~ 1 사이 값으로 정해서 모델을 같은 범주의 숫자로 정규화한다. 이렇게 각 window박스를 정규화하여 append()함수로 합쳐서 numpy 배열로 만든다.

### 3. 데이터 나누기 및 섞기

데이터를 분할하려면 sklearn train_test_split()함수 를 사용해서 전체 데이터의 90%를 트레이닝, 전체 데이터의 10% 테스트로 나눈다. 이때 트레이닝 셋을 랜덤으로 섞어주어야 학습이 잘 된다.

다차원 배열메트릭스에서 슬라이싱할 범위를 설정하려면, 사각형 범위설정은 array(행,열)로 하며, ()속의 행이나 열의 범위 설정은 from_index : to_index 형태로 지정한다. to_index는 결과에 포함되지 않는다. from_index 는 생략 가능하고 생략하면 0으로 간주하고, to_index 도 생략 가능하고 또는 생략하면

```
array([[ 0.  ,  0.00597873,  0.0300771 , ....,  0.18211418, 0.17875991, 0.17646406],
       [ 0.  , -0.01053565, -0.04322097, ..., -0.13717938, -0.12190567, -0.12983142],
                                            ....,
       [ 0.  , -0.03874717, -0.07170373, ..., -0.01513937, -0.0063513 ,  0.00338524],
       [ 0.  ,  0.00870016,  0.00878853, ..., -0.00631364, -0.01342706, -0.01892827]])
```
a[1:-1, 1:-1]

마지막 인덱스로 설정되고 -1도 마지막 요소의 인덱스를 의미한다. 음수 인덱스는 요소의 숫자를 알기 싫지 않기 때문에 지정한 축의 마지막 요소를 0을 기준으로 반대방향의 인덱스를 의미한다. a[1:-1, 1:-1]은 행에서 1부터 -1까지 열에서 1에서 -1까지 사각형부분을 범위로 설정해 슬라이싱한다.

### 4. 모델 만들기

입력으로 들어가는 데이터는 1차원 배열이기 때문에 input_dim을 설정한다. 다음 LSTM 레이어로 들어가는 입력값을 설정하기 위해 output_dim 값을 정하고 return_sequences을 True로 설정한다. return_sequences가 True일 때에는 각 시퀀스에서 각각 출력하도록 하여 LSTM 레이어를 여러 개 쌓아올릴 때 중간과정으로 사용한다. 또 과적합 (overfitting)을 피하기 위한 드롭아웃(dropout)을 20%로 설정할 수 있다.

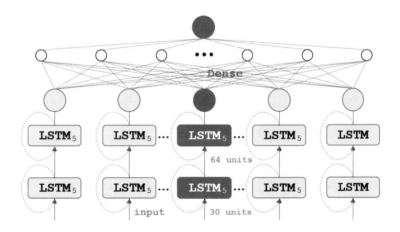

다음 LSTM 층에서는 노드를 100개, 그리고 마지막 Dense 레이어에 들어가기 전이므로 return_sequences를 False 로 설정해준다. return_sequences가 False일 때에는 맨 끝 시퀀스에서 한 번만 출력하도록 하여 LSTM 레이어 마지막 과정에 주로 사용한다. 마찬가지로 과적합(overfitting)을 피하기 위해 드롭아웃(dropout)을 20%로 설정할 수 있다. 마지막으로 Dense 층과 활성화 함수(activation function)를 통해 마지막 결과값을 계산해 준다.

### 5. 모델의 학습 과정

회귀(Regression) 문제를 풀 때 가장 일반적인 손실 함수(loss function)인 평균 제곱근 편차(Mean Squared Error, MSE)를 설정하고, 최적화 방법(Optimization)으로는 RMSProp을 설정해 준다.

## 6. 트레이닝

model.fit()함수로 모델을 학습시킨다. batch_size는 한번에 몇 개씩 묶
어서 학습을 시킬 것인지 결정. Epochs 는 20번 동안 반복 학습을 시킨다.
loss : 작을 수록 학습이 잘된다는 의미이고, val_loss : loss 처럼 작을 수록
학습이 잘된다는 의미이다. 실제데이터와 예측한 데이터를 시각화해보면,
실제 데이터와 어느 정도 비슷한 패턴으로 따라가는 모습을 보인다. 하지만
이런 방식은 과거 일정 기간 동안 움직임과 다음날 움직임을 반복적으로 학
습하여 패턴화한 것으로, 일정 기간의 결과를 가지고 다음날 하루의 흐름을

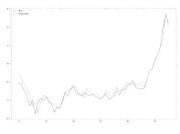

예측한 것이다. window 사이즈 변경에 따라 다음날 예측치가 달라질 수 있다. 특히 다음날 주가는 뉴스 등 더 많은 데
이터가 반영되므로, 성능 좋은 예측모델을 만들기 위해서는 더 많은 데이터, 자연어 처리를 통하여 뉴스 키워드와 주가
의 상관관계 분석, 유사 주가 동향 반영 등이 필요하다.

---

**Program coding flownote 한글 명령어를 영어로 번역한 코드 작성 순서노트**

생활영어처럼 [1][2][3]단계별로 실행되는 한글 명령어 순서도 작성한다.

| [1단계] 파이썬하고 대화하듯이 명령 순서도 작성 |
| --- |
| [1] pandas 모듈을 가져오다, 별칭 pd로<br>　　pandas_datareader 패키지로 get_data_yahoo 모듈을 가져오다<br>　　데이터프레임'prices'에 담기,pd의 데이터프레임()의 get_data_yahoo 모듈로 '005930.KS' ,'2020-1-01'부터 데이터를<br>　　배열 prices에 담다, 데이터프레임'prices'의 ['Close']열 값을 |
| [2] numpy 모듈 가져오다, 별칭 np로<br>　　keras.models 패키지로부터 모든 모듈을 가져오다<br>　　keras.layers 패키지로부터 모든 모듈을 가져오다 |
| [3] 변수 sequence_length에 담다, 31을<br>　　변수 window_data에 담다, [] 빈리스트를<br>　　for 반복은 범위 len(prices) - sequence_length에서 index를 꺼내기를<br>　　변수 window_data에 덧붙여 prices의 index가 index + sequence_length값을 |
| [4] 변수normalised_data에 담다, [] 빈리스트를<br>　　for 반복은 범위 window_data 속에서 window를 꺼내기를<br>　　normalised_window에 담다, 리스트로 (float(p) / float(window[0])) - 1값을 window속에서 p꺼내기를 반복해서<br>　　변수normalised_data에 덧붙여 normalised_window값을 |
| [5] sklearn.model_selection 패키지로부터 train_test_split모듈 가져오다<br>　　변수xtrain,xtest,ytrain,ytest에 담다, rain_test_split()모듈로 데이터시리즈 result, result[:, -1] 값을 테스트사이즈 0.1<br>　　로 랜덤상태로<br>　　변수 x_train에 담다, xtrain의 1차원은 그래도 2차원은 -1, 3차원은 None값으로 차원 생성<br>　　변수 x_test에 담다, xtest의 1차원은 그래도 2차원은 -1, 3차원은 None값으로 차원 생성 |
| [6] 변수 model에 담다, Sequential 모델을<br>　　model.add(LSTM(units=30, return_sequences=True, input_shape=(30, 1)))<br>　　model.add(LSTM(64, return_sequences=False))<br>　　model.add(Dense(1, activation='linear')) |
| [7] 변수 model에 최적화는 rmsprop, 손실은 'mse'함수, 정확도 함수로 해석하다<br>　　변수model에 배열 x_train, y_train를 훈련 묶음은 15개씩 에포크 20번 반복해서 훈련하다 |
| [8] 변수pred에 담다, model로x_test의 [:,-1]차원축소한 것으로 예측하다<br>　　plotly.graph_objects를 가져오다, 별칭 go로<br>　　변수f ig에 담다. go.Figure() 이미지를<br>　　변수fig에 add_trace더한다, go의 Scatter모듈로 y는y_test, 모드는'lines', 글자는 '실제값'<br>　　변수fig에 add_trace더한다, go의 Scatter모듈로 y는y_test 모드는'lines+markers', 글자는 '예측치' |

한글 프로그램 순서도를 구글 번역으로 영어로 번역한다.

## [2단계] 구글 번역한 영어 문장을 한 행씩 압축해 코딩화한다

[1] Import the pandas module, alias pd

    Import the get_data_yahoo module into the pandas_datareader package

    Put in data frame'prices', data from '005930.KS' and '2020-1-01' with get_data_yahoo module of data frame () of pd

    Put in the array prices, the value of the ['Close'] column of the data frame'prices'

[2] Import numpy module, alias np

    Import all modules from the keras.models package

    Import all modules from the keras.layers package

[3] Put in the variable sequence_length, 31

    Put in variable window_data, [] empty list

    For iteration in the range len(prices)-to get index from sequence_length

    In addition to the variable window_data, the index of prices is the index + sequence_length value.

[4] Put in variable normalized_data, [] empty list

    for iteration to pull the window out of the range window_data

    Put in normalized_window, as a list (float(p) / float(window[0]))-1) Repeatedly extracting the value p from the window

    In addition to the variable normalized_data, the normalized_window value

[5] Import train_test_split module from sklearn.model_selection package

    Put in variables xtrain, xtest, ytrain, ytest, train_test_split() module, data series result, result[:, -1] values in a random state with a test size of 0.1

    Stored in the variable x_train, the first dimension of xtrain is still -1 for the 2nd dimension and None for the 3rd dimension.

    Put in the variable x_test, the first dimension of xtest is still -1 for the 2nd dimension and None for the 3rd dimension.

[6] Put in the variable model, the Sequential model

    model.add(LSTM(units=30, return_sequences=True, input_shape=(30, 1)))

    model.add(LSTM(64, return_sequences=False))

    model.add(Dense(1, activation='linear'))

[7] In variable model, optimization is interpreted as rmsprop, loss is interpreted as'mse' function, and accuracy function.

    Train arrays x_train and y_train in the variable model, and train 15 epochs 20 times per training bundle.

[5] Put in variable pred, predict as [:,-1] dimension reduction of x_test as model

    Import plotly.graph_objects, alias go

    Put in variable f ig. go.Figure() image

    Add_trace to variable fig, y is y_test with scatter module of go, mode is'lines', letter is'actual value'

    Add_trace to variable fig, y_test mode is'lines+markers' for y with scatter module of go, and letter is'predicted value'

컴퓨터가 이해하는 파이썬 명령어로 축약해 코딩화한다.

## [3단계] 코딩화한 각 셀을 ▶ 또는 Shift+Enter 눌러 한 행씩 실행한다

```
from pandas_datareader import get_data_yahoo
import pandas as pd
prices=pd.DataFrame(get_data_yahoo('^KS11', '2020-1-01'))
prices = prices['Close']


import numpy as np
from keras.models import *
from keras.layers import *


sequence_length = 31
window_data = []
for index in range(len(prices) - sequence_length):
        window_data.append(prices[index: index + sequence_length])


normalised_data = []
for window in window_data:
    normalised_window = [((float(p) / float(window[0])) - 1) for p in window]
    normalised_data.append(normalised_window)
    result = np.array(normalised_data)
```

```
from sklearn.model_selection import train_test_split
x_train,x_test,y_train,y_test=train_test_split(data.data[:,-1],test_size=0.1,random_state=0)


x_train = x_train[:,:-1,None]
x_test  = x_test[:,:-1,None]


model = Sequential()
model.add(LSTM(units=30, return_sequences=True, input_shape=(30, 1)))
model.add(LSTM(64, return_sequences=False))
model.add(Dense(1, activation='linear'))
model.compile(loss='mse', optimizer='rmsprop')
model.summary()
Model: "sequential"

_____
Layer (type)                 Output Shape              Param #
=================================================================
lstm (LSTM)                  (None, 30, 30)            3840
_____
lstm_1 (LSTM)                (None, 64)                24320
_____
dense (Dense)                (None, 1)                 65
=================================================================
Total params: 28,225
Trainable params: 28,225
Non-trainable params: 0
_____


model.fit(x_train, y_train,batch_size=15,epochs=20)


pred = model.predict(x_test)[:,-1]
import plotly.graph_objects as go
fig = go.Figure()
fig.add_trace(go.Scatter(y=y_test,mode='lines',hovertext='실제값'))
fig.add_trace(go.Scatter(y=pred,mode='lines+markers',hovertext='예측치'))
```

(구글 코랩 노트북으로 실습하려면)

크롬 브라우저 검색창에서 코랩사이트 링크(https://colab.research.google.com/ ) 입력해 새 코랩 노트북 만들기 위해 시작페이지에 접속한다. 또는 이미 코드가 작성되어 있는 노트북으로 실습하려면 옆의 QR코드를 스마트폰으로 인식하여  실행해 기 작성된 코드를 수정하면서 실습해 본다.

## 13.8 인공지능에게 상담받고 답변을 음성 합성, 문장을 음성으로 만들기

네이버, 아마존 등에서 대화형 음성인식스피커가 대량 보급되고 카카오 플랫폼을 통해 음성인식 챗봇[1]도 구현되고 있다. 이제는 자판을 통해 글자로 컴퓨터와 소통하는 것이 과거의 유물이 되었고, 음성이나 모션 기반으로 디지털 기계 컴퓨터와 소통하는 방식이 더 손쉬운 시대이다.

음성인식스피커의 주요 기능인 음성 인식(speech recognition)과 음성 합성(voice synthesis)은 텍스트와 음성과의 변환을 의미하고, 인공지능을 활용한 음성 변환(voice conversion)은 원하는 사람의 목소리로 변환하는 것이다. 음성 합성 TTS(Text-to-Speech, 또는 Speech Synthesis)는 다양한 알고리즘이나 프로그램 방법을 사용할 수 있다. 그중에서 알고리즘으로 코딩하는 방식으로, 딥러닝 라이브러리 타코트론2는 음성 합성에서 뛰어난 성능을 자랑한다. 타코트론2는

음성 인식 : STT(Speech To Text)

음성 합성 : TTS(Text To Speech)

인공지능의 목소리를 기존 음성데이터를 기반으로 새롭게 창조해낼 수 있고, 인간 발성과 유사한 수준의 발성 성능을 낸다. 다만 타코트론2는 새로운 음성으로 합성하기 위해서 참조할 목소리 파일에 자막처럼 텍스트를 하나씩 붙여줘야 하고, 각각의 음성데이터들은 스튜디오에서 녹음한 수준으로 저장해야 좋은 성능을 발휘한다. 댓글수준의 짧은 음성을 합성하기 위해서 수많은 음성데이터로 딥러닝 음성 합성 모델을 훈련하는 데에도 컴퓨터 성능에 따라 며칠부터 몇 주까지의 긴 시간이 필요하고, 그 시간 동안 컴퓨터 프로그램을 계속 켜두어야 한다. 따라서 타코트론2는 대용량 소스코드를 학습시켜야 하므로, 코랩 웹사이트에서 셀단위 노트북으로 실시간 편집 기능을 제공하고 자원관리정책으로 툭하면 Runtime이 꺼져버리기 때문에 colab에서는 사용하기 어렵다.

 OPEN AI에 근무하는 김태훈님이 작성한 타코트론 실습사이트( http://carpedm20.github.io/tacotron/ , 또는 옆의 QR코드를 스마트폰으로 인식하여 실행)에서 multi-speaker 타코트론 딥러닝을 활용한 음성 합성 기능을 사용해 실습해볼 수 있다.

### 〈사전훈련된 GPT-2 자연어처리 모델 사용하기〉

앞장에서 배운 소설쓰는 인공지능 GPT-2 모듈을 이용해 인간이 질문하면 인공지능이 답변하고 그 답변텍스트를 자연스러운 음성으로 변환하여 듣기좋은 목소리로 답변하는 간단한 코드를 구현해 본다. 우선 앞 장의 GPT-2 사용코드를 그대로 사용하여 첫째 pre-trained된 GPT-2모델로 토크나이저와 모델을 구성해 설치한다.

모델 사용해 문장 예측 생성시에 파라미터 몇개를 변경해 가면서 성능을 개선해 본다. generate()함수의 매개변수로 스토리 생성에 성공하려면 다음 단어를 예측하기 위해 다음 단어 확률 분포에서 필터링되는 단어 샘플링을 잘해야 한다. Top-K 샘플링은 가능성이 가장 높은 K 단어에서만 샘플링하는 것으로, 표본 $Pool$의 크기를 고정된 크기 K=50으로 제한하면 샘플링 Pool을 가장 가능성이 높은 50단어로 제한한다. K 값이 높으면 모델이 횡설수설을 생성하고 K 값이 낮으면 평면 분포에 대한 모델의 창의성을 제한 할 수 있기 때문에 적당한 수치를 찾아야 한다. Top-p 샘플링에서는 누적 확률이 확률 p를 초과하는 가능한 가장 작은 단어 집합에서 선택하는 것이다. p 확률값은 0 < top_p < 1. 사이 값을 선택하며 1에 가까울수록 가능성이 높은 단어 선택의 확률이 높아진다.

---

1    챗봇(Chatbot)은 음성이나 문자를 통한 인간과의 대화를 시뮬레이션할 목적으로 설계된 컴퓨터 프로그램이다. 톡봇(talkbot), 챗봇(chatbot), 채터박스(chatterbox)라고도 한다.

이 책을 쓰면서 고민했던 질문을 영어로 'I want to become a Artificial intelligence deeplearning programmer, but how do I prepare? ' 변수 question_text에 담아서 인공지능이 답변하도록 요청하였다. 문장생성의 매개변수는 top_p=0.95, top_k=50 값을 설정한다. 답변을 answer_text에 담아서 살펴보니, 인공지능이 질문 의도에 맞게 훌륭한 답변을 하였다. 답변의 요지는 인공지능프로그래머가 되기 위해 준비할 것은 프로그래밍 경험과 훌륭한 애플리케이션 코드를 작성할 수 있는 방법을 배워야 하지만, 파이썬 세계의 일반적인 개념이 아니라 자신의 삶의 경험을 이해하는 게 우선 중요하다고 나름대로 잘 답변하고 있다.

인공지능이 상담한 답변을 음성으로 변환해서 들어본다.
Google의 AI 기술을 기반으로 텍스트를 자연스러운 음성으로 변환하는 Google Text to Speech API 를 사용해 음성 합성 TTS 코드를 작성한다. 먼저 gtts라는 패키지를 인스톨해서 설치하고 gTTS 모듈을 가져온다. gTTS 객체를 생성하고, save(mp3file)로 저장하면 mp3 파일이 합성된다. 변수 answer_text에 영어, 한글 문장을 담는다. gTTS 객체 생성시 text인자에는 변환할 문자열, lang에는 언어를 지정한다. 'en'은 영어, 'ko'는 한글 등이다. 'ko'일때 text내의 영문은 무시되지 않고 영어도 음성 합성을 수행한다. 'ko'일때 text내의 영문은 무시되지 않고 음성 합성을 수행한다. 음성파일을 웹사이트 셀단위에서 실행하기 위해 IPython의 디스플레이 도구를 가져온다. Audio()함수로 가져온 음성파일로 오디오 개체를 만들면 오디오 컨트롤이 노트북 셀에 표시된다.

## Program coding flownote 한글 명령어를 영어로 번역한 코드 작성 순서노트
생활영어처럼 [1][2][3]단계별로 실행되는 한글 명령어 순서도 작성한다.

| [1단계] 파이썬하고 대화하듯이 명령 순서도 작성 |
| --- |
| [1] -q git+https://github.com/huggingface/transformers.git 인스톨하다 |
| [2] transformers 패키지로부터 TFGPT2LMHeadModel, GPT2Tokenizer모듈을 가져오다<br>    tensorflow 모듈을 가져오다, 별칭 tf로<br>    변수 tokenizer에 담다, GPT2Tokenizer.from_pretrained("gpt2")모듈을<br>    변수 model에 저장하다 TFGPT2LMHeadModel.from_pretrained("gpt2")모듈을, pad_token_id=tokenizer.eos_token_id로 |
| [3] 변수question_text에 담다, ' '<br>    변수 inputs에 담다, tokenizer.encode모듈로 text를 return_tensors='tf'로<br>    tf.random.set_seed()모듈에 0값 넣기<br>    변수outputs에 담다, model.generate()모듈로 inputs을 do_sample=True, max_length=300, top_p=0.95, top_k=50파라미터로<br>    변수answer_text에 담다, tokenizer.decode(outputs[0], skip_special_tokens=True |
| [4] gTTS 인스톨하다 |
| [5] gtts 패키지로부터 gTTS 모듈을 가져오다<br>    변수 text에 담다, "안녕하세요,여러분.Python,파이썬으로 노는 것은 재미있습니다"을<br>    변수 tts에 담다, gTTS모듈로 텍스트는 text, 랭규지는 ko<br>    변수 tts에 저장하다 'helloKO.mp3' 파일로 |
| [6] IPython.display 모듈을 가져오다, 별칭 ipd로<br>    ipd.Audio모듈로 파일경로와 이름은 '/content/helloKO.mp3' |

한글 프로그램 순서도를 구글 번역으로 영어로 번역한다.

### [2단계] 구글 번역한 영어 문장을 한 행씩 압축해 코딩화한다

[1] -q install git+https://github.com/huggingface/transformers.git
[2] Import TFGPT2LMHeadModel and GPT2Tokenizer modules from the transformers package
Import the tensorflow module, alias tf
Put the variable tokenizer, GPT2Tokenizer.from_pretrained("gpt2") module
Save in variable model TFGPT2LMHeadModel.from_pretrained("gpt2") module to ,pad_token_id=tokenizer.eos_token_id
[3] Put in the variable questionion_text, ''
Put in variable inputs, return text to tokenizer.encode module as return_tensors='tf'
Put a value of 0 in the tf.random.set_seed() module
Put in variable outputs, model.generate() module inputs to do_sample=True, max_length=300, top_p=0.95, top_k=50 parameters
Put in variable answer_text, tokenizer.decode(outputs[0], skip_special_tokens=True
[4]Install gTTS
[5] Import the gTTS module from the gtts package
Put it in the variable text, "Hello everyone. Python, it's fun to play with Python"
Put in variable tts, gTTS module text is text, language is ko
Save in variable tts as 'helloKO.mp3' file
[6] Import IPython.display module, alias ipd
The file path and name of the ipd.Audio module is '/content/helloKO.mp3'

### [3단계] 코딩화한 각 셀을 ▶ 또는 Shift+Enter 눌러 한 행씩 실행한다

```
!pip install -q git+https://github.com/huggingface/transformers.git
import tensorflow as tf
from transformers import TFGPT2LMHeadModel, GPT2Tokenizer
tokenizer = GPT2Tokenizer.from_pretrained("gpt2")
model=TFGPT2LMHeadModel.from_pretrained("gpt2",pad_token_id=tokenizer.eos_token_id)


question_text = 'I want to become a Artificial intelligence deeplearning programmer, but how do I prepare? '


inputs = tokenizer.encode(question_text, return_tensors='tf')
tf.random.set_seed(0)
outputs = model.generate(inputs, do_sample=True, max_length=300,top_p=0.95, top_k=50  )

answer_text=tokenizer.decode(outputs[0], skip_special_tokens=True)
answer_text

'I want to become a Artificial intelligence deeplearning programmer, but how do I prepare? \xa0The goal is to
If you already know how to code, you can also get a good background in computer science. \xa0That said, this
ou will need some understanding of programming and a willingness to learn. but you may need to try other thin
ert in it, but I will attempt to explain it here. In this document, I will use some examples for each level o
thon code. Part II will cover writing tests and utilities (such as PyQt) for Python apps.\nIt should be point
u want to write your own tools for interacting with Python libraries, you should start using Python 7.0 first
he most<'

!pip install gTTS


from gtts import gTTS
tts = gTTS(text=answer, lang='en')
tts.save("helloKO.mp3")

import IPython.display as ipd
ipd.Audio(filename='/content/helloKO.mp3')
```

▶  0:13 / 1:21 ────────── ◀》 ⋮

**(구글 코랩 노트북으로 실습하려면)**

크롬 브라우저 검색창에서 코랩사이트 링크(https://colab.research.google.com/ ) 입력해 새 코랩 노트북 만들기 위해 시작페이지에 접속한다. 또는 이미 코드가 작성되어 있는 노트북으로 실습하려면 옆의 QR코드를 스마트폰으로 인식하여 실행해 기 작성된 코드를 수정하면서 실습해 본다.

# 찾아보기

————

INDEX 역할을 하면서 단어를 찾으며 읽고 주변 단어까지 훑어보면서 그 장 전체의 맥락을 이해하는 REVIEW이다.

p10.  **디지털** '디지털'은 컴퓨터가 이해하는 두 가지의 숫자 0과 1로 나열된 binary code이다. '디지털 던전'은 0과 1의 2진숫자 디지털이 컴퓨터 기계 내부나 인터넷에 한없이 크고 넓은 바다만큼 존재하는 세상을 말한다. 이 책은 코딩회화와 인공지능 스킬로 그 곳을 모험하는 이야기이다. 다양한 디지털 던전 등이 등장하며, 던전마다 주어진 과제를 클리어한 뒤에는 인공지능 스킬의 진화와 육성으로 탐험가는 코딩회화에 익숙하게 될 것이다.

p15.  **파이썬** 알파고 만든 프로그래밍 언어로, 1991년 프로그래머인 귀도 반 로섬이 개발한 파이썬은 비영리의 '파이썬 소프트웨어 재단'이 관리하는 개방형, 공동체 기반 개발 프로그래밍 언어이다. 파이썬에서는 들여쓰기를 사용해서 블록을 구분하고 줄바꿈 등 독특한 문법이 있어, 영어 문법과 닮아 프로그램 코드를 이해하기 쉽게 되어 있다.

**프로그래밍** '프로그래밍'은 컴퓨터가 부여된 명령에 따라 작동하도록 기계에 명령하는 방법을 개발하는 과정이다.

**코딩** '코딩'은 인간과 기계의 의사소통을 용이하게 하는 디지털 언어스킬로서 프로그래밍의 하위 기술이다.

p16.  **클라우드** '클라우드(원격컴퓨팅) '는 인터넷 상의 자원 (CPU, 메모리, 디스크 등) 특히 저장공간 인프라이다.

**깃허브** '깃허브(GitHub)' 는 분산 버전 관리 툴인 깃 (Git)을 사용하는 프로젝트를 지원하는 웹호스팅 서비스로서 무료 오픈소스 코드 저장소로도 유명하다.

**구글 드라이브** '구글 드라이브(Google Drive)'는 구글에서 제공하는 클라우드 기반 협업도구이자 파일저장/공유 서비스이다.

p17.  **colab** 구글코랩'colab'은 인터넷상에서 사용이 가능한 웹 기반 프로그램 편집 사이트

p18.  **에니악** '에니악' 전자식 숫자 적분 및 계산기(Electronic Numerical Integrator And Computer; ENIAC)은 1946년 진공관 약 18,000여개로 구성된 초기 전자 컴퓨터

p19.  **반도체** '반도체'는 마치 스위치가 올라가면 1, 내려가면 0으로 되는 스위치 구조처럼 되어 있다. '디지털 기계인 컴퓨터가 0,1 2진코드만 이해할 수 있는 것'은 컴퓨터는 전기로 움직이는 기계이기 때문이다.

p20.  **핵산코드** 인공지능 디지털 기계가 0,1의 2개 bit로 되어 있듯이 인간은 '디지털코드'는 아니지만 아데닌 (A), 구아닌 (G), 시토신 (C) 및 티민 (T) 의 네 가지 화학 염기로 구성된 코드로 즉 4개 bits로 된 '핵산코드'로 구성되어 있다.

**진법 숫자** '진법 숫자'는 0부터 센다. 파이썬에서 '인덱스(index)'도 기본으로 0부터 시작한다. 컴퓨터가 숫자 0부터 시작하는 디지털 기계이기 때문이다. 만약 열 손가락을 넘는 숫자 10을 셈하려면 열 손가락을 다 사용했기 때문에 십의 자리에 1을 올림하고 일의 자리에 0을 넣어서 10으로 세는 것이다.

**숫자** '숫자(Number)'는 10진수로는 123 같은 정수(Integer), 12.34 같은 실수(Floating-point) 있고, 16진수(Hexadecimal)를 만들기 위해서는 0x(숫자 0 + 알파벳 소문자 x)로 시작하고 2진수를 만들려면 0b(숫자 0 + 알파벳 소문자 b)로 시작하면 된다.

p23.  **실습노트북** '실습노트북의 코드 수정해 보려면' 이미 코드가 작성되어 있는 코랩노트북으로 실습하려면 옆의 QR코드를 스마트폰으로 인식하여 실행한다. 다만 QR코드로 실행한 코드는 실행해서 보기만 할 수 있고, 수정해 보려면 자신의 구글드라이브에 저장하고 수정해야 한다. 코랩노트북의 왼쪽상단 메뉴 -〉 파일 -〉 드라이브에 사본 저장 -〉 새탭에서 열기 하면 상단의 노트북 이름 뒤에 '00의 사본'이라고 사본 파일이 만들어진다. 원본 파일은 모든 독자를 위해 보존해야 하니, 자신의 드라이브에 만들어진 자신만의 사본 파일로 수정할 수 있게 된 것이다.

**2진수** '2진수' 1101는 10진수 13이며 2진수 1101 숫자 앞 0b와 2진수를 감싼 ' ' 는 십진숫자 1101과 구분하기 위해 2진수임을 나타내는 것이다.

**문자열** '문자열(String)'이란 문자, 단어 등으로 구성된 문자들의 집합으로, 작은따옴표 ' ' 또는 " " 큰 따옴표로 둘러싼 것이다. '1101'처럼 숫자를 따옴표로 둘러싸면 문자열이 된다.

**bin()** bin()은 binary명령어 ( )의 단축함수, ( )속 10진수 정수를 2진수로 변환한다.

p24.  **ASCII** 'ASCII'는 7개 비트를 사용하여 문자를 표현하며, 상위 3비트는 존(Zone) 비트, 하위 4비트는 2진수 비트를 조합하여 10진수 0~9와 영어 대문자, 소문자와 특수문자 등을 표현할 수 있다. 이렇게 알파벳에 숫자 번호를 부여하여 인식하는 세계의 약속인 문자테이블이 ascii code테이블이다.

p25.  **encode()** encode().hex(), chr()

**인코딩** '인코딩encode()'은 기계가 알아보게 디지털 언어로 코딩하는 것이고, '디코딩decode()'은 반대로 인간이 알아보게 문자로 코딩하는 것이다.

| p27. | 변수 | '변수(variable name of memory)'는 데이터(data)를 저장할 수 있는 메모리 공간이며, 대입연산자(=)는 왼쪽 변수 명에 오른쪽 데이터를 담는다(할당하다)는 의미이다. |
|---|---|---|

**p27.** **변수** '변수(variable name of memory)'는 데이터(data)를 저장할 수 있는 메모리 공간이며, 대입연산자(=)는 왼쪽 변수명에 오른쪽 데이터를 담는다(할당하다)는 의미이다.

**플래시 메모리** '플래시 메모리(flash memory) 반도체'는 전원이 끊겨도 데이터를 보존한다. 전기적으로 데이터를 지우고 다시 기록할 수 있는(electrically erased and reprogrammed) 기능을 활용해 오랫동안 데이터를 저장하는 비휘발성 컴퓨터 기억 장치를 말한다.

**에드박** 기억장치를 사용하는 에드박 (EDVAC;Electronic Discrete Variable Automatic Computer)은 이름 속에도 variable 글자를 사용하게 된 것이다.

## 제 2장 파이썬 던전

**p31.** **유니코드** '유니코드(Unicode)'는 전 세계의 모든 문자를 컴퓨터에서 표현하고 다룰 수 있도록 제정한 표준규약이다. 한글, 한자 등 문자 뿐만 아니라 컴퓨터에서 사용하는 별표 기호 · 하트 심볼 등 이미지들도 등록되어 있다. 한글은 완성된 음절인 한글 11,172자를 코드와 일대일 대응시키는 방식의 완성형 방식으로 포함되어 있다. 이는 한글의 제자 원리인 초성, 중성, 종성 조합방식을 무시한 방식이지만, Microsoft Windows에서 완성형이 사용되고 있어 조합형은 사장되어 현재에 이르고 있다. 한글 인코딩 방식은 CP949와 EUC-KR이 있고 최근에는 UTF 계열을 사용하고 있다. 한글이 깨지는 경우에는 인코딩 방식을 변경해 본다.

**p33.** **실행되는 명령어** print 단어와 '실행되는 명령어'를 구분하기 위해서 print 뒤에 괄호 ()가 있다. print 뒤의 ()는 ()안의 내용을 출력을 실행한다는 의미이다. print(변수명)은 ()괄호안에 문자열이 아닌 변수가 있는 경우에는 변수명 속의 데이터를 문자열로 변환해서 화면에 출력하라는 것이다.

**입력받는 명령어** 인간으로부터 '입력받는 명령어'로 'input'이 있다. input 명령을 하면 입력줄이 나타나고, 입력줄에 인간이 문자나 숫자 등을 키보드로 타이핑해 입력한 뒤 엔터를 누르면 컴퓨터에 문자열string로 변환되어 입력되고 결과가 화면에 나타난다. 입력한 값을 변수에 대입하면 변수에 저장된다.

**챗봇** '챗봇(Chatbot)'은 음성이나 문자를 통한 인간과의 대화를 시뮬레이션할 목적으로 설계된 컴퓨터 프로그램이다. 톡봇(talkbot), 챗봇(chatbot), 채터박스(chatterbox)라고도 한다.

**p35.** **리스트** '리스트list'는 데이터가 담긴 투명한 플라스틱 '명함 박스'와 같아서 마치 박스 모양의 대괄호 []로 감싸서 만든다. 리스트는 수학의 배열이나 집합과 비슷하며, 0부터 시작하는 인덱스 숫자가 붙어 있다. []속 요소는 쉼표(,)로 구분되어 있다. 쉼표(,)를 사용하면 문자열 사이에 띄어쓰기를 할 수 있다.

**p18.** **튜플** '튜플tuple'은 리스트처럼 데이터 요소를 일렬로 저장하지만, 안에 저장된 요소를 변경, 추가, 삭제를 할 수 없다. 마치 테이프로 붙여 놓아서, 읽기 전용 리스트 같다. 리스트는 [ ]으로 둘러싸지만 튜플은 ( )으로 둘러싼다

**p19.** **딕셔너리** '딕셔너리 dictionary'는 영어사전이 단어와 뜻으로 된 한 쌍의 데이터들을 모아놓은 것이다. 여러 개의 {Key:Value}처럼 Key와 Value의 쌍 여러 개가 { }로 둘러싸여 있다.

**p37.** **알고리즘** '알고리즘(Algorithms)'은 단계적으로 수행되는 여러 작업들의 모음이다. 어떠한 문제를 해결하기 위한 여러 동작들의 모임이다. 문제를 해결하기 위한 일련의 순서적인 계산방법이나 문제풀이 과정 단계적 절차이다.

**p38.** **보캉송의 똥싸는 오리** 1740년대 프랑스 기술자인 '보캉송의 똥싸는 오리(Shitting Duck)'는 곡식을 집어먹고 곧바로 항문으로 배설하는 자동기계였다. 로봇을 살아있는 생물처럼 먹은 곡식을 소화까지 하는 오리 로봇을 만들려고 시도한 것이다. 보캉송은 꾸준한 기술혁신으로 보캉송이 리옹에서 만든 직조 기계는 "인간이 필요 없음을 인간에게 보여줄 의도"로 직조공들보다 더 오밀조밀한 무늬까지 소화해내는 기계를 개발한다. 직조공들과의 갈등으로 보캉송의 기술혁신은 프랑스 대혁명 때 모두 소실되고 프랑스에서는 사용 금지되지만, 수십 년 후에 영국에서 산업혁명으로 사업화가 된다. 지금의 인공지능 기술혁신기에 시사점이 크다고 볼 수 있다.

**반복문** '반복문(for loop)'은 [for 변수 in 리스트(또는 문자열): 수행문]의 형태로 사용된다. 리스트나 문자열의 첫번째 요소부터 마지막 요소까지 차례로 변수에 대입되어 "수행할 문장"이 수행된다. 끝에 꼭 :(콜론)이 있어야 한다

**p40.** **조건문** '조건문(if condition)'에 따른 의사결정, [만약 if ~한다면 ~ 해라 : 만약 아니면 elif elseif else ~ 해라] 형태로 사용된다. 조건문의 condition이 참이면 if문 바로 다음 문장(if 블록)들을 수행하고, 조건문이 거짓이면 else문 다음 문장(else 블록)들을 수행한다. if문 끝에 꼭 콜론(:)을 사용하여야 다음 줄에 들여쓰기(indentation)를 할 수 있다.

**p42.** **range명령** **arange** **linspace** 'range(start, stop, step) 명령'은 정수만 리스트로 리턴한다. arange는 numpy 모듈 가져오면 사용할 수 있고, array range로 행렬(array)를 리턴한다. range에서 사용할 수 없는 실수 사용할 수 있고, 행렬 계산할 수 있다. numpy.arange(start,end,step)은 start ~ end-1 사이의 값을 간격만큼 띄워 배열로 반환한다. numpy.linspace(start, end, num=개수)은 start ~ end 사이의 값을 개수만큼 생성하여 배열로 반환하는 것이다. 넘파이 배열은 리스트 인덱싱과 같이 0부터 시작하며, 마지막 요소를 선택하는 방식은 [-1] 음수로 인덱싱한다. 리스트와 다르게 배열은 요소 인덱스로 문자열을 사용할 수 없으며 무조건 정수만 허용한다. '수를 배열한다'라고 한다.

| p44. | def함수명 | '함수(function)'는 수학함수처럼 컴퓨터학의 함수도 입력값을 input받아 결과값을 output하는 어떤 기능을 하는 프로그램 코드의 기능집합박스와 같다. [def 함수명(매개변수): 수행할 문장] 형태로 사용된다. 함수는 define function의 약자def 이고, def 키워드 다음에는 함수 이름을 정하고 그 줄의 끝에는 콜론(:)으로 마친다. 수학에서 함수는 입력–출력 장치 또는 숫자처리장치이다. 함수 f는 숫자 x를 먹고 f(x)로 변환하여 뱉어낸다. |
| p46. | 리스트에서 새로운 원소를 추가하는 방법 | '리스트에 새로운 원소를 추가하는 방법'은 "리스트.append(아이템 한개씩)" 명령어를 사용해 리스트에 새로운 요소나 숫자를 하나씩 추가한다 . |

## 제 3장 스킬 업 던전

| p51. | numpy | 'numpy'는 Numerical Python의 줄임말로서 행렬이나 벡터연산 등 수치계산에도 효율적인 외부 수학 패키지(함수들의 집합이므로 큰규모 모듈 또는 패키지라고도 함)이다. |
| | 삼각측량 | 양쪽 지점으로부터 삼각형을 만들어 삼각형 내부의 점을 참조하여 측량한다. '삼각측량'은 삼각을 형성하고 삼각비를 사용하여 위치를 측정하는 방법이다. 삼각비로 거리 재는 방식은 기원전 150년경 그리스 천문학자 히파르코스는 이런 방법으로 지구에서 달까지의 거리도 계산했다. |
| | 모듈 라이브러리 패키지 | '모듈module'은 파이썬 함수 등 코드가 모여 있는 파일이다. 코드를 규모로 구분하면 텍스트나 리스트 같은 데이터, 문장, 함수, 그리고 모듈 순으로 코드 크기가 커진다. '패키지Package'는 모듈을 폴더 디렉토리 구조처럼 파일 계층구조로 구성한 것으로 모듈을 여러 개 모아 놓은 게 패키지이다. 패키지는 상품이라는 의미가 강해서, 파이썬에서는 '라이브러리 Library' 라는 용어도 혼용해 사용한다. 특히 파이썬이 제공하는 표준 라이브러리 모듈은 파이썬이 표준으로 제공하는 핵심코드 패키지들이고, 다른 사람들이 만든 유용한 패키지들도 심사를 통해 표준 라이브러리에 포함하기도 한다. 패키지나 라이브러리는 외부 파일로 남의 컴퓨터에 있어서, 사용하려면 우선 내 컴퓨터에 설치하고 각 모듈을 가져다 사용한다. 본 책에서는 문법이나 용어정의에 집중하기보다는 사용상의 편의로 모듈,라이브러리,패키지를 혼용해서 사용할 수도 있다. |
| p53. | pylab | 'pylab'은 matplotlib.pyplot + numpy이 통합된 그래프 모듈이다. 'Matplotlib'는 파이썬에서 데이타를 다양한 차트나 플롯(Plot)으로 그려주는 라이브러리 패키지이고, pyplot으로 즉석에서 그리는 데 효과적이지만 초급과정에서는 좀 더 간단한 pylab을 우선 사용한다. |
| p57. | Numpy array | 'Numpy'는 파이썬의 기본 list에 비해서 빠르게 계산하도록 array 타입이 별도로 있다. 'Numpy의 배열 array'는 파이썬의 리스트(list)와 거의 비슷하나 배열은 동일한 자료형인 숫자만 들어가야 한다는 차이를 갖는다. NumPy에서의 x*y 곱은 선형대수에서 쓰는 행렬 곱이 아니고, 같은 크기 배열 간 산술 연산의 곱을 의미한다. 행렬 곱은 x@y 와 같이 표현한다. |
| p59. | 컴퓨터 실행 파일이나 실행 라이브러리 | '컴퓨터 실행파일이나 실행 라이브러리'는 코드화된 명령에 따라 지시된 작업을 수행하도록 하는 컴퓨터 파일을 말한다. 실행 가능한 코드(Executable code)는 실행 가능한 명령어들의 집합이고, 이를 외부의 파일에 저장하여 파일로 만드는 이유는 다양한 운영체제와의 상호작용이 수월하고 다음에도 다시 갖다 쓰려면 실행코드를 버리지 말고 자신의 컴퓨터 프로그램 내부가 아닌 외부 어딘가에 데이터를 저장해야 하기 때문이다. |
| p60. | with문 | 'with문'은 open() 빈 외부파일을 생성해서 as 외부의 파일에 다음줄의 내용을 저장한다. open(파일 이름, 파일 열기 모드) 함수는 "파일 이름"과 "파일 열기 모드"를 입력값으로 받고 파일을 생성해 주는 명령어이다. |
| p62. | 파이썬 모듈 | '파이썬 모듈'은 자주 사용하는 함수 같은 기능을 미리 모아 놓아 만들어 놓은 것이고, 모듈은 다른 파이썬 프로그램에서 불러와 사용할 수 있게끔 만든 파이썬 파일이라고도 할 수 있다. 이렇게 자주 사용하는 파이썬 프로그램 함수와 기능을 모은 함수들 모음이 커지면 계층적(디렉터리 구조)인 패키지로 만들고, 더 큰 단위로 만들어 놓은 외부파일 프로그램 모듈을 라이브러리(library)라고 한다. |
| | 파이썬 코드 라이브러리 pypi | '파이썬 코드 라이브러리' 공식 사이트인 https://pypi.org/에는 외부 파이썬 라이브러리 백만여 개가 있다. 마치 라이브러리(도서관)에 입고된 책이나 DVD처럼 서로 무료로 사용할 수 있다. pypi 사이트에 마치 책을 쓰고 아마존에 올리듯이 누구나 파이썬 패키지(라이브러리)를 만들어 등재시킬 수 있기 때문에 곧 천만 개의 라이브러리가 모여 있을 것이다. pypi.org 사이트는 Python 프로그래밍 언어사용자들이 후원해 운영되고 있는 비영리 법인인 PSF (Python Software Foundation)에서 관리하고 있다. |
| | pip | 'pip는 Python Package Index (PyPI)'라는 저장소로부터 파이썬 패키지를 받아 설치하는 툴이다. PyPI은 파이썬 오픈소스 패키지 저장소이고 원격서버에 있으므로 이를 표시하기 위해 pip 명령어 실행시 앞단에 ! 표시해 더 명확하게 한다. |

p64. **유클리드 기하학** '유클리드 기하학'은 기하학과 수학적 모델로서 수천 년간 기준이었기 때문에  인간은 '유클리드 기하 공간' 내에서만 사고하였다. 최근에 아인슈타인의 중력장이 있는  미시공간과 극대 공간을 해석하는 이론들의 등장으로 공간 해석 모델로서의 역할이 축소되고 있다.

p65. **Parameter space** 1959년, Paul Hough가 x, y로 표시되는 직선을 m, b로' Parameter space'에 표시되는 방법을 고안하여 오늘날까지 y = mx+b를 '직선의 방정식'이라고 한다. 일차함수의 일반형 y=mx +b 에서 직선의 방정식의 해를 구할 수 있다.

**함수라고 이름붙인 기능박스** 컴퓨터공학에서 '함수라고 이름 붙인 기능(function)박스'는 특별한 일이나 기능이 있는 작은 코드 묶음이다. 이렇게 특정한 기능을 수행하는 코드 덩어리에 이름을 붙여서 함수를 만들면 언제든지 그 이름을 불러서 코드 기능을 재사용 할 수 있는 것이다 .

**한줄함수** '한줄 함수'는 def 함수명(인자) : return 반환값 형태로 만든 한줄로 된 간단한 함수이다. 줄바꿈하지 않고 ; 등 뒤에 줄을 합친다.

p67. **Pandas** 'Pandas는' 통계분석에 효율적인 라이브러리이다. 판다스는 데이터를 엑셀 스프레드시트 같은  2차원 테이블 형태 (DataFrame)의 데이터를 다룬다. Pandas DataFrame은 2차원 리스트 혹은 배열과 유사한 자료구조로서 배열이나 행렬 등 2차원 값을 엑셀처럼 시각적으로 알아보기 쉽다. lists, dictionary 등으로부터 만들 수 있다.

**plotly** 'pylab '등은 래스터 이미지 그림으로 출력되고,  'plotly'는 벡터화된 그래프를 표현하는 라이브러리로서 세밀한 그래프 작성이 가능하고, 곡선 어디든 터치하면 좌표가 표시된다.

p70. **방정식** '방정식(方程式, equation)'은 미지수가 포함된 식으로 방정식을 참으로 만드는 변수의 값을 찾는 것이 목적이다.

**그래프** 변수들의 수학적인 관계를 하나의 함수로 표현하고 이를 시각적으로 형상하기 위해 '그래프(graph)'를 사용한다.

**sympy** 'sympy (symbolic mathematics)'는 기호연산으로 사람이 연필로 그래프 그리며 선형대수 계산하는 것과 같은 형태의 연산을 하는 라이브러리이다.

p73. **미분** 곡선을 '미분(微分)'하여 변화를 분석한다.미분(微分)하다는 '미세하게 분해된 미세한 부분'의 값을 구하라는 것이며, difference 미세한 변화 dx는 x의 미세한 변화량이다. differential은 움직이는 물체의 순간 속도나 순간 변화율을 구하는 것으로 순간변화율이나 순간속도가 가장 느린 순간은 0인 순간은 곡선의 최고점일 때이다.

**경사 하강법** 함수의 최고, 최소점의 값이나 근을 구하는 공식 이외에도, 함수의 기울기(경사)값을 구하여 기울기가 낮은 쪽으로 계속 이동시켜서 결국 극소값에 수렴하는 convergence 최적화 알고리즘이 '경사 하강법(Gradient descent)'이다. 2차 곡선의 중요한 공식들이 딥러닝 알고리즘의 핵심이다.

p78. **symbols()** 'sympy'는 미분 적분 등 기하학적 연산이므로 tensorflow처럼 별도로 변수를 'symbols()'로 X,Y 지정해 주어야 한다. 이렇게 나온 equation은 바로 numpy에서 사용할 수 없고, 변수를 다른 것인 x, y 등으로 교체해 주어야 한다.

p79. **적분** '적분'(integral)은 두 그래프 사이의 면적을 구하는 방법으로 사용된다. '온전히 완성된'의 의미로 '미세하게 분해한다'는 미분과 반대되는 개념이다. 미분하여 미세하게 분해된 잘게 부순 것(分)을 쌓는(積)이고 원래 모양을 거의 회복하는 것이다.

**부정적분** 적분에는 '부정적분(indefinite integral)과 정적분(definite integral)'이 있다.  정적분은 쉽게 말해 넓이나 부피 등을 구하는 것이고, 부정적분(indefinite integral)은 미분의 역연산으로 함수 f(x)가 어떤 함수를 미분하여 나온 결과인 dx 도함수라고 가정하고, 이 도함수 f(x) 대한 미분되기 전의 원래의 함수를 찾는 과정(integration), 또는 그 결과 (integral)를  ∫ dx기호를 말한다.

p81. **beambending** 파이썬 라이브러리 중에 'beambending'은 보 모든 단면에서의 전단력과 휨 모멘트의 값을 나타낸다. 먼저 단순보 beam의 규격과 각 지점의 서포트 형태와 위치를 설정하고, 다음에 빔에 하중과 하중이 작용하는 지점을 추가해서 값을 구한다.

**집중하중P** '집중하중P'이 작용하면 빔의 양쪽 끝인 삼각형 모양의 지점에서 P*b 또는 P*a에 전체 길이 L을 나눈 값인 반력이 발생한다. '최대 휨모멘트Mmax'는 집중하중 받는 위치에서 발생하며 P*a*b를 전체 길이 L로 나눈 값이다.

350

**p108.**  **행렬공간**  '행렬공간(matrix spaces)은 부분 공간(subspace), 차원(dimension), 기저(basis)를 가질 수 있다.

**p109.**  **numpy 배열**  'numpy 배열'은 숫자만을 일렬로 묶은 것으로 수학 및 공학 계산을 위한 것으로 1차원 배열, 2차원 배열, 3차원 배열 등이 있다. 1차원 배열은 1차원 축으로 1행으로 구성되며 axis=0이고 벡터의 각 요소로 구성된다. 2차원 배열은 2차원 축(열)이 있고 axis=1이고 행렬(matrix)는 이들중 2차원 배열 형태로 수를 묶은 것이다. 3차원 배열은 3차원 축(채널)이 있고 axis=2이상으로 3차원 규빅형태의 행과 열, 채널을 갖고 각 컬럼은 벡터형태를 갖는다. 이러한 벡터 공간 3차원벡터는 행벡터와 열벡터 좌표를 써서 3차원 공간에서 Depth로 표현한다.

**행렬자료형**  '행렬(matrix)'자료형은 데이터를 엑셀 스프레드시트 같은 2차원 테이블 형태(DataFrame)로 다룬다.

**Pandas Data Frame**  'Pandas DataFrame'은 2차원 리스트 혹은 배열과 유사한 자료구조로서 배열이나 행렬 등 2차원 값을 엑셀처럼 시각적으로 알아보기 쉽다. lists, dictionary 등으로부터 만들 수 있다.

**텐서**  '텐서(tensor)'는 벡터를 요소로 가진 N차원 매트릭스를 의미하며, 다차원의 다이나믹 데이터 배열(multi dimensional and dynamically sized data array)이고, 3차원 이상의 다차원 배열로 나타낼 수 있다.

**p112.**  **describe()**  'describe()' 함수는 생성했던 DataFrame의 간단한 통계 정보를 보여준다. 컬럼별로 데이터의 개수(count), 데이터의 평균 값(mean), 표준편차 등이다.

**p113.**  **메쉬 분석**  집에 흐르는 전기 네트워크의 '메쉬 분석'(Mesh analysis of a electrical network)은 닫힌 영역(메쉬 또는 루프로 구성된 회로)에 흐르는 전류 I를 구한다.

**키르히호프 전기회로 법칙**  '키르히호프의 전기회로 법칙'은 회로에서의 전하량 보존 법칙인 전류법칙과, 회로 속 닫힌 경로에서 전원의 기전력의 합은 회로 소자의 전압 강하의 합과 같다는 에너지 보존법칙인 전압법칙을 사용한다.

**에너지그리드**  '에너지그리드grid'는 전기가 발전원에서 소비자에게 전달되는 상호 연결된 '전력네트워크망'을 의미하며, 기존의 송배전(Transmission and Distribution, T&D) 시스템은 일방형 전력계통 시스템이지만 그리드는 소비자가 생산자가 될 수 있도록 시스템에 다양한 분산전원을 연계할 수 있다.

**p114.**  **행렬 곱**  numpy라이브러리의 'matrix자료형'으로 만들어, 손쉽게 행렬 곱 np.linalg.solve(R,V) 등 행렬계산을 수행한다.

**p116.**  **행렬**  직사각형 모양으로 수를 배열한 것을 '행렬'이라고 한다. 행렬 또는 2차원 배열은 직사각형 데이터테이블을 가지고 있다. 파이썬은 어떤 데이터테이블이라도 리스트로 나타낼 수 있다. 행과 열로 구성된 배열인 행렬 Two-dimensional lists는 arrays 라고도 하며 numpy 모듈로 계산하기 쉽다. 배열 각 원소를 한꺼번에 연산하는 벡터화 연산을 위해서 list type은 array type으로 바꾸는 게 좋다. list를 array로 바꾸고 싶다면 data = numpy.array(data)와 같이 numpy.array함수를 이용한다. 반대로 array를 list로 바꾸고 싶다면 data = data.tolist()와 같이 tolist()를 이용한다.

**p117.**  **선형대수**  3개의 선형 방정식 연립 linear equations intersection Point 행렬 계산하는 방법은 sympy 모듈의 solve()함수 사용하거나, '선형대수'(Linear Algebra) 함수사용해 연립방정식의 해를 풀기 위해서는 numpy.linalg.solve(A,B) 사용한다.

**p118. 코로나19전세계 현황 자료**  옥스포드대학과 비영리단체 Global Change Data Lab는 협력하여 ourworldindata.org 에서 '코로나19 전세계 현황자료'를 csv 엑셀형태로 제공하고 있다. 실시간 csv파일 다운링크는 (https://covid.ourworldindata.org/data/jhu/full_data.csv)이고 Github 웹페이지내 raw데이터 링크는 ( https://raw.githubusercontent.com/owid/covid-19-data/master/public/data/jhu/full_data.csv) 이다.

**CSV**  'CSV'(comma-separated values)는 몇 가지 필드를 쉼표(,)로 구분한 텍스트 데이터 및 텍스트 파일이다. 확장자는 .csv이며 text이다. comma-separated variables라고도 한다. read_csv()함수로 csv 파일에 저장되어 있던 데이터들을 불러들이고 pandas의 DataFrame 형태로 인식하는데, 이는 표 형태의 데이터로 작업할 수 있다.pandas의 장점은 행/열 혹은 표형태의 데이터테이블의 각 셀의 모든 값들을 쉽게 연산할 수 있다.

**p119.**  **지수 표현방식**  큰 숫자를 표시하는 '지수 표현방식'은 e를 사용해서 10의 제곱을 곱해줄 수 있다. 2.45e+02는 2.45 * 10의 +2제곱으로 245이 된다.

**corr() 함수**  판다스 데이터프레임에서 ' corr() 함수'는 모든 변수간 상관계수나 두 변수간 상관계수를 구한다.

**p121.**  **인덱싱**  '인덱싱indexing'은 판다스 데이터프레임에서 특정한 데이터만 골라내는 작업이며, loc[행, 인덱싱값] 방식은 행(row)을 인덱싱값으로 선택해서 해당 열을 골라내는 방법이고, query() 방식은 조건식에 맞는 열만 골라내는 방식이다.

| | | |
|---|---|---|
| p121. | **시계열 분석** | '시계열 분석'(Time series analysis)이란, 독립변수(Independent variable)를 이용하여 종속변수(Dependent variable)를 예측하는 일반적인 기계학습 방법론에 대하여 시간을 독립변수로 사용한다는 특징이 있다. 코로나19 확진자 데이터같은 일일 변화 데이터는 시간을 x축으로 가지는 시계열(Time-series) 형태의 데이터로 표현된다. |
| | **series** | pandas에는 행과 열로 이루어진 데이터 구조를 'dataframe'이라고 하고, 각 열로 된 것을 Series라고 한다. 엑셀의 Sheet처럼 행과 열로 이루어진 데이터 구조이다. Series는 칼럼이 하나인 데이터이고, numpy의 1차원 배열과 구조가 동일하여 판다스의 series와 넘파이의 list를 서로 변환해서 사용한다. Series를 여러 개 붙인 것을 DataFrame 이라고 할 수 있다. |
| p122. | **numpy.polyfit** | 'numpy.polyfit '함수는 주어진 데이터에 대해 최소 제곱을 갖는 다항식 피팅 (least squares polynomial fit)을 반환한다. 즉 다항식의 계수를 구해 선형회귀식으로 사용한다. |
| p125. | **제외 조건명령어** | '제외 조건명령어' 중에 != 은 == 같다와 반대로 작동해서 != World와 같지 않은 것들만 선택해서 결국 World가 있는 데이터만 제외하는 것이다. 또는 drop() 명령어를 통해 컬럼 전체를 삭제할 수 있다. |
| p128. | **numpy. polyval()** | 'numpy.polyval()' 함수는 polyfit()함수로 구한 계수 데이터를 그래프로 그릴 수 있는 형태로 변환하는 것으로, polyval(poly,x_val)은 x_val의 각점에서 구해진 poly 배열의 계수로 5차 곡선식을 계산하는 것이다. |
| p131. | **sklearn** | 'sklearn'(scikit-learn) 라이브러리는 파이썬 머신러닝 라이브러리이다. 분류(classification), 회귀(regression), 군집화(clustering), 의사결정(decision tree) 등 다양한 머신러닝 알고리즘 함수가 있다. |

## 제 7장 시간 던전

| | | |
|---|---|---|
| p135. | **컴퓨터 시간의 시작대** | 거의 모든 OS (Linux, Mac OSX, Windows 및 기타 모든 Unix 포함)에서 '컴퓨터 시간의 시작대'는 1970-1-1, 00:00 UTC 이며, 시간이 항상 부동 소수점 숫자로 반환된다. 시간대는 UTC(Universal Time Coordinated, 협정 세계시)로 약속된 것이다. |
| p137. | **시계열** | '시계열'(時系列, time series)은 일정 시간 간격으로 배치된 데이터들의 수열을 말한다. 종합 주가지수, 환율 등 시계열 데이터로 볼 수 있다. 시계열 분석(Time series analysis)은 시간을 독립변수(Independent variable)로 하여 종속변수(Dependent variable)를 예측하는 일반적인 기계학습 방법이며, 이를 통해 미래를 예측하는 데 중요한 도구가 될 수 있다. |
| p140. | **pandas** | 'pandas'의 장점 행/열 혹은 표 형태의 데이터테이블의 각 셀의 모든 값들을 쉽게 연산할 수 있다는 것이다. 마치 엑셀처럼 사용할 수 있는 것이다. dataframe는 이차원의 인덱스를 가지는 배열(labeled array)이므로 pd.Series(data, index=index) 같이 사용된다. 인덱스의 값을 부여하지 않으면 'pandas'는 자동적으로 0부터 주어진다. |
| p141. | **datetime** | 날짜, 시간형식의 문자열을 'datetime'으로 만들려면 strptime()함수를, 현재의 날짜와 시간을 문자열로 출력하려면 strftime()함수를 사용한다. 각 함수에 사용되는 날짜 서식으로 %d : 0을 채운 10진수 표기로 날짜를 표시, %m : 0을 채운 10진수 표기로 월을 표시, %y : 0을 채운 10진수 표기로 2자리 년도 |
| p143. | **날짜를 숫자로 변경** | '날짜를 숫자로 변경'하려면, 만약 엑셀작업 등으로 보통 '2020-07-24' 처럼 년월일을 입력한 경우 파이썬으로 받으면 문자열 string이 된다. 이를 시계열 데이터로 사용하려면 Datetime 으로 변경해야 한다. parse_dates 명령어를 사용하면 데이터타입을 str -> datetime으로 변경한다. 더구나 Date 열을 index로 선정한다. pd.read_csv('00. csv', index_col='Date', parse_dates=True)는 Date colum을 index로 선정, parse_dates는 날짜인 것 같으면 문자열에서 날짜 형식으로 바꿔버린다. |
| | **API** | 'API'(Application Programming Interface)는 응용 프로그램이나 코드에서 사용할 수 있도록, 운영 체제나 프로그래밍 언어가 제공하는 기능을 제어할 수 있게 만든 인터페이스. |
| | **구글링** | '구글링' google + ing 합성어, 구글 통해 정보를 검색한다는 의미로 코드의 에러메시지의 해결은 구글링으로 찾으면 대부분 해결책이 검색된다. 저자 역시 딥러닝 학습을 학원수강 대신 대부분 구글링으로 스스로 문제를 해결하며 학습하였다. |
| | **SMA** | 'SMA(simple moving average)' 주식의 이동평균선은 과거 일정 동안의 주가를 평균 낸 값을 계속 이어서 표시하는 방법으로 주가가 예측할 수 없이 움직이더라도 평균으로 방향성을 찾을 수 있는 것이다. |
| p146 | **한국 거래소** | '한국 거래소' (KRX)에 상장한 회사는 약 3800여개이며, 이들 회사 주식의 정보를 가져오기 위해서는 코스피(KOSPI)와 코스닥(KOSDAQ)의 종목 코드를 알아야 한다. 판다스의 read_html()함수는 홈페이지의 HTML에서 〈table〉〈/table〉태그를 찾아 자동으로 DataFrame형식으로 만들어준다. |

| p149. | VIX지수 | '뉴욕주식시장 변동성 지수'VIX지수(NewYork Volatility Index, VIX)는 S&P 500지수 옵션 가격에 대한 향후 30일 동안의 투자 기대치를 지수화한 것이다. 시카고 옵션거래소(CBOE)에서 제공하고 있어 CBOE VIX라고 표기하기도 하고, 주식시장의 변동성이 커지면 위험을 헤지하기 위해 옵션에 대한 수요가 증가하게 되어 옵션의 가격(프리미엄)이 높아진다. 즉 VIX가 오르게 된다는 것이다. |
|---|---|---|
| | 상관계수분석 | '상관계수분석'(correlation coefficient analysis)은 확률론과 통계학에서 두 변수간에 어떤 선형적 관계를 갖는지 분석하는 변수 사이에 얼마나 강한 상관 관계가 있는지 정도를 파악하는 것이다. |

## 제 8장 디지털지리 던전

| p155. | 위도와 경도 | '위도(Latitude)는 적도(Equator)'를 기준으로 위로 90도 ($\pi/2$ 라디안) 올라간다. 경도(Longitude)는 영국 그리니치 천문대를 0으로 하는 본초 자오선(Prime Meridian)을 기준으로 동경으로 180도 (파이 라디안) 횡단하는 선으로 표시된다. 위도 경도를 나타내는 방법은 degree방식 각도 단위와 도, 분 및 초(DMS)는 라디안 단 두 직선반경 r만큼 벌어진 정도의 각도(angel)는 도 ' degrees 를 쓰고 벌어진 거리가 s가 우리에게도 친숙하다. 1도는 1회전(circle)한 360도를 360등분한 것중에 하나이다.

한국의 위도lat 경도long는 y축 북위 38도 x축 동경 127도이다. |
|---|---|---|
| p156. | 지도모듈 Folium | '지도 모듈 Folium' 은 'Open Street Map' 등 지도데이터에 Leaflet. js를 이용하여 위치정보를 시각화하기 위한 파이썬 라이브러리다. |
| p158. | HTTP 통신방식 | 'HTTP 통신방식'은 html 파일, 이미지 파일 등 데이터를 전송하기 위한 인터넷, 네트워크 전송 tcp/ip 기반 통신 프로토콜이다. Python은 통신방식으로 HTTP request 요청을 보내는 모듈로 urllib, urllib2, urllib3및 requests 등 다양하게 있다. 최신 파이썬버전에는 urllib 모듈도 있어서 바이너리 형태로 전송하고 데이터의 여부에 따라 get과 post 요청을 구분한다. urllib.request 모듈로부터 urlopen 함수를 가져와 사용한다. |
| | request | 'request'(위치값을 주세요~) get()함수를 사용하여 위성서버로부터 위치정보를 응답리턴 response(위치값 주니 잘 받아요~).json()함수 사용하여 딕셔너리형식으로 받아 위도와 경도값을 지도에 표시한다. |
| | JSON | 'JSON (JavaScript Object Notation)'은 인터넷에서 자료를 주고 받을 때 사용하는 경량의 DATA-교환 형식이다. 이 형식은 딕셔너리 형태로 사람이 읽고 쓰기에 용이하며, 기계가 분석하고 생성함에도 용이하다. |
| p160. | Marker() | 위치를 표시하는 'Marker() 함수'의 인자값으로 for –loop 문으로 위도경도 값 리스트를 반복해서 전달하여 여러 개의 마커를 찍는다. for each in polygon : folium.Marker(each).add_to(mymap) 은 변수 폴리곤1의 각 좌표 값을 하나씩 꺼낸 다음 반복해서 each변수로 표시를 붙인다. 포리움도에 each변수로 전달된 좌표값에 각각 포인트 표시를 붙인다. mymap 지도이름을 호칭하여 내 지도에 덧붙인 지도 를 화면에 출력한다. |
| p163. | Geocoding | 'Geocoding'은 주소(Address)를 위도 경도 좌표(Locate)로 또는 반대로 변환하는 것이다. |
| p163. | Nominatim | 'Nominatim'은 오픈소스 지오코딩으로, 오픈소스 지도인 OpenStreetMap 데이터를 기반으로 한 검색 엔진이다. 지도와 주소 데이터베이스에 저장된 데이터를 검사하고 개체 주소를 제공한다. https://nominatim.openstreetmap.org 사이트에서 간단하게 검색해 볼 수 있다. 다만 전세계에서 OSM Nominatim 서버에 하루에 3천만 개 이상의 쿼리를 요청하고 있으니, 처리속도는 느릴 수 있다. |
| p166. | Geopy | 'Geopy'는 파이썬 Geocoding Services 라이브러리이다. Nominatim country_ bias를 'South Korea'로 지정하면 한글주소와 명칭으로도 찾을 수 있다. distance 모듈의 distance( ) 함수를 사용하여 distance(a,b,c)간 km 단위로 거리를 계산한다. |
| p167. | 표현식 | '표현식'인 [EXPRESSION for VARIABLE in SEQUENCE] 방식은 파이썬 표현식으로 코드를 축약해 파이썬 함수와 변수를 표현한 것이다. [n ** 2 for n in range(5)] 처럼 산술식과 변수와 함수로 구성된다. |
| p169. | SciPy | 'SciPy'는 과학기술계산을 위한 Python 라이브러리이다. NumPy, Matplotlib, pandas, SymPy와 연계되어 있다. scipy의 ConvexHull() 함수는 x,y,z 행렬 2차 배열 데이터로부터 면적과 부피를 모두 계산한다. |
| | itertools | 파이썬 내장모듈' itertools '은 자신만의 반복자를 만드는 모듈로서 chain()함수를 써서 리스트( lists/tuples/iterables ) 를 연결한다. |
| | zip() | 파이썬 내장함수' zip()'은 동일한 개수로 이루어진 자료형을 압축해서(zipping) 묶어 주는 역할 |
| p171. | GeoPandas | 'GeoPandas'는 파이썬에서 좌표, 주소 등 위치정보를 기반으로한 GIS(Geospatial Information System) 지리정보 데이터 처리의 기하학적 연산과 시각화 등을 돕는 패키지이다. |

| p171. | 기하 및 지리 | 공간 데이터를 표현하는 데 필요한 '기하(geometry) 및 지리(geography)'라는 두 가지 데이터 형식을 사용한다. geography 데이터 형식은 지구 중심과 지표면 상의 각도인 위도와 경도(타원형 좌표)로 평면을 나타내는 데 반해 geometry 데이터 형식은 x, y 좌표로 평면을 나타낸다. geometry 데이터 형식은 사무실의 3차원 배치나 창고와 같이 지구의 모양을 고려하지 않아도 되고 비교적 규모가 작은 평면을 나타내는 데 사용할 수 있다. 요즘은 지구 상의 공간적 위치를 정밀도 높게 처리하는 데 geometry 데이터를 사용하기도 하고, 입속 치과치료처럼 마이크로한 공간속도 자동화하기 위해 geography GPS 데이터를 사용하기도 한다. |
|---|---|---|
| p174. | 하버사인 공식 | 지구는 둥글기 때문에 지구 곡률의 영향을 받게 되는 거리 측정에 두 위경도 좌표 사이의 최단 (곡률) 거리를 구할 때 사용하는 것이 '하버사인 공식'이다. |
| | 데카르트 거리 | 데카르트 기하평면에서 두 좌표 사이의 거리 |

## 제 9장 지오그래픽 던전의 GIS 전문가

| p179. | GIS | 'GIS(Geographic Information System) 전문가'는 지리공간상에 존재하는 각종 장소 및 속성정보 등을 수집하고 분석하여 이를 데이터베이스화 시키는 일을 수행한다. QGIS, 파이썬 등에 익숙해야 한다. |
|---|---|---|
| p180. | 지리적공간 | 지도가 지리 정보를 잘 담아내는 도구이기는 하지만 여러가지 정보를 담기에는 부족하므로, '지리적 공간(geographical space)' 시스템은 인간과 환경의 상호 관계나 지리적 공간에 존재하는 불평등의 관계 등 복잡하고 미묘한 사항을 표현하려고 노력한다. |
| p181. | geojson 포맷 | 'geojson 포맷'은 인터넷 기반 데이터포맷으로 json 포맷으로 된 지리정보표시를 위한 것이다. JSON으로 위치 데이터와 속성 데이터를 저장하는 형식이다. |
| | 서울시 행정구역 지도 데이터 | '서울시 행정구역 지도데이터'는 네이버 파파고에서 일하는 박은정님이 만들어 무료로 오픈한 것이고, 지속적으로 업그레이드되고 있어 json 지도 데이터로 우수하다. 박은정님의 github에서 지도데이터를 가져온다. |
| p183. | 서울시 데이터파일 실습용 데이터 | '서울시 구별로 구분된 지하철역 데이터파일 실습용 데이터'는 공공데이터 포털에서 다운받은 데이터를 사용한다. |
| | 한글 인코딩 | '한글 인코딩' 서울시 구별로 구분된 csv 데이터파일 등 실습용 데이터를 pd의 csv 읽기 함수()로 링크의 csv 파일을 encoding='utf-8' 인코딩하여 읽고 데이터프레임'df'에 담는다. 한글이 깨지는 경우에는 utf-8 대신 CP949와 EUC-KR를 사용해본다. |
| | folium. Choropleth() 함수 | 'folium.Choropleth() 함수'로 json data를 이미 생성한 포리움 바탕지도 mymap에 추가 (.add_to())하면 간단하게 서울시 구별 지도를 중첩하여 단계별 주제도(thematic map)를 표시할 수 있다. |
| p186. | Github | 'Github'는 오픈소스 프로그램의 소스파일 등이 있는 웹하드 같은 곳이다. github에 파일 저장하는 작업 순서는 파일을 생성해 git 인 덱스에 추가하고(git add), 로컬 저장소에 커밋 (git commit)하고, 로컬 저장소에서 원격 저장소로 올리는(git push) 순서이다. |
| | QGIS | 'QGIS(과거 이름: Quantum GIS)는 데이터 뷰, 편집, 분석을 제공하는 크로스 플랫폼으로, 오픈소스 지리정보체계(GIS) 응용 프로그램이다. ArcGIS 등 유료 GIS프로그램에 못지 않은 성능을 자랑하고, 파이썬하고 100% 호환된다. 자원봉사자들로 운영되는 재단공식홈페이지에서 사용자 지침서와 교육 교재, 프로그램 등 모두 한국어로 볼 수 있다는 버전을 무료로 제공하고 있다. https://docs.qgis.org/2.18/ko/docs/gentle_gis_introduction/ |
| p188. | df.iterrows() df.index | 데이터프레임에서 반복해서 요소를 꺼내야 할 때는 첫번째 방법으로 'df.iterrows()' 함수로 for 문을 돌면서 요소 i와 row를 얻어 row에 접근하는 방식과, 두번째 df.index 를 통해 for 문을 돌면서 loc 함수로 dataframe의 row에 접근하는 방식이 있다. |
| | 산업데이터 | 깃허브에 https://github.com/joungna/ 링크로 저장소를 만들어 실습데이터 저장한다. |
| p189. | scatter() 산점도함수와 scatter_geo()함수 | 'scatter()산점도 함수와 scatter_geo() 함수'를 사용해서 지도상에 x,y 대신 lat, lon 좌표값을 가진 산점도를 그릴 수 있다. scatter_3d()함수로 3차원 산점도 표현방식으로 x,y,z의 3차원 좌표로 데이터를 표시하는 3D 지도를 만든다. |
| p192. | 미국내 병원 | 지도 데이터 소스는 2018 년 AHA 연례 설문 조사에 의한 웹지도로 코로나 검사소 및 치료 가능한 미국내 지역병원 위치를 분포한 것이다.(https://versatilephd.com/research-and-related-work-within-the-hospital-sector/) |
| p193. | groupby() | 'groupby() '는 다양한 변수를 가진 데이터셋을 그룹별로 나누어 분석하는 함수이다. groupby()함수와 count() 연산자를 사용하여 집단, 그룹별로 데이터를 하나로 묶어 합산 통계 또는 집계 결과를 얻기 위해 사용한다. |

| | | |
|---|---|---|
| p196. | lambda함수 | 'lambda 함수'는 한줄 함수로 작성할 수 있다. 일반함수나 한줄 함수가 def: 함수명 형식이라 하여 함수의 이름이 있어서 이를 부르면 실행되는 반면에, 람다함수는 무명함수라서 lambda: 함수명없음 형식이다. |
| | KCDC홈페이지 | 'KCDC홈페이지'에서 직접 자료를 복사해서 가져오려면, 홈페이지가 html형식이므로 read_html() 함수를 이용해서 웹에 있는 테이블을 수집 후 dataframe형식으로 변환해 저장한다. HTML이 포함된 웹페이지 [0]매개변수 사용시에는 HTML에 포함된 데이터테이블을 리스트 형식으로 가져온다. |
| | df에 삽입 | "df[컬럼이름] = 넣고 싶은 값" 형태로 새로운 값을 데이터프레임에 삽입할 수 있다. |
| | df.칼럼명. tolist() | 'df.칼럼명.tolist()'는 특정 칼럼만 리스트로 출력하고, 기존 데이터프레임에 새로운 값을 가진 컬럼이 추가된다. |
| p200. | 임대주택 데이터 | '깃허브'에 https://raw.githubusercontent.com/UrbanAcupuncture/ 링크로 저장소를 만들어 실습데이터 저장함 |
| p202. | 주택별 네트워크 관계선 | '주택별 네트워크 관계선' 그리기는 9.8을 전국 선별진료소 관계선 그리기와 같은 방식이므로, 9.8장에서 학습하는 것으로 하고, 이장에서는 코드를 생략한다. source리스트와 target리스트에 네트워크선의 순서와 방향을 정해주고 노드를 연번에 맞추어 networkx모듈로 그리면 된다. |
| p205. | 네트워크 그래프 | '네트워크 그래프'는 어떤 체계나 구조 내에 있는 객체들 간의 "관계(relationship)"를 설명하기 위한 목적으로 주로 활용된다. 각각의 모서리 (E; edge or link)가 꼭지점(V; vertex or node) 한 쌍을 연결하는 꼭지점 V의 집합과 모서리 E의 집합을 칭한다. |
| | 최단경로 알고리즘 | 행렬계산으로 구할 수 있는 nx.shortest_path 는 '최단경로 알고리즘'이다. 네트워크에서 각 노드의 좌표를 잘 배치하는 순서는 꼭지점 더하기-> 모서리 더하기 -> 레이블 생성하기 -> 네트워크 그리기 순이다. |

## 제 10장 벡터던전의 NLP/데이터엔지니어

| | | |
|---|---|---|
| p209. | 데이터 사이언티스트 | '데이터 사이언티스트(Data Scientists)' 빅데이터 분석하고, 머신러닝과 통계 모델을 구축하는 프로젝트를 수행하며, NLP, 확률/통계, 머신러닝에 익숙해야 한다. |
| p210. | 벡터 공간 | 벡터를 공간의 원소로 가진 '벡터 공간( vector space )'은 우주에서 유일한 절대 좌표가 존재하지 않고 원소를 서로 더하거나 주어진 배수로 늘리거나 줄일 수 있는 공간이다. 벡터 부분공간(vector subspace), 생성공간(span, space spanned by), 차원(dimension), 기저를 가지고 있다. |
| p211. | 벡터(힘) | '벡터(힘)'는 좌표축과 무관한 행과 열이 각각 1개씩이기 때문에 배열처럼 데이터가 일렬로만 존재하는 즉 한줄로 된 선의 형태다. 벡터는 1D 차원 배열로서 기하학적으로는 점들이 모여서 한 줄로 된 선분 또는 화살표로 표현되고, 2개의 벡터를 곱하면 1x1의 내적만으로도 스칼라가 된다. |
| | 스칼라 | '벡터'란 단어는 "vehere(운반하다)"라는 뜻의 라틴어에서 유래되어, 유클리드 공간에서는 어떤 것을 한 장소에서 다른 곳으로 이동하는 방향성을 내포하고 있는 크기(length)와 방향(direction)을 가진 동적인 기하학 객체 (geometric object)이다. 크기만을 의미하는 스칼라라고 한다. |
| | 행벡터 열벡터 | '행렬'(行列,matrix)은 숫자를 괄호 안에 직사각형 표 형태로 배열한 것이고, 행렬의 가로줄을 행(行, row), 세로줄을 열(列, column)이라고 한다.한 행 또는 한 열 뿐인 행렬을 벡터에 빗대어 행 벡터(row vector), 열 벡터(column vector) 라고 한다. |
| p214. | 정규 표현식 | '정규 표현식' (Regular Expression)은 모든 프로그래밍 언어에서 사용되며 텍스트에서 특정 문자열을 검색하거나 치환할 때 등 복잡한 문자열 처리에 사용된다. 파이썬에서는 re 모듈을 가져와 사용한다. findall() 함수는 정규식과 매치되는 모든 문자열(substring)을 리스트로 돌려준다. 정규식을 사용하는 이유는 인간도 '단축어'를 사용하듯이 단축 명령어로 코드를 작성하면 코드가 상당히 간결해지기 때문이다. |
| | 웹사이트 | '웹사이트'는 대부분 HTML 등 웹상 언어로 작성된 웹페이지로 구성되어 있다. |
| | 파싱 | '파싱(parsing)'은 구문분석이라고도 하며 문장을 이루고 있는 구성성분으로 분해하고 관계를 분석하는 것이며, 문자열을 의미있는 token으로 분해하고 관계를 해석하는 행위이다. 웹사이트의 내용을 파싱(parse), 크롤링(crawl)하는 방법은 크게 HTML 파싱, XML 파싱, JSON 파싱 세가지이다. |
| | HTML | 'HTML'(하이퍼텍스트 마크업 언어,HyperText Markup Language) 우리가 보는 웹페이지를 작성하기 위해 사용하는 언어이다. HyperText는 단순 텍스트 이상의, 인터넷 링크 등이 포함되고, Markup은 꺽쇠(〈, 〉)로 이루어진 태그이다. 따라서 html은 링크, 태그 등으로 텍스트 이상의 내용을 만들 수 있어서 웹사이트에 표시되는 문자, 사진, 영상, 레이아웃 모두 HTML로 구성되어 있다. |
| p216. | 크롤링 | '크롤링'(crawling) 혹은 스크레이핑(scraping)은 인터넷 웹사이트에서 사진이나 데이터를 검색해 자동으로 가져오는 것이다. |

| p216. | 텍스트마이닝 | '텍스트마이닝'은 수많은 웹사이트를 구성하고 있는 html 문서를 해체하고 그곳에서 원하는 텍스트라는 광물을 찾는다는 의미이다. |

p216. **텍스트마이닝** '텍스트마이닝'은 수많은 웹사이트를 구성하고 있는 html 문서를 해체하고 그곳에서 원하는 텍스트라는 광물을 찾는다는 의미이다.

**한줄 for loop** '한줄 for loop' 코드가 [실행명령, for loop in 리스트] 구조로 반복 실행했다면, 비슷하게 map 명령어를 써서 리스트에서 값을 가져와 반복 실행을 한줄로 작성할 수 있다. map은 map(실행명령, 리스트) 구조로 사용한다. map은 리스트 객체가 출력된다.

**BeautifulSoup** 'BeautifulSoup ' 라이브러리로 웹페이지 HTML문서를 파싱(parser, 파쇄)해 수프처럼 페이지 자료를 가져오기 좋게 분해한다.

p219. **게놈 또는 유전자** '게놈(genom) 또는 유전체(遺傳體)'는 생물의 총 염기서열이며, 한 생물종의 완전한 유전 정보의 총합이고, 설계도면이다. 유전 정보를 해석하는 일을 게놈 분석이라 한다. 인간의 게놈은 약 30억 개나 되는 염기쌍으로 이루어졌다. A4용지 1장당 염기쌍 1000문자를 채운다고 가정했을 때 A4용지가 300m나 쌓이는 분량이다.

**염색체** '염색체'는 사람 같은 생물의 하나의 세포 핵 안에 있는 촘촘하게 뭉친 실타래 같은 물질 즉 DNA 이다. 핵 안에서 염색체를 꺼내 DNA를 실처럼 풀어서 모두 연결하면 그 전체 길이가 약 2m나 된다.

p223. **유전부호** '유전 부호(genetic code)'또는 유전 암호는 아스키 코드(ASCII code) 표와 같으며, 아스키코드 표의 각 부호(code)를 유전부호의 각 코돈(codon)이라고 부른다. 게놈 코드 분석으로 입수한 RNA 코드를 통해 아미노산(amino acid) 서열을 시각화할 수있다. 아미노산 (Amino acid)은 생물의 몸을 구성하는 단백질(Protein)의 기본 구성단위이다.

**DNA Features Viewer 라이브러리** 'Dna Features Viewer라이브러리'는 DNA의 기능을 선형 또는 원형으로 서열 맵으로 그려서, DNA의 긴 레이블 시퀀스를 간단하게 시각화하고 DNA기능을 살펴볼 수 있다. GraphicRecord 를 CircularGraphicRecord 로 대체하면 구성의 원형 플롯으로 변경된다.

p225. **translator. translate()함수** 'translator.translate()함수'를 사용하면 번역된 텍스트를 얻고, 자동으로 언어를 감지하고 기본적으로 영어로 번역한다.

p227. **wordcloud모듈** 'Python wordcloud 모듈'로 wordcloud 만드는 것은 matplotlib과 연계되어 있고, wordcloud 모듈 자체가 빈도를 계산하는 기능을 가지고 있어서 쉽다. 다만 한글 데이터를 워드 클라우드로 그리기 위해서는 추가로 한글 폰트를 설정해야 한다(한글 폰트 설치 코드를 그대로 복사해 사용한다).

p230. **단어벡터 공간** '벡터'는 2, 3차원 공간에서 물체의 위치, 속도, 가속도, 힘 등이다. 힘의 작용을 설명하는데는 힘의 크기와 방향을 함께 말한다. 물체의 위치는 그것이 기준점에서 얼마나 떨어져 있는가와 함께 어느 방향에 있는가도 중요하다. 벡터 데이터로 변환된 텍스트는 크기와 방향을 가진 '단어벡터 공간(Word Vector Space)'의 원소로 벡터연산을 할 수 있다. 즉 생각을 구성하는 단어는 벡터인 것이고, 생각 단어는 벡터의 크기와 방향을 갖는 벡터 공간의 원소인 것이다.

**벡터 라이징** '워드 임베딩(word embedding)'은 문장, 단어를 벡터화하는 단계이다. 자연어 문장, 단어를 벡터로 표현(word representation)하는 방법이며, 문 장을 토큰이라는 의미있는 문법단위로 분리하는 토큰나이징(Tokenizing) 과정을 거쳐 토큰화한 단어를 벡터라이징 (vectorizing, 수치화)하는 단계이다.

p231. **토큰화** 말뭉치를 토큰(token)이라 불리는 단위로 나누는 작업이 '토큰화'(tokenization)이다.

**morphs** morphs() 함수, pos()함수, phrases()함수

**형태소** 자연어인 한글을 디지털 처리하려면 우선 입력된 문장을 일정한 의미가 있는 가장 작은 말의 단위인 '형태소(形態素, morpheme)' 단위로 분할하고 품사를 분류하는 형태소 분석(Morphological Analysis)을 해야 한다. 그후에 주어, 목적어,서술어와 같은 구문단위를 찾아 구조화하는 구문분석을 하며, 문장이 의미적으로 올바른 문장인지를 판단하는 의미 분석과 대화 흐름상 어떤 맥락과 의미를 가지는지를 찾는 문장구조분석 등 문장의 속성과 구조를 파악하면 문맥을 고려할 수 있고, 컴퓨터가 인간 자연어를 이해할 수 있게 된다.

**NLTK와 KoNLPy** 영어 자연어 토크나이징 라이브러리는 'NLTK(Natural Language Toolkit)' 등의 라이브러리가 있고, 한국어 자연어 토크나이징에는 'KoNLPy(Korean natural language processing in Python)'에 포함된 Open Korean Text (이하 OKT)를 많이 사용한다. 한글 문장의 일반적인 어절 단위에 대한 토크나이징은 NLTK 만으로도 충분히 해결할 수 있으므로 KoNLPy는 한글 형태소 단위에 대한 토크나이징에 대해서 사용한다.

p234. **코퍼스** '코퍼스(corpus)'는 '말뭉치' 혹은 '말모둠'으로, 글 또는 말 텍스트를 모아 놓은 것이다. 컴퓨터에서 처리할 수 있는 형태의, 전자화된 텍스트, 0,1 2진수 디지털로 구성된 전자 말뭉치로서, 자연어 말뭉치 코드표인 코퍼스를 바탕으로 컴퓨터가 자연언어를 해독할 수 있다.

p235. **vocab** nltk.Text()함수, vocab()함수

**pyecharts()** 'pyecharts()'는 render_notebook방법으로 렌더링하기 위해 노트북 종류 선언해야 하는 등 코드가 복잡하다. 코드를 이해하려고 하지 말고 [5]번의 코드들은 영어숙어처럼 ctrl+c, ctrl+v로 그대로 복사하여 사용하자.

| p238. | 단어의 벡터화 두 문장간 유사도 측정 | '단어의 벡터화, 두 문장간 유사도 측정'은 의미를 가진 단어를 디지털 숫자로 매칭하면 이 숫자를 vector로 표현하여 웹페이지 등 디지털 matrix 속에 단어를 위치시킬 수 있다. 웹에서 우리 눈에 보여지는 글자, 그림, 사진, 소리, 동영상 등 모든 데이터도 디지털 0과 1인 2진숫자이기 때문에 웹사이트 등 디지털 공간에 숫자와 좌표로 위치한 문장 속에서 특정한 단어의 앞뒤 등 단어간의 행렬 연산 등으로 단어들간의 관계 즉 문장의 맥락을 이해할 수 있게 된 것이다. |
|---|---|---|
| | 텍스트유사도 | '텍스트유사도(text similarity)' 측정방법은 두 문장이 비슷한 질문인지 추론할 수 있도록 문장을 구조화하여 구문구조를 문법적으로 의미 분석하고 의미적으로도 같은 문장인지 여부를 알기 위해서 단어들간의 유사한 관계를 파악하는 방법이다. 문서 간의 단어들의 차이를 유클리드 거리, 코사인 유사도 등으로 계산할 수 있다. |
| p239. | word2vec | 'word2vec 모듈'은 각 문서의 단어들을 어떤 방법으로 수치화하여 표현하는지 하는 워드 임베딩 방법으로 단어를 벡터 평면에 배치하여 기계인 컴퓨터가 벡터단어들간의 관계를 인식할 수 있도록 문맥적 의미를 보존하고, 그 문맥 속에서 단어의 유사도를 확인하고 이해하는 워드 임베딩과 자연어처리 모델링 기법이다. |
| | 워드 임베딩 | 단어를 0과 1로만 된 디지털로 된 원-핫 벡터로 만드는 과정을 원-핫 인코딩(One-Hot Encoding)이라고 하고, 이는 많은 자리수를 차지하는 단점이 있다. 따라서 단어를 실수로 벡터 공간에 배치한 임베딩 벡터(Embedding Vector)로 만드는 작업인 '워드 임베딩(Word embedding)'이 많이 사용된다. |
| | 원핫인코딩 | '원핫인코딩(One-Hot Encoding)'은 자연어를 기계가 알아보도록 문자를 숫자 0과 1로 바꾸는 것으로, 표현하고 싶은 단어의 인덱스에 1의 값을 부여하고, 다른 인덱스에는 0을 부여하는 단어의 벡터 표현 방식이다. keras는 to_categorical() 함수 사용한다. |
| | 케라스의 Enbedding() 함수 | '케라스의 Embedding() 함수'가 만들어내는 임베딩 벡터는 실수로 된 3D 텐서를 출력하고 임베딩layer로서 역할을 할 수 있어, 다음의 RNN, LSTM 등 딥러닝 층으로 입력시켜서 훈련데이터를 학습시킨다. [239] Word2Vec 학습 과정을 시각화한 사이트 webi을 활용해 https://ronxin.github.io/wevi/ 링크로 자연어처리 학습해보자. |
| | Skip-Gram | 워드 임베딩과 자연어처리 모델링 방법론중에 'word2vec'은 문장 내부의 단어를 벡터로 변환하는 도구이다. word2vec의 단어 벡터화 기술은 빈도수 기반의 기존 방법론과 본질적으로 다르지 않으나, 중심단어에서 윈도우크기(한번에 학습할 단어의 개수)만큼의 연관된 단어를 추출하거나 주변에 있는 단어들로 중심에 있는 단어를 예측하는 모델로서 Skip-Gram(중심단어로 주변단어 예측) 모델이 많이 사용된다. |
| | most_similar | LineSentence()함수, word2vec() 함수, most_similar() 함수 |
| p242. | 트랜스포머 | '트랜스포머(Transformer)'는 RNN 인코더-디코더를 사용하는 순환 신경망 계열을 기반으로 한 시퀀스 투 시퀀스 계열 모델sequence-to-sequence (seq2seq) learning중에서 어텐션 기법을 중요하게 강조한 것이다. |
| | GRU | Neural Machine Translation의 개척자로 인정받는 2014년 뉴욕대 조경현교수(Kyunghyun Cho)가 발표한 논문에서 처음 소개된 GRU(gated Recurrent Unit)는 RNN 순환신경망, CNN 합성곱 신경망을 기반으로 한 이전의 모델들과 다르게 모델구조를 획기적으로 단순화하고 성능을 개선한 것으로 RNN 인코더-디코더를 사용하는 순환신경망 계열이 자연어처리에서 주요 모델이 되는 데 기여했다. |
| | 버트 | 인공지능(AI) 자연어 처리(NLP)의 플랫폼인 구글의 양방향 언어모델 '버트'(Bert,Bidirectional Encoder Representations form Transformer)와 OpenAI의 단방향 언어모델 'GPT-2'(Generative Pre-training-2)는 인공지능어생성 모델이자 기계신경망 번역(Transformer) 기반 알고리즘으로 2019년 공개할 때처럼 소설 쓰는 능력이 우수하다고 글쓰기 성능 경쟁을 하고 있다. |
| p243. | GPT-2 | 자연어처리 언어모델인 GPT-2 기학습모델(pre-trained된 모델) 사용하는 이유는, 큰 데이터셋으로 새롭게 트레이닝하려면 GPU성능에 의존하지만 "일반 세팅"으로 트레이닝 시에 최소 1~2개월 시간이 필요하기 때문이다. |

## 제 11장 기계학습던전의 머신러닝 엔지니어

| p246. | 머신러닝 엔지니어 | '머신러닝 엔지니어(Machine Learning Engineer)'는 Tensorflow나 PyTorch 같은 최신 머신러닝 모델을 만드는 것뿐만 아니라, 그 모델을 실행하는 소프트웨어를 만드는 일도 담당해야 하므로 파이썬과 C++ 등도 잘 코딩해야 한다. 소프트웨어 엔지니어와 비슷하다 |
|---|---|---|
| p247. | 예측 | '예측prediction'은 라틴어에서 유래하고, '예측forecasting'은 영어의 게르만어 뿌리에서 유래하였다. 예측을 한다(making a forecast)는 것은 일반적으로 불확실한 조건에서 계획을 수립한다는 의미로, 선견지명(foresight)으로 인식된다. 시계열에서 예측forecasting은 샘플 관찰외(out of sample observations)인 반면 예측prediction 은 샘플 관찰에(in sample observations) 관련된다. |

| | | |
|---|---|---|
| p247. | 모델 y=a x+b | '모델 y=a x+b' 에서 독립 변수 x와 곱해지는 값 a 를 머신러닝에서는 가중치(weight), 별도로 더해지는 값 b를 편향(bias)이라고 한다. 이를 '가설(Hypothesis)식'으로 변경하면 y=h(x,a) + b 이다. 단순선형 회귀분석(Simple Linear Regression Analysis)은 a와 b의 값을 적절히 찾아내면 x와 y의 관계를 직선관계로 적절히 모델링할 수 있고, 마찬가지로 로지스틱 회귀분석은 S자 형태의 시그모이드 함수(Sigmoid function) 선형 관계의 가설함수식으로 표현된다. |

p248.

**회귀선** '회귀선'은 예측 선과 점들의 거리의 합을 최소화하는 것이기 때문에 +, −가 있는 오차의 합보다는 오차 제곱의 합을 구하는 것이다. 오차 제곱의 합을 최소한으로 줄이는 선을 찾는다면 예측을 가장 실제와 가깝게 하는 모델이라고도 할 수 있다.

**추세선** '추세선(trend line)'은 변수 사이의 관계를 추정하거나 하나의 변수에 존재하는 패턴이나 트렌드를 찾는 선으로 추세선은 데이터의 숨은 패턴을 거칠지만 명확하게 보여주는 1차함수 직선이 자주 사용된다. 직선 선형 추세선 이외에 지수, 로그, 다항식 등 오차제곱의 합이 최소화(최소자승의 의미)하는 추세선을 '회귀선(regression line)'이라고 하고 상품과 가격 변동의 인과관계와 미래의 방향을 잘 나타낸다.

p251. **다중선형회귀** '다중 선형 회귀'(multiple regression), 다변수함수(multivariate function), 고차항의 모형 다항회귀 (Polynomial Model)

p252. **크롬 함수식** 크롬 검색창에서 함수식으로 그래프 그리기

p254. **scikit-learn 패키지의 데이터변환 함수** 'scikit-learn 패키지의 데이터 변환 함수'는 2개가 있다. 첫째 PolynomialFeatures함수는 입력값 x 데이터들을 다항식 형태로 변환한다. 2개의 입력변수 x1, x2를 받아서 변수 y를 출력하는 2차원함수로 변환도 가능하다. 함수에 입력 인수로는 degree : 차수, interaction_only: True면 2차항에서 상호작용만 출력, include_bias : 상수항 생성여부이다. 둘째 FunctionTransformer함수는 입력값 x를 다항식이 아닌 사용자가 원하는 함수를 사용하여 변환한다. 차수를 가진 모든 다항식 조합으로 구성된 새 피처 행렬을 생성한다. 다항식 피처에 선형 회귀를 사용하여 비선형 함수를 근사화한다.

**배열 차원변경** '배열 차원변경' values.reshape(-1,1)를 해주어 2차원 array 형태로 변경하거나 x가 1차 배열 또는 리스트인 경우 배열에 대해 차원만 1차원 증가시키는 경우에는 [:, np.newaxis]로 np.newaxis는 차원을 새로 생성해 늘려준다는 의미이다.

p258. **로그변환** '로그변환' np.log()함수로 로그변환으로 데이터간 편차를 줄여 정규성을 높인 값이다. 이는 먼 바다 항해를 위해 고안된 로그(log)는 바다 위에 있으면 배의 크기가 10m이던 100m이던 모든 것이 비슷해지는 것과 같다.

**선형분석** '선형 분석'은 영국의 유전학자 Francis Galton이 유전의 법칙을 연구하다 나온 것에 기인하게 된다. 연구의 내용은 부모와 자녀의 키 사이의 관계였는데, 연구결과로 아버지와 어머니의 키의 평균을 조사하여 표로 나타낸 결과 자녀의 키는 엄청 크거나 작은 것이 아닌 그 세대의 평균으로 돌아가려는 경향이 있다는 것을 발견하였다.

**곡선적합** '곡선적합'(Curve Fitting)은 분포된 데이터를 곡선이 잘 표현될 수 있을 때 최적의 모델을 말하며, 다항식 회귀분석(Polynomial Regression)과 지수형태 곡선이면 지수형태 회귀분석(Exponential Model Regression) 등이 있다.

p260. **plotly 그래프 매개변수** 'plotly 그래프 매개변수'에서 line인자 dict은 dictionary형으로 값을 받으면 line이 line=dict(color='firebrick',width=1) 붉은색으로 너비1의 선을 그린다.

p261. **다중선형회귀 모델** '다중선형회귀 모델'은 분류를 위한 기준선 결정 경계(Decision Boundary)를 정의하는 모델로도 사용된다. 분류되지 않은 새로운 점이 나타나면 경계의 어느 쪽에 속하는지 분류한다. 데이터에 2개 속성(feature)만 있다면 결정 경계는 직선이고, 속성이 3개로 늘어난다면 3차원에 분포되고, 결정 경계는 '선'이 아닌 '평면'이 된다. 이를 "초평면(hyperplane)"이라고 한다.

p262. **다차원 배열** '다차원 배열'(multi-dimensional array)은 배열 요소로 또 다른 배열을 가지는 배열을 의미한다. 즉 2차원 배열(행렬)은 배열 요소로 1차원 배열을 가지는 배열이며 [ [ ], [ ] ] 형태이다.

p265. **조건부 확률** 조건부 확률 (Conditional probability), 결합 확률 (Joint Probability)

**나이브베이즈** '나이브베이즈(Naive Bayes)'는 조건부 확률과 베이즈 정리를 기반한 확률분류기이다. 종류로는 BernoulliNB, GaussianNB 가 있다.

**로지스틱 함수, 시그모이드 함수** '로지스틱함수, 시그모이드 함수'는 0에서 1까지 천천히 증가하다가 1근처에서 평평하게 수렴한다. 로지스틱 회귀 가설함수는 Y=1 또는 Y=0을 예측하는 지점이 어디인지를 계산한다. 시그모이드 선의 아래 영역은 Y=0을 예측하는 영역이다. 가설 h(x)와 시그모이드 함수 g(z)의 값이 0.5보다 작은 영역이다. 이때의 0.5 부분 직선이 '결정 경계'(decison boundary)이다. 결정 경계는 Y=1 의 영역과 Y=0의 영역을 나누는 경계이다. 결정경계는 학습데이터셋의 속성이 아니라 가설함수의 파라미터의 속성이다.

| p266. | 배열 데이터 형태 | '배열 데이터 형태(Data Type, dtype)'는 숫자형(nuemric)과 문자형(string)으로 나누며, dtype이 〈U6은 문자형으로 character unicode 6 이고, 숫자형으로 된 데이터 형태에는 정수형 (integers, int)은 i8 등 부호 없는 정수형 (unsigned integers , uint)은 u8 등 부동소수형 (floating point, float)은 f8 등으로 사용한다. |
|---|---|---|
| p267. | 스케일 정규화 | '정규화(스케일링 normalization)'는 특성의 스케일과 범위가 다르면 훈련이 잘 되지 않으므로 비슷한 스케일로 데이터분포를 맞추는 것이다. 0~1 범위에 최대값 최소값이 들도록 스케일을 조정하는 방법 |
| | 배치 표준화 | 평균0과 표준편차1인 정규분포로 데이터를 변환하는 방법 |
| p271. | 랜덤 포레스트 분류기 | '랜덤포레스트(Random Forest) 분류기'는 여러 개의 답변 중에서 최적의 정답을 다수결로(Majority Voting) 결과를 결정하여 분류 또는 회귀하는 것이다. |
| p275. | clustering | 'clustering'(=군집,클러스터링)은 유사한 개체들을 집합으로 자동 그룹화하여 공간에 집중하여 분포시키는 것이다. |
| | K – 평균 군집화 | 'K – 평균 (K – means) 군집화'는 가장 단순한 클러스터링 기법으로 레이블이 없는 데이터세트를 다른 군집으로 그룹화하는 비지도 학습 알고리즘이다. |

## 제 12장 딥러닝던전의 인공지능 사이언티스트

| p278. | 인공지능 사이언티스트 | '인공지능 사이언티스트(AI scientist )'는 AI 모델을 조금 더 나은 방향으로 만들기 위해 실험을 하고 모델의 파라미터를 개선, 개발한다. 또한 기존 도메인 회사의 실무 지식수준을 갖춘 재직자들이 '데이터 사이언티스트(Data Scientist)'로서 AI 지식수준을 높여 혁신할 수 있는 수준을 갖도록 정보를 전달하는 전문가이다. |
|---|---|---|
| p279. | 전통적인 프로그래밍 | '전통적인 프로그래밍'은 컴퓨터 기계가 인간이 만든 명령(프로그램) 알고리즘 프로그래밍을 규칙과 데이터를 입력받아 정답을 출력하는 기능(function)을 구현하는 것이다. |
| p280. | 머신러닝 | '머신러닝(Machine learning)'은 컴퓨터 기계가 인간이 만든 명령(프로그램)에 의해서가 아니라 스스로 학습하여 데이터에서 통계적 구조를 찾아 그 작업을 자동화하기 위한 규칙인 모델(model)을 찾는 훈련(training)을 하는 것이다. |
| | medel fitting | 'medel fitting '은 기계인 컴퓨터가 학습하는 알고리즘은 주어진 데이터를 가장 잘 설명하는 방법을 찾는 과정 즉 데이터에 잘 맞는 모델(함수)을 찾고 모델 네트워크의 최적 경로를 찾고 기억하는 과정이다. |
| | 딥러닝 | '딥러닝(Deep learning)'의 기본 요소인 인공 신경망은 인간의 뇌의 뉴런과 시냅스의 작동 원리의 일부 원리를 수학적으로 모델링하여 기계로 학습하는 알고리즘이다. 인공 신경망을 여러 개의 층으로 중첩한 모델인 딥러닝 네트워크형태의 신경망모델이 수학적 모델링과 구조화된 패턴에 기반하여 학습하는 과정을 반복해 정답과 규칙을 도출하는 것이다. |
| | 그래픽처리장치 | '그래픽 처리장치(GPU,graphics processing unit)'가 전통적으로 컴퓨터의 두뇌 역할인 '중앙처리장치(CPU,central processing unit)'의 그래픽 연산장치로서 보조기능에서 두뇌역할까지 같이하고 있다. 인공지능 시스템 '알파고(AlphaGo)'는 1920개의 CPU와 280개의 GPU의 조합이다. |
| | 뉴로모픽 반도체 | '뉴로모픽 반도체'는 손톱만한 칩 수준으로 구현되거나 인공시냅스 분자 수준의 트랜지스터 소자 수준까지 구현되고 있다. 알파고는 기업용 서버 300대 결합한 네트워크(분산형)컴퓨터로서, 작은 데이터센터 규모로서 CPU 1202개, GPU 176개, D램 103만 여 개 등 총106만개 반도체 칩으로 약 2Mw의 전력을 사용하고 시설비도 약 100억원이 소요되었다. 그 반면에 알파고와 비슷한 성능을 내는 손톱크기 뉴로모픽 반도체칩은 0.3w의 전력소모와 100만 뉴런규모로 결합해도 사용전력은 521w 수준으로 소형화되었다. |
| p281. | Randomly Wired Neural Networks | 뇌 구조와 비슷한 인공 신경망으로 'Randomly Wired Neural Networks'가 기존 체인형 모델의 다중배치 경로 구조물에서 발전해서 무작위로 연결된 신경망의 연결 그래프 모델을 통해 이미지 패턴 인식에 효과적이다 |
| | network generator | 'network generator' 는 random graph 생성 방법론에 기반한 네트워크를 랜덤하게 생성하는 generator 이다. 종전에는 수작업으로 네트워크를 그리고 있지만, 네트워크 설계자의 편향을 줄이기 위해 그래프 이론에서 임의의 그래프 모델을 사용하고 있다. |

| p282. | Threshold Logic Unit (TLU) | 'Threshold Logic Unit(TLU)'는 인공 뉴런이라고 하며, 인공 신경망을 구성하고 있는 논리 유닛이다. TLU는 컴퓨터는 입력과 출력이 각각 숫자이고 입력에 0,1 디지털이 배열로 들어가면 각각 가중치 w를 곱해서 합한 가중치합 값을 계단함수에 적용하여 활성화 값인 문턱을 넘으면 0과 1 디지털 중에서 하나의 값을 출력하는 모델이다. |
|---|---|---|
| | 게이트 | 0과 1 디지털값을 입력해 하나의 값을 출력하는 회로를 '게이트(gate)'라고 부르며, AND 게이트, OR 게이트 그리고 NAND 게이트 등이 있다. |
| | 퍼셉트론 | '퍼셉트론'은 뉴런을 본떠 만든 인공 뉴런으로 다수의 신호를 입력받아 하나의 신호를 출력하는 알고리즘 하나의 단위로서, 로지스틱 회귀함수 y = wx + b (w는 가중치, b는 바이어스)로 기울기는 가중치를 의미하는 w(weight)로 b는 편향, 선입견이라는 뜻인 바이어스(bias)로 표기한다. x,b는 입력벡터, w는 가중치 행렬이다. 가중치 행렬과 입력벡터를 곱한 후 편향 b를 더해주고 그 값에 f라는 활성화함수를 적용해 결과y를 출력한다. |
| p283. | Dense layer | 'Dense layer'는 완전연결계층(Densely/fully connected layer)이라고 하며 퍼셉트론의 기본형태이다. 입력층 layer의 모든 뉴런이 출력층layer의 모든 뉴런과 연결되어 있고, 그 연결값은 m*x+b와 같은 계산을 수행하는 레이어의 연산결과이다. |
| | 인공 신경망 벡터의 내적 | '인공 신경망 벡터의 내적'이란 인공 신경망의 각 뉴런 노드의 입력 벡터들의 배열(input vector)과 가중치 벡터(weight vector)의 2개의 벡터의 상호관계 즉 같은 방향으로 서로 협력하여 얼마나 효과를 내는지 그 크기를 추상화하는 곱한 값dot product이다. |
| | 벡터의 내적 | '벡터'는 방향과 크기가 있다. 앞장에서 비행기를 사람들이 끌기 위한 힘(force)은 방향과 크기가 있는 벡터이고 서로 다른 2개 방향의 힘인 벡터의 합은 서로 상호협력하여 효과를 배가하는 것을 벡터의 내적dot product이라고 한다. |
| p284. | keras | 러닝의 신경망 모델 구성 라이브러리인' keras'는 모델을 층층이 레이어를 쌓고 위에서부터 아래로 실행하므로 딥러닝 신경망 모델을 간단하게 만든다. tf.keras.Sequential 모델 중에서 CNN (Convolutional Neural Networks)은 서로 밀접하게 연결된 데이터 즉 컴퓨터 비전, 이미지 분류, 얼굴 인식, 일상적인 물체 식별 및 분류, 로봇 및 자율 주행 차량의 이미지 처리와 같은 작업에 사용된다. |
| p287. | 심층 신경망 DNN | '심층 신경망 DNN (Deep Neual Network) '은 여러 층의 인공 신경층(input layer, hidden layer, output layer)으로 구성된 딥러닝에서 가장 기본적으로 이용되는 인공 신경망이다. 입력된 데이터가 단순히 입력층, 은닉층, 출력층을 거치면서 예측값으로 변환되고 데이터들의 정보가 저장되지 않기 때문에 입력된 데이터를 출력에 전파하기만 한다. |
| | RNN | 'RNN (Recurrent Neual Network)' – 순환신경망은 sequence(time series, text,audio) data 등 데이터의 순환 정보를 반영해 분석하는 모델이다. 은닉층의 각 뉴런에 순환 (recurrent) 연결을 추가하여 이전 시간에 입력된 데이터에 대한 은닉층의 출력을 현재 시간의 데이터를 예측할 때 다시 은닉층 뉴런에 입력하여 오랜 시간에 걸쳐 경향성이 나타나는 데이터를 학습할 수 있다. |
| | CNN | 'CNN(Convolution Neural Network)' – 콘볼루션 신경망, 합성곱 신경망은 주로 image data의 패턴특징을 추출해 분류하는 분석모델, Convolutional Neural Network (CNN)은 인간의 시각처리 방식을 모방하기 위해 convolution 이라는 인공 신경망 필터링 기법을 인공 신경망에 적용하여 행렬의 형태로 표현된 이미지에 대해 행렬로 표현된 필터를 동일하게 적용하여 원본 이미지 X와 필터 F의 합성곱 (convolution)으로 계산한다. |
| | tensorflow | 'tensorflow' 는 구글에서 만든 오픈소스 라이브러리이고, 2세대 머신러닝 시스템, 딥 러닝 라이브러리로서 node와 그 node를 연결하는 edge 로 구성된 graph에 data flow graph를 이용하여 큰 규모의 수치계산에 적합하다. 이를 이용해, 이미지, 음성, 비디오 등 다양하고 많은 데이터를 처리할 수 있다. tensorflow에는 Neural network modues이 많이 내재되어 있어서 다층 퍼셉트론 신경망 모델, 컨볼루션 신경망 모델, 순환 신경망 모델, 조합 모델 등을 구성할 수 있다. Tensorflow 2.0부터는 사실상 전부 Keras를 통해서만 fit 함수로 동작한다. tensorflow는 줄여서 약칭으로 tf로 사용하고, tf.keras처럼 keras와 결합하여 지원하는 기능을 한다. |
| p287. | keras | tensorflow와 결합된 딥러닝 라이브러리 'keras'를 사용한다. keras 라이브러리를 통해서 누구나 손쉽게 인공지능 프로그램을 해석하고 이용할 수 있다. 인공지능프로그램으로 컴퓨터가 스스로 이미지 인식하고, 글자를 알아볼 수 있도록 하는 프로그램을 만들어 볼 수 있다. |
| p288. | 손실함수 | '손실함수(Loss Function)'는 '비용함수(Cost Function)'라고도 하고, 손실에는 그만큼의 비용이 발생하고 이는 각 사례의 오차를 계산하는 오차 함수(Error Function, Loss Function)를 1개 단위의 오차로 합치는 것이다. |
| | 학습률 | '학습률 (learning rate)'은 a 값이 한 점 m으로 모이게 하려면 어느 만큼 조금씩 이동시킬지 a의 이동 거리를 정해주는 것이다. |
| p291. | 다차원 배열텐서 | 벡터와 행렬은 그림의 일반 대뇌피질처럼 뉴런이 네트워크로 쭉 나열되듯 배열형태로 연결되는 것이다. 대규모 숫자 계산이나 미래변수 예측 등의 연산에 사용되는 다차원 데이터 배열 텐서는 텐서플로우 신경망 그래프의 노드(node) 사이를 이동하는 에지(edge) 에너지를 나타낸다. 3개 이상의 텐서는 리만 기하학, 일반상대론에서 시간과 공간이 어떻게 굽어 있는가 표현하는 데 등에서 사용한다. 3차원 이상의 다차원 배열로 나타낼 수 있다. |

| | | |
|---|---|---|
| p292. | tf.matmul | tf.matmul()함수는 matrix 곱하기이고, tf.pow(x,3)는 3제곱 승수로서 ()속의 3은 3제곱을 의미한다. |
| | 클래스 | '클래스'(class) 함수는 def 대신 class로 정의하는 객체생성 함수이다. 파이썬에서 def 키워드로 함수 만들듯이 class 키워드를 사용하여 클래스라고 하는 새로운 사용자 정의 타입의 함수를 만들 수 있다. 클래스(class)란 똑같은 무엇인가를 계속해서 만들어 낼 수 있는 금형틀과 같다. 객체(object)란 클래스로 만든 금형틀 속 제품으로 이것도 함수이다. 최소잔여형(LDS) 백신주사기를 다양하게 만들기 위해 금형틀이라는 클래스가 필요하고, 클래스가 생성한 객체는 최소잔여형(LDS) 백신주사기로 대량생산된다. |
| | 생성자 | __init__는 생성자이다. __는 언더스코어(_) 두 개를 붙인 것이다. def __init__(self, first, second): 형태로 사용되며, () 속의 self는 생성되는 객체를 나타내고 first와 second는 객체변수가 생성된다. |
| p296. | 배타적 논리합 연산 XOR | '배타적논리합 연산 XOR(exclusive OR)' 문제는 AND와 OR 게이트는 직선을 그어 1인 값을 구별할 수 있으나 XOR의 경우 직선을 그어 구분할 수 없는 것이다. |
| | Neuron을 훈련 학습시킨다 | 'Neuron을 훈련 학습시킨다'('training'한다)는 것은 인간의 뇌와 같은 정보 처리 및 시냅스 학습 행동을 모방하여 인공신경망에서 사용되는 가중치를 수정하고 기억하는 방식을 말한다. |
| p297. | ANN | 'ANN(Artificial neural network)'은 neuron으로 이루어진 layer를 포함하는 네트워크이다. ANN은 딥 러닝의 가장 핵심적인 기술로서 신경 세포인 neuron을 추상화한 artificial neuron으로 구성된 네트워크이다. |
| | ReLu | 'ReLu'는 현재 딥러닝 Neural Network에서 주된 activation function으로 사용된다. Neural Network를 처음 배울 때 activation function으로 sigmoid function을 사용한다. 'sigmoid function'이 연속이어서 미분 가능한 점과 0과 1 사이의 값을 가진다는 점 그리고 0에서 1로 변하는 점이 가파르기 때문에 사용해 왔다. 그러나 기존에 사용하던 Simgoid fucntion을 ReLu로 대체하게 된 이유 중 가장 큰 것이 Gradient Vanishing 문제이다. Simgoid function은 0에서 1사이의 값을 가지는데 gradient descent를 사용해 Backpropagation 수행시 layer를 지나면서 gradient를 계속 곱하므로 gradient는 0으로 수렴하게 된다. 따라서 layer가 많아지면 잘 작동하지 않게 된다. 따라서 이러한 문제를 해결하기 위해 ReLu를 새로운 activation function을 사용한다. |
| | tanh 함수 | 'tanh 함수'(Hyperbolic tangent function)는 쌍곡선 함수로서 함수의 중심값을 0으로 옮겨 sigmoid의 최적화 과정을 빠르게 하였다. |
| | logistic | 'logistic (sigmoid)' 함수는 y값이 0,1 사이의 S자 형태로 그래프가 그려지는 연속적인 수학적 함수이다. 선형회귀에서 기울기a와 y의 절편 b를 구하였듯이 sigmoid함수의 기울기a와 y절편 b를 구하는 것이다. |
| p305. | Softmax function | 'Softmax function'은 sigmoid(logistic)와 다르게 연속적인 수학적 함수가 아니라 확률분포로 매핑하는 활성화 함수이다. 신경망 Neural network의 마지막 계층의 결과를 확률값으로 하여 확률 구간 여러 단계로 분류하거나 또는 이미지의 여러 클래스를 예측하려는 경우 사용한다. 시그모이드 함수가 0,1 이산분류라면, 소프트맥스함수는 0~1 범위내 확률로 분포하므로 여러 개의 분류를 할 수 있는 함수이다. |
| p307. | wearable | Wearable Computing: Accelerometers' Data Classification of Body Postures and Movements(Berlin / Heidelberg, 2012.) Read more: http://groupware.les.inf.puc-rio.br/work.jsf?p1=10335#ixzz6hdLxRu5N |
| | Multi-layer ANN 신경세포 | 'Multi-layer ANN 신경 세포'인 neuron을 추상화한 artificial neuron으로 구성된 네트워크이다. ANN은 일반적으로 어떠한 형태의 function이든 근사할 수 있는 universal function approximator로도 알려져 있다. ANN을 구성하는 가장 작은 요소는 artificial neuron이다. |
| p311. | Long Short-Term Memory (LSTM) | 'Long Short-Term Memory (LSTM)'은 기본적인 RNN의 구조에 memory cell이 은닉층 뉴런에 추가된 것으로 추가된 것은 Forget gate으로 과거의 정보를 어느 정도 기억할지 결정한다. |

## 제 13장 지능화던전의 인공지능아키텍트

| | | |
|---|---|---|
| p314. | 인공지능아키텍트 | '인공지능 아키텍트(AI ARCHITECT)'는 인공지능 기존 모델을 튜닝하는 수준이 아니라, 새로운 모델을 상상하고 이를 실현할 AI 기술을 개발해 내거나 그러한 팀을 운영할 수 있고, 스스로도 머신러닝, 자연어 처리 등 프로그래밍 지식과 구현 능력으로 기존 도메인 경영진을 설득해 인공지능을 전통업무에 혁신적으로 구축하는 건축가이다. |
| p315. | AlpaGo | D. Siver et al. 'Mastering the game of Go with deep neural networks and tree search' Nature (2016) |
| | 강화학습 | '강화학습(Reinforcement learning)'은 다른 머신러닝처럼 샘플 데이터 세트와 정답을 사용하여 모델을 학습하지 않고, 대신 시행착오를 통해 모델을 학습시킨다. 이는 인간의 행동심리학에서 영감을 받아, 반복된 행동에 대해 보상(Reward)을 최대화 하는 행동 혹은 행동 순서를 선택하는 방법이다. |